“十二五”职业教育国家规划教材修订版

高等职业教育新形态一体化教材

数控加工工艺与编程（第4版）

主　编　陈洪涛

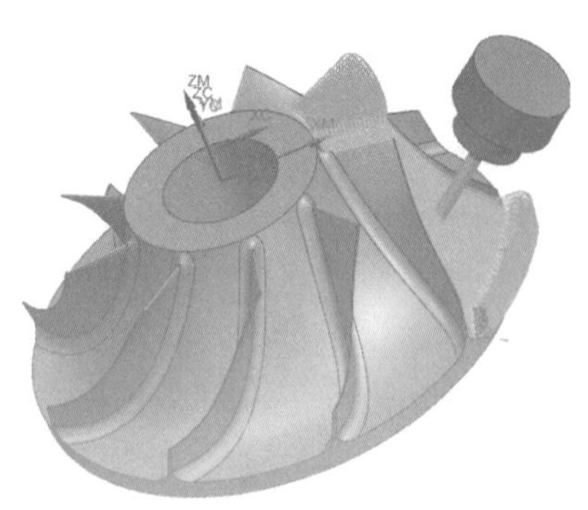

高等教育出版社·北京

内容简介

本书为“十二五”职业教育国家规划教材修订版。

本书的主要内容包括：数控加工技术的现状与发展趋势；数控加工工艺的基本特点、工艺分析与工艺设计方法；数控编程基础知识；数控车床、数控镗铣床、加工中心、数控线切割机床的加工工艺及程序编制；用户宏程序的应用。

本书构思新颖、结构合理、图文并茂、针对性强，注重实际应用。按照数控加工岗位职业标准和典型工作任务要求，基于数控加工工艺、程序编制与实施工作过程对知识和技能的要求组织编写。特别是生产实例丰富，重点章节均设计有来自企业的真实生产案例，并配有工艺分析、走刀路线图和程序设计，使读者能清晰地掌握数控工艺和编程的思路，便于灵活应用，学后可达到举一反三的效果。

本书为适应现代教学的需要，设计了丰富的数字化教学资源，内容包括数控车床、加工中心常用编程指令、机床操作、程序仿真等动画及微视频等，读者扫描二维码即可学习重难点讲解的相关内容。

本书可作为高等职业教育专科院校，高等职业教育本科院校及应用型本科院校的数控技术、机电一体化等专业的教材，也可供从事数控加工的工程技术人员参考。

授课教师如需要本书配套的教学课件等资源或是其他需求，可发送邮件至 gzjx@ pub.hep.cn 联系索取。

图书在版编目(CIP)数据

数控加工工艺与编程/陈洪涛主编. --4 版. --北京:高等教育出版社,2021.8

ISBN 978-7-04-056244-6

Ⅰ. ①数… Ⅱ. ①陈… Ⅲ. ①数控机床-加工工艺-高等职业教育-教材②数控机床-程序设计-高等职业教育-教材 Ⅳ. ①TG659

中国版本图书馆 CIP 数据核字(2021)第 112560 号

策划编辑 吴睿韬　　责任编辑 张值胜　　封面设计 张　志　　版式设计 马　云
插图绘制 于　博　　责任校对 胡美萍　　责任印制 存　怡

出版发行	高等教育出版社	网　　址	http://www.hep.edu.cn
社　　址	北京市西城区德外大街 4 号		http://www.hep.com.cn
邮政编码	100120	网上订购	http://www.hepmall.com.cn
印　　刷	北京市大天乐投资管理有限公司		http://www.hepmall.com
开　　本	787mm×1092mm　1/16		http://www.hepmall.cn
印　　张	18	版　　次	2003 年 8 月第 1 版
字　　数	380 千字		2021 年 8 月第 4 版
购书热线	010-58581118	印　　次	2021 年 8 月第 1 次印刷
咨询电话	400-810-0598	定　　价	48.80 元

本书如有缺页、倒页、脱页等质量问题，请到所购图书销售部门联系调换

物 料 号　56244-00

配套视频资源索引

第4版前言

本书为“十二五”职业教育国家规划教材，是根据“高职高专教育机电类专业人才培养目标及规格”的要求编写的。

本书此次修订再版，和第3版相比在文字和插图方面推陈出新，更新了部分章节内容，采用了最新国家标准，改正了原版中存在的错误和不妥之处，增加了数控技术的最新应用成果。

随着我国装备制造业的迅猛发展，数控技术得到了广泛应用，企业对数控技术技能人才提出了更高的要求。当前尤其缺乏“精操作、懂工艺、会编程、善维护、能管理”，具有工匠精神的数控领域复合型、创新型高素质技术技能人才。本书基于数控加工岗位的工作过程，针对数控机床操作、工艺程序编制与实施人员所必须掌握的数控加工工艺与编程知识和技能要求，结合服务1+X书证衔接和融通要求，包含了数控车工、数控铣工加工职业技能等级（中、高级）的知识和能力要求，突出应用性和实践性。特别是针对职业院校毕业生普遍工艺经验不足，缺乏生产现场实践的现状，教材将必要的知识支撑点融于能力培养的过程中，在数控工艺新技术、新知识的介绍方面注意与现代企业生产实际应用保持同步，力求使学生掌握实用的专业知识和技能，并通过大量的生产实例将工艺与编程有机结合起来。教材注重课程思政与专业课的融合，结合数控技术国内外的发展状况和国家大力发展数控技术取得的新技术、新工艺、新规范等内容引导学生爱岗敬业、精益求精。

本书为适应现代教学的需要，设计了丰富的数字化教学资源，内容包括数控车床、加工中心常用编程指令、机床操作、程序仿真等动画及微视频等，使读者能更形象、更直观、更深入地了解和掌握数控加工工艺与编程技术的相关内容，起到对纸质教材内容巩固、补充和拓展的作用，扫描书中的二维码，可在线自主学习对应知识点。每章节后均设计了有利于学生学习和巩固知识、善于启发学生思维和拓展学习的复习思考题。全书采用双色印刷，版式新颖，每章关键语句和概念用蓝色字体印刷，使重点、难点更加醒目。

本书由四川工程职业技术学院陈洪涛教授担任主编、韩俊峰高级实验师担任副主编，具体分工如下：陈洪涛（第1、2章）、唐静（第3章）、叶靓（第4章）、韩俊峰（第5章）、梅刚（第6章）、李代雄（第7章）。全书由东方电机股份有限公司吴伟教授级高级工程师主审。本书在编写过程中还参阅了大量国内外同行的教材、资料与文献，在此一并致谢。

限于编者水平有限，书中错误和不当之处在所难免，恳请读者批评指正。

编者

2021年2月

第3版前言

本书为“十二五”职业教育国家规划教材，是根据“高职高专教育机电类专业人才培养目标及规格”的要求编写的。

本书第1版和第2版分别是普通高等教育“十五”和“十一五”国家级规划教材。本书第1版自2003年8月问世后深受读者欢迎，至今已多次重印，被许多职业院校和培训机构选作机电类专业教材。此次修订，为体现内容的衔接性和先进性，更新了部分章节内容，采用了最新国家标准，改正了前两版中存在的错误和不妥，增加了数控技术最新应用成果。

随着我国装备制造业的迅猛发展，数控技术及装备得到广泛应用，企业对数控技能人才提出了更高的要求。当前尤其缺乏“精操作、懂工艺、会编程、善维护、能管理”的数控高端技能型人才。本书基于数控加工岗位的工作过程，针对数控机床操作、工艺程序编制与实施人员所必须掌握的数控加工工艺与编程知识和职业技能要求，突出实用性和针对性。特别是针对职业院校毕业生普遍工艺经验不足，缺乏生产现场实践的现状，本书在数控工艺新技术、新知识的介绍方面注意与现代企业生产实际应用保持同步，力求使学生掌握实用的专业知识和技能，并通过大量的生产实例将工艺与编程有机结合起来。

本书由四川工程职业技术学院陈洪涛教授担任主编，东方电机股份有限公司吴伟教授级高级工程师担任主审。参加本书修订的有陈洪涛（第1、2章）、唐静（第3章）、叶靓（第4章）、韩俊峰（第5章）、梅刚（第6章）、李代雄（第7章）。本书在编写过程中还参阅了大量国内外同行的教材、资料与文献，在此一并致谢。

限于编者水平有限，书中错误和不当之处在所难免，恳请读者批评指正。

编者

2015年1月

第2版前言

本书为普通高等教育“十一五”国家级规划教材，是根据高职高专教育机电类专业人才培养目标及规格的要求编写的。

本书第 1 版是普通高等教育“十五”国家级规划教材，此次修订再版，为体现内容的衔接性和教材的特点，调整了部分章节的内容，改正了第 1 版中存在的错误和不妥，增加了许多数控技术最新应用成果。

随着我国装备制造业的迅猛发展，数控技术及装备得到广泛应用，企业对数控技能人才提出了更高的要求。当前尤其缺乏“精操作、懂工艺、会编程、善维护、能管理”的数控高技能人才。本教材基于数控加工岗位的工作过程，针对数控机床操作、工艺(含程序)程序编制与实施人员所必需的数控加工工艺与编程知识和职业技能要求，突出实用性和针对性。特别是针对毕业生普遍工艺经验不足，缺乏生产现场经验的现状，本教材在数控工艺新技术、新知识的介绍方面注意与现代企业生产实际应用保持同步，力求使学生掌握实用的专业知识和技能，并通过大量的生产实例将工艺与编程有机结合起来。

本书由四川工程职业技术学院陈洪涛担任主编，参加修订的还有卢万强(第 1、2 章)、沈辨(第 3、4 章)、韩俊峰(第 5 章)、梅刚(第 6 章)、唐静(第 7 章)。东方汽轮机有限公司吴伟高级工程师审阅了全书。本书在编写过程中还参阅了大量国内外同行的教材、资料与文献，在此一并致谢。

限于编者水平，书中错误和不当之处在所难免，恳请读者批评指正。

编者

2009 年 6 月

第1版前言

本书为普通高等教育“十五”国家级规划教材(高职高专教育),是根据高职高专教育机电类专业人才培养目标及规格的要求编写的。

当今世界各国制造业广泛采用数控技术,以提高制造能力和水平,提高对动态多变市场的适应能力和竞争能力。大力发展以数控技术为核心的先进制造技术已成为各发达国家加速经济发展、提高综合国力的重要途径。数控技术也是关系我国制造业发展和综合国力提高的关键技术,尽快加速培养掌握数控技术的应用型人才已成为当务之急。

据有关调查显示,我国目前这类人才不仅表现在数量上的短缺,更在质量上存在明显缺陷,即他们的知识结构还不能完全适应、满足企业需求。现在处于生产一线的各类数控人员主要是来自大学本科及高等职业技术院校机电类专业的毕业生。他们具有一定的专业知识和动手能力,但一般缺乏工艺经验,难以满足企业对加工、编程和维修一体化复合型人才的要求。

为了适应高等职业教育对人才培养的需求,必须对课程体系进行整体优化,对传统的以学科为主线的教学内容进行必要的调整、合并,适当降低理论深度、难度,拓宽知识面,加强岗位能力需要的新技术、新知识。本教材按培养、提高工艺实践与编程人员的职业能力进行阐述,将必要的知识支撑点融于能力培养的过程中,注重实践性教学,注重知识的综合应用,将数控加工工艺和数控编程有机结合起来,以达到满意的教学效果。

在我国大力发展高等职业教育的今天,适合于高等职业教育的高职高专教材建设已提上重要的议事日程。本书是按高职高专教学要求,结合多年的教学经验,在查阅大量国内外资料的基础上编写的。全书严格依据“以应用为目的,以必需、够用为度”的原则,力求从实际应用的需要出发,尽量减少枯燥、实用性不强的理论概念,较好地反映了国内外有关数控加工工艺的新发展和新成果,详细介绍了数控编程的常用编程指令及其应用,是一本内容新颖、实例丰富、深入浅出、系统性强、有较高实用价值的教材。

本书由陈洪涛副教授担任主编,参加本书编写的有四川工程职业技术学院陈洪涛(第5、6、7章)、朱超(第1、3章、第2章2.3节),四川职业技术学院黄杰东(第2章2.1、2.2、2.4节),成都电子机械高等专科学校蒋勇敏(第4章)。

本书由重庆大学陶桂宝副教授审阅。在编写过程中,重庆大学陈国聪教授给予了具体指导,绵阳奥神科技有限公司沈锌工程师对本书的编写给予了大力帮助和支持,并提供了部分的参考资料。本书在编写过程中还参阅了大量国内外同行的教材、资料与文献。在此一并致谢。

限于编者水平,书中错误和不当之处在所难免,恳请读者批评指正。

编者

2003年4月

目录

第1章 概论

学习目标

1. 了解数控加工技术发展概况。
2. 了解数控加工的特点。
3. 了解数控机床的工作原理。
4. 了解数控加工技术的主要应用对象。
5. 了解数控编程技术发展概况。
6. 了解数控技术发展趋势。

1.1 数控加工技术概况

数字控制(numerical control)简称数控(NC),是目前发展迅速的一种自动控制技术,是用数字化信息实现机械设备控制的一种方法,在数控加工技术方面得到了广泛的应用。

随着科学技术的不断发展,社会对产品多样化的需求日益强烈,产品更新换代越来越快,多品种、中小批量生产的比重明显增加,复杂形状的零件越来越多,精度要求也越来越高。此外,激烈的市场竞争要求产品的研制与生产周期越来越短,传统的加工设备和制造方法已难以适应这种多样化、柔性化与复杂形状零件的高效、高质量的加工要求。因此,近几十年来,能有效解决复杂、精密、小批多变零件加工问题的数控加工技术得到了迅速发展和广泛应用,使制造技术发生了根本性的变化。

数控加工是根据被加工零件的图样和工艺要求编制出以数码表示的程序,输入到机床的数控装置或控制计算机中,以控制工件和工具的相对运动,使机床加工出合格零件的方法。该项技术是20世纪40年代后期为适应加工复杂外形零件而发展起来的一种自动化加工技术。1948年,美国帕森斯公司接受美国空军委托,研制飞机螺旋桨叶片轮廓样板的加工设备。由于样板形状复杂多样,精度要求高,一般加工设备难以适应,该公司于是提出通过计算机控制机床的设想。1949年,该公司在美国麻省理工学院伺服机构研究室的协助下,开始进行数控机床的研究,并于 1952 年试制成功第一台三坐标数控铣床(如图 1-1 所示),揭开了数控加工技术研究的序幕。半个多世纪以来,数控系统经历了两个阶段和六代的发展(见表 1-1)。

图 1-1 世界上第一台三坐标数控铣床

表 1-1 数控系统的发展

阶段	时代	起始时间	数控系统	主要特点
第 1 阶段:硬件数控	第 1 代	1952 年	电子管、继电器等元器件构成模拟电路	体积庞大,价格昂贵
	第 2 代	1959 年	晶体管和印制电路	相比于第 1 代体积缩小,成本有所下降
	第 3 代	1965 年	中小规模集成电路	相比于前两代不仅体积小,功率消耗少,且可靠性提高,价格进一步下降
第 2 阶段:计算机数控	第 4 代	1970 年	小型计算机	小型计算机功能强大,但不经济
	第 5 代	1974 年	微处理器	数控系统的软件功能加强,可靠性也得到极大的提高,进一步推动了数控机床的普及应用和迅速发展
	第 6 代	1990 年	基于计算机	开放性、低成本、高可靠性、软硬件资源丰富

目前,为满足用户的不同需求,世界主要数控系统生产厂商可提供低、中、高端领域的全套解决方案,常用的有发那科、西门子、海德汉、广州数控、华中数控等数控系统。

一般来说,数控加工技术涉及数控机床加工工艺和数控编程技术两个方面。数控机床是数控加工的硬件基础,其性能对加工效率、精度等方面具有决定性的影响。零件工艺与程序的编制是数控加工的主要工作内容,其追求的目标是充分发挥数控机床的性能,满足现代制造优质、高效、低成本的加工要求。特别是对于复杂的高精度零件加工,工艺与编程工作的重要性甚至超过数控机床本身。

当今的数控机床已经在装备制造企业占有非常重要的地位,是柔性制造系统(flexible manufacturing system, FMS)、计算机集成制造系统(computer integrated manufacturing system, CIMS)、自动化工厂(factory automation, FA)的基本构成单位。努力发展数控加工技术,并向更高层次的自动化、柔性化、敏捷化、网络化和智能化制造方向推进,是当前装备制造业发展的方向。

1.2 数控加工的特点

与普通机床加工相比,数控加工具有如下特点:

1. 自动化程度高

在数控机床上加工零件时,除了手工装卸工件外,全部加工过程都可由机床自动完成。在柔性制造系统中,上下料、检测、诊断、对刀、传输、调度、管理等也都可由机床自动完成,这样大大减轻了操作者的劳动强度,改善了劳动条件。

2. 具有加工复杂形状零件的能力

复杂形状零件在飞机、汽车、造船、模具、动力设备和国防工业等制造部门的产品中具有十分重要的地位,其加工质量直接影响整机产品的性能。数控加工运动的任意可控性使其能完成普通加工方法难以完成或者无法进行的复杂型面的加工。

3. 生产准备周期短

在数控机床上加工新的零件,大部分准备工作是根据零件图样编制数控程序,而不是去准备靠模、专用夹具等工艺装备,而且编程工作可以离线进行,大大缩短了生产的准备时间。因此,应用数控机床十分有利于产品的升级换代和新产品的开发。

4. 加工精度高,质量稳定

目前,普通数控加工的尺寸精度通常可达±0.005 mm,最高的尺寸精度可达±0.01 μm。数控机床是按预先编制好的加工程序进行工作的,加工过程中无需人的参与或调整,因此不受操作工人技术水平和情绪的影响,加工精度稳定。另外,数控机床可以通过采用在线自动补偿(实时补偿)技术来消除或减少热变形、力变形、重量变形和刀具磨损等因素的影响,使加工精度的一致性得到保证,这在传统机床上是无法做到的。因此,采用数控加工技术可以提高零件的加工精度和产品质量。

5. 生产效率高

数控机床的加工效率一般比普通机床高 2~3 倍,尤其是在加工复杂零件时,生产率可提高十几倍甚至几十倍。一方面是因为其自动化程度高,具有自动换刀和其他自动化辅助操作等功能，而且工序集中，在一次装夹中能完成较多表面的加工，省去了划线、多次装夹、检测等工序；另一方面是加工中可采用较大的切削用量，有效地减少了加工中的切削工时。数控机床在配有适当的刀库、工件毛坯库、上下料装置和多种传感器的条件下，不仅具有全自动的加工功能，而且具有对加工过程进行自动监控、检测、报警及修正误差等功能。因此，数控机床可以实现白班有人看管和做好各种准备工作后，二、三班即可在"无人看管"的条件下进行 24 h 乃至 72 h 的连续加工。这不仅改善了劳动条件，解决了晚上和节假日（含周六、周日）连续工作的问题，也大大提高了劳动生产率、设备利用率，缩短了生产周期，增加了企业的经济效益。

6. 易于建立计算机通信网络

数控机床使用数字信息控制，易于与计算机辅助设计和制造（CAD/CAM）系统连接，形成计算机辅助设计和制造与数控机床紧密结合的一体化系统。另外，现在的数控机床通过因特网（Internet）、内联网（Intranet）、外联网（Extranet）已可实现远程故障诊断及维修，具备远程控制和调度能力，有进行异地分散网络化生产的可能，从而为今后进一步实现制造过程网络化、智能化提供了必备的基础条件。

当然，数控加工在某些方面也有不足之处，如价格昂贵、加工成本高、技术复杂、对工艺和编程要求较高、加工中难以调整、维修困难等。

1.3 数控机床的加工原理

数控机床的加工原理如图 1-2 所示。在数控机床上加工工件时，要事先根据零件加工图样的要求确定零件加工的工艺过程、工艺参数和刀具参数，再按规定采用的代码和程序格式编写零件数控加工程序，然后通过手动输入或直接输入存储器等方式将数控加工程序送到数控系统，在数控系统控制软件的支持下，经过分析处理与计算后发出相应的指令，通过伺服系统使机床按预定的轨迹运动，从而控制机床进行零件的自动加工。

1. 工艺与程序编制

数控程序是数控机床自动加工零件的工作指令。在对加工工件进行工艺分析的基础上，确定工件坐标系在机床坐标系上的相对位置，即工件在机床上的装夹位置、刀具与工件相对运动的尺寸参数、工件加工的工艺路线或加工顺序、切削加工的工艺参数以及辅助装置的动作等。这样得到工件的所有运动、尺寸、工艺参数等加工信息，然后按数控机床规定采用的代码和程序格式，将工件的尺寸、刀具运动中心轨迹、位移量、切削参数（切削速度、进给量、背吃刀量等）以及辅助功能（换刀、主轴的正转与反转、切削液的开与关等）编制成数控加工程序。编制程序的工作可人工进行，也可在数控机床以外用自动编程计算机系统来完成，比较先进的数控机床还可在其数控装置上直接编程。

2. 输入/输出装置

数控机床在进行加工前，必须接收由操作人员输入的零件加工程序，然后才能

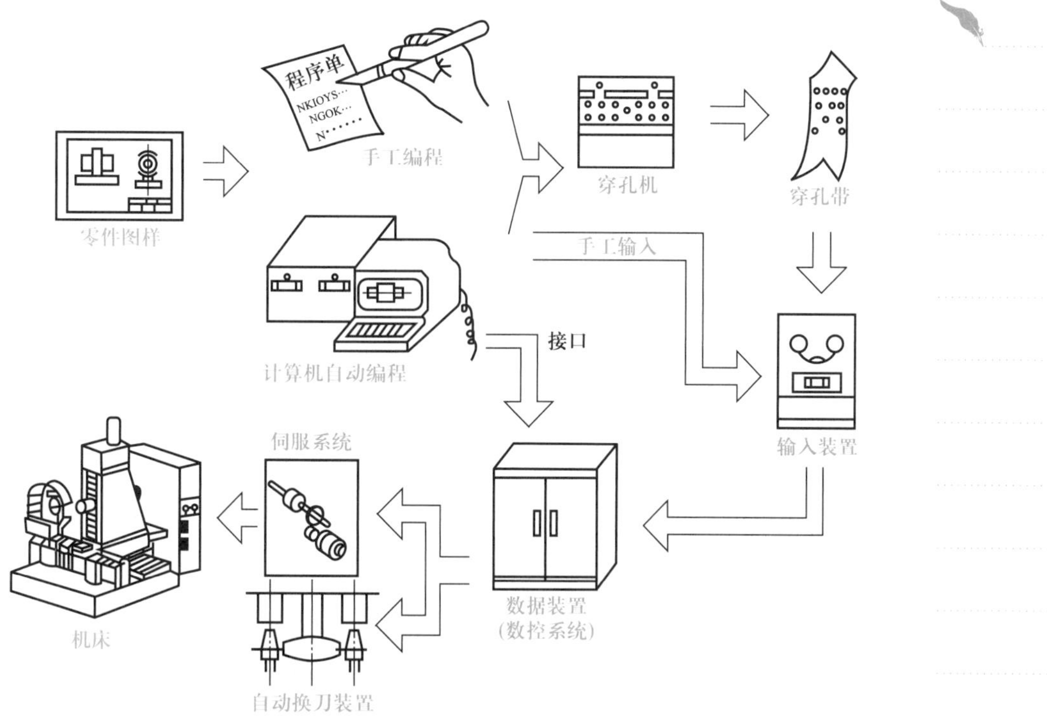

图 1-2　数控机床的加工原理

根据输入的程序进行加工。在加工过程中,操作人员要向机床数控装置输入操作命令,数控装置要为操作人员显示必要的信息,如坐标值、报警信号等。此外,输入的程序并非全部正确,有时需要编辑、修改和调试。以上工作都是操作人员和机床数控系统进行信息交流的过程,要进行信息交流,数控机床必须具备输入/输出装置。

将数控加工程序输入数控装置,可采用以下几种方式:

(1) 控制介质输入

控制介质输入方法主要有两种。一种方法是通过纸带输入,即在特制的纸带上穿孔,用孔的不同位置的组合构成不同的数控代码,通过纸带阅读机将指令输入。穿孔纸带使用 ISO(国际标准化组织)和 EIA(美国电子工业协会)制定的两种标准信息代码,这两种代码都可以被现在的数控系统识别应用。对于配置有计算机软驱动器的数控机床,另一种方法是可以将存储在磁盘上的程序通过软驱动器输入系统。尽管穿孔纸带已被淘汰,但是规定的标准信息代码仍然是数控程序编制、制备控制介质所遵守的标准。

(2) 手动输入

操作者可以利用机床上的显示屏及键盘输入数控加工程序指令,控制机床的运动。一种是手动数据输入(manual data input,MDI),它适用于一些比较短的程序,只能使用一次,机床执行后程序就消失。另一种是在控制装置的编辑(EDIT)状态下,用按键输入加工程序,存入控制装置的内存中。用这种方式可以对程序进行编辑,程序可重复使用。除此之外,在具有会话编程功能的数控装置上,可以按照显示屏上提示的问题，选择不同的菜单，将零件图样上指定的有关尺寸数字等输入，就可自动生成数控加工程序。

(3) 直接输入存储器

利用这种方式可以使用数控装置的接口(串行口、USB、网络口等)，通过对有关参数的设定和相关软件，直接读入在自动编程机上或其他计算机上编制好的程序。

3. 数控装置及辅助控制装置

数控装置是数控机床的核心，它接收输入装置送来的控制信号，经过数控装置的系统软件或逻辑电路进行编译、插补运算和逻辑处理后，输出各种信号和指令控制机床的各个部分，进行规定的、有序的动作。其中最基本的控制信号是：由插补运算决定的各坐标轴的进给位移量、进给方向和速度的指令，经伺服驱动系统驱动执行部件作进给运动。其他还有主运动部件的变速、换向和启/停信号，刀具选择和交换的指令信号，冷却液、润滑液的启停信号，工件和机床部件松开、夹紧信号，分度工作台转位信号等辅助指令信号。

辅助控制装置是连接数控装置和机床机械、液压部件的控制系统，其主要作用是接收数控装置输出的主运动变速、换刀、辅助装置动作等指令信号，经过编译、逻辑判断、功率放大后驱动相应的电气、液压、气动和机械部件，以完成指令所规定的动作。此外，行程开关和监控检测等开关信号也要经过辅助控制装置送到数控装置进行处理。

4. 伺服驱动系统及位置检测装置

伺服驱动系统由伺服驱动电路和伺服驱动电动机组成，并与机床上的执行部件和机械传动部件组成数控机床的进给系统。它根据数控装置发来的速度和位移指令控制执行部件的进给速度、方向和位移。每个作进给运动的执行部件，都配有一套伺服驱动系统。伺服驱动系统有开环、半闭环和闭环之分。在半闭环和闭环伺服驱动系统中，配有位置检测装置，间接或直接地测量执行部件的实际位移和速度并发送反馈信号与指令信号进行比较，按闭环原理，将其误差转换放大后控制执行部件的运动，以提高系统精度。

5. 机械部件

数控机床的机械部件包括主运动部件、进给运动执行部件(如工作台、拖板)、传动部件和床身立柱等支承部件，此外还有冷却、润滑、排屑、转位和夹紧等辅助装置。对于加工中心类的数控机床，还有自动刀具交换装置、自动交换工作台装置等部件。数控机床机械部件的组成与普通机床相似，但传动结构要求更为简单，在精度、刚度、抗振性、耐磨性、耐热性等方面要求更高，而且其传动和变速系统要便于实现自动化控制。

1.4 数控加工技术的主要应用对象

数控加工是一种可编程的柔性加工方法，但其设备费用相对较高，故目前数控加工主要应用于加工零件形状比较复杂、精度要求较高,以及产品更换频繁、生产周期要求短的场合。具体地说,下面这些类型的零件均适合采用数控加工:

1) 形状复杂、加工精度要求高或用数学方法定义的复杂曲线、曲面轮廓。

2) 公差带小、互换性高、要求精确复制的零件。

3) 用通用机床加工时,要求设计制造复杂的专用工装或需很长调整时间的零件。

4) 价值高的零件。

5) 小批量生产的零件。

6) 钻、镗、铰、攻螺纹及铣削联合进行加工的零件。

由于现代工业生产的需要,目前应用数控机床进行加工的部分典型行业及典型复杂零件如下:

1) 电器、塑料制造业和汽车制造业等——模具型面。

2) 航空航天工业——高压泵体、导弹仓、喷气叶片、框架、机翼、大梁等。

3) 造船业——螺旋桨。

4) 动力工业——叶片、叶轮、机座、壳体等。

5) 机床工具业——箱体、盘轴类零件、凸轮、非圆齿轮、复杂形状刀具与工具。

6) 兵器工业——炮架件体、瞄准陀螺仪壳体、恒速器壳件。

另外,20 世纪 60—80 年代,以数控机床应用为基础的柔性制造技术在汽车、飞机及一些行业中得到发展,其应用结果表明:柔性制造技术适于多品种、变化批量产品的生产。当前,柔性制造技术发展了以数控加工中心、数控加工模块及多轴加工模块组成的柔性自动线,使自动线柔性化,给单一品种的大量生产方式带来了转机。这种技术已广泛应用于汽车制造业发动机等零件的制造中,目前世界上许多汽车制造厂,包括我国很多汽车公司,都已经采用以高速加工中心组成的生产线部分替代组合机床。

可见,目前的数控加工主要应用于以下两个方面:

1) 常规零件加工　如二维车削、箱体类镗铣等,其目的在于:① 提高加工效率,避免人为误差,保证产品质量。② 以柔性加工方式取代高成本的工装设备,缩短产品制造周期,适应市场需求。这类零件一般形状较简单。实现上述目的的关键:一方面在于提高机床的柔性自动化程度、高速高精加工能力、加工过程的可靠性与设备的操作性能;另一方面在于合理的生产组织、计划调度、工艺过程安排等。

2) 复杂形状零件加工　复杂形状零件如涡轮叶片、叶轮等(如图 1-3 所示)在众多的制造行业中具有重要的地位,其加工质量直接影响以至决定着整机产品的质量。这类零件型面复杂,常规加工方法难以实现,不仅促使了数控加工技术的产生,而且也一直是数控加工技术的主要研究及应用对象。由于零件型面复杂,在加工技术方面,除要求数控机床具有较强的运动控制能力(如多轴联动)外,更重要的是如何有效地获得高效、优质的数控加工程序,并从加工过程整体上提高生产率。

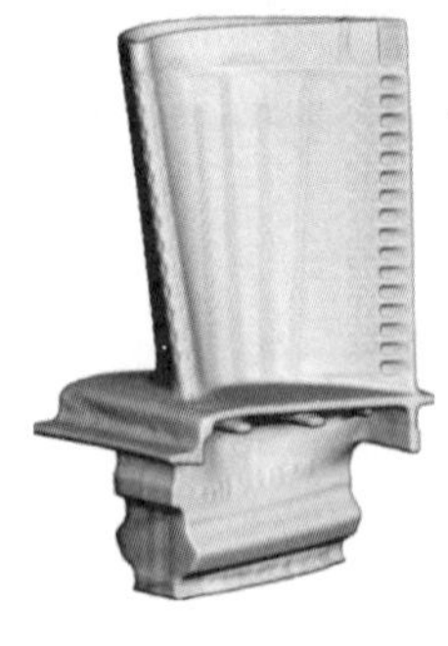

(a) 涡轮叶片

(b) 叶轮

图 1-3　数控机床加工的复杂形状零件

1.5　数控编程技术

1.5.1　数控编程的内容

数控编程的主要内容包括：

1. 分析零件图样，确定工艺过程

该项内容包括确定加工方案，选择合适的机床、刀具及夹具，确定合理的走刀路线及切削用量等。

2. 数学处理

数学处理包括建立工件的几何模型、计算加工过程中刀具相对工件的运动轨迹等。数学处理的最终目的是为了获得编程所需要的所有相关位置坐标数据。

3. 编写程序单

按照数控装置规定的指令和程序格式，编写零件的加工程序单。

4. 制作程序介质并输入程序信息

加工程序可以存储在控制介质（如穿孔纸带、磁盘、CF 卡、U 盘等）上，作为控制数控装置的输入信息。通常，若加工程序简单，可直接通过机床操作面板上的键盘输入。

5. 程序校验和试切削

编制的加工程序必须通过空运行、图形动态模拟或试切削等方法检验其正确性。当发现错误时，通过分析产生错误的性质来修改程序或调整刀具补偿参数，直到加工出合格的零件。

1.5.2　数控编程的方法

根据问题复杂程度的不同，数控加工程序可通过手工编程或自动编程来获得。

1. 手工编程

手工编程是指零件图样分析、工艺处理、数值计算、编写程序单、程序输入及程序校验等均由人工完成。它要求编程人员不仅要熟悉数控指令及编程规则，而且

还要具备数控加工工艺知识和数值计算能力。如在加工中心上用立铣刀加工如图 1-4a所示形状的工件,因该零件轮廓由直线和简单的圆弧轮廓组成,可以手工计算坐标值(见表 1-2)并确定刀具路径来完成数控编程,使刀具沿 $P_1 \rightarrow P_2 \rightarrow P_3 \rightarrow P_4 \rightarrow P_5 \rightarrow P_6 \rightarrow P_1$ 的轨迹运动加工,如图 1-4b 所示。

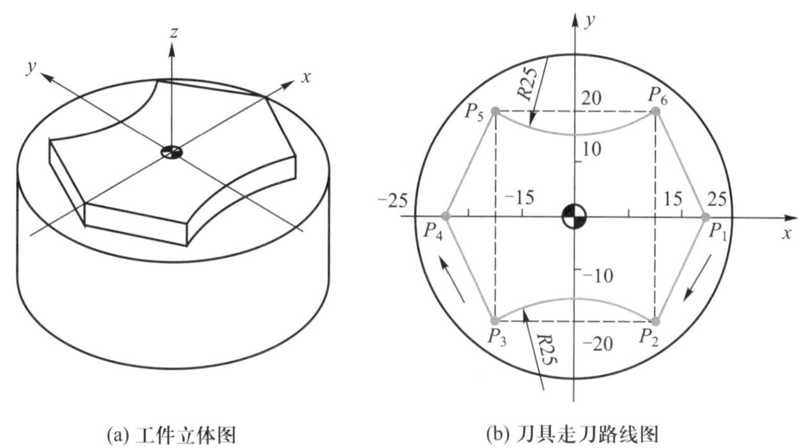

(a) 工件立体图　　(b) 刀具走刀路线图

图 1-4　手工编程零件实例

表 1-2　计算坐标值　　mm

	P_1	P_2	P_3	P_4	P_5	P_6
x	25	15	-15	-25	-15	15
y	0	-20	-20	0	20	20

手工编制的加工程序如下(为简化,此处没有考虑铣刀半径):

```
O1001;                  (程序号)
G90 G00 G54 X25 Y0;     (建立工件坐标系,刀具快速运动到 P1 点)
G43 Z100 H01;           (建立刀具长度补偿,快速移动到 z=100 位置)
S1000 M03;              (主轴以 1 000 r·min^-1 的转速正转)
G00 Z3                  (刀具快速移动到 z=3 位置)
G01 Z-2 F150;           (刀具以 150 mm·min^-1 的进给速度切入到 z=-2 位置)
X15 Y-20;               (刀具沿直线运动到 P2 点)
G03 X-15 R25;           (刀具沿逆时针圆弧运动到 P3 点)
G01 X-25 Y0;            (刀具沿直线运动到 P4 点)
X-15 Y20;               (刀具沿直线运动到 P5 点)
G03 X15 R25;            (刀具沿逆时针圆弧运动到 P6 点)
G01 X25 Y0;             (刀具沿直线运动到 P1 点)
G00 Z10 M05;            (刀具沿 z 轴方向快速退刀至 z=10 位置,主轴停止)
G91 G28 Z0;             (z 轴回机床参考点)
X0 Y0;                  (x、y 轴回机床参考点)
M30;                    (程序结束)
```

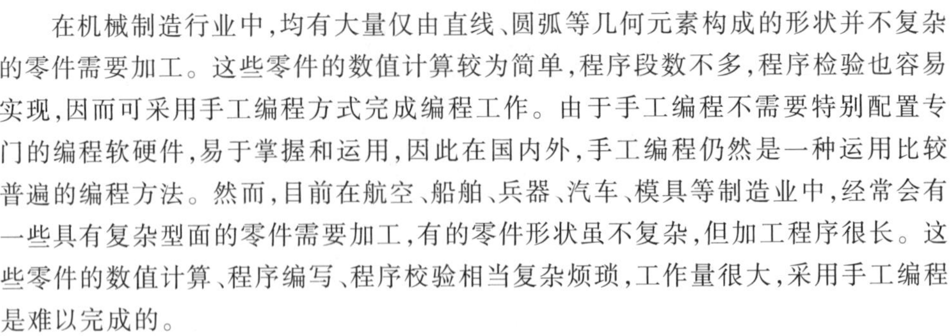

在机械制造行业中，均有大量仅由直线、圆弧等几何元素构成的形状并不复杂的零件需要加工。这些零件的数值计算较为简单，程序段数不多，程序检验也容易实现，因而可采用手工编程方式完成编程工作。由于手工编程不需要特别配置专门的编程软硬件，易于掌握和运用，因此在国内外，手工编程仍然是一种运用比较普遍的编程方法。然而，目前在航空、船舶、兵器、汽车、模具等制造业中，经常会有一些具有复杂型面的零件需要加工，有的零件形状虽不复杂，但加工程序很长。这些零件的数值计算、程序编写、程序校验相当复杂烦琐，工作量很大，采用手工编程是难以完成的。

2. 自动编程

自动编程是指借助数控自动编程系统由计算机来辅助生成加工程序。此时，编程人员一般只需借助数控编程系统提供的各种功能对加工零件的几何参数、工艺参数及加工过程进行较简单的描述，即可由计算机自动完成程序编制的全过程。自动编程解决了手工编程难以解决的复杂零件的编程问题，既减轻了编程的劳动强度，又提高了效率和准确性，在数控加工中的应用日益广泛。

1.5.3 数控编程技术的发展概况

为解决复杂型面零件在数控机床上加工的编程问题，20 世纪 50 年代，麻省理工学院（MIT）设计了一种专门用于机械零件数控加工程序编制的语言 APT（automatically programmed tool）。其后，MIT 组织美国各大飞机公司共同开发了 APTⅡ。到了 20 世纪 60 年代，在 APTⅡ的基础上研制的APTⅢ 已经到了应用阶段。以后几经修改和充实，发展成为 APTⅣ、APTAC 和 APTⅣ/SS 等。APT 语言用专用语句书写源程序，将其输入计算机，由 APT 处理程序经过编辑和运算，输出刀具中心轨迹，然后再经过后置处理，把通用的刀位数据转换成数控机床所要求的 NC 程序段格式。

采用 APT 语言编制数控程序具有程序简练、走刀控制灵活等优点，使数控加工编程从面向机床指令的“汇编语言”级上升到面向零件几何元素和加工方式直接描述的“高级语言”级。表 1-3 给出了用 APT 语言来描述定义语句的例子。但 APT 仍有许多不足之处：采用语言定义零件几何形状，难以描述复杂的几何形状，缺乏几何直观性；缺少对零件形状、刀具运动轨迹的直观图形显示和刀具轨迹的验证手段；难以和 CAD 数据库及 CAPP 系统有效连接；不容易做到高度的自动化、集成化。

表 1-3　APT 语句举例

定义的种类	定义语句的例子
点	P2=P/L1,L2（直线 L_1 与直线 L_2 交点的坐标）
线	L1=L/P1,P2（过 P_1 和 P_2 两点的直线）
圆	C1=C/0,20,25（中心坐标为（0,20），半径为 25 的圆）
刀具移动	GL/L1,TO,L2（沿直线 L_1 左侧移动，到直线 L_2 停止）

针对 APT 语言的缺点，1972 年由美国洛克希德飞机公司开发出具有计算机辅助设计、绘图和数控编程一体化功能的自动编程系统 CADAM，由此标志着一种新型计算机自动编程方法的诞生。1978 年，法国达索飞机公司开始开发集三维设计、分析、NC 加工一体化的 CATIA 系统，随后很快出现了 EUCLID、UG Ⅱ、INTERGRAPH、Pro/ENGINEER、MasterCAM 等系统。这些系统都有效地解决了几何造型，零件几何形状的显示，交互设计、修改及刀具轨迹生成，走刀过程的仿真显示、验证等问题，推动了 CAD 和 CAM 向一体化方向发展。这类软件的主要特点是将优越的参数化设计、变量化设计及特征造型技术与传统的实体和曲面造型功能结合在一起，加工方式完备，计算准确，实用性强，可以从简单的 2 轴加工到以 5 轴联动方式来加工极为复杂的曲面，并可以对数控加工过程进行自动控制和优化，同时提供了二次开发工具允许用户扩展。图 1-5 所示为应用五轴 CAD/CAM 系统进行叶轮设计与制造的实例。

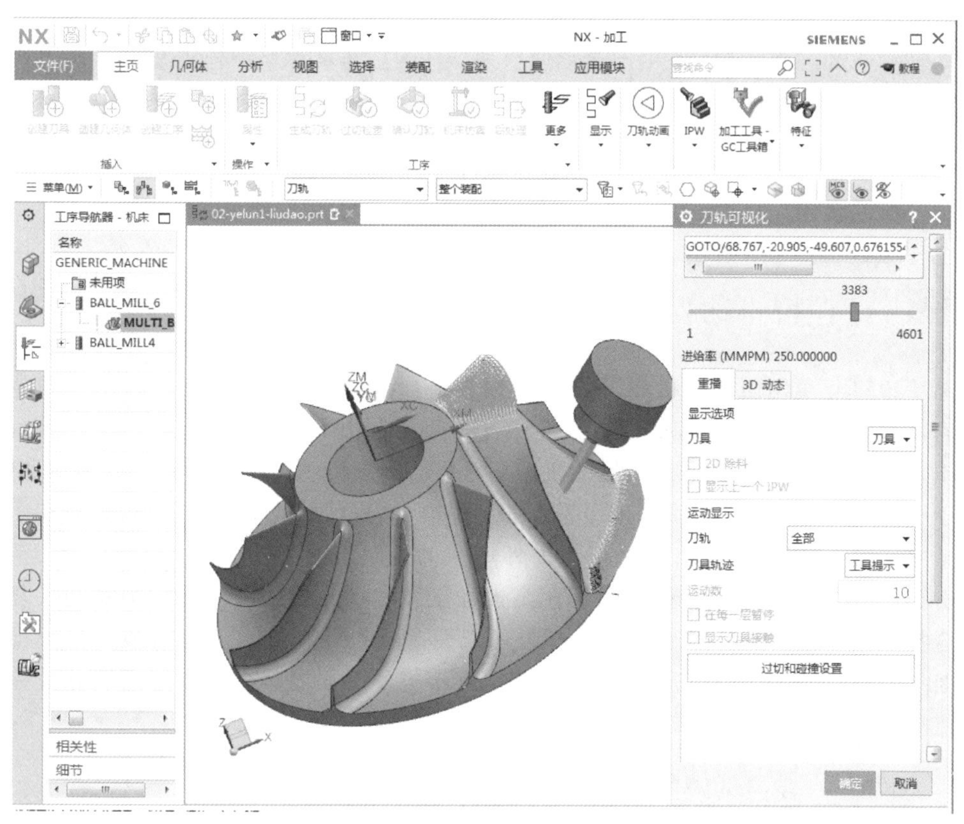

图 1-5　CAD/CAM 系统应用实例

1.5.4　数控编程技术现状与趋势

日益增多的复杂形状零件和高精、高效的加工对数控编程技术提出了越来越高的要求，面向复杂形状零件、多轴加工和加工过程优化的数控编程技术越来越重要。同时，为适应高速加工、CIMS、并行工程和敏捷制造等先进制造技术的发展，缩短产品研制生产周期以柔性与快速地响应市场需求，数控编程技术呈现出进一步向集成化、智能化、自动化、易使用化和面向车间编程等方向发展的趋势。

复杂形状零件的加工一直是数控编程技术的主要研究内容。对于三坐标加工，目前的编程系统一般能较好地完成，达到较高的稳定性。但由于多轴加工在加工复杂形状零件的能力、质量和效率等诸多方面的显著优势，多轴编程显得越来越重要。不过，多轴加工编程较复杂，特别是由于零件形状的复杂多变，要实现较通用的多坐标自动编程有较大难度。因此，目前编程系统中对多坐标加工的处理一般采取面向专用零件的方式。

数控加工的效率与质量极大地取决于加工方案与加工参数的合理选择，包括合适的机床、刀具形状与尺寸、刀具相对加工表面的姿态、走刀路线、主轴速度、背吃刀量和进给速度等。为了优化这些参数，必须知道在复杂的切削状态下这些参数与刀具受力、磨损、加工表面质量及机床颤振等众多因素之间的关系。在复杂形状零件的加工过程中，切削状态往往一直是变化的，其优化措施还必须具有动态自适应的特点。对于加工方案与参数的自动选择与优化是数控编程走向智能化与自动化的重要标志和要解决的关键问题，同时也是实现面向车间编程的重要前提。在建立工艺数据库的基础上，采取自动特征识别技术（AFR）、交互式特征识别技术（IFR）和基于特征与知识的编程是解决该问题的重要途径。

1.6 数控技术的发展趋势

1952 年美国研制出世界上第一台数控铣床，开创了世界数控机床发展的先河。随后，德国、日本、苏联等国于 1956 年分别研制出本国第一台数控机床。我国于 1958 年由清华大学和北京第一机床厂合作研制出第一台数控铣床。近年来，由于引进了国外的数控系统与伺服系统的制造技术，我国数控机床在品种、数量和质量方面得到了迅速发展，缩短了与国外厂家的差距。在国外数控技术向高速、精密、多轴、复合发展的总趋势下，我国高速加工技术、精密加工技术、五轴联动及复合加工技术也取得了突破，打破了国外的长期垄断和封锁，自主创新开发了一大批新产品，并进入国民经济的重要领域和国外市场。下面简单介绍数控系统和数控机床的发展趋势。

1.6.1 数控系统的发展趋势

从 1952 年美国麻省理工学院研制出第一台试验性数控系统到现在，数控系统已经走过 60 多年的发展历程。目前，国内外新一代数控系统的总体发展趋势如下：

1. 数控系统采用开放式体系结构

20 世纪 90 年代以来，受通用微机（PC）技术飞速发展的影响，数控系统正朝着以通用微机为基础、体系结构开放和智能化的方向发展。这类以计算机为控制核心的数控系统，统称为计算机数控（computerized numerical control，CNC）系统。

1994 年基于 PC 的 NC 控制器在美国首先于市场上出现,此后得到迅速发展。由于基于 PC 的开放式数控系统可充分利用通用微机丰富的软硬件资源和适用于通用微机的各种先进技术,因此成为数控技术发展的潮流和趋势。世界上许多数控系统生产厂家利用 PC 丰富的软硬件资源开发出了开放式体系结构的新一代数控系统。开放式体系结构的数控系统具有良好的通用性、柔性、适应性、扩展性,并向智能化、网络化方向发展。如 Cincinnati-Milacron 公司从 1995 年开始在其生产的加工中心、数控铣床、数控车床等产品中采用了开放式体系结构的 A2100 系统。开放式体系结构可以大量采用通用微机的先进技术,实现声控自动编程、图形扫描自动编程等。数控系统继续向高集成度方向发展,芯片上可以集成更多的晶体管,使系统更加小型化、微型化,大大提高可靠性。利用多 CPU 的优势,实现故障自动排除;增强通信功能,提高进线、联网能力。开放式体系结构的新一代数控系统,其硬件、软件和总线规范都是对外开放的,由于有充足的软硬件资源可供利用,不仅使数控系统制造商和用户进行的系统集成得到有力的支持,而且也为用户的二次开发带来了极大方便,促进了数控系统多档次、多品种的开发和应用,既可通过升级或组合构成各种档次的数控系统,又可通过扩展构成不同类型数控机床的数控系统。

2. 数控系统的控制性能大大提高

数控系统在控制性能上向智能化方向发展。随着人工智能在计算机领域的应用,数控系统引入了自适应控制、模糊系统和神经网络的控制机理,使新一代数控系统具有自动编程、前馈控制、模糊控制、学习控制、自适应控制、工艺参数自动生成、三维刀具补偿、运动参数动态补偿等功能,而且人机界面极为友好,并具有故障诊断专家系统,使自诊断和故障监控功能更趋完善。伺服系统智能化的主轴交流驱动和智能化进给伺服装置,能自动识别负载并自动优化、调整参数。直线电动机驱动系统已进入实用阶段。

1.6.2　数控机床的发展趋势

新一代数控系统技术水平大大提高,大大促进了数控机床性能的提高。当前,世界数控技术及其装备发展趋势主要体现在以下几个方面:

1. 高速、高效化

数控机床向高速化方向发展,可充分发挥现代刀具材料的性能,大幅度提高加工效率,降低加工成本,提高工件的表面加工质量和精度。超高速加工技术对制造业实现高效、优质、低成本生产有广泛的适用性。

20 世纪 90 年代以来,美国、日本及欧洲各国争相开发应用新一代高速数控机床,加快了机床高速化发展步伐。高速加工的优势在于提高效率的同时提高加工精度。高速切削可以减小切削深度,有利于克服机床振动,降低传入工件的热量,减小热变形,从而提高加工精度,改善加工表面质量。随着超高速切削机理、超硬耐磨长寿命刀具材料和磨料磨具、大功率高速电主轴、高加/减速度直线电动机驱动进给部件以及高性能控制系统(含监控系统)和防护装置等一系列技术领域中关键技术的解决,新一代高速数控机床的车削和铣削速度已达到 5 000~8 000 $m \cdot min^{-1}$ 以

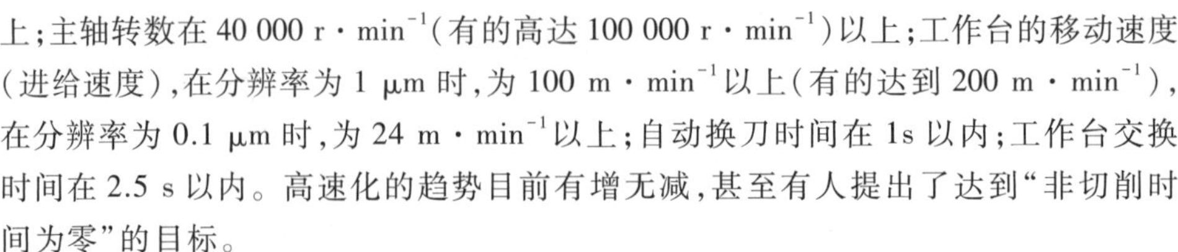

上；主轴转数在 40 000 $r \cdot min^{-1}$（有的高达 100 000 $r \cdot min^{-1}$）以上；工作台的移动速度（进给速度），在分辨率为 1 μm 时，为 100 $m \cdot min^{-1}$ 以上（有的达到 200 $m \cdot min^{-1}$），在分辨率为 0.1 μm 时，为 24 $m \cdot min^{-1}$ 以上；自动换刀时间在 1s 以内；工作台交换时间在 2.5 s 以内。高速化的趋势目前有增无减，甚至有人提出了达到“非切削时间为零”的目标。

2. 高精度化

随着高新技术的发展和对机电产品性能与质量要求的提高，机床用户对机床加工精度的要求也越来越高。为了满足用户的需要，近 10 多年来，普通级数控机床的加工精度已由±10 μm 提高到±5 μm，精密级加工中心的加工精度则从±(3～5) μm 提高到±(1～1.5) μm。

随着现代科学技术的发展，对超精密加工技术不断提出新的要求。新材料及新零件的出现、更高精度要求的提出等都需要超精密加工工艺，发展新型超精密加工机床、完善现代超精密加工技术是适应现代科技发展的必由之路。当前，精密加工精度提高了两个数量级，超精密加工精度进入纳米级（0.001 μm），主轴回转精度要求达到 0.01～0.05 μm，加工圆度为 0.1 μm，加工表面粗糙度为 *Ra*0.003 μm 等。

3. 高可靠性

数控机床要发挥高性能、高精度、高效率，并获得良好的效益，关键取决于其可靠性。衡量可靠性的重要量化指标是平均无故障工作时间（mean time between failure，MTBF），具体是指产品每连续两次故障之间的平均间隔时间。数控系统的 MTBF 已由 20 世纪 80 年代的 10 000 h，提高到目前的 30 000～50 000 h。数控机床整机的可靠性水平也有显著提高，根据中国机床工具协会 2015 年的测定，进口加工中心的 MTBF 平均为 2 000 h，国产加工中心的 MTBF 平均为 1 000 h。《国家中长期科学和技术发展规划纲要（2006—2020 年）》中“高档数控机床与基础制造装备”科技重大专项要求“十三五”期间，国产数控机床的 MTBF 要达到 2 000 h 以上。

4. 智能化

智能制造日益成为未来制造业发展的重大趋势和核心内容，也是加快发展方式转变、促进工业向中高端迈进、建设制造强国的重要举措。数控机床智能化是智能制造的基础，可分为 3 个方面：① 机床部件本身，包括主轴单元、进给驱动、结构件的智能化，用以优化切削参数，抑制或消除振动，补偿热变形，充分发挥机床的潜力；② 数控系统智能化，从加工设备控制器进化到工厂网络的终端，生产数据能够自动采集，实现机床与机床、机床与各级管理系统的实时通信，使生产透明化，融入企业的组织和管理，打造智能化工厂；③ 机床智能化和网络化为制造资源社会共享，构建异地的、虚拟的云工厂创造了条件，从而迈向共享经济新时代。

5. 数控编程自动化

随着计算机应用技术的发展，目前 CAD/CAM 图形交互式自动编程已得到较多的应用，是数控技术发展的新趋势。它利用 CAD 绘制的零件图样，再经计算机内的刀具轨迹数据进行计算和后置处理，从而自动生成 NC 零件加工程序，以实现 CAD 与 CAM 的集成。随着智能制造技术的发展，当前又出现了 CAD/CAPP/CAM

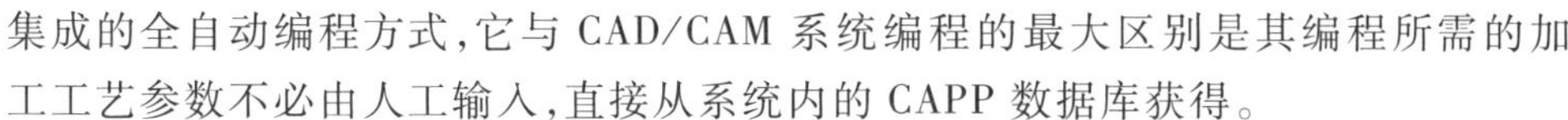

集成的全自动编程方式，它与 CAD/CAM 系统编程的最大区别是其编程所需的加工工艺参数不必由人工输入，直接从系统内的 CAPP 数据库获得。

6. 复合化

复合化包含工序复合化和功能复合化。数控机床的发展已模糊了粗精加工工序的概念。车铣复合中心的出现，又把车、铣、镗等工序集中到一台机床来完成，打破了传统的工序界限和分开加工的工艺规程。近年来，又相继出现了许多跨度更大的功能集中的超复合化数控机床，如日本池贝铁工所的 TV4L 立式加工中心，由于采用 U 轴，亦可进行车削加工。

7. 出现新一代数控加工工艺与装备

为适应制造自动化的发展，向 FMC、FMS 和 CIMS 提供基础设备，要求数字控制制造系统不仅能完成通常的加工功能，而且还要具备自动测量、自动上下料、自动换刀、自动更换主轴头（有时带坐标变换）、自动误差补偿、自动诊断、网络通信等功能，广泛地应用机器人、物流系统；数控技术、制造过程技术在快速成型、并联机构机床、机器人化机床、多功能机床等整机方面已有所突破。20 世纪 90 年代面世，被称为“21 世纪机床”的并联机床（parallel machine tools），采用以可伸缩的六条“腿”（伺服轴）支撑并连接上平台（装有主轴头）与下平台（装有工作台）的结构形式，取代传统的床身、立柱等支撑结构，而没有任何导轨与滑板的所谓“虚轴机床”，如图 1-6 所示。其最显著的优点是机床基本性能高，精度、刚度和加工效率均可比传统加工中心高出许多倍。随着这种结构技术的成熟和发展，数控机床技术将进入一个有重大变革和创新的新时代。并联杆系结构的新型数控机床的出现，开拓了数控机床发展的新领域。

图 1-6　并联机床

复习思考题

1. 简述数控的概念。

2. 数控加工的特点是什么？

3. 简述数控机床的组成及工作原理。

4. 什么是手工编程？什么是自动编程？它们各有何特点？

5. 到图书馆或互联网上查询资料，了解数控加工技术的最新发展趋势及目前国内外有哪些常用的自动编程软件，它们各有哪些特点？[可访问中国数控机床网（www.cncbuy.com）和中国数控网（www.shukong.net）等。]

第2章

数控加工工艺基础

学习目标

1. 了解数控加工工艺和普通加工工艺的主要异同点。
2. 掌握数控加工工艺分析方法。
3. 掌握数控加工工艺设计的主要内容和应遵循的基本原则。
4. 了解刀具材料的主要类型及特点，能根据加工要求正确选择刀具材料。
5. 认识切削用量对切削加工的影响规律，会正确选择切削用量。
6. 掌握数控编程中常用的数学处理方法。
7. 了解数控机床的工具系统。
8. 了解数控加工工艺文件的主要内容和编制要求。

2.1 数控加工工艺概述

合理确定数控加工工艺对实现优质、高效和经济的数控加工具有极为重要的作用。其内容包括选择合适的机床、刀具、夹具、走刀路线及切削用量等，只有选择合适的工艺参数及切削策略才能获得较理想的加工效果。从加工的角度看，数控加工技术主要是围绕加工方法与工艺参数的合理确定及有关其实现的理论与技术。数控加工通过数控系统控制刀具作精确的切削加工运动，是完全建立在复杂的数值运算之上的，能实现传统的机加工无法实现的合理、完整的工艺规划。

2.1.1 数控加工工艺的基本特点

数控加工工艺问题（例如机床、夹具、刀具选择及切削用量、刀具进给路线确定等）的处理与普通加工工艺基本相同，在设计零件的数控加工工艺时，首先要遵循普通加工工艺的基本原则和方法，同时还必须考虑数控加工工艺本身的特点和零件编程的要求。数控加工工艺的基本特点如下：

1. 内容明确而具体

数控加工工艺与普通加工工艺相比，在工艺文件的内容和格式上都有较大区别，如在加工部位、加工顺序、刀具配置与使用顺序、刀具轨迹、切削参数等方面，都

要比普通机床加工工艺中的工序内容更详细。数控加工工艺必须详细到每一次走刀路线和每一个操作细节,即普通加工工艺通常留给操作者完成的工艺与操作内容(加工步的安排、刀具几何形状及安装位置等),都必须由工艺人员在编制工艺时予以预先确定。也就是说,在普通机床加工时本来由操作工人在加工中灵活掌握并通过适时调整来处理的许多工艺问题,在数控加工时就必须由工艺人员事先做好具体设计和明确安排。

2. 工艺工作要求准确而严密

数控机床虽然自动化程度高,但自适应性差,它不能像普通加工那样可以根据加工过程中出现的问题自由地进行人为的调整。例如,在数控机床上加工内螺纹时,它并不知道孔中是否挤满了切屑,何时需要退一次刀,待清除切屑后再进行加工。所以,在数控加工的工艺设计中必须注意加工过程中的每一个细节,尤其是对图形进行数学处理、计算和编程时一定要力求准确无误,否则可能会出现重大机械事故和质量事故。

3. 采用多坐标联动自动控制加工复杂表面

在一般简单表面的加工方法上,数控加工与普通加工无太大差别。但是对于复杂表面、特殊表面或有特殊要求的表面,数控加工方法与普通加工方法有着根本的不同。例如,对于曲线和曲面的加工,普通加工是用划线、样板、靠模、钳工、成形加工等方法进行的,不仅生产率低,而且难以保证加工质量;而数控加工则采用多坐标联动自动控制加工方法,其加工质量与生产率是普通加工方法无法比拟的。

4. 采用先进的工艺装备

为了满足数控加工高质量、高效率和高柔性的要求,数控加工中广泛采用先进的数控刀具、组合夹具等工艺装备。

5. 采用工序集中

由于现代数控机床具有刚性大、精度高、刀库容量大、切削参数范围广及多坐标、多工位等特点,因此在工件的一次装夹中可以完成多个表面的多种加工,甚至可在工作台上同时装夹几个相同或相似的工件进行加工,从而缩短了加工工艺路线和生产周期,减少了加工设备、工装的数量和工件的运输工作量。

实践证明,数控加工中失误的主要原因多为工艺方面考虑不周和计算、编程粗心大意。因此,工艺和编程人员除必须具备较扎实的工艺知识和较丰富的实际工作经验外,还必须具有耐心、细致的工作作风和高度的工作责任感。

2.1.2 数控加工工艺的主要内容

根据实际应用需要,数控加工工艺主要包括以下内容:

1) 选择适合在数控机床上加工的零件,确定数控机床加工内容。

2) 对零件图样进行数控加工工艺分析,明确加工内容及技术要求。

3) 具体设计数控加工工序,加工步的划分、工件的定位与夹具的选择、刀具的选择、切削用量的确定等。

4) 处理特殊的工艺问题,如对刀点、换刀点的选择,加工路线的确定,刀具补偿等。

5）进行编程误差分析及其控制。

6）处理数控机床上部分工艺指令，编制工艺文件。

2.1.3　数控机床的合理选用

从加工工艺的角度分析，选用的数控机床功能必须适应被加工零件的形状、尺寸精度和生产节拍等要求。

1. 形状尺寸适应性

所选用的数控机床必须能适应被加工零件群组的形状尺寸要求。这一点应在被加工零件工艺分析的基础上进行，如加工空间曲面形状的叶片，往往要选择四轴或五轴联动数控镗铣床或加工中心。这里要注意的是防止由于冗余功能而付出昂贵的代价。

2. 加工精度适应性

所选择的数控机床必须满足被加工零件群组的精度要求。为了保证加工误差不超过允许范围，必须分析生产厂家给出的数控机床精度指标，保证有三分之一的储备量。但要注意不要一味地追求不必要的高精度，只要能确保零件群组的加工精度即可。

3. 生产节拍适应性

根据加工对象的批量和节拍要求来决定是用一台数控机床来完成加工，还是选择几台数控机床来完成加工；是选择柔性加工单元、柔性制造系统来完成加工，还是选择柔性生产线、专用机床和专用生产线来完成加工。

数控机床的最大特点是具有柔性化和灵活性，最适合轮番生产和产品更新换代快的要求。如果产品生命周期较长且批量大，选用专机、专线来保证生产率和生产节拍要求也许更为合理。

选用数控机床还要注意上下工序间的节拍协调一致，要注意外部设备的配置、编程、操作、维修等支撑环境。如果它们都不能协调运行，再好的数控机床也不能很好地发挥作用。

2.2　数控加工工艺分析与工艺设计

数控机床加工中所有工步的刀具选择、走刀轨迹、切削用量、加工余量等都要预先确定好并编入加工程序。一个合格的编程员首先应该是一个很好的工艺员，对数控机床的性能、特点和应用、切削规范和标准工具系统等要非常熟悉，否则就无法做到全面、周到地考虑加工的全过程，并正确、合理地编制零件的加工程序。

2.2.1　数控加工工艺分析

数控加工工艺分析涉及内容很多，在此仅从数控加工的必要性、可能性与方便性方面加以分析。

1. 零件加工工艺分析，决定零件进行数控加工的内容

当某个零件采用数控加工时，并不等于它所有的加工内容都要由数控加工来完成，而进行数控加工的内容可能只是其中的一部分。因此，必须对零件图样进行仔细的工艺分析，选择那些最适合、最需要数控加工的内容和工序进行数控加工。在选择时，应结合实际生产情况，立足于解决难题和提高生产率，充分发挥数控加工的优势，一般可按下列顺序考虑：

1）优先选择通用机床无法加工的内容进行数控加工；

2）重点选择通用机床难以加工或加工质量难以保证的内容进行数控加工；

3）采用通用机床加工效率较低、劳动强度较大的内容，在数控机床尚存富余能力的基础上可选择数控加工。

通常，上述加工内容采用数控加工后，在加工质量、生产率与综合经济效益等方面都会得到明显的提高。此外，在选择和决定加工内容时，也要考虑生产批量、生产周期和工序间周转情况等。总之，要尽量做到"优质、高产、低消耗"，要防止把数控机床降格为通用机床使用。

2. 零件的结构工艺性分析

零件的结构工艺性是指所设计的零件在能满足使用要求的前提下，制造的可行性和经济性。目前对零件结构工艺性好坏的评判主要采用定性的方式进行。下面是对数控加工零件的结构工艺性进行分析时应注意的几个问题：

1）零件的内腔和外形尽可能地采用统一的几何类型和尺寸。这样可以减少刀具的规格和换刀次数，有利于编程和提高生产率。

2）内槽圆角的大小决定了刀具直径的大小，因此内槽圆角不应过小。零件结构工艺性与被加工轮廓精度的高低、过渡圆弧半径的大小等有关。如图 2-1 所示，图 b 与图 a 相比，过渡圆弧半径较大，可采用直径较大的铣刀来加工；加工平面时，进给次数也相应地减少，表面加工质量也较好，所以其结构工艺性较好。通常 $R<0.2H$（H 为被加工轮廓面的最大高度）时，可判定零件该部位的结构工艺性不好。

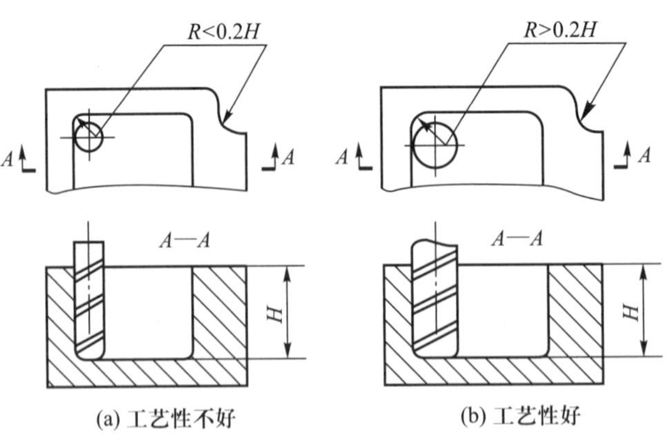

图 2-1　数控加工工艺性对比

3）铣削零件的底平面时，槽底圆角半径 r 不应过大。如图 2-2 所示，圆角半径 r 越大，铣刀端刃铣削平面的能力就越差，效率也越低。因为铣刀与铣削平面接

触的最大直径 $d=D-2r$，当铣刀直径 D 一定时，r 越大，铣刀端刃铣削面积越小，加工工艺性就越差。

4）保证基准统一。数控加工的高柔性、高精度和高生产率等特点决定了在数控机床上加工的工件必须有可靠的定位基准。为了便于采用工序集中原则，避免因工件重复定位和基准变换所引起的定位误差以及生产率的降低，一般都采用统一基准的原则定位。如果工件上没有合适的定位基准，则应在工件上设置辅助基准，以保证数控加工的定位准确、可靠、迅速方便。

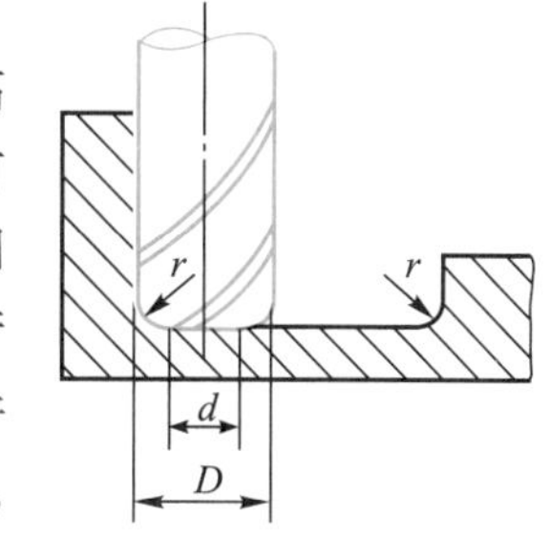

图 2-2　零件底面圆弧对加工工艺性的影响

通过对零件的工艺分析，可以深入全面地了解零件，及时地对零件结构和技术要求等做必要的修改，进而确定该零件是否适合在数控机床上加工，适合在哪台数控机床上加工，在某台机床上应完成零件的哪些工序或哪些表面的加工等。

2.2.2　数控加工工艺设计

数控加工工艺设计与普通加工工艺设计相似。首先需要选择定位基准；再确定所有加工表面的加工方法和加工方案；然后确定所有工步的加工顺序，合理划分数控加工工序；最后再将需要的其他工序（如普通加工工序、辅助工序、热处理工序等）插入，并衔接于数控加工工序序列之中，就得到了零件的数控加工工艺路线。

1. 定位基准的选择

定位基准选择得正确与否不仅直接影响数控加工零件的加工精度，还会影响夹具结构的复杂程度和加工效率等。

（1）精基准的选择

精基准的选择应从保证零件的加工精度，特别是加工表面的相互位置精度来考虑，同时也必须尽量使装夹方便及夹具结构简单可靠。精基准的选择应遵循如下原则：

1）“基准重合”原则　即应尽可能选用设计基准作为精基准，这样可以避免由于基准不重合而引起的误差。

2）“基准统一”原则　即在加工工件的多个表面时尽可能使用同一组定位基准作为精基准。这样便于保证各加工表面的相互位置精度，避免基准变换所产生的误差，并能简化夹具的设计与制造。

3）“互为基准”原则　当两个加工表面相互位置精度以及它们自身的尺寸与形状精度都要求很高时，可以采用互为基准的原则，反复多次进行加工。

4）“自为基准”原则　有些精加工或光整加工工序要求加工余量小而均匀，在加工时就应尽量选择加工表面本身作为精基准，而该表面与其他表面之间的位置精度则由先行工序保证。

5）便于装夹原则　所选精基准应保证定位准确、稳定及装夹方便可靠，夹具结构简单适用，操作方便灵活，有足够大的接触面积，以承受较大的切削力。

(2) 粗基准的选择

粗基准的选择主要影响不加工表面与加工表面之间的相互位置精度,以及加工表面的余量分配。粗基准的选择应遵循的原则如下:

1) 不加工表面原则　为了保证加工表面与不加工表面之间的位置要求,应选择不加工表面为粗基准。如果工件上有多个不加工表面,则应以与加工表面位置精度要求较高的表面作为精基准。

2) 加工余量最小原则　以余量最小的表面作为粗基准,以保证各加工表面有足够的加工余量。

3) 重要表面原则　为保证重要表面的加工余量均匀,应选择该表面作为粗基准。

4) 不重复使用原则　粗基准原则上只能使用一次。

5) 大面平原则　选作粗基准的表面应尽量平整光洁,不应有飞边、浇冒口等缺陷。

数控机床加工在选择定位基准时除了遵循以上原则外,还应考虑以下几点:

1) 应尽可能在一次装夹中完成所有能加工表面的加工,为此要选择便于各个表面都加工的定位方式。如对于箱体零件,宜采用一面两销的定位方式,也可采用以某侧面为导向基准,待工件夹紧后将导向元件拆去的定位方式。

2) 如果用一次装夹完成工件上各个表面的加工,也可直接选用毛面作为定位基准,只是这时对毛坯的制造精度要求会更高一些。

2. 加工方法的选择和加工方案的确定

(1) 加工方法的选择

加工方法的选择原则是首先保证加工表面的加工精度和表面粗糙度的要求。由于获得同一经济加工精度和表面粗糙度的加工方法有许多,因而在实际选择时,要结合零件的结构形状、尺寸大小和热处理要求等全面考虑。例如,对于IT7级精度的孔采用镗削、铰削、磨削等加工方法均可达到精度要求,但箱体上较大的孔一般采用镗削,较小的孔宜选择铰削,箱体上的孔不宜采用磨削。此外,还应考虑生产率和经济性的要求以及现有实际生产情况等。常用加工方法的经济加工精度和表面粗糙度可查阅有关工艺手册。

工件表面轮廓可分为平面和曲面两大类,其中平面类中的斜面轮廓又分为有固定斜角的外轮廓面和有变斜角的外轮廓面。工件表面的轮廓不同,选择的数控机床和加工方法等也不相同。在选择时应根据零件的尺寸精度、倾斜角的大小、刀具的形状、零件的装夹方法、编程的难易程度等因素,选择一个较合理的加工方案。

此外,还要考虑选择机床的合理性。例如,单纯铣轮廓表面或铣槽的中小型零件,选择数控镗铣床进行加工较好;而大型非圆曲线、曲面的加工或者是不仅需要铣削而且有孔加工的零件,宜在加工中心上加工。

(2) 加工方案的确定

任何一种零件都是由平面、内外圆柱面、内外圆锥面和成形表面等简单几何表面组成的。因此,确定各种零件的加工方案,实际上就是依据零件要求的加工精度、表面粗糙度及零件的结构特点,把每一几何表面的加工方案确定下来,再按合

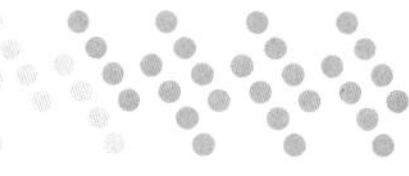

理的顺序排列起来。

确定加工方案时，首先应根据表面的加工精度和表面粗糙度要求，初步确定为达到这些要求所需要的最终加工方法，然后再确定其前面一系列的加工方法，即获得该表面的加工方案。例如，对于箱体上孔径不大的 IT7 级精度的孔，先确定最终加工方法为精铰，而精铰孔前则通常要经过钻孔、扩孔和粗铰等工序的加工。在确定表面的加工方案时，可查阅有关工艺手册。

3. 加工顺序的安排

加工顺序安排得合理与否，将直接影响零件的加工质量、生产率和加工成本。在安排数控加工顺序时应遵循以下原则：

1）工序集中原则　合理进行工序组合，尽量使工序集中，即将工件的加工集中到少数工序完成，每道工序的加工内容较多。

2）基准先行原则　应在工艺过程一开始就进行定位基准面的粗、精加工，然后再加工其余表面。

3）先粗后精原则　先安排粗加工，再半精加工和精加工。

4）先主后次原则　精度要求较高的主要表面的粗加工一般应安排在次要表面粗加工之前，这样有利于及时发现毛坯的内在缺陷。加工中容易损伤的表面（如螺纹等）应放在加工路线的后面。

5）先面后孔原则　对箱体类零件，为提高孔的位置精度，应先加工面，后加工孔。

6）尽量使工件的装夹次数、工作台转动次数、刀具更换次数及所有空行程时间减至最少，提高加工精度和生产率。例如，对于加工中心，若换刀时间较工作台转位时间长，在不影响加工精度的前提下，可按刀具集中工序，即在一次装夹中，用同一把刀具加工完该刀具能加工的所有部位，再换下一把刀具加工其他部位，这样可以减少换刀次数和时间。若换刀时间远短于工作台转位时间，则应采用相同工位集中加工的原则，即在不转动工作台的情况下尽可能加工完所有可以加工的待加工表面，然后再转动工作台去加工其他表面。

7）为了提高机床的使用效率，在保证加工质量的前提下，可将粗加工和半精加工合为一道工序。

下面通过一个实例来说明这些原则的应用。

如图 2-3 所示，加工该零件时，可以先在普通机床上把底面和四个轮廓面加工好（基准先行原则），其余的顶面、孔及沟槽安排在立式加工中心上完成（工序集中原则），加工中心工序按先面后孔、先粗后精、先主后次等原则可以划分为如下 15 个工步：

1）粗铣顶面。

2）钻 ϕ32、ϕ12 孔的中心孔。

3）钻 ϕ32、ϕ12 孔至 ϕ11.5。

4）扩 ϕ32 孔至 ϕ30。

5）钻 3×ϕ6 孔至尺寸。

6）粗铣 ϕ60 沉孔及沟槽。

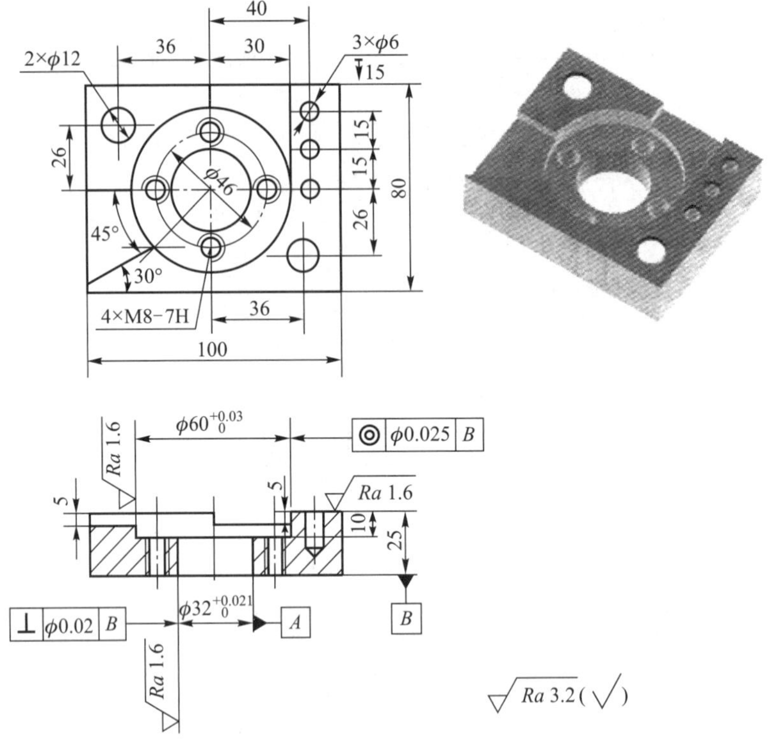

图 2-3　零件简图

7）钻 4×M8 底孔至 φ6.8。

8）粗镗 φ32 孔至 φ31.7。

9）精铣顶面。

10）铰 φ12 孔至尺寸。

11）精镗 φ32 孔至尺寸。

12）精铣 φ60 沉孔及沟槽至尺寸。

13）φ12 孔口倒角。

14）3×φ6、4×M8 孔口倒角。

15）攻 4×M8 螺纹。

此外，在安排加工顺序时，还要注意数控加工工序与普通加工、热处理和检验等工序的衔接。如果衔接得不好就容易产生矛盾，最好的解决办法是建立工序间的相互状态联系，在工艺文件中做到互审会签。如是否预留加工余量，留多少；定位基准的要求；零件的热处理等，都要前后兼顾，统筹衔接。

4. 刀具进给路线的确定

刀具进给路线是指数控加工过程中刀具（刀位点）相对于被加工工件的运动轨迹。刀位点是指编制数控加工程序时用以确定刀具位置的基准点。如图 2-4 所示，对于平头立铣刀、面铣刀类刀具，刀位点一般取为刀具轴线与刀具底端面的交点；对于球头铣刀，刀位点为球心；对于车刀、镗刀类刀具，刀位点为刀尖；对于钻头，刀位点则取为钻尖等。设计好刀具进给路线是编制合理加工程序的条件之一。

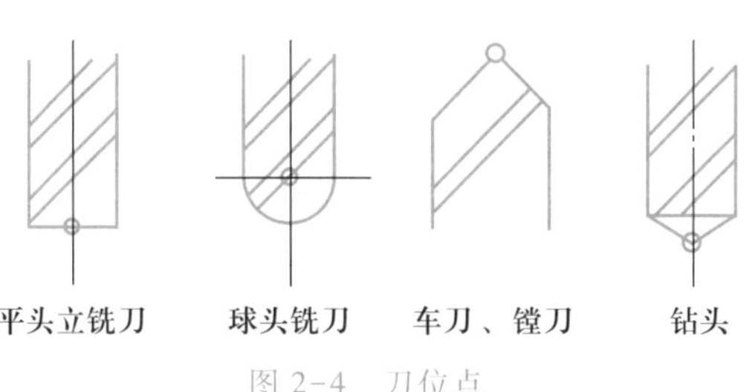

图 2-4　刀位点

确定刀具进给路线的原则是：

1）保证被加工工件的精度和表面质量。如图 2-5 所示，在铣削封闭的凹轮廓时，刀具的切入、切出最好选在两面的交界处，否则会产生刀痕。为保证表面质量，最好选择图 2-5b 和 c 所示的走刀路线。

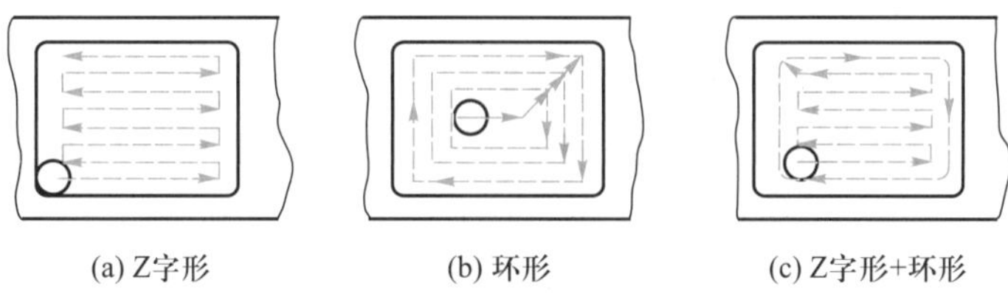

图 2-5　封闭凹轮廓的走刀路线

2）尽量缩短刀具进给路线，减少刀具的空行程，提高生产率。如图 2-6 所示圆周均布孔的加工路线，采用图 2-6b 所示的走刀路线可比采用图 2-6a 所示的走刀路线节省近一半的定位时间。

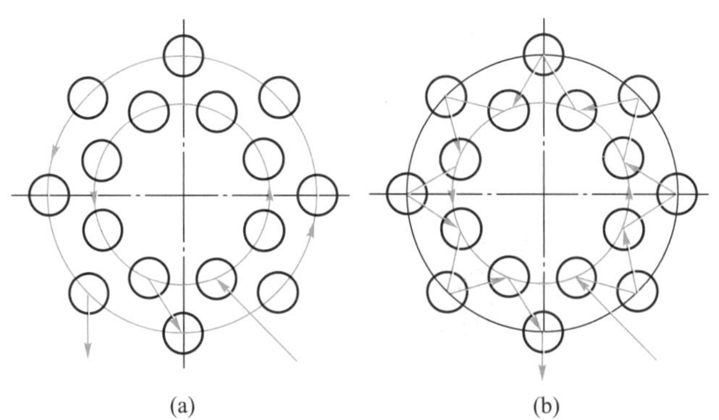

图 2-6　圆周均布孔的加工路线

3）应使数值计算简单，程序段少，以减少编程工作量。

在实际应用中，往往要根据具体的加工情况灵活应用以上原则选择合适的走刀路线。下面以在数控车床上车削圆弧为例作简要分析。在数控车床上加工圆弧时，一般需要多次走刀，先粗车将大部分余量切除，最后精车成形。如图 2-7 所示，在车圆弧时，先粗车成阶梯形，最后一次走刀精车出圆弧。该方法在确定了每刀背吃刀量 a_p 后，需精确计算出每次走刀的 z 向终点坐标，即求圆弧与直线的交点。因此，数值计算较繁琐，但刀具切削加工路线短。如按图 2-8a 所示，先按不同半径的同心圆来车削，最后将所需圆弧加工出来。该方法在确定了每刀背吃刀量 a_p 后，对于90°圆弧的起点和终点坐标很容易确定，数值计算简单，编程方便，一般在圆弧 R 较小时常采用此方法。而按图 2-8b 所示进行加工时，空行程时间较长。

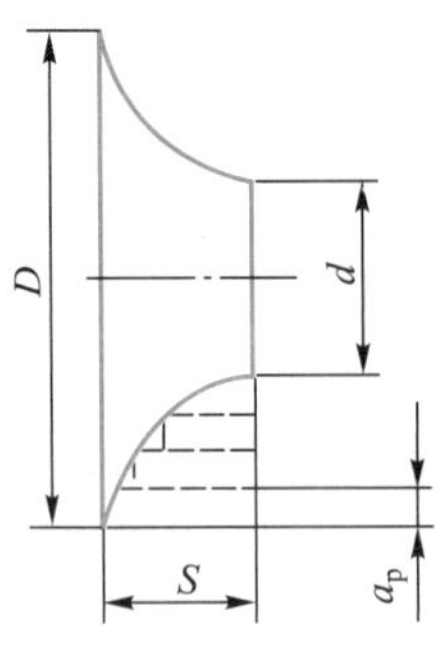

图 2-7 阶梯走刀路线车圆弧

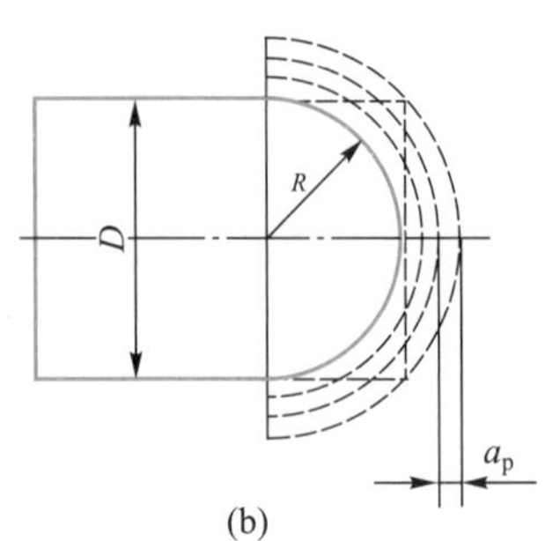

图 2-8 同心圆弧走刀路线车圆弧

5. 工件的装夹与夹具的选择

在进行数控加工时，无论数控机床本身具有多高的精度，如果工件因装夹不合理而产生变形或歪斜，都会导致零件加工精度降低。要正确装夹工件，必须合理选用数控夹具，才能保证加工出高质量的产品。

（1）工件装夹的基本原则

数控加工时，工件装夹的基本原则与普通机床相同，都要根据具体情况合理选择定位基准和夹紧方案。为了提高数控加工的生产率，在确定定位基准与夹紧方案时应注意以下几点：

1）力求设计基准、工艺基准与编程计算的基准统一。

2）尽量减少工件的装夹次数和辅助时间，即尽可能在工件的一次装夹中加工出全部待加工表面。

3）避免采用占机人工调整方案，以充分发挥数控机床的效能。

4）对于加工中心，工件在工作台上的安放位置要兼顾各个工位的加工，要考虑刀具长度及其刚度对加工质量的影响。如进行单工位单面加工，应将工件向工作台一侧放置；若是四工位四面加工，则应将工件放置在工作台的正中位置。这样可减少刀杆伸出长度，提高其刚度。

（2）选择夹具的基本原则

数控加工的特点对夹具提出了两个基本要求：一是要保证夹具的坐标方向与机床的坐标方向相对固定；二是要协调工件和机床坐标系的尺寸关系。除此之外，还要考虑以下几点：

1）在单件小批生产条件下，应尽量采用组合夹具、可调夹具及其他通用夹具，以缩短生产准备时间，提高生产率。

2）在成批生产时才考虑采用专用夹具，并力求结构简单。

3）采用辅助时间短的夹具，即工件的装卸要迅速、方便、可靠。

4）为满足数控加工精度，要求夹具定位、夹紧精度高。

5）夹具上各零部件应不妨碍机床对工件各表面的加工，即夹具要敞开，其定

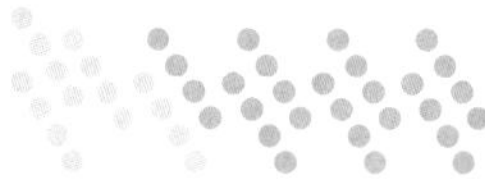

位、夹紧机构元件不能影响加工时刀具的进给(避免产生碰撞等)。

6) 便于清扫切屑。

如图 2-9 所示为加工中心上用组合夹具装夹工件的示意图。

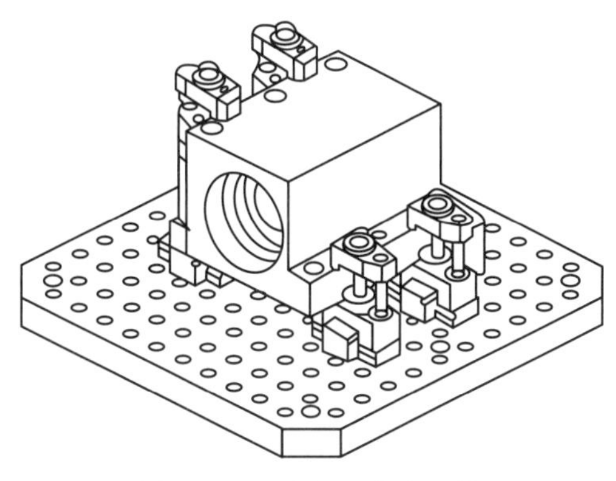

图 2-9　组合夹具装夹工件

6. 刀具的选择

刀具的合理选择和使用在提高数控加工效率、降低生产成本、缩短交货期及加快新产品开发等方面有着十分重要的作用。国外有资料表明,刀具费用一般占制造成本的 2.5%~4%,但它却直接影响占制造成本 20%的机床费用和 38%的人工费用。如果进给速度和切削速度提高 15%~20%,则可降低制造成本 10%~15%。这说明使用好刀具会在一定程度上增加成本,但同时由于效率的提高则会使机床费用和人工费用有很大的降低,这正是工业发达国家制造业所采取的加工策略之一。

(1) 数控加工常用刀具的种类及特点

数控加工刀具必须适应数控机床高速、高效和自动化程度高的特点,一般应包括通用刀具、通用连接刀柄及少量专用刀柄。刀柄要连接刀具并装在机床动力头上,因此已逐渐标准化和系列化。数控刀具的分类有多种方法。

根据刀具结构可分为:① 整体式;② 镶嵌式,包括刀片采用焊接或机夹式连接,机夹式又可分为不转位和可转位两种;③ 特殊形式,如复合式刀具、减振式刀具等。

根据制造刀具所用的材料可分为:① 高速钢刀具;② 硬质合金刀具;③ 陶瓷刀具;④ 超硬材料刀具,如金刚石刀具、立方氮化硼刀具等。

从切削工艺上可分为:① 车削刀具,分外圆、内孔、螺纹、切割刀具等多种;② 钻削刀具,包括钻头、铰刀、丝锥等;③ 镗削刀具;④ 铣削刀具等。

为了适应数控机床对刀具的耐用、稳定、易调、可换等要求,近几年来,机夹式可转位刀具得到广泛的应用,在数量上达到整个数控刀具的 30%~40%,金属切除量占总数的 80%~90%。

数控刀具与普通机床上所用的刀具相比,有许多不同的要求,主要有以下特点:

1) 刚性好(尤其是粗加工刀具),精度高,抗振及热变形小。

2) 互换性好,便于快速换刀。

3）寿命高，切削性能稳定、可靠。

4）刀具的尺寸便于调整，以减少换刀调整时间。

5）刀具能可靠地断屑或卷屑，以利于切屑的排除。

6）系列化，标准化，以利于编程和刀具管理。

（2）可转位刀具的种类和用途

可转位刀具是将预先加工好并带有若干个切削刃的多边形刀片，用机械夹固的方法夹紧在刀体上的一种刀具。在使用过程中，当一个切削刃磨钝了后，只要将刀片的夹紧松开，转位或更换刀片，使新的切削刃进入工作位置，再经夹紧就可以继续使用。

可转位刀具与焊接式刀具相比有以下特点：刀片成为独立的功能元件，其切削性能得到了扩展和提高；机械夹固式避免了焊接工艺的影响和限制，更利于根据加工对象选择各种材料的刀片，并充分地发挥其切削性能，从而提高切削效率；切削刃空间位置相对刀体固定不变，节省了换刀、对刀等所需的辅助时间，提高了机床的利用率。

由于可转位刀具切削效率高，辅助时间少，所以提高了工效，而且可转位刀具的刀体可重复使用，节约了钢材和制造费用，因此其经济性好。可转位刀具的发展极大地促进了刀具技术的进步，同时可转位刀体的专业化、标准化生产又促进了刀体制造工艺的发展。可转位刀具的种类和用途见表 2-1。

表 2-1　可转位刀具的种类和用途

刀具名称		用途
可转位面铣刀	普通形式面铣刀	适于铣削大的平面，用于不同深度的粗加工、半精加工
	可转位精密面铣刀	适用于表面质量要求高的场合，用于精铣
	可转位立装面铣刀	适于钢、铸钢、铸铁的粗加工，能承受较大的切削力，适于重切削
	可转位圆刀片面铣刀	适于加工平面或根部有圆角台肩、筋条的工件以及难加工材料，小规格的还可用于加工曲面
	可转位密齿面铣刀	适于铣削短切屑材料以及较大平面和较小余量的钢件，切削效率高
可转位三面刃铣刀		适于铣削较深和较窄的台阶面和沟槽
可转位两面刃铣刀		适于铣削深的台阶面，可组合起来用于多组台阶面的铣削
可转位立铣刀		适于铣削浅槽、台阶面和不通孔的加工
可转位螺旋立铣刀（玉米铣刀）	平装形式螺旋立铣刀	适于直槽、台阶、特殊形状及圆弧插补的铣削，适于高效率的粗加工或半精加工
	立装形式螺旋立铣刀	适于重切削，机床刚性要好

续表

刀具名称		用途
可转位球头立铣刀	普通形球头立铣刀	适于模腔内腔及过渡圆角的外型面的粗加工、半精加工
	曲线刃球头立铣刀	适于模具工业、航空工业和汽车工业的仿形加工,用于粗铣、半精铣各种复杂型面,也可以用于精铣
可转位浅孔钻		适于高效率的加工铸铁、碳钢、合金钢等,可进行钻孔、铣切等
可转位成形铣刀		适于各种型面的高效加工,可用于重切削
可转位自夹紧切断刀		适于对工件的切断、切槽
可转位车刀		适于各种材料的粗车、半精车及精车

(3) 刀具材料及其合理选用

在数控加工中,刀具材料的切削性能直接影响着生产效率、工件的加工精度和表面质量、刀具消耗和加工成本。数控加工中除了使用各种高速钢和普通硬质合金刀具外,还广泛使用各种新型硬质合金(包括金属陶瓷、超细晶粒硬质合金和涂层硬质合金)、陶瓷和超硬刀具材料,其硬度及韧性的关系如图 2-10 所示。

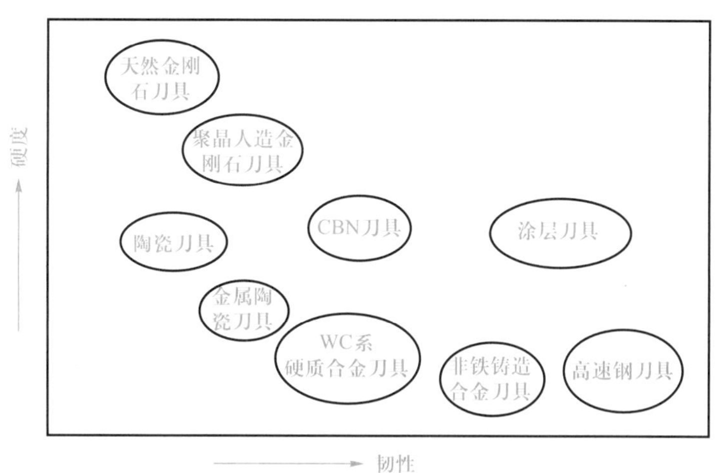

图 2-10　刀具材料的硬度及韧性的关系

1) 高速钢(high speed steel,HSS)　含有钨、钼、铬、钒等碳化物形成元素,合金元素总量达 10%~25%,在国内一般被称为白钢或锋钢。于 1906 年由美国的泰勒(F.W. Taylor)和怀特(M. White)发明,通过诸多改良至今仍被大量使用。它在高速切削产生高热的情况下(约 600 ℃)仍能保持较高的硬度,这就是高速钢最主要的特性——红硬性,较之其他工具钢耐磨性好且比硬质合金韧性高。HSS 刀具过去曾经是切削工具的主流,随着数控机床等现代制造设备的广泛应用,大力开发了

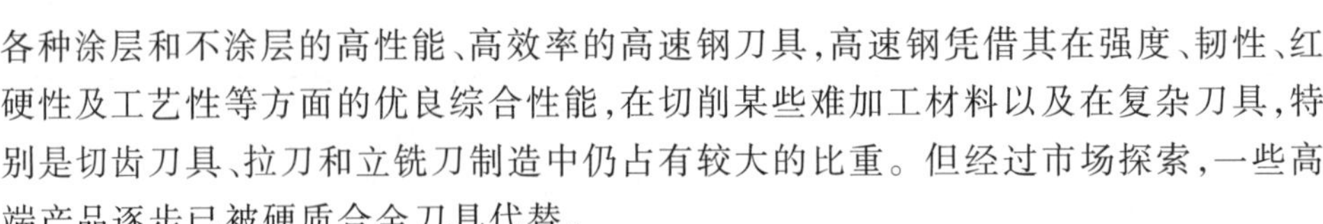

各种涂层和不涂层的高性能、高效率的高速钢刀具,高速钢凭借其在强度、韧性、红硬性及工艺性等方面的优良综合性能,在切削某些难加工材料以及在复杂刀具,特别是切齿刀具、拉刀和立铣刀制造中仍占有较大的比重。但经过市场探索,一些高端产品逐步已被硬质合金刀具代替。

2) 硬质合金(cemented carbide)　是由 WC、WC-TiC、WC-TiC-Ta 等硬质碳化物以 Co 为结合剂烧结而成。硬质合金于 1926 年由德国 Krupp 公司发明,其后因添加了 TiC、TaC 而改善了其耐磨性;1969 年又开发了化学气相沉积(CVD)技术,使涂层硬质合金快速普及;自 1974 年起,开发了 TiC-TiN 系金属陶瓷。目前选择刀具材料时一般遵循"粗加工用涂层硬质合金,精加工用金属陶瓷"的规则。

① 金属陶瓷　即 TiC(N)基硬质合金,其性能介于陶瓷和硬质合金之间,有接近陶瓷的硬度和耐热性,加工时与钢的摩擦系数小,耐热性好,抗弯强度和断裂韧性比陶瓷高。金属陶瓷的最大优点在于其材质与被加工材料的亲和性很低,故不易产生粘刃和积屑瘤现象,使加工表面非常光洁平整,可谓精加工刀具材料中的佼佼者。用于精车时,切削速度可比普通硬质合金提高 20%～50%。目前,日本的金属陶瓷刀具已经占硬质合金刀具总量的 30%～40%。世界上,该类刀具应用范围也呈迅速扩大的趋势。

② 超细晶粒硬质合金　超细晶粒硬质合金的晶粒极细,WC 晶粒尺寸在 0.2～1 μm 之间。这种材料与普通晶粒硬质合金相比的主要特点是:(i) 提高了硬质合金的硬度和耐磨性,适合于加工高硬度难加工材料。试验表明,当 WC 晶粒的平均尺寸由5 μm减小到 1 μm 时,可使硬质合金的耐磨性提高 10 倍。(ii) 提高了抗弯强度和冲击韧度,部分超细晶粒硬质合金的强度已接近高速钢,有很高的切削刃强度,适合于做小尺寸整体式的铣刀、钻头和切断刀等。(iii) 超细晶粒硬质合金的晶粒极细,可以磨出非常锋利的刀刃和刀尖圆弧半径,适用于精细加工。

③ 涂层硬质合金　这种材料是在普通硬质合金刀片表面采用 CVD 或物理气相沉积(PVD)的工艺方法,涂覆一薄层(5～12 μm)高硬度难熔金属化合物(TiC、TiN、Al_2O_3 等),使刀片既保持了普通硬质合金基体的强度和韧性,又使表面有更高的硬度和耐磨性。实验证明,使用涂层刀片的刀具高速切削钢件和铸件时比未涂层刀片的刀具寿命提高 2～5 倍。另外,涂层刀片通用性好,一种涂层刀片可以代替几种未涂层刀片使用,大大简化了刀具管理和降低了刀具成本。

3) 陶瓷刀具材料　陶瓷刀具材料的主要成分是硬度和熔点都很高的氧化铝(Al_2O_3)和氮化硅(Si_3N_4),为改善其强度、韧性及其他力学性能,细化晶粒,常添加一些氧化物、碳化物以及 Ni、Cr、Ti、Co 等金属添加剂,经压制成形后烧结而成。这种材料与硬质合金相比的主要特点是:① 有很高的硬度和耐磨性,加工钢件时寿命可达硬质合金的 10～20 倍。② 有很好的高温性能,在 1 200 ℃以上的高温下仍可进行切削,适合于高速切削,允许的切削速度比硬质合金高 3～10 倍。③ 摩擦系数低,减少了切屑、刀具和工件之间的摩擦,产生黏结和积屑瘤的可能性减小。这样,不但可减小刀具磨损、提高刀具寿命,而且使被加工工件的表面粗糙度值减小,有时可获得以车代磨或以铣代磨的效果。在高速精车和精密铣削时,可获得镜面效果。④ 使用的主要原料氧化铝、氧化硅等在地壳中含量非常大,对节省贵重金

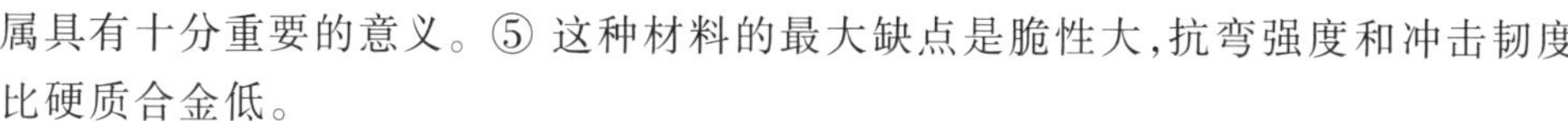

属具有十分重要的意义。⑤ 这种材料的最大缺点是脆性大，抗弯强度和冲击韧度比硬质合金低。

4) 超硬刀具材料　是指比陶瓷材料更硬的刀具材料，包括单晶金刚石、聚晶人造金刚石(PCD)、立方氮化硼(CBN)和 CVD 金刚石等。超硬刀具主要是以金刚石和立方氮化硼为材料制作的刀具，其中以人造金刚石复合片刀具及立方氮化硼刀具占主导地位。许多切削加工概念，如绿色加工、以车代磨、以铣代磨、硬态加工、高速切削、干式切削等都因超硬刀具的应用而起，故超硬刀具已成为切削加工中不可缺少的重要手段。金刚石刀具与铁系金属有极强的亲和性，与其他材料的亲和性低，所以在铁系以外的材料加工中，能得到高精度、高光亮的表面。淬火硬度为 60~70 HRC 的钢等高硬度材料均可采用 CBN 刀具来进行切削，用 CBN 刀具加工普通灰铸铁的切削速度可以达到 500 $m \cdot min^{-1}$ 以上。最新研究表明，用 CBN 刀具切削普通灰铸铁工件时，当切削速度超过 800 $m \cdot min^{-1}$ 时，刀具寿命随着切削速度的增加反而会延长，其机理一般认为：在切削过程中，刃口表面会形成 Si_3N_4、Al_2O_3 等保护皮膜。因此，CBN 将是超高速加工刀具材料的首选。

(4) 切削刀具用硬质合金分类

对于不同的加工材料和切削条件，应选择适当的刀片材料，以便达到最佳的切削效果。一般在刀具制造商的产品目录中，都会给出根据加工工件材料选择刀片材料的推荐表，有的还要考虑刀片的几何角度等因素。对于硬质合金材料，ISO 标准把所有牌号分成用颜色标志的三大类，分别用 P、M 和 K 表示。

1) P 类(蓝色)　是高合金化的硬质合金牌号。这类合金主要用于加工长切屑的黑色金属，如碳钢、铸钢等。

2) M 类(黄色)　是中合金化的硬质合金牌号。这类合金为通用型，适于加工长切屑或短切屑的黑色金属及有色金属，通常用于加工不锈钢及高硬度铸铁等难加工材料。

3) K 类(红色)　是单纯 WC 的硬质合金牌号。主要用于加工短切屑的黑色金属、有色金属及非金属材料，如很硬的铸铁、铜合金、塑料、石材等。

每一种中的各个牌号分别以一个 01~50 之间的数字表示从最高硬度到最大韧性之间的一系列合金，以供各种被加工材料的不同切削工序及加工条件选用。例如，P01 级刀片属于精加工高速切削刀片，P50 级刀片则属于粗加工低速切削刀片。根据使用需要，在两个相邻的分类代号之间，可插入一个中间代号，如在 P10 和 P20 之间插入 P15，在 K20 和 K30 之间插入 K25 等，但不能多于一个。

我国将硬质合金分为以下三类：

1) 钨钴类(W-Co)　其代号为 YG，相当于 ISO 标准的 K 类。它由碳化钨和钴组成，牌号中的数字为钴的质量百分数。常用牌号有 YG8、YG6、YG3，它们分别适用于粗加工、半精加工和精加工。该类合金主要用于加工铸铁、有色金属及非金属材料。

2) 钨钛钴类(WC-Ti-Co)　其代号为 YT，相当于 ISO 标准的 P 类。其牌号中的数字为该牌号合金含 TiC 的质量百分数。该类合金适用于加工钢材，粗加工宜选用含钴量较多(含 TiC 较少)的牌号，精加工宜选用含钴量较少(含 TiC 较多)的

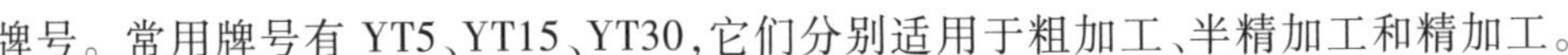

牌号。常用牌号有 YT5、YT15、YT30，它们分别适用于粗加工、半精加工和精加工。

3）钨钛钽（铌）钴类（WC-TiC-TaC-（NbC）-Co） 其代号为 YW，相当于 ISO 标准的 M 类。YW 类合金兼有 YG 类和 YT 类合金的大部分优良性能，故被称为通用合金。它既可以用于加工铸铁、有色金属，也可以用于加工钢。常用牌号有 YW1、YW2。YW1 扩展了 YT 类合金的使用性能，能承受一定的冲击载荷，通用性较好；YW2 的耐磨性稍次于 YW1，但使用强度较高，能承受较大的冲击载荷。

（5）数控加工刀具的选择

应根据机床的加工能力、工件材料的性能、加工工序、切削用量以及其他相关因素正确选用刀具及刀柄。刀具选择总的原则是：安装调整方便，刚性好，刀具寿命和精度高。在满足加工要求的前提下，尽量选择较短的刀柄，以提高刀具加工的刚性。

选取刀具时，要使刀具的尺寸与被加工工件的表面尺寸相适应。生产中，平面工件周边轮廓的加工，常采用立铣刀；铣削平面时，应选硬质合金刀片铣刀；加工凸台、凹槽时，选普通硬质合金、超细晶粒硬质合金、涂层或高速钢立铣刀；加工毛坯表面或粗加工孔时，可选取镶硬质合金刀片的玉米铣刀；对一些立体型面和变斜角轮廓外形的加工，常采用球头铣刀、环形铣刀、锥形铣刀和盘形铣刀等。

在进行自由曲面加工时，由于球头刀具的端部切削速度为零，因此为保证加工精度，切削行距一般取得很小，故球头刀具常用于曲面的精加工。而平头刀具在表面加工质量和切削效率方面都优于球头刀具，因此，在保证不过切的前提下，无论是曲面的粗加工还是精加工，都应优先选择平头刀具。另外，刀具寿命和精度与刀具价格关系极大。必须引起注意的是，在大多数情况下，选择好的刀具虽然增加了刀具成本，但由此带来的加工效率的提高和刀具寿命的增加，往往可以使整个加工成本大大降低。

选用加工中心加工时，各种刀具预先装在刀库上，可以通过手动或程序控制选刀和换刀动作。因此必须采用标准刀柄，以便使钻、扩、镗、铣削等工序用的刀具可被迅速、准确地装到机床主轴或刀库中去。编程人员应了解机床上所用刀柄的结构尺寸、调整方法以及调整范围，以便在编程时确定刀具的径向和轴向尺寸。

7. 切削用量的确定

切削用量包括切削速度、背吃刀量和进给量（或进给速度）。切削用量的合理选择将直接影响加工精度、表面质量、生产率和经济性，其确定原则与普通加工相似。

合理选择切削用量的原则是：粗加工时，一般以提高生产率为主，但也应考虑经济性和生产成本，因此，应在工艺系统刚度允许的情况下，充分利用机床功率，发挥刀具切削性能，选取较大的背吃刀量 a_p 和进给量 f，但不宜选取较高的切削速度 v_c；半精加工和精加工时，应在保证加工质量（即加工精度和表面粗糙度）的前提下，兼顾切削效率、经济性和生产成本，一般应选取较小的背吃刀量 a_p 和进给量 f，选择尽可能高的切削速度 v_c。具体数据应根据机床使用说明书、切削用量手册，并结合实际经验加以修正确定。

（1）主轴转速 n（$r \cdot min^{-1}$）

主轴转速 n 主要根据允许的切削速度 v_c（$m \cdot min^{-1}$）来选取。计算公式为

$$n=\frac{1\,000v_c}{\pi D}$$

式中：v_c——切削速度，$m \cdot min^{-1}$；

D——工件或刀具的直径，mm。

在确定主轴转速时，首先需要根据零件和刀具材料以及加工性质（如粗、精加工）等条件来确定其允许的切削速度。

切削速度为切削用量中对切削加工影响最大的因素，它对加工效率、刀具寿命、切削力、表面粗糙度、振动、安全等会产生很大的影响。增大切削速度，可提高切削效率，减小表面粗糙度值，但却使刀具寿命降低。因此，要综合考虑切削条件和要求，选择适当的切削速度。通常以经济切削速度切削工件，经济切削速度是指刀具寿命确定为 60~100 min 的切削速度。

确定切削速度时可根据刀具产品目录或切削手册，并结合实际经验加以修正确定。需要注意的是，一般刀具目录中提供的切削速度推荐值是按刀具寿命为 30 min 给出的，假如加工中要使刀具寿命延长到 60 min，则切削速度应取推荐值的 70%~80%；反之，如果采用高速切削，刀具寿命选 15 min，则切削速度可取推荐值的 1.2~1.3 倍。另外，切削速度与加工材料也有很大关系，例如，用立铣刀铣削合金钢 30CrNi2MoVA 时，v_c 可选 8 $m \cdot min^{-1}$左右；而用同样的立铣刀铣削铝合金时，v_c 可选 200 $m \cdot min^{-1}$以上。表 2-2 和表 2-3 分别列出了车削和铣削常用金属材料的切削速度推荐值，可供参考。

表 2-2　车削加工时的切削速度

工件材料	抗拉强度/（$N \cdot m^{-2}$）或硬度	刀具材料	粗加工时的切削速度/（$m \cdot min^{-1}$）	精加工时的切削速度/（$m \cdot min^{-1}$）
钢	350~400	A	40~50	60~75
		B	130~240	200~300
	430~500	A	30~35	50~70
		B	100~200	220~300
	600~700	A	22~28	30~40
		B	100~150	150~220
	700~850	A	18~24	35~40
		B	70~90	100~130
铸铁	140~190 HB	A	18~25	30~35
		B	60~90	90~130
锡青铜	65~95 HB	A	40~50	60~75
		B	250~300	300~400

续表

工件材料	抗拉强度/(N·m^{-2})或硬度	刀具材料	粗加工时的切削速度/(m·min^{-1})	精加工时的切削速度/(m·min^{-1})
锡青铜	95～125 HB	A	30～35	40～50
		B	150～200	220～300
铝		A	150～200	200～250
		B	600～800	800～1 000

备注：A——高速钢；B——硬质合金。

表 2-3　铣削加工时的切削速度

工件材料	抗拉强度/(N·m^{-2})或硬度	刀具材料	粗加工		精加工	
			切削速度/(m·min^{-1})	进给量/(mm·z^{-1})	切削速度/(m·min^{-1})	进给量/(mm·z^{-1})
钢	500～700	P25	80～120	0.3～0.4	100～120	0.1
	700～1 000	P40	60～100	0.15～0.4	80～100	0.1
铸铁	200～300 HB	K20	60～90	0.3～0.5	60～90	0.1
黄铜	80～120 HB	K20	150～220	0.15～0.4	170～300	0.1
青铜	60～100 HB	K20	100～180	0.15～0.4	140～250	0.1

主轴转速 n 要根据计算值在编程中给予指定。另外，数控机床的控制面板上一般备有“主轴转速倍率旋钮”，可在加工过程中对主轴转速进行倍率调整。

（2）背吃刀量 a_p(mm)

背吃刀量 a_p 主要根据机床、夹具、刀具和工件所组成的加工工艺系统的刚性来确定。在系统刚性允许的情况下，应以最少的进给次数切除余量，最好一次切除全部加工余量，以提高生产率。为了保证加工精度和表面粗糙度，一般都留有一定的精加工余量，其大小可小于普通加工的精加工余量，一般取车削和镗削的精加工余量为 0.1～0.5 mm，铣削的精加工余量为 0.2～0.8 mm。

（3）进给量 f(mm·r^{-1}或 mm·z^{-1})或进给速度 v_f(m·min^{-1})

前面已经指出，如果通过提高切削速度来提高切削效率，将会使刀具寿命降低，从而增加因刀具更换所需的辅助时间。由于受数控机床输出转矩的限制，用增大进给量的方法来提高切削效率更为有效。在刀具许可的范围内，增加进给量将使刀具寿命降低的情况减至最小，但增加进给量会对表面粗糙度或切屑处理产生影响。粗加工时，影响进给量选择的主要因素是工艺系统的刚性和高生产率的要求；精加工时，影响进给量选择的主要因素是加工精度和表面粗糙度的要求。因此，粗加工时应选较大的进给量，精加工时应选较小的进给量。在加工过程中，f 也可通过机床控制面板上的“进给倍率旋钮”进行人工调整，但是最大进给速度要受到设备刚度和进给系统性能等的限制。

在选择进给速度时，还要注意零件加工的某些特殊因素。例如在轮廓加工中，当零件轮廓有拐角时刀具容易产生“超程”或“欠程”现象，从而引起加工误差。如图 2-11 所示，铣刀由 A 向 B 运动，当进给速度较高时，由于惯性作用，在拐角 B 处可能出现“超程”现象，即将拐角处的金属多切去一些，使轮廓表面产生误差。其解决办法是：在编程时，在接近拐角前适当地降低进给速度，过拐角后再逐渐增速，即在 AA' 段使用正常的进给速度，到 A' 处开始减速，过 B' 后再逐步恢复到正常进给速度，从而减少超程量。目前一些先进的 CNC 系统（如 FANUC 0i）具有自动拐角倍率功能（如图 2-12 所示），在刀具半径补偿方式下切削内拐角时，进给速度自动减小，从而防止刀具在拐角处发生“超程”现象，同时可获得良好的表面质量。

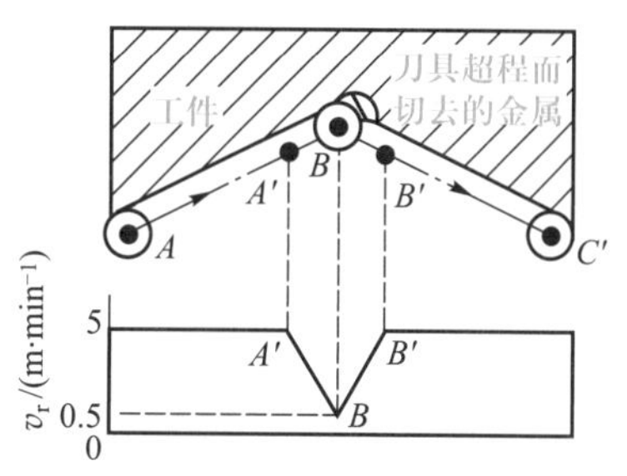

图 2-11　超程误差及控制

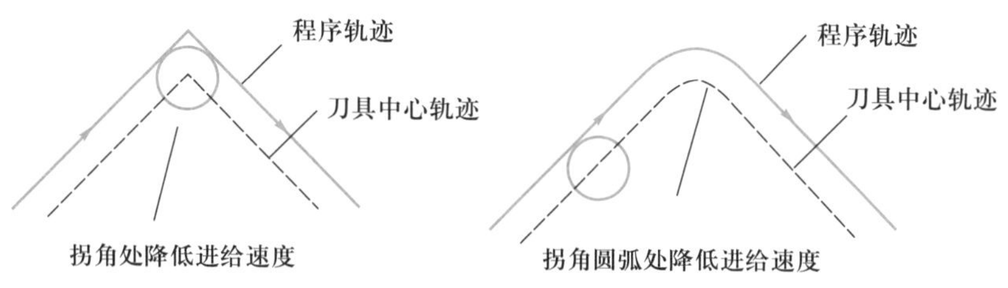

图 2-12　自动拐角倍率功能

8. 编程误差及其控制

除零件程序编制过程中产生的误差外，影响数控加工精度的还有很多其他误差因素，如机床误差、系统插补误差、伺服动态误差、定位误差、对刀误差、刀具磨损误差、工件变形误差等，而且它们是加工误差的主要来源。因此，零件加工要求的公差允许分配给编程的误差只能占很小一部分，一般应控制在零件公差要求的 10%～20%以内。

程序编制中产生的误差主要由下述三部分组成：

（1）几何建模误差

几何建模误差是用近似方法表达零件轮廓形状时所产生的误差。例如，当需要仿制已有零件而又无法考证零件外形的准确数学表达式时，只能实测一组离散点的坐标值，用样条曲线或曲面拟合后编程。近似方程所表示的形状与原始零件之间有误差，但一般情况下较难确定这个误差的大小。

（2）逼近误差

逼近误差包括两个方面：一方面是用直线或圆弧段逼近零件轮廓曲线或复杂刀具轨迹线所产生的误差，减小这个误差的最简单的方法是减小逼近线段的长度，但这将增加程序段数量和计算时间；另一方面是在三维曲面加工时采用行切加工方法对实际型面进行近似包络成形所产生的误差，减小这个误差的最简单的方法是减小走刀行距，但这不仅会成倍增加程序段数量和计算时间，更重要的是将成倍降低加工效率。

(3) 尺寸圆整误差

尺寸圆整误差指计算过程中由于计算精度而引起的误差。在点位数控加工中,编程误差只包含尺寸圆整误差。在轮廓加工中,尺寸圆整误差所占的比例较小,相对于其他误差来说,该项误差一般可以忽略不计。

对于点位加工和由直线、圆弧构成的二维轮廓加工,基本上不存在编程误差问题。但在复杂轮廓加工特别是三维曲面加工时,编程误差(主要是逼近误差)的合理控制是必须充分重视的问题之一。

2.2.3 数控编程中的数学处理

编程时的数学处理就是根据零件图样,按照已确定的加工路线和编程误差,计算出编程时所需数据的过程。其中,主要是计算零件轮廓或刀具中心轨迹的基点和节点坐标。

1. 基点坐标的计算

基点是指构成零件轮廓的不同几何要素的交点或切点,如直线与直线的交点、直线与圆弧的交点或切点、圆弧与圆弧的交点或切点等。数控机床一般都具有直线和圆弧插补功能,因此对于由直线和圆弧组成的平面轮廓零件,编程时主要是求各基点坐标。

基点坐标计算的方法一般比较简单,可根据零件图样给定的尺寸,运用代数、三角、几何或解析几何的有关知识,直接计算出数值。下面举例说明基点坐标的计算方法和应用。

如图 2-13 所示为刀具中心从起点 S 到终点 H 的走刀路线,各基点坐标计算(均计算各点的增量坐标)如下:

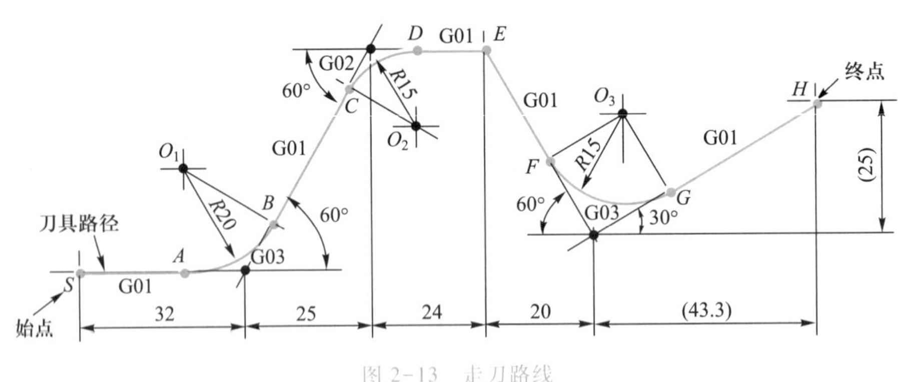

图 2-13 走刀路线

1) 走刀路线($S \to A \to B$),如图 2-14 所示,计算方法为:

因为 $p=20\tan 30°=11.547$

$q=20\sin 60°-p=5.774$

$r=20-20\cos 60°=10$

所以 $x_A=32-p=20.453$

$y_A=0$

$x_B=p+q=17.321$

$y_B = r = 10$

2）走刀路线（$B \to C \to D$），如图 2-15 所示，计算方法为：

因为　$s = 15\sin 60° - 15\tan 30° = 4.330$

$u = 15 - 15\cos 60° = 7.5$

$t = 15\tan 30° = 8.660$

所以　$x_C = 25 - q - s = 14.896$

$y_C = x_C \tan 60° = 25.801$

$x_D = s + t = 12.990$

$y_D = u = 7.5$

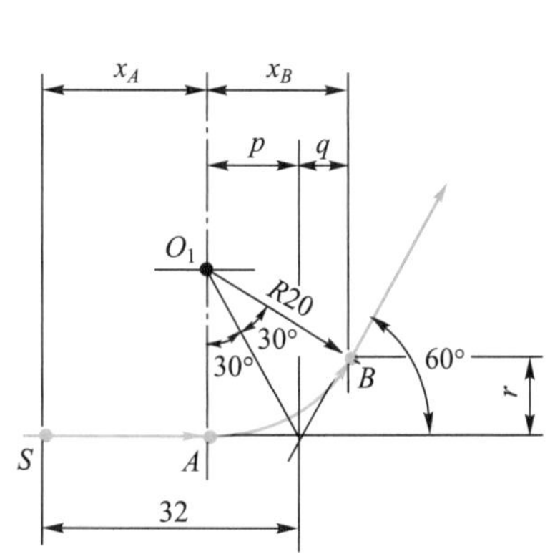

图 2-14　走刀路线（$S \to A \to B$）

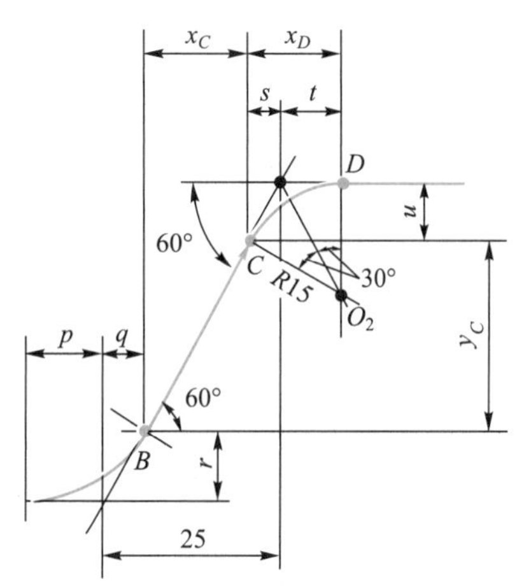

图 2-15　走刀路线（$B \to C \to D$）

3）走刀路线（$D \to E \to F \to G \to H$），如图 2-16 所示，计算方法为：

因为　$v = 15\cos 60° = 7.5$

$w = 15\sin 60° = 12.990$

$x = 20\tan 60° = 34.641$

$y = 15\cos 30° = 12.990$

$z = 15\sin 30° = 7.5$

所以　$x_E = 24 - t = 15.340$

$y_E = y_D = 7.5$

$x_F = 20 - v = 22.5$

$y_F = x - w = 21.651$

$x_G = v + y = 20.490$

$y_G = w - z = 5.49$

$x_H = 43.3 - y = 30.310$

$y_H = 25 - z = 17.5$

2. 节点坐标的计算

只具有直线和圆弧插补的数控机床无法直接加工除直线和圆弧以外的曲线，如渐开线、阿基米德螺旋线、双曲线、抛物线等这些非圆方程 $y = f(x)$ 组成的曲线，

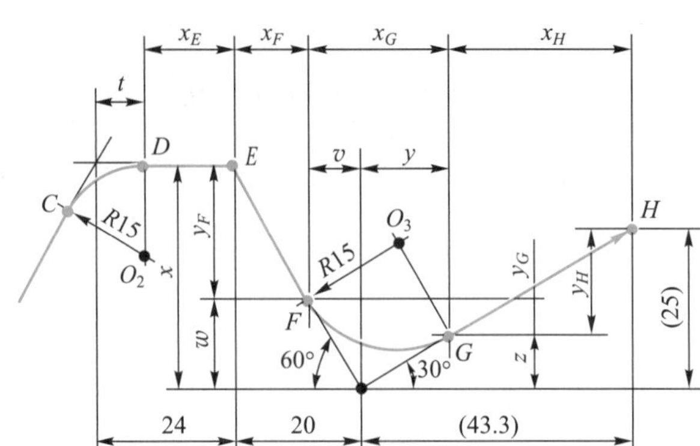

图 2-16　走刀路线（$D\to E\to F\to G\to H$）

以及一系列实验或经验数据表示的、没有表达轮廓形状的曲线方程的曲线（称为列表曲线），只能用直线或圆弧去逼近这些曲线，即将轮廓曲线按编程允许的误差分割成许多小段，再用直线或圆弧去逼近这些小段，逼近直线和圆弧小段与轮廓曲线的交点或切点称为节点。对这种轮廓进行数学处理，其实质就是计算各节点的坐标。

（1）非圆曲线的节点计算

用直线或圆弧逼近曲线 $y=f(x)$ 时，根据曲线的特性、逼近线段的形状及允许的逼近误差三个条件可求出各节点的坐标。选择逼近线段时，应该在保证精度的前提下，使节点数目尽量少，这样不仅计算简单，程序段数目也少。一般对于曲率半径大的曲线用直线逼近较为有利，对于曲率半径较小的曲线则用圆弧逼近较为合理。下面介绍几种常用的计算方法。

1）等间距直线逼近法　这种方法是使每个程序段的某一坐标增量相等，然后根据曲线的表达式求出另一坐标值，即可得到节点坐标。在直角坐标系中，可使相邻节点间的 x 坐标增量或 y 坐标增量相等。

如图 2-17 所示，已知曲线方程为 $y=f(x)$，从起点开始，每次增加一个坐标增量 Δx，可求出任一点的 x_i，将 x_i 代入方程 $y=f(x)$ 中，即可求得一系列 y_i，这样即可求得各点的节点坐标。这种方法的关键是确定间距值，该值应保证曲线 $y=f(x)$ 相邻两节点间的法向距离小于允许的逼近误差，即 $\delta \leqslant \delta_{允}$（$\delta_{允}$ 一般为零件公差的 1/10～1/5）。在实际应用中，常根据零件加工精度要求，按经验确定间距值。

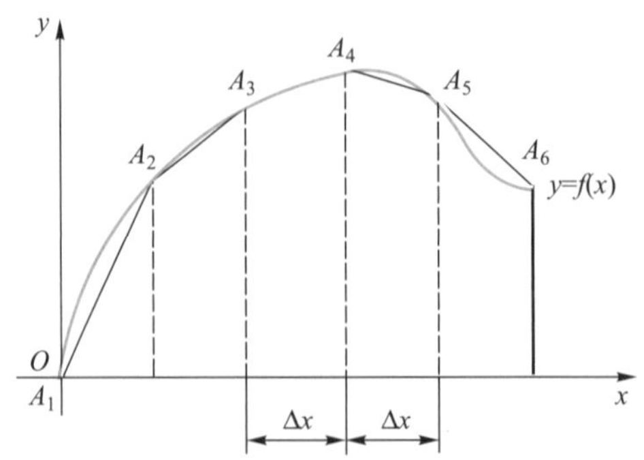

图 2-17　等间距直线逼近法求节点

2）等弦长直线逼近法　这种方法是使所有逼近线段的弦长相等，如图 2-18 所示。由于轮廓曲线 $y=f(x)$ 各处的曲率不同，因而各段的逼近误差也不相等。计算时必须使最大逼近误差小于 $\delta_{允}$，以满足加工精度的要求。在用直线逼近曲线时，一般认为误差的方向是在曲线的法线方向，同时误差的最大值产生在曲线的曲率半径最小处。因此，计算时先确定曲率半径最小的地方，然后在该处按照逼近误差小于或等于 $\delta_{允}$ 的条件求出逼近线段的长度，用此弦长分割轮廓曲线，即可求出各节点的坐标。

3）等误差直线逼近法　该方法是使零件轮廓曲线上各直线段的逼近误差相等，并小于或等于 $\delta_{允}$，如图 2-19 所示。用这种方法确定的各逼近线段的长度不等。此方法求得的节点数目最少，但计算较烦琐。

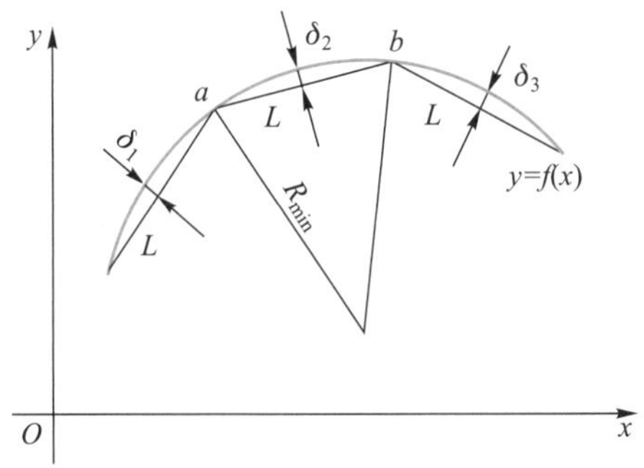

图 2-18　等弦长直线逼近法求节点

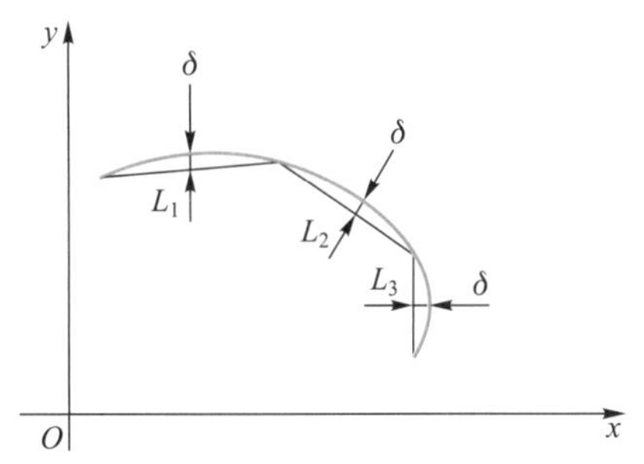

图 2-19　等误差直线逼近法求节点

4）圆弧逼近法　用圆弧逼近法去逼近零件的轮廓曲线时，需求出每段圆弧的圆心、起点和终点的坐标，以及圆弧的半径。计算的依据依然是要使圆弧段与零件轮廓曲线间的误差小于或等于 $\delta_{允}$。

用圆弧逼近曲线，目前常用的方法有三点圆法、相切圆法和曲率圆法。三点圆法是通过已知的三个节点求圆，并编出一个圆弧插补程序段。相切圆法是通过已知的四个节点分别作出两个相切的圆，编出两个圆弧插补程序段。这两种方法都是先用直线逼近法求出各节点的坐标，然后再求出各圆，计算很烦琐。曲率圆法是一种等误差圆弧逼近法，该方法先求出曲线 $y=f(x)$ 在起始点的曲率半径和圆心坐标，然后利用等误差圆弧逼近依次求出各逼近圆弧段。

（2）列表曲线的数学处理

在实际应用中，有些零件的轮廓形状是通过实验或测量方法得到的，如飞机的机翼、叶片、某些检验样板等。这时常以列表坐标点的形式描绘轮廓形状。这种由列表点给出的轮廓曲线称为列表曲线。这类列表轮廓零件在使用传统的工艺方法加工时，其加工质量完全取决于操作钳工的技术水平，且生产效率极低。目前广泛采用数控加工，但在加工程序的编制方面遇到了较大困难，这主要是由于数学方程的描述与数控加工对列表曲线轮廓逼近的一般要求之间往往存在矛盾。也就是说，要获得比较理想的拟合效果，其数学处理过程相应就会比较复杂。若列表曲线给出的列表点密集至足以满足曲线的精度要求时，可直接在相邻列表点间用直线段或圆弧编程。但往往给出的只是一部分点，只能描述曲线的大致走向，这时就要增加新的节点，也称插值。

在数学处理方面，目前处理列表曲线的方法通常是采用二次拟合法，即在对列表曲线进行拟合时，第一次先选择直线方程或圆方程之外的其他数学方程式来拟合列表曲线，称为第一次拟合；然后根据编程允差的要求，在已给定的各相邻列表点之间，按照第一次拟合时的方程（称为插值方程）进行插值加密求得新的节点，称为第二次拟合，从而编制逼近线段的程序。插值加密后，相邻节点之间采用直线段编程还是圆弧段编程取决于第二次拟合时所选择的方法。第二次拟合的数学处理过程，与前面介绍的非圆曲线的数学处理过程一致。

2.2.4 数控加工工艺守则

数控加工除应遵守普通加工通用工艺守则的有关规定外，还应遵守表 2-4 所示“数控加工工艺守则”的规定。

表 2-4 数控加工工艺守则（JB/T 9168.10—1998）

项目	要求内容
加工前的准备	（1）操作者必须根据机床使用说明书熟悉机床的性能、加工范围和精度，并要熟练地掌握机床及其数控装置或计算机各部分的作用及操作方法。 （2）检查各开关、旋钮和手柄是否在正确位置。 （3）启动控制电气部分，按规定进行预热。 （4）开动机床使其空运转，并检查各开关、按钮、旋钮和手柄的灵敏性及润滑系统是否正常等。 （5）熟悉被加工工件的加工程序和编程原点
刀具与工件的装夹	（1）安放刀具时应注意刀具的使用顺序，刀具的安放位置必须与程序要求的顺序和位置一致。 （2）工件的装夹除应牢固可靠外，还应注意避免在工作中刀具与工件或刀具与夹具发生干涉
加工	（1）进行首件加工前，必须经过程序检查（试走程序）、轨迹检查、单程序段试切及工件尺寸检查等步骤。 （2）在加工时，必须正确输入程序，不得擅自更改程序。 （3）在加工过程中操作者应随时监视显示装置，发现报警信号时应及时停车排除故障。 （4）零件加工完后，应将程序纸带、磁带或磁盘等程序介质收好并妥善保管，以备再用

2.3 数控机床的工具系统

工具系统是针对数控机床要求与之配套的刀具必须可快速更换和高效切削而

发展起来的，是刀具与机床的接口。它除了刀具本身外，还包括实现刀具快速更换所需的定位、夹紧、抓拿及刀具保护等机构。20 世纪 70 年代，工具系统以整体结构为主；20 世纪 80 年代初，开发出了模块式结构的工具系统（分车削、镗铣两大类）；20 世纪 80 年代末，开发出了通用模块式结构的工具系统（车、铣、钻等万能接口）。模块式工具系统将工具的柄部和工作部分分割开来，制成各种系统化的模块，然后经过不同规格的中间模块组成一套套不同规格的工具。目前，世界上的模块式工具系统有几十种结构，其区别主要在于模块之间的定位方式和锁紧方式不同。

目前，不少国家或公司都已制定出自己的标准化工具系统，如在数控车削加工方面有德国 DIN69880 工具系统、瑞典山特维克公司的 BTS 模块式车削工具系统、适合高速加工的 HSK 工具系统等。为满足工业发展的需要，我国制定了“镗铣类整体数控工具系统”标准（简称为 TSG 工具系统）和“镗铣类模块式数控工具系统”标准（简称为 TMG 工具系统），它们都采用 GB/T 10944.1-2—2013（JT 系列刀柄）为标准刀柄。考虑到事实上使用日本的 MAS/BT403 刀柄的机床目前在我国数量较多，TSG 及 TMG 也将 BT 系列作为非标准刀柄首位推荐，也即 TSG、TMG 系统也可按 BT 系列刀柄制作。

2.3.1　数控镗铣加工用工具系统

1. 工具系统分类

金属切削刀具系统从其结构上可分为整体式与模块式两种。整体式刀具系统基本上由整体柄部和整体刃部（整体式刀具）两者组成，传统的钻头、铣刀、铰刀等就属于整体式刀具。整体式刀具由于不同品种和规格的刃部都必须和对应的柄部相连接，致使刀具的品种、规格繁多，给生产、使用和管理带来诸多不便，有些使用频率极低但又需要用的刀具也不得不备置，这相当于闲置大量资金。为了克服整体式刀具系统的这些缺点，各国相继开发了各式各样的高性能模块式刀具系统。模块式刀具系统是把整体式刀具系统按功能进行分割，做成系列化的标准模块（如刀柄、刀杆、接长杆、接长套、刀夹、刀体、刀头、刀刃等），再根据需要快速地组装成不同用途的刀具，当某些模块损坏时可部分更换。这样既便于批量制造、降低成本，也便于减少用户的刀具储备、节省开支，因此模块式刀具系统在 FMS 中备受推崇。但另一方面，模块式刀具系统也有刚性不如整体式刀具系统好、一次性投资偏高等不足之处。

2. 工具系统型号表示方法

我国工具系统型号的表示方法如下：

JT(BT)40	—	XS16	—	75
①		②		③

其中①、②、③项表示的含义分别是：

①项表示柄部形式及尺寸，其中：JT 表示采用 ISO 7388 号加工中心机床用锥

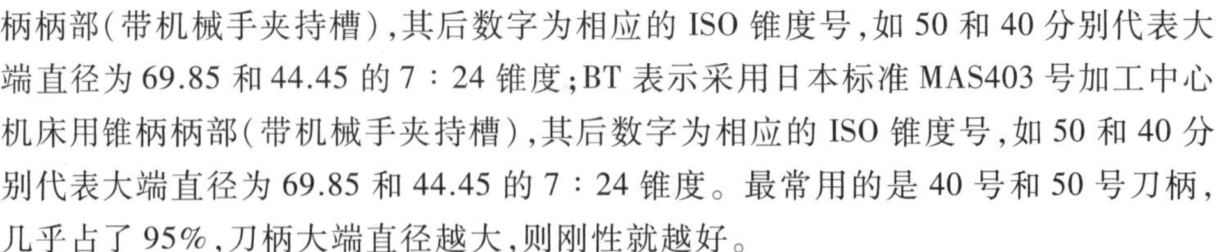

柄柄部(带机械手夹持槽),其后数字为相应的 ISO 锥度号,如 50 和 40 分别代表大端直径为 69.85 和 44.45 的 7∶24 锥度;BT 表示采用日本标准 MAS403 号加工中心机床用锥柄柄部(带机械手夹持槽),其后数字为相应的 ISO 锥度号,如 50 和 40 分别代表大端直径为 69.85 和 44.45 的 7∶24 锥度。最常用的是 40 号和 50 号刀柄,几乎占了 95%,刀柄大端直径越大,则刚性就越好。

②项表示刀柄用途及主参数,其中:XD 表示装三面铣刀刀柄;MW 表示无扁尾莫氏锥柄刀柄;XS 表示装三面刃铣刀刀柄;M 表示有扁尾莫氏锥柄刀柄;Z(J)表示装钻夹头刀柄(贾氏锥度加 J);G 表示攻螺纹夹头;T 表示镗孔刀具;XP 表示装削平柄铣刀刀柄。用途后的数字表示工具的工作特性,其含义随工具不同而异,有些表示工具的轮廓尺寸 D 或 L,有些表示工具的应用范围。

③项表示工作长度。

3. TSG82 工具系统图

如图 2-20 所示为 TSG82 工具系统图。该系统是一个连接镗铣类数控机床(含加工中心)的主轴与刀具之间的辅助系统,它包含多种接杆和刀柄,也有少量刀具(如镗刀头),可用来完成铣削平面、斜面、曲面、沟槽及钻孔、扩孔、铰孔、镗孔和攻螺纹等多种加工工艺。该系统的各类辅具和刀具具有结构简单、使用方便、装卸灵活和调整迅速等特点。图 2-20 展示了 TSG82 工具系统中各种工具的组合形式,各种工具尺寸系列见 JB/GQ 5010—83。例如,表 2-5 列出了弹簧夹头刀柄与接杆和卡簧的各种组合形式及用途,表 2-6 列出了有扁尾莫氏锥孔刀柄与其接杆、刃具的各种组合形式及用途。图 2-20 还反映了其他各种工具组合形式。

4. HSK 工具系统

高速切削加工已成为现代机械制造技术的一个重要组成部分和发展方向。目前,工业发达国家已开始广泛使用机床主轴转速达每分钟上万转乃至数万转的高速切削机床。我国的汽车、航空航天等行业从国外引进的大量先进加工中心及高性能机床中,也包括不少高速切削机床。在机床主轴工作转速大幅度提高的情况下,传统的 BT(7∶24 锥度)工具系统的加工性能已难以满足高速切削的要求。为此,工业发达国家竞相开发各种可适应高速切削的新型工具系统,目前应用较广泛的有德国的 HSK 工具系统、美国的 KM 工具系统等,其中以 HSK 工具系统的技术最为成熟,应用范围也最广泛。HSK 刀柄是一种新型的高速锥形刀柄,其接口采用锥面和端面两面同时定位的方式,刀柄结构及与主轴的连接如图 2-21 所示。HSK 工具系统采用 1∶10 锥度,刀柄为中空短柄,刀柄长度约为传统刀柄长度的 1/2,楔形效果好,抗扭能力强。HSK 整体式刀柄采用平衡式设计,刀柄结构有 A、B、C、D、E、F 六种,如图 2-22 所示,其中 A、B 型为自动换刀刀柄,C、D 型为手动换刀刀柄,E、F 型为无键连接的对称结构。

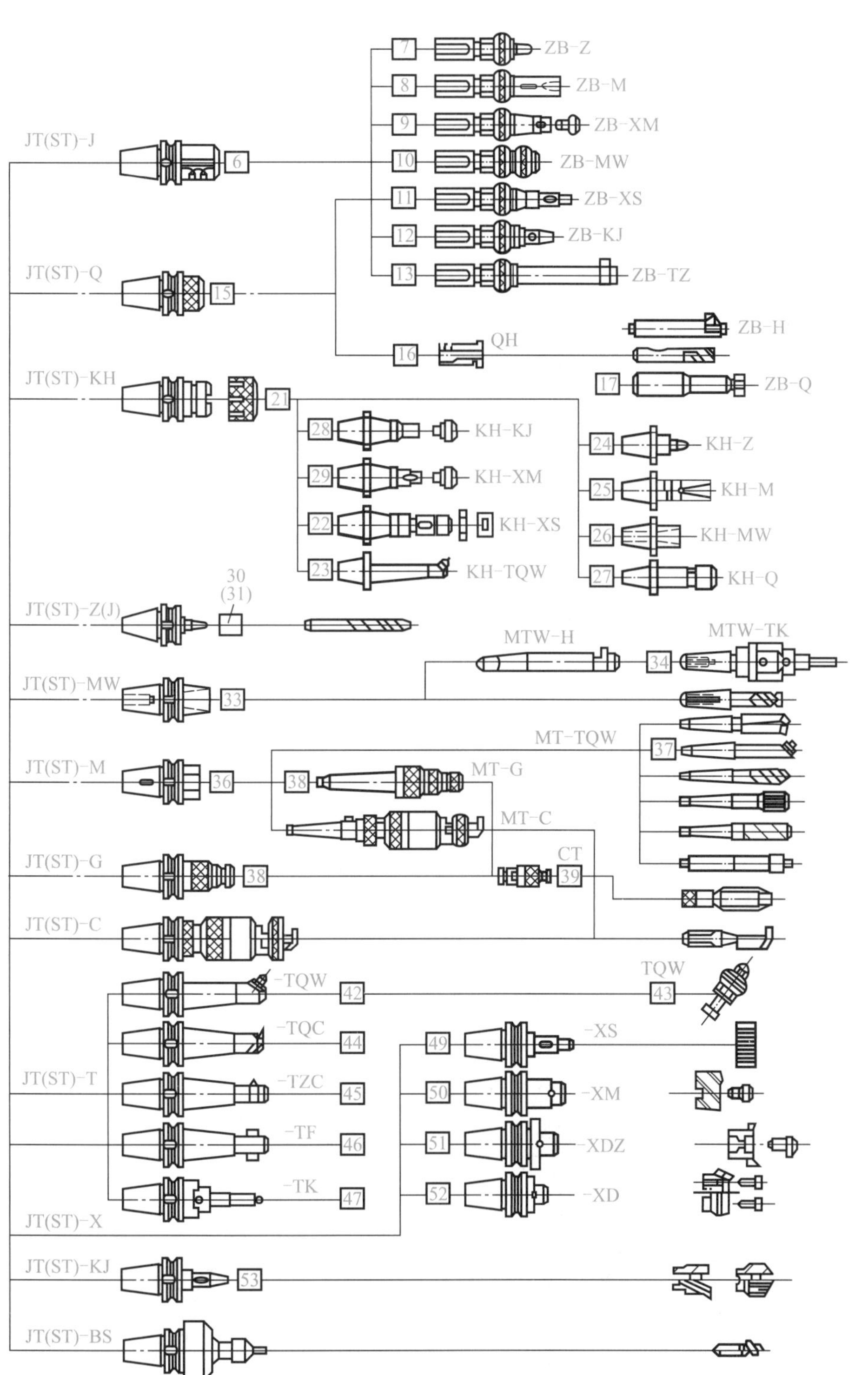

图 2-20　TSG82 工具系统图

表 2-5　弹簧夹头刀柄与接杆和卡簧的各种组合形式及用途

组合形式		主要用途
刀柄代号和名称	装配件	
JT(ST)-Q 弹簧夹头刀柄	QH 卡簧	装夹直柄刀具或 ZB-Q 夹头
	ZB-Q 直柄小弹簧夹头+LQ 外夹簧组件	装夹直柄刀具或 QH 内卡簧
	QH 卡簧+ZB-Q 直柄小弹簧夹头+LQ 外夹簧组件	装夹直柄刀具或 QH 内卡簧
	QH 卡簧+ZB-Q 直柄小弹簧夹头+LQ 外夹簧组件+QH 内卡簧	装夹直柄刀具
	ZB-H 直柄倒锪端面镗刀	倒锪端面
	QH 卡簧+ZB-H 直柄倒锪端面镗刀	

表 2-6　有扁尾莫氏锥孔刀柄与其接杆、刃具的各种组合形式及用途

组合形式		主要用途
刀柄	装配件	
JT(ST)-M 有扁尾莫氏锥孔刀柄	MT-TQW 莫氏圆锥柄倾斜微调镗刀杆	装夹 TQW 镗刀头镗孔
	MT-G 莫氏圆锥柄攻螺纹夹头	装夹丝锥攻螺纹
	MT-G 莫氏圆锥柄攻螺纹夹头+GT 攻螺纹夹套	装夹丝锥攻螺纹
	有扁尾莫氏圆锥柄镗刀	镗孔
	有扁尾莫氏圆锥柄钻头	钻孔
	有扁尾莫氏圆锥柄铰刀	铰孔
	有扁尾莫氏圆锥柄扩孔钻	扩孔
	有扁尾莫氏圆锥柄沉头扩钻	钻沉孔

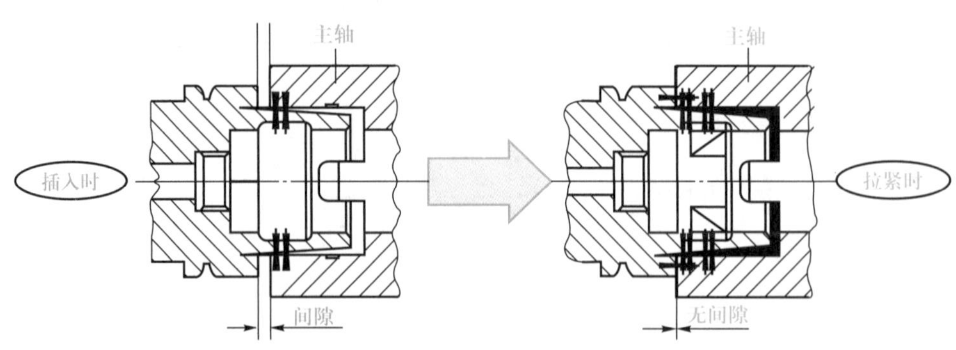

图 2-21　HSK 刀柄结构及与主轴的连接

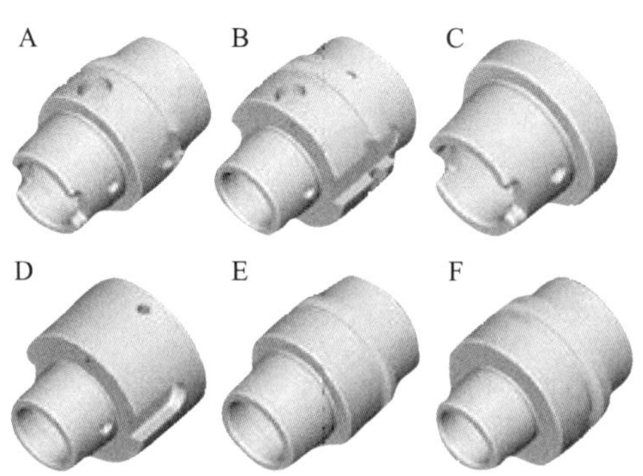

图 2-22　HSK 刀柄的六种类型

2.3.2　数控车削加工用工具系统

数控车削加工用工具系统的构成和结构与机床刀架的形式、刀具类型及刀具是否需要动力驱动等因素有关。数控车床常采用立式或卧式转塔刀架作为刀库，刀库容量一般为 4～8 把刀具，常按加工工艺顺序布置，由程序控制实现自动换刀。其特点是结构简单，换刀快速，每次换刀仅需 1～2 s。图 2-23 所示为数控车削加工用工具系统的一般结构体系。目前广泛采用的德国 DIN69880 工具系统具有重复定位精度高、夹持刚性好、互换性强等特点，分为非动力刀夹和动力刀夹两部分。

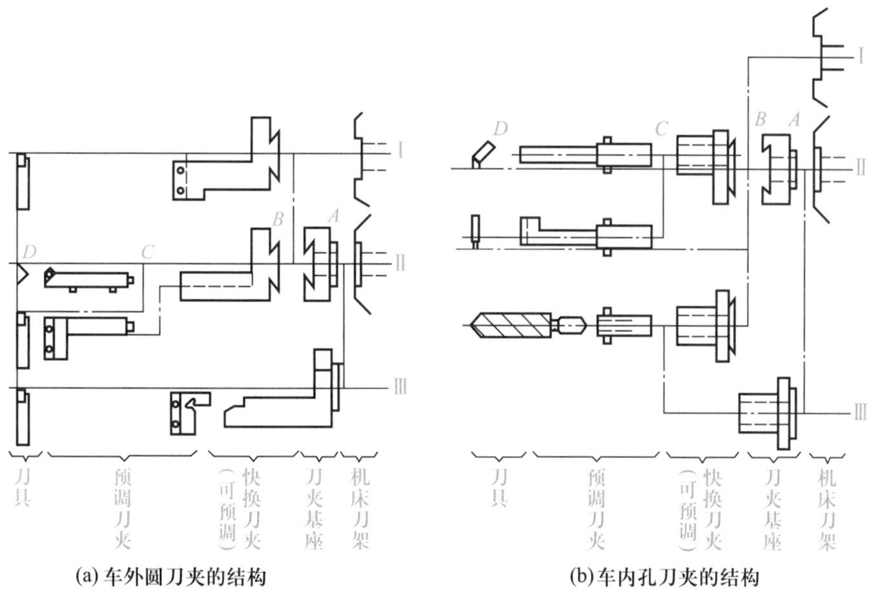

图 2-23　数控车削加工用工具系统的一般结构体系

2.4　数控加工工艺文件的编制

编写数控加工工艺文件是数控加工工艺设计的内容之一。这些工艺文件既是

数控加工和产品验收的依据,也是操作者必须遵守和执行的规程。不同的数控机床和加工要求,工艺文件的内容和格式有所不同,因目前尚无统一的国家标准,各企业可根据自身特点制订出相应的工艺文件。下面介绍企业中常用的几种主要工艺文件。

2.4.1 数控加工工序卡

数控加工工序卡与普通机械加工工序卡有较大区别。数控加工一般工序集中,每一道加工工序可划分为多个工步,工序卡不仅应包含每一工步的加工内容,还应包含其程序段号、所用刀具类型及材料、刀具号、刀具补偿号及切削用量等内容。它不仅是编程人员编制程序时必须遵循的基本工艺文件,同时也是指导操作人员进行数控机床操作和加工的主要资料。不同的数控机床,数控加工工序卡可采用不同的格式和内容。表 2-7 是加工中心数控加工工序卡的一种格式。

表 2-7 数控加工工序卡

零件号			零件名称			编制		审核	
程序号						日期		日期	
工步号	程序段号	工步内容	使用刀具名称			切削用量			
			刀具号	刀长补偿	半径补偿	S 功能	F 功能		切削深度
	N__					v_c=__	f=__		
			T__	H__	D__	S__	F__		
	N__					v_c=__	f=__		
			T__	H__	D__	S__	F__		
	N__					v_c=__	f=__		
			T__	H__	D__	S__	F__		
	N__					v_c=__	f=__		
			T__	H__	D__	S__	F__		
	N__					v_c=__	f=__		
			T__	H__	D__	S__	F__		
	N__					v_c=__	f=__		
			T__	H__	D__	S__	F__		
	N__					v_c=__	f=__		
			T__	H__	D__	S__	F__		

2.4.2 数控加工刀具卡

数控加工刀具卡主要反映使用刀具的名称、编号、规格、长度和半径补偿值以及所用刀柄的型号等内容，它是调刀人员准备和调整刀具、机床操作人员输入刀补参数的主要依据。表 2-8 是加工中心数控加工刀具卡的一种格式。

表 2-8　数控加工刀具卡

<table>
<tr><td colspan="2">零件号</td><td></td><td>零件名称</td><td></td><td>编制</td><td></td><td>审核</td><td></td></tr>
<tr><td colspan="2">程序号</td><td colspan="3"></td><td>日期</td><td></td><td>日期</td><td></td></tr>
<tr><td>工步号</td><td>刀具号</td><td>刀具型号</td><td colspan="2">刀柄型号</td><td colspan="3">刀长及半径补偿量</td><td>备注</td></tr>
<tr><td></td><td>T__</td><td></td><td colspan="2"></td><td colspan="3">H__ =________
D__ =________</td><td></td></tr>
<tr><td></td><td>T__</td><td></td><td colspan="2"></td><td colspan="3">H__ =________
D__ =________</td><td></td></tr>
<tr><td></td><td>T__</td><td></td><td colspan="2"></td><td colspan="3">H__ =________
D__ =________</td><td></td></tr>
<tr><td></td><td>T__</td><td></td><td colspan="2"></td><td colspan="3">H__ =________
D__ =________</td><td></td></tr>
<tr><td></td><td>T__</td><td></td><td colspan="2"></td><td colspan="3">H__ =________
D__ =________</td><td></td></tr>
<tr><td></td><td>T__</td><td></td><td colspan="2"></td><td colspan="3">H__ =________
D__ =________</td><td></td></tr>
<tr><td></td><td>T__</td><td></td><td colspan="2"></td><td colspan="3">H__ =________
D__ =________</td><td></td></tr>
</table>

2.4.3　数控加工走刀路线图

一般用数控加工走刀路线图来反映刀具进给路线，该图应准确描述刀具从起刀点开始，直到加工结束返回终点的轨迹。它不仅是程序编制的基本依据，同时也便于机床操作者了解刀具运动路线（如从哪里进刀，从哪里抬刀等），计划好夹紧位置及控制夹紧元件的高度，以避免碰撞事故发生。走刀路线图一般可用统一约定的符号来表示，不同的机床可以采用不同的图例与格式。本书中的走刀路线图均用虚线表示快速进给，实线表示切削进给，请注意后面几章的介绍。

2.4.4　数控加工程序单

数控加工程序单是编程员根据工艺分析情况，经过数值计算，按照数控机床的程序格式和指令代码编制的。它是记录数控加工工艺过程、工艺参数、位移数据的清单，同时可帮助操作员正确理解加工程序内容。表 2-9 是 FANUC 系统常用的数控加工程序单的一种格式。

表 2-9　数控加工程序单

零件号			零件名称			编制			审核
程序号						日期			日期
N	G	X(U)	Z(W)	F	S	T	M	CR	备注

有关工艺文件具体的编写要求和内容请参考本书以后章节的介绍。

复习思考题

1. 数控加工工艺与普通加工工艺相比有哪些特点？
2. 数控加工工艺的主要内容有哪些？
3. 如何合理选用数控机床？
4. 在装夹工件时要考虑哪些原则？选择夹具时要注意哪些问题？
5. 如何根据被加工工件材料和精度要求正确选择硬质合金牌号？
6. 目前高硬度刀具材料有哪些？其性能特点和使用范围如何？
7. 选择切削用量的原则是什么？粗、精加工选择切削用量有什么不同特点？
8. 什么是数控加工的走刀路线？确定走刀路线时要考虑哪些原则？
9. 数控加工工艺文件有哪些？它们都有什么作用？
10. 什么叫基点和节点？用你熟悉的 CAD 软件绘制出如图 2-13 所示的图形，在计算机上查出各基点坐标并与书中计算结果进行比较。
11. 到互联网上查询国内外著名数控刀具生产公司和有关专业网站，了解最新数控刀具产品及应用资料。[可访问瑞典山特维克可乐满刀具公司(www.coromant.sandvik.com/cn)、国际金属加工网(www.mmsonline.com.cn)和森泰英格(成都)数控刀具有限公司(www.egnc.com.cn)等。]

第3章

数控编程基础

学习目标

1. 熟悉数控编程程序的格式。

2. 掌握数控机床坐标系统的相关国家标准内容,并能正确判断出典型数控机床的标准坐标系统。

3. 掌握机床坐标系和工件坐标系的相关概念。

4. 了解数控程序的主要指令代码。

数控机床是一种按照输入的数字程序信息进行自动加工的机床。因此,零件加工程序的编制是实现数控加工的重要环节。所谓编程,就是把零件的图形尺寸、工艺过程、工艺参数、机床的运动以及刀具位移等按照 CNC 系统的程序段格式和规定的语言记录在程序上的全过程。编制好的程序可以按规定的代码存入穿孔纸带等程序介质中,变成数控装置能读取的信息,送入数控装置,如图 3-1 所示;也可

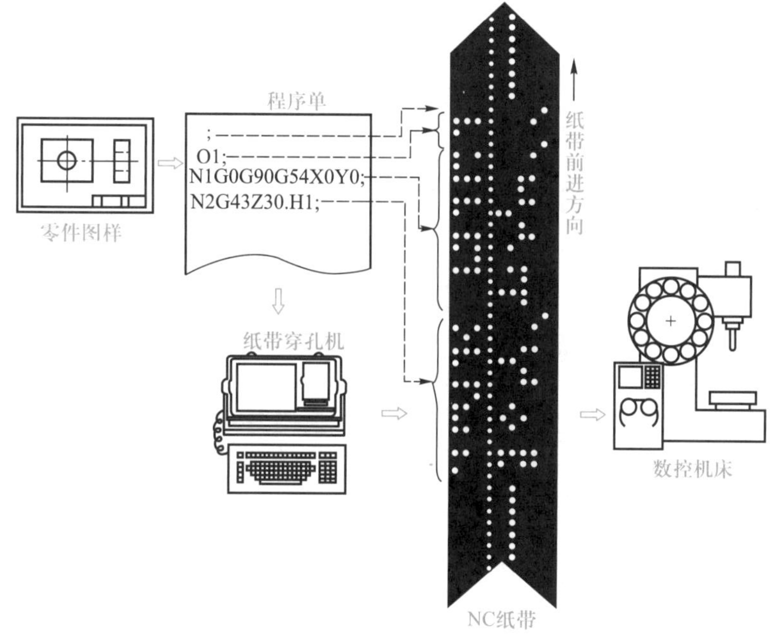

图 3-1 程序单与穿孔纸带

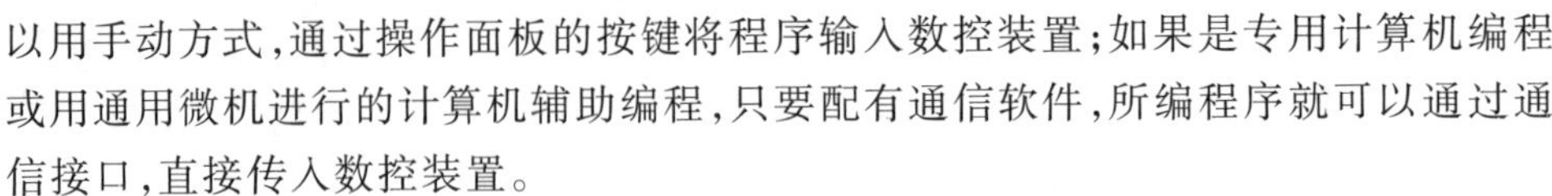

以用手动方式，通过操作面板的按键将程序输入数控装置；如果是专用计算机编程或用通用微机进行的计算机辅助编程，只要配有通信软件，所编程序就可以通过通信接口，直接传入数控装置。

3.1 程序的格式

数控加工程序是由一系列机床数控装置能辨识的指令有序结合而构成的，可分为程序号、程序段和程序结束等几个部分。下面通过一编程实例来分析程序的构成。如图 3-2 所示，在数控车床上车削外圆，编制程序使刀具沿 $P_1 \rightarrow P_2 \rightarrow P_3 \rightarrow P_4 \rightarrow P_5 \rightarrow P_6$ 的轨迹运动加工：

```
O0001;                        (程序号)
N10 G01 X40 Z0 F0.2;          (刀具运动到 P1 点,进给量 0.2 mm·r^-1)
N20 X60 Z-10;                 (刀具运动到 P2 点)
N30 Z-30;                     (刀具运动到 P3 点)
N40 X80;                      (刀具运动到 P4 点)
N50 G03 X100 Z-40 R10;        (刀具运动到 P5 点)
N60 G01 Z-50;                 (刀具运动到 P6 点)
N80 G00 X120;                 (沿 x 轴方向快速退刀)
N110 M30;                     (程序结束)
```

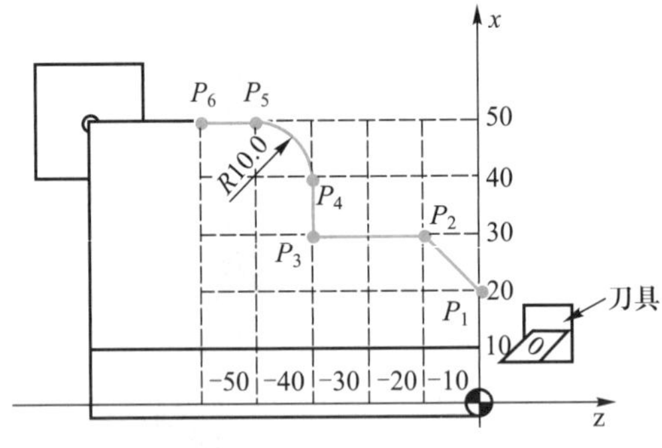

图 3-2 数控加工走刀路线

以上程序中每一行即称为一个程序段或单节（block），每一程序段至少由一个程序字（word）所组成，程序字是由一个地址（address）和数字（number）组成（如 G90、G54、G00、G01、G03、S300、M03 等）。每一程序段后面加一结束符号“；”，以表示一个程序段的结束。以上程序中，程序开头代码“O0001”表示程序号，“N10→N80”部分表示程序段内容，最后一个程序段指令“M30”表示程序结束。如此，CNC 装置即按照程序中的程序段，顺序依次执行程序。

3.1.1 程序段的格式和组成

程序段的格式可分为地址格式、分隔顺序格式、固定程序段格式和可变程序段

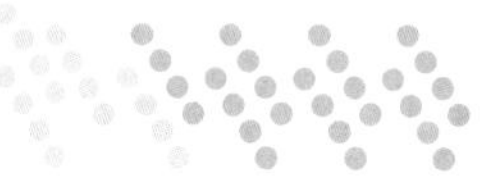

格式等。最常用的是可变程序段格式。

所谓可变程序段格式，就是程序段的长短可随字数和字长（位数）变化。

《数控机床轮廓和点位切削加工可变程序段格式》（JB 3832—1985）中推荐用可变程序段格式。程序段由程序段号（字）、地址、数字、符号等组成。下面以上例中的 N10 程序段为例介绍程序段的格式：

N10 G01 X40 Z0 F0.2；

其中：N——顺序号地址，用于指令程序段编号；

G——指令动作方式的准备功能地址（G01 为直线插补指令）；

X、Z——坐标轴地址，其后面的数字表示刀具在该坐标轴移动的目标点坐标值；

F——进给量指令地址，其后面的数字表示进给量，F0.2 表示进给量为 $0.2\ mm \cdot r^{-1}$；

程序段末尾的“；”为程序段结束符号（EOB）。

程序段也可以认为由程序字组成。程序字的组成如下所示：

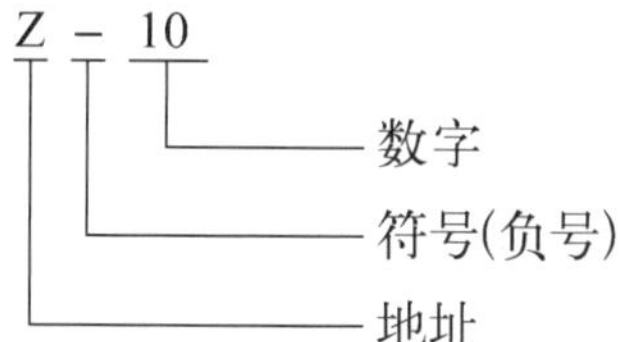

在程序段中表示地址的英文字母可分为尺寸字地址和非尺寸字地址两种。表示尺寸字地址的英文字母有 X、Y、Z、U、V、W、P、Q、I、J、K、A、B、C、D、E、R、H，共 18 个字母；表示非尺寸字地址的英文字母有 N、G、F、S、T、M、L、O，共 8 个字母。各字母的含义见表 3-1。

表 3-1　表示地址的英文字母含义

功能	地址字母	意义
程序号	O	在每一程序前端指定的编码
顺序号	N	程序段顺序编号
准备功能	G	建立加工功能方式的命令
坐标字	X、Y、Z	坐标轴的移动指令
	A、B、C；U、V、W	附加轴的移动指令
	I、J、K	圆弧圆心坐标
进给速度	F	进给速度指令
主轴功能	S	主轴转速指令
刀具功能	T	刀具编号指令
辅助功能	M、B	主轴、冷却液的开关，工作台分度等
补偿功能	H、D	补偿号指令

续表

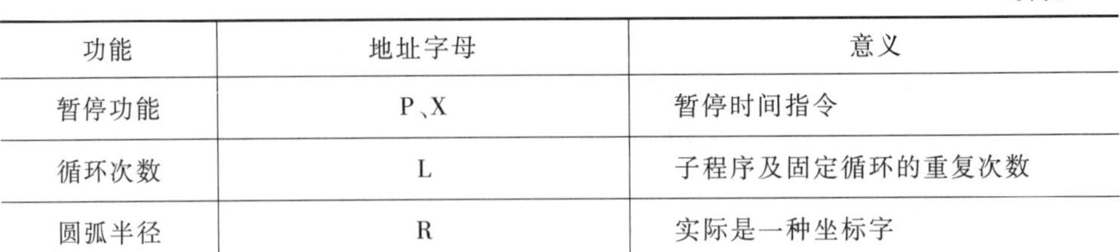

功能	地址字母	意义
暂停功能	P、X	暂停时间指令
循环次数	L	子程序及固定循环的重复次数
圆弧半径	R	实际是一种坐标字

程序中除了出现以上字母和数字外，还会用到一些符号，除了前面提到的“;”“.”和“-”外，还有如“+”（正号）、“/”（选择性程序段删除）等。

为了使程序结构清晰明了，程序段中的字通常应按如下顺序排列：

N……	G……	X…Y…Z…	F……	S……	T……	M……
顺序号	准备功能	位置信息	进给速度	主轴功能	刀具功能	辅助功能

3.1.2 程序号和顺序号

1. 程序号

目前的计算机数控机床都具有记忆程序的功能，能将程序存储在内存内。程序号是以号码识别加工程序时，在每一程序的前端指定的编码。程序号通常以地址 O 及 1~99 999 范围内的任意数字组成，如：

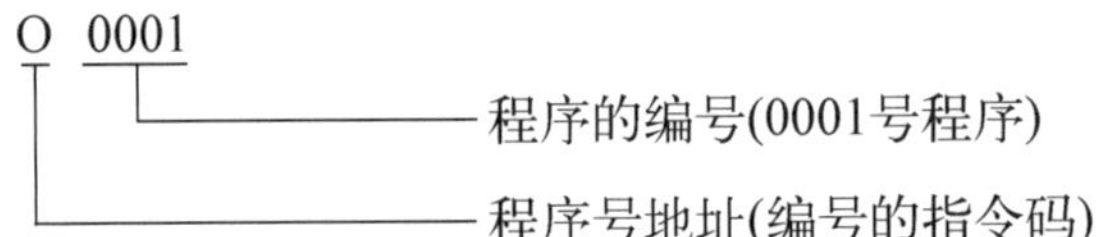

不同数控系统的程序号地址也有所差别，通常 FANUC 系统用“O”，SINUMERIC 系统用“%”，而 AB8400 系统用“P”。编程时一定要根据说明书的规定去编写指令，否则系统不会执行。

2. 顺序号

数控程序的每一程序段之前可以加一顺序号，用地址 N 后面加上 1~99 999 范围内的任意数字表示。顺序号与数控程序的加工顺序无关，它只是程序段的代号，故可任意编号。但最好以由小到大的顺序编号，这样较符合人们的思维习惯。

为了节省内存空间，一般数控程序不必在每一个程序段前面使用顺序号。但在复合循环指令中，如 G70~G73，必须在加工范围的程序段上加上特定的顺序号。另外，在某些特定的加工程序段前顺序号可作为一种标示，如常用顺序号标示加工种类，以便用户阅读理解程序。如下例：

```
N1;        （粗车）
:
:
N2;        （精车）
:
```

:
N3;　　　　（切槽）
:
:
N4;　　　　（车螺纹）
:
:

3.1.3　选择性程序段删除“/”

在程序段的最前端加一斜线“/”时，该程序段是否被执行由操作面板上的选择性程序段删除开关（跳步开关）来决定。当此开关处于“ON”（灯亮）时，则该程序段会被忽略而不被执行；当此开关处于“OFF”（灯熄）时，则该程序段会被执行。所以程序中有“/”指令的程序段可由操作者视情况选择该程序段是否被执行。

“/”指令常置于程序段的最前端，若是置于程序段中的任何其他位置，则从“/”至“;”（程序段结束）间的所有指令可被忽略不执行。

3.1.4　程序数据输入格式

数控程序中的每一指令皆有一定的固定格式，使用不同的数控装置其格式亦不同，故必须依据该数控装置的指令格式书写指令，若其格式有错误，则程序将不被执行而出现报警提示。

其中尤以数据输入时应特别注意。一般数控机床都可选择用公制单位（mm）或英制单位（in，1in = 25.4 mm）为数值的单位，公制可精确到 0.001 mm，英制可精确到 0.000 1 in，这也是一般数控机床的最小移动量。若输入 X1.23456 时，实际输入值是 X1.234 mm 或 X1.2345 in，多余的数值即被忽略不计。且字数也不能太多，一般以 7 个字为限，如输入 X1.2345678，因超过 7 个字，会出现报警提示。表 3-2 是 FANUC 0*i* 系统的地址和指令数值范围。

表 3-2 中所列的是数控装置能接受的指令范围，由于受机床本身的限制，实际指令范围应参考数控机床的操作手册而定。例如表 3-2 中 x 轴可移动 ±99 999.999 mm，但实际上数控机床 x 轴的行程可能只有 650 mm；进给量 F 最大可输入为100 000 $mm \cdot min^{-1}$，但实际上数控机床可能限制在 3 000 $mm \cdot min^{-1}$ 以下。故在程序编制时，一定要参考机床说明书。

表 3-2　地址与指令范围（FANUC 0*i*）

功能	地址	公制单位	英制单位
程序号	O	1~9 999	1~9 999
顺序号	N	1~99 999	1~99 999
准备功能	G	0~99	0~99
坐标字	X、Y、Z、Q、R、I、J、K	±99 999.999 mm	±9 999.999 9 in
	A、B、C	±99 999.999°	±9 999.999 9°

续表

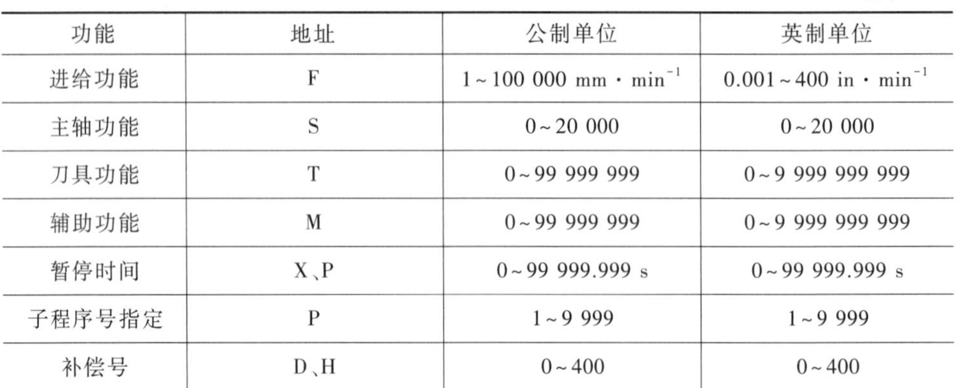

功能	地址	公制单位	英制单位
进给功能	F	1~100 000 mm · min^{-1}	0.001~400 in · min^{-1}
主轴功能	S	0~20 000	0~20 000
刀具功能	T	0~99 999 999	0~9 999 999 999
辅助功能	M	0~99 999 999	0~9 999 999 999
暂停时间	X、P	0~99 999.999 s	0~99 999.999 s
子程序号指定	P	1~9 999	1~9 999
补偿号	D、H	0~400	0~400

3.1.5 小数点输入功能

程序中表示坐标、时间或速度单位的指令值可使用小数点输入。FANUC 0*i* 有两种小数点输入：计算器型和标准型。当使用计算器型小数点输入时，没有小数点的数字单位被认为是毫米、英寸、秒或度；当使用标准型小数点输入时，没有小数点的数字单位被认为是最小输入增量单位。使用参数 No.3401#0(DPI)设置计算器型或标准型小数点输入。在一个程序中，数值可以使用小数点指令，也可以不使用小数点指令。小数点输入及含义见表 3-3。

表 3-3 小数点输入及含义

程序指令	计算器型小数点编程含义	标准型小数点编程含义
X1000 指令没有小数点	1 000 mm 单位：mm	1 mm 单位：最小输入增量单位 (0.001 mm)
X1000.0 或 X1000.	1 000 mm 单位：mm	1 000 mm 单位：mm

一般下面地址可以使用小数点输入：X、Y、Z、U、V、W、A、B、C、I、J、K、Q、R 和 F。P、D、H、S、T、M、Q 不允许使用小数点输入，如果指令了带小数点的数字，则出现报警。

本书如没有特别说明，程序中的数值均采用计算器型小数点输入。

微课
坐标系知识

3.2 数控机床的坐标系统

3.2.1 坐标轴及其运动方向

数控机床坐标系统是用来确定其刀具运动路径的依据，因此坐标系统对数控程序设计极为重要。统一规定数控机床坐标系各轴的名称及其正负方向，可以简

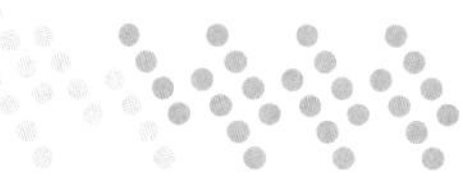

化数控程序编制，并使编制的程序对同类型机床有互换性。

1. 标准坐标系及运动方向

对数控机床中的坐标系和运动方向的命名，ISO 标准和我国的 JB/T 3051—1999（等效 ISO 841:1974 标准）机械行业标准都统一规定采用标准的右手直角笛卡儿坐标系统，如图 3-3 所示。标准规定增大刀具与工件之间距离的方向为坐标正方向。坐标系三坐标轴 x、y、z 及其正方向用右手定则判断。相应地用 A、B、C 表示回转轴线与 x、y、z 轴重合或平行的回转运动，并用右手螺旋法则判断，其正方向用 $+A$、$+B$、$+C$ 表示。用 $+x'$、$+y'$、$+z'$、$+A'$、$+B'$、$+C'$ 表示工件相对于刀具运动的正方向，与 $+x$、$+y$、$+z$、$+A$、$+B$、$+C$ 相反。

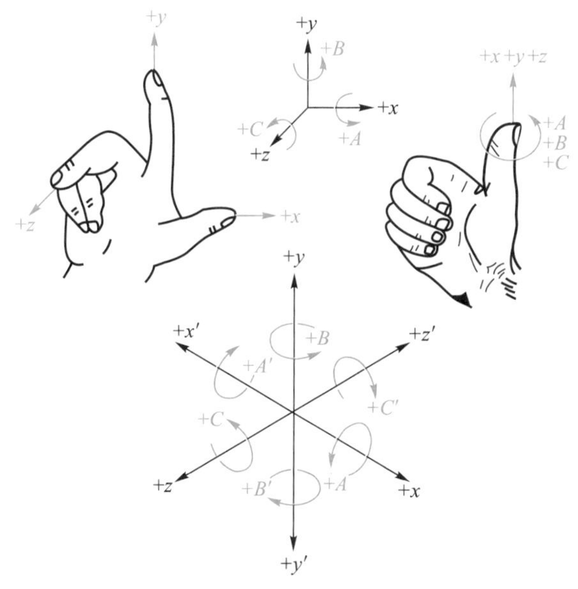

图 3-3　右手直角笛卡儿坐标系统

如果数控机床的运动多于 x、y、z 三个坐标，则用附加坐标轴 U、V、W 分别表示平行于 x、y、z 三个坐标轴的第二组直线运动；如还有平行于 x、y、z 轴的第三组直线运动，则附加坐标轴可分别指定为 P、Q、R 轴。如果在 x、y、z 三个坐标轴主要直线运动之外存在不平行或可以不平行于 x、y、z 轴的直线运动，也可相应地指定附加坐标轴 U、V、W 或 P、Q、R。如果在第一组回转运动 A、B、C 之外还有平行或可以不平行于 A、B、C 的第二组回转运动，可分别指定为 D、E、F。然而，就大部分数控机床加工的动作而言，只需三个直线坐标轴及一个旋转轴便可完成大部分零件的数控加工。常见数控机床的坐标系如图 3-4 所示。

2. z 坐标的运动

机床主轴是传递主要切削动力的轴，可以表现为加工过程中带动刀具旋转，也可以表现为带动工件旋转。例如卧式或立式数控车床、数控外圆磨床是主轴带动工件旋转，而数控镗铣床、数控钻床、数控攻螺纹机等则是主轴带动刀具旋转。标准规定 z 坐标的运动，是由传递切削动力的主轴所规定（无主轴机床除外），远离工件的刀具运动方向为 z 坐标正方向（$+z$）。当机床有几个主轴时，则选一个垂直于

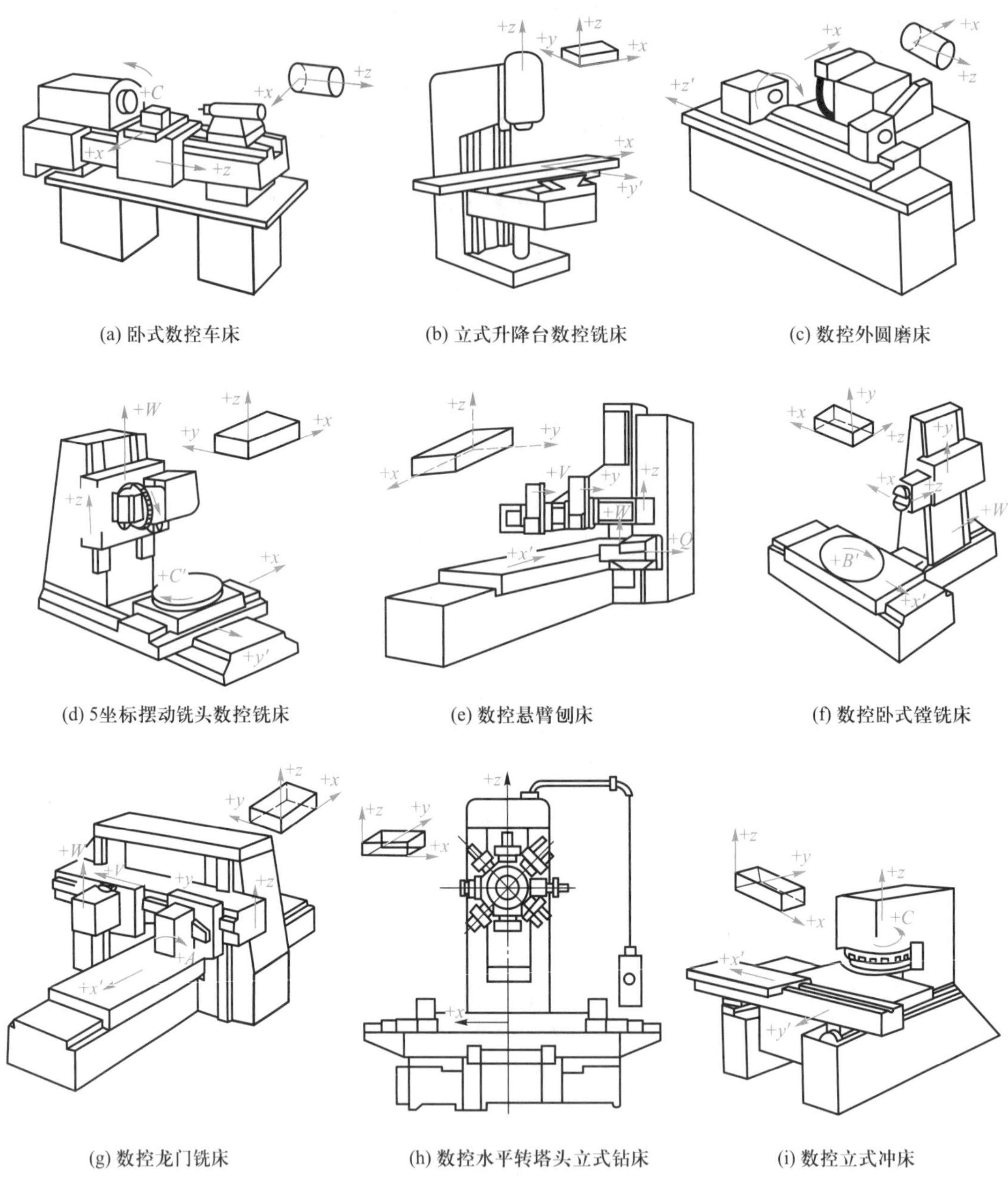

(a) 卧式数控车床　(b) 立式升降台数控铣床　(c) 数控外圆磨床

(d) 5坐标摆动铣头数控铣床　(e) 数控悬臂刨床　(f) 数控卧式镗铣床

(g) 数控龙门铣床　(h) 数控水平转塔头立式钻床　(i) 数控立式冲床

图 3-4　常见数控机床的坐标系

工件装卡面的主轴为主要的主轴，与该轴重合或平行的刀具运动坐标为 z 坐标。如果机床没有主轴，例如数控悬臂刨床，则 z 坐标垂直于工件装卡面，如图 3-4e 所示；数控立式冲床虽然可以旋转冲头盘更换冲头，但在冲裁过程中则是冲头作直线往复运动，z 坐标方向如图 3-4i 所示。

3. x 坐标的运动

x 坐标是水平的，它平行于工件的装卡面，是在刀具或定位平面内运动的主要坐标。在没有旋转刀具或旋转工件的机床上（如数控悬臂刨床），x 坐标平行于主

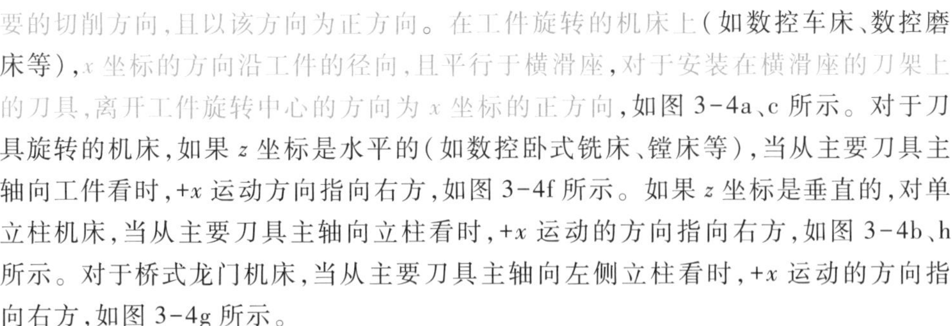

要的切削方向，且以该方向为正方向。在工件旋转的机床上（如数控车床、数控磨床等），x 坐标的方向沿工件的径向，且平行于横滑座，对于安装在横滑座的刀架上的刀具，离开工件旋转中心的方向为 x 坐标的正方向，如图 3-4a、c 所示。对于刀具旋转的机床，如果 z 坐标是水平的（如数控卧式铣床、镗床等），当从主要刀具主轴向工件看时，$+x$ 运动方向指向右方，如图 3-4f 所示。如果 z 坐标是垂直的，对单立柱机床，当从主要刀具主轴向立柱看时，$+x$ 运动的方向指向右方，如图 3-4b、h 所示。对于桥式龙门机床，当从主要刀具主轴向左侧立柱看时，$+x$ 运动的方向指向右方，如图 3-4g 所示。

4. y 坐标的运动

$+y$ 的运动方向，可根据 x 坐标和 z 坐标的运动方向，利用右手直角笛卡儿坐标系统来确定，如图 3-4 所示。

5. 旋转运动 A、B、C

根据 x、y、z 坐标的运动方向，利用右手直角笛卡儿坐标系统即可确定轴线平行于 x、y、z 坐标的旋转运动 A、B、C 的方向。

这里需要强调的是，机床的运动是指刀具和工件之间的相对运动，不管机床是哪个结构运动哪个结构静止，它永远假定刀具相对于静止的工件坐标系而运动。这一原则使编程人员在编程时不必考虑机床具体的运动形式，只需根据零件图样编程即可。

3.2.2　机床原点、机床参考点

1. 机床原点

数控机床的坐标系统可分为机床坐标系（machine coordinate system）和工件坐标系（workpiece coordinate system）两种。机床坐标系又称机械坐标系，是以机床原点为坐标原点建立的直角坐标系。机床原点是机床上的一个固定的点，其位置是由机床设计和制造单位确定的，用户不得擅自进行修改。机床原点是工件坐标系、机床参考点的基准点，即数控机床进行加工运动的基准点。数控车床的机床原点一般设在卡盘前端面或后端面的中心，如图 3-5a 所示。数控铣床的机床原点，各生产厂不一致，有的设在机床工作台的中心，有的设在进给行程的终点，如图 3-5b 所示。

2. 机床参考点

机床参考点是机床坐标系中一个固定不变的位置点，是用于对机床工作台、滑板与刀具相对运动的测量系统进行标定和控制的点。机床参考点通常设置在机床各轴靠近正向极限的位置（如图 3-5 所示），通过减速行程开关粗定位，而由零位点脉冲精确定位。机床参考点对机床原点的坐标是一个已知定值，也就是说，可以根据机床参考点在机床坐标系中的坐标值间接确定机床原点的位置。在机床接通电源后，通常都要做回零操作，即利用 CRT/MDI 控制面板上的功能键和机床操作面板上的有关按钮，使刀具或工作台退离到机床参考点。回零操作又称为返回参考点操作，当返回参考点的工作完成后，显示器即显示出机床参考点在机床坐标系中的坐标值，表明机床坐标系已自动建立。可以说回零操作是对基准的重新核定，

可消除由于种种原因产生的基准偏差。

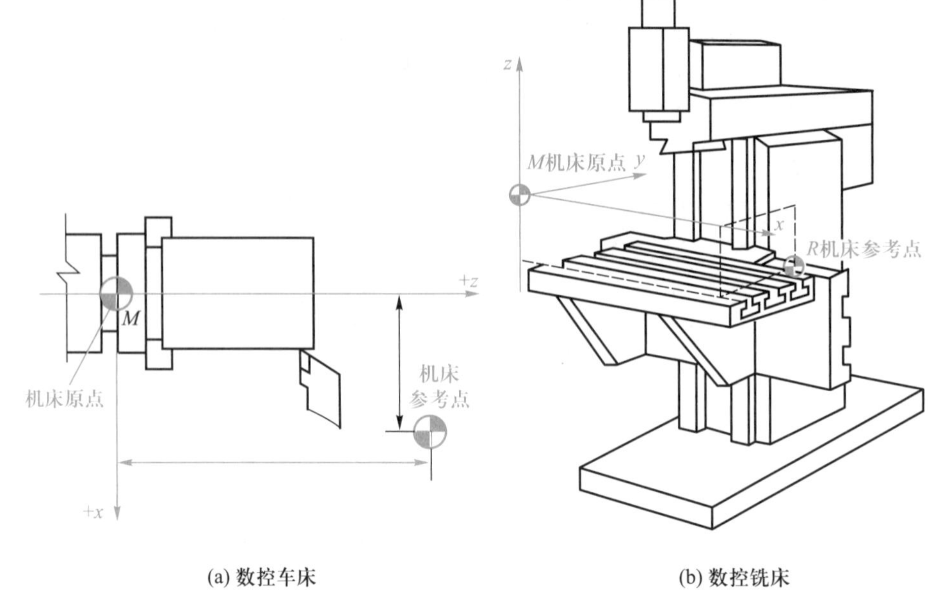

图 3-5　数控机床的机床原点与机床参考点

在数控加工程序中可用相关指令使刀具经过一个中间点自动返回参考点。机床参考点的参数已由机床制造厂测定后输入数控系统,并且记录在机床说明书中,用户不得更改。

一般数控车床、数控铣床的机床原点和机床参考点位置如图 3-5 所示。但有些数控机床的机床原点与机床参考点重合。

3.2.3　工件坐标系

工件坐标系是编程时使用的坐标系,又称为编程坐标系,其原点称为工件原点或编程原点。**数控编程时,应该首先确定工件坐标系和工件原点。**工件原点是编程人员在编制程序时用来确定刀具和程序的起点,可由编程人员根据具体情况确定。工件坐标系坐标轴的方向应与机床坐标系一致,并且与之有确定的尺寸关系。工件原点在工件上的位置虽可任意选择,但一般应遵循以下原则:

1）工件原点选在零件图样的基准上,以利于编程。

2）工件原点尽量选在尺寸精度高、表面粗糙度值小的工件表面上。

3）工件原点最好选在工件的对称中心上。

4）要便于测量和检验。

在数控车床上加工工件时,工件原点一般设在主轴中心线与工件右端面(或左端面)的交点处,如图 3-6a 所示。在数控铣床上加工工件时,工件原点一般设在进刀方向一侧工件外轮廓表面的某个角或对称中心上,如图 3-6b 所示。

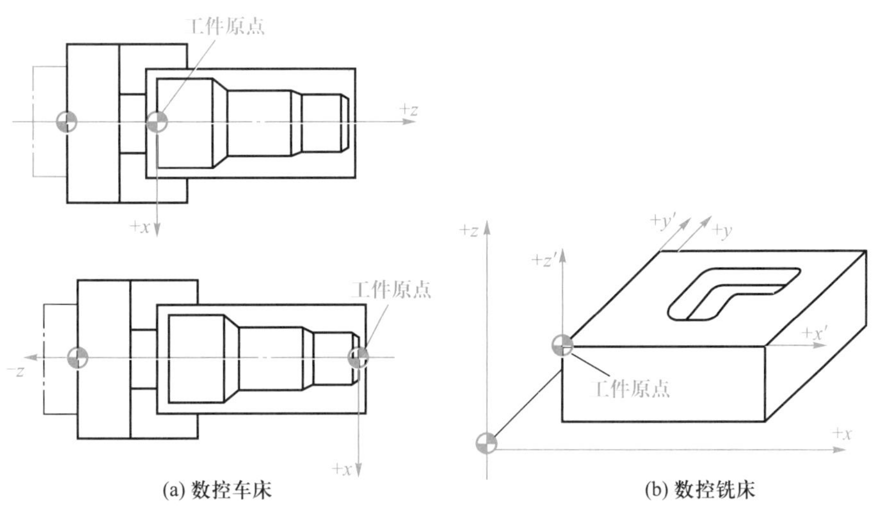

图 3-6 工件原点设置

3.2.4 绝对坐标编程及增量坐标编程

数控加工程序中表示几何点的坐标位置有绝对坐标和增量坐标两种方式。绝对坐标是以“工件原点”为依据来表示坐标位置的，如图 3-7a 所示。增量坐标是以相对于“前一点”位置坐标的增量来表示坐标位置的，如图 3-7b 所示。编程时要根据零件的加工精度要求及编程方便与否选用坐标类型。在数控程序中绝对坐标与增量坐标可单独使用，也可在不同程序段上交叉设置使用，数控车床上还可以在同一程序段中混合使用，使用原则主要是看何种方式编程更方便。

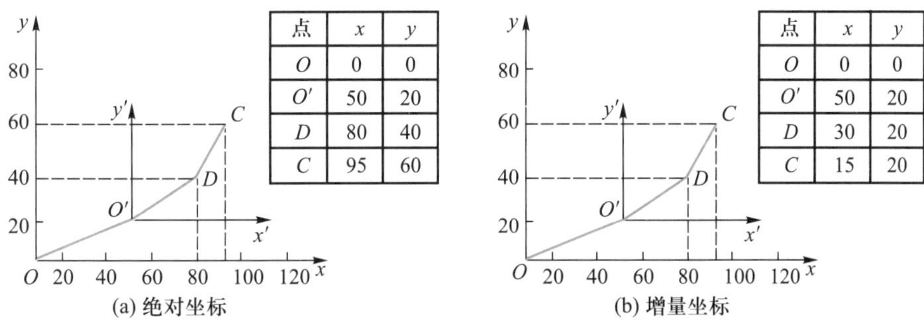

点	x	y
O	0	0
O'	50	20
D	80	40
C	95	60

点	x	y
O	0	0
O'	50	20
D	30	20
C	15	20

图 3-7 绝对坐标与增量坐标

数控镗铣床或加工中心大都以 G90 指令设定程序中 x、y、z 坐标值为绝对坐标；用 G91 指令设定 x、y、z 坐标值为增量坐标，如图 3-8 所示刀具路线分别用绝对坐标与增量坐标编程如下：

G90 绝对坐标方式指令：		G91 增量坐标方式指令：	
G90 X50 Y50；	($P_1 \rightarrow P_2$)	G91 X-20 Y30；	($P_1 \rightarrow P_2$)
X-60 Y30；	($P_2 \rightarrow P_3$)	X-110 Y-20；	($P_2 \rightarrow P_3$)
(X-60) Y-50；	($P_3 \rightarrow P_4$)	(X0) Y-80；	($P_3 \rightarrow P_4$)

X-20 Y-30;	($P_4 \to P_5$)	X40 Y20;	($P_4 \to P_5$)
X50 Y-60;	($P_5 \to P_6$)	X70 Y-30;	($P_5 \to P_6$)

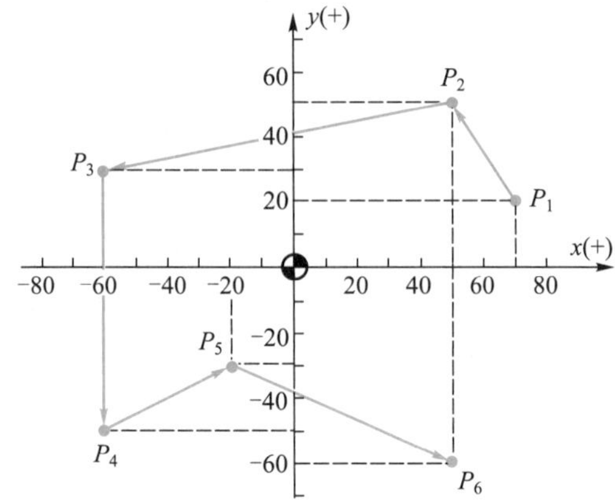

图 3-8　绝对坐标与增量坐标编程实例

其中( )内的内容可以省略。

一般数控车床上绝对坐标以地址 X、Z 表示;增量坐标以地址 U、W 分别表示 x、z 坐标的增量。x 坐标不论是绝对坐标还是增量坐标,一般都用直径值表示(称为直径编程),这样会给编程带来方便,这时刀具实际的移动距离是直径值的一半。

3.2.5　极坐标编程

数控编程点的坐标可以用笛卡儿坐标,也可以用极坐标(半径和角度)表示,如图 3-9 所示。

笛卡儿坐标表示 A、B 两点的坐标为:

$x_A = R\times\cos\theta = 50\times\cos 45° = 35.35$

$y_A = R\times\sin\theta = 50\times\sin 45° = 35.35$

$x_B = R\times\cos\theta = 60\times\cos 150° = -51.96$

$y_B = R\times\sin\theta = 60\times\sin 150° = 30$

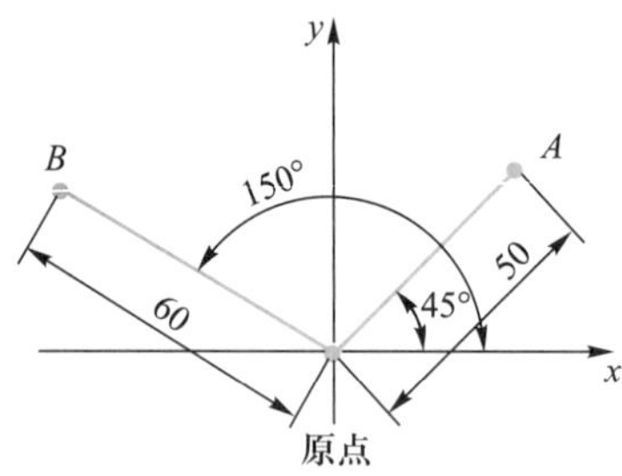

图 3-9　笛卡儿坐标与极坐标

则 A、B 两点的笛卡儿坐标为:A(35.35,35.35)、B(-51.96,30)。

极坐标表示 A、B 两点的坐标为:A(50,45)、B(60,150)。

微课
数据程序指令代码

3.3　数控程序的指令代码

数控程序所用的代码主要有准备功能 G 代码、辅助功能 M 代码、进给功能 F 代码、主轴转速功能 S 代码和刀具功能 T 代码等。在数控编程中,用各种 G 指令和 M 指令来描述工艺过程的各种操作和运动特征。

3.3.1　准备功能

准备功能是使机床或控制系统建立加工功能方式的命令，如插补、刀具补偿、固定循环或尺寸制式单位等。常用的 G 指令由地址 G 和其后的两位数字组成，从 G00～G99 共 100 种。

3.3.2　辅助功能

辅助功能是指控制机床或系统开关功能的一种命令，包括用于指定主轴启动、停止及旋转方向，冷却液的开关，工件或刀具的夹紧和松开，刀具的更换等功能。常用辅助功能指令由地址 M 和其后的两位数字组成。

3.3.3　进给功能

进给功能又称为 F 功能，是用来定义进给速度的命令。一般有两种表示方法：

（1）代码法

即 F 后跟两位数字，这些数字不直接表示进给速度的大小，而是机床进给速度数列的序号，进给速度数列可以是算术级数，也可以是几何级数。从 F00～F99 共 100 个等级。

（2）直接代码法

F 后跟的数字就是进给速度的大小，如 F300 即表示进给速度为 300 $mm \cdot min^{-1}$。这种表示方法较为直观，目前大多数机床均采用这种方法。

F 代码为续效代码，一经设定后如未被重新指定，则表示先前所设定的进给速度继续有效。如 F 代码指令值超过制造厂商所设定的范围，则以厂商所设定的最高或最低进给速度为实际进给速度。

3.3.4　主轴转速功能

主轴转速功能又称为 S 功能，是定义主轴速度的命令，用字母 S 和其后的 1～5 位数字表示。有恒转速（单位 $r \cdot min^{-1}$）和恒线速度（单位 $m \cdot min^{-1}$）两种指令方式。S 代码只是设定主轴转速的大小，并不会使主轴回转，必须有 M03（主轴正转）或 M04（主轴反转）指令时，主轴才开始旋转。

3.3.5　刀具功能

刀具功能又称为 T 功能，是依据相应的格式规范，识别或调入刀具及与之有关功能的规格命令。在自动换刀的数控机床中，该指令用于选择所需的刀具，同时还可用来指定刀具补偿号。一般加工中心程序中 T 代码后的数字直接表示选择的刀具号码，如 T10 表示 10 号刀；数控车床程序中 T 代码后的数字既有表示所选择的刀具号的，也有表示刀具补偿号的，如 T0806 表示选择 8 号刀，调用 6 号刀具补偿参数进行长度和半径补偿。由于不同的数控系统有不同的指令方法和含义，具体应用时应参照数控机床的编程说明书进行。

复习思考题

1. 什么叫可变程序段格式？试举例说明。

2. “/”指令的含义是什么？

3. 试举例说明一般在哪些情况下程序段中会加入顺序号。

4. 在程序中不带小数点输入和带小数点输入坐标值时有什么区别？试举例说明。

5. 不能使用小数点的地址有哪些？

6. 右手直角笛卡儿坐标系统有哪些规定？

7. 机床坐标系和工件坐标系的区别是什么？

8. 什么是机床原点和机床参考点？你能说出你见到过的数控车床、数控镗铣床或加工中心的机床原点和机床参考点的位置吗？

9. 绝对坐标编程及增量坐标编程有何区别？试举例说明。

10. G 指令和 M 指令的基本功能是什么？试举例说明。

11. 何为 F、S、T 功能？

第4章

数控车床加工及其程序编制

学习目标

1. 了解数控车削加工的主要特点，会正确选用数控车床。

2. 了解可转位车刀的主要类型和特点，会正确选择可转位车刀刀片型号和车刀型号。

3. 掌握制订数控车削加工工艺路线需遵循的基本原则。

4. 掌握切削用量影响数控车削加工的规律，并能正确选择车削用量。

5. 掌握 FANUC 0*i* 数控车削系统常用编程指令含义及格式，并能熟练应用编制典型零件的数控车削加工程序。

4.1 数控车削加工工艺

4.1.1 数控车床加工的主要特点

数控车床与普通车床一样，也是用来加工回转体零件的。但是由于数控车床是自动完成内外圆柱面、圆弧面、端面、螺纹等的切削加工（如图 4-1 所示），所以数控车床特别适合加工形状复杂、精度要求高的轴类或盘类零件。数控车床具有加工灵活，通用性强，可适应产品的品种和规格频繁变化的特点，能够满足新产品的开发和多品种、小批量、生产自动化的要求，因此被广泛应用于制造业，例如汽车制造业、发动机制造业、航空航天业、机床制造业等。目前我国使用最多的数控机床是数控车床。图 4-2 所示为数控车床加工的典型零件。

4.1.2 数控车床的类型

对数控车床的分类可以采取不同的方法，按主轴配置形式可分为卧式和立式两大类，数控卧式车床又有水平导轨和斜置导轨两种形式；按刀架数量可分为单刀架与双刀架两种，单刀架数控车床多采用水平导轨、两坐标控制，双刀架数控车床多采用斜置导轨、四坐标控制；按数控车床控制系统和机械结构的档次可分为经济型数控车床、全功能数控车床和车削中心。车削中心是在数控车床的基础上发展

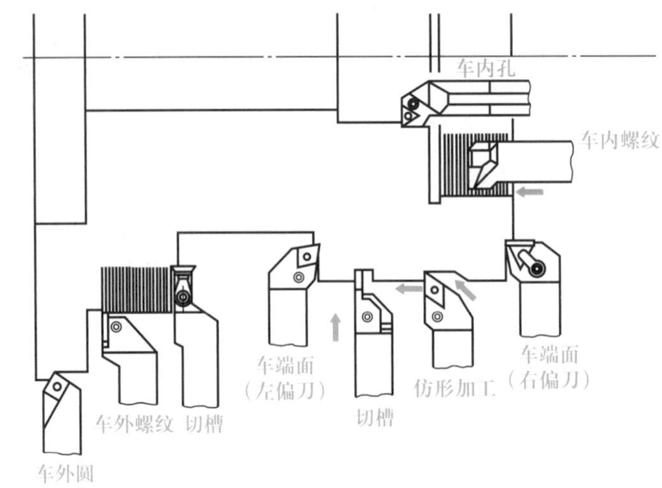

图 4-1　数控车床上的各种加工方法

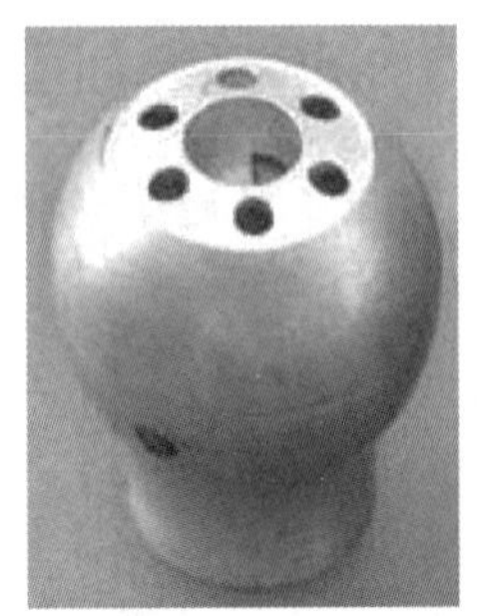

图 4-2　数控车床加工的典型零件

起来的一种复合加工机床，除具有一般二轴联动数控车床的所有功能外，其转塔刀架上有能使刀具旋转的动力刀座，主轴具有按轮廓成形要求连续回转（不等速回转）和进行连续精确分度的 C 轴功能，该轴能与 x 轴或 z 轴联动，有的车削中心还具有 y 轴。x、y、z 轴交叉构成三维空间，可进行端面和圆周上任意部位的钻削、铣削和攻螺纹等加工。图 4-3 所示为在车削中心上采用动力刀具可实现的三种典型加工。

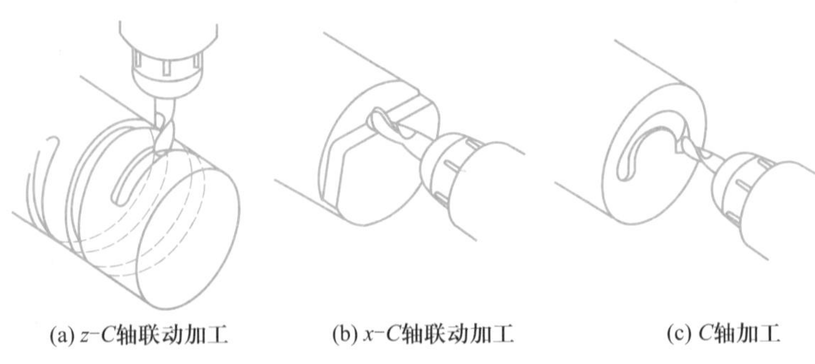
(a) z-C轴联动加工　(b) x-C轴联动加工　(c) C轴加工

图 4-3　车削中心加工

4.1.3　车削用刀具及其主要特点

1. 数控车刀的特点

数控车床刚性好,精度高,一次装夹即可完成工件的粗加工、半精加工和精加工。为使粗加工能采用大切深、大走刀,要求粗车刀具强度高、刀具寿命长。精车时保证加工精度及其稳定性是关键,刀具应满足安装调整方便、刚性好、精度高、寿命长的要求。数控车床一般选用硬质合金可转位车刀。这种车刀就是使用可转位刀片的机夹车刀,把经过研磨的可转位多边形刀片用夹紧组件夹在刀杆上,如图 4-4所示。车刀在使用过程中,一旦切削刃磨钝后,通过刀片的转位即可用新的切削刃继续切削,只有当多边形刀片所有的刀刃都磨钝后,才需要更换刀片。数控车床与普通车床用的可转位车刀一般无本质的区别,其基本结构、功能特点是相同的。但数控车床工序是自动化的,因此对其上使用的可转位车刀的要求又有别于普通车床的刀具,具体要求和特点见表 4-1。

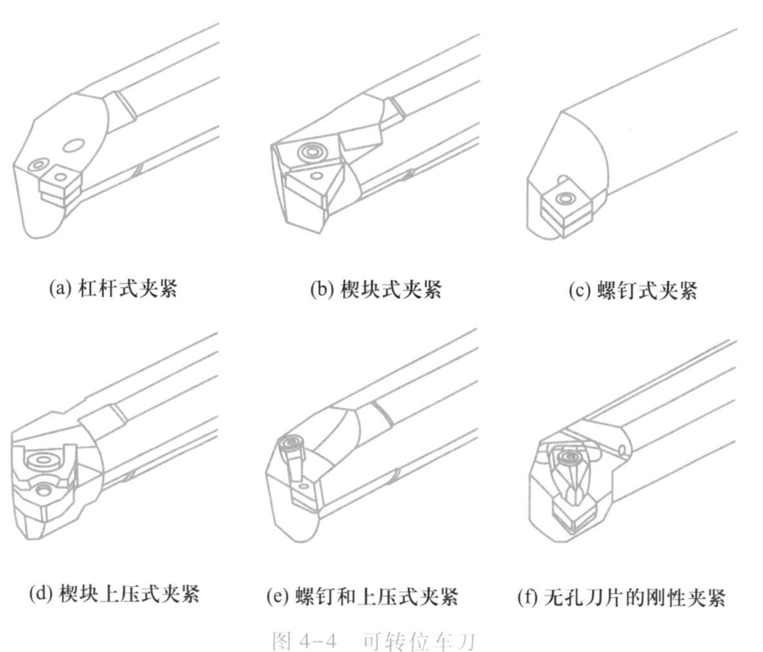

图 4-4　可转位车刀

表 4-1　数控车床可转位车刀的要求和特点

要求	特点	目的
精度高	刀片采用 M 级或更高精度等级的;刀杆多采用精密级的;用带微调装置的刀杆在机外预调好	保证刀片重复定位精度,方便坐标设定,保证刀尖位置精度
可靠性高	采用断屑可靠性高的断屑槽型或有断屑台和断屑器的车刀;采用结构可靠的车刀;采用复合式夹紧结构和夹紧可靠的其他结构	断屑稳定,不能有紊乱和带状切屑;适应刀架快速移动和换位以及整个自动切削过程中夹紧不得有松动的要求

续表

要求	特点	目的
换刀迅速	采用车削工具系统;采用快换小刀夹	迅速更换不同形式的切削部件,完成多种切削加工,提高生产效率
刀片材料	较多采用涂层刀片	满足生产节拍要求,提高加工效率
刀杆截面形状	较多采用正方形刀杆,但因刀架系统结构差异大,有的需采用专用刀杆	刀杆与刀架系统匹配

2. 可转位刀片型号表示规则

微课 可转位刀片标记

《切削刀具用可转位刀片型号表示规则》(GB/T 2076—2007)规定了切削刀具用硬质合金或其他切削材料的可转位刀片的型号表示规则。可转位刀片用 9 个代号表征刀片的尺寸及其他特征,代号①~⑦是必须的,代号⑧和⑨在需要时添加,代号⑩表示制造商代号或符合《切削加工用硬切削材料的分类和用途　大组和用途小组的分类代号》(GB/T 2075—2007)中的切削材料表示代号。如示例 1 所示。

示例 1:可转位刀片的一般表示规则

①	②	③	④	⑤	⑥	⑦	⑧	⑨		⑩
C	N	M	Q	06	04	08	E	N	—	PF

具体编写规则见表 4-2。

表 4-2　刀片型号编写规则

位数	含义	说明					
1	形状代号	C:80°菱形	D:55°菱形	S:正方形	T:正三角形	V:35°菱形	R:圆形
2	后角代号	A:3°	B:5°	D:15°	E:20°	N:0°	P:11°

位数	含义	代号	刀尖高度允差 m/mm	内接圆允差 d/mm	厚度允差 s/mm
3	精度代号	A	±0.005	±0.025	±0.025
		G	±0.025	±0.025	±0.13
		M	±0.08	±0.05	±0.13

续表

位数	含义	说明				
4	槽、孔代号	代号	有无孔	孔的形状	有无断层槽	刀片断面
		W	有	圆柱孔+单面倒角（40°～60°）	无	
		T	有		单面	
		Q	有	圆柱孔+双面倒角（40°～60°）	无	
		U	有		双面	

位数	含义	刀片形状							l/mm
5	切削刃长代号	C l	D l	R l	S l	T l	V l	W l	
				05					5.0
		06	07			11	11		6.35
		09	11	09	09	16	16	06	9.525

位数	含义	代号	刀片厚度 s/mm	代号	刀片厚度 s/mm
6	刀片厚度代号	01	1.59	06	6.35
		02	2.38	07	7.94
		04	4.76	09	9.52

位数	含义	代号	刀尖半径/mm	代号	刀尖半径/mm
7	刀尖半径代号	02	0.2	08	0.8
		04	0.4	12	1.2

位数	含义			
8	刃口处理代号	F:尖锐刀刃	E:倒角刀刃	T:倒棱刀刃
9	切削方向代号	R:右	L:左	N:左右

位数	含义						
10	制造商代号	PF	PR	MF	MR	KF	KR

备注：① 欲了解某种刀片详细型号编写规则请参见相关产品样本。

② 本表刀片制造商代号选自山特维克可乐满刀片。

3. 可转位车刀型号编制规则

可转位车刀的选用可依据《可转位车刀及刀夹 第一部分：型号表示规则》(GB/T 5343.1—2007)和《可转位车刀及刀夹 第二部分：可转位车刀型式尺寸和技术条件》(GB/T 5343.2—2007)进行。标准规定可转位车刀由代表给定意义的字母或数字符号按一定的规则排列组成，共有 10 位符号，其中，前面 9 位符号必须使用，最后一位符号在必要时才使用。

示例 2：可转位车刀代号

①	②	③	④	⑤	⑥	⑦	⑧	⑨	⑩
C	T	G	N	R	32	25	M	16	Q

符号规定如下：

① 表示刀片夹紧方式的字母符号，C 代表夹紧方式为上压式；

② 表示刀片形状的字母符号，T 代表三角形刀片；

③ 表示刀具头部形式的字母符号，G 代表 90°主偏角弯头车刀；

④ 表示刀片法后角的字母符号，N 代表刀片法后角为 0°；

⑤ 表示刀具切削方向的字母符号，R 代表右手车刀；

⑥ 表示刀具切削高度（刀杆和切削刃高度）的数字符号，32 代表切削高度为 32 mm；

⑦ 表示刀具宽度的数字符号，25 代表刀具宽度为 25 mm；

⑧ 表示刀具长度的字母符号，M 代表刀具长度为 150 mm；

⑨ 表示可转位刀片的数字符号，16 代表刀片的边长为 16.5 mm；

⑩ 表示特殊公差的字母符号。

4. 可转位车刀的选用

由于可转位刀片的形式多种多样，并采用多种刀具结构和几何参数，因此可转位车刀的品种越来越多，使用范围很广，下面就与刀片的选择有关的几个主要问题作简要说明。

(1) 刀片的夹紧方式

在国家标准中，一般夹紧方式有销孔夹紧（代码为 P）、上压与销孔夹紧（代码为 M）、上压式夹紧（代码为 C）和螺钉夹紧（代码为 S）四种，如图 4-5 所示。每种类型又可能包含不同的夹紧方式。例如代号 P 是用刀片的中心圆柱形销夹紧，而夹紧方式有杠杆式、偏心式等，而且，各刀具厂商所提供的产品并不一定包括所有的夹紧方式，因此选用时要查阅产品样本，如图 4-6 所示为瑞典山特维克公司可转位车刀的几种典型夹紧方式。可转位刀片夹紧方式的主要特点见表 4-3。

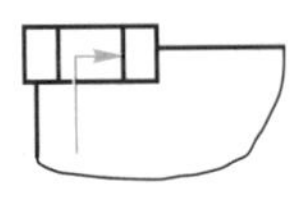
(a) 销孔夹紧（P）

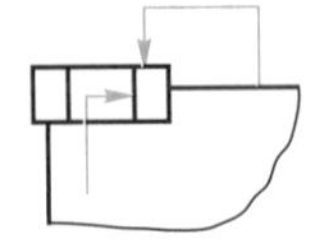
(b) 上压与销孔夹紧（M）

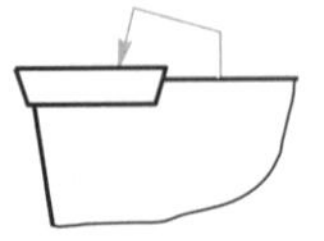
(c) 上压式夹紧（C）

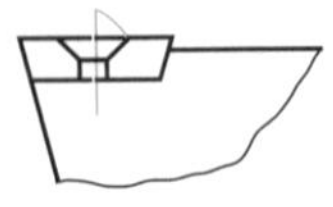
(d) 螺钉夹紧（S）

图 4-5 可转位刀片的一般夹紧方式

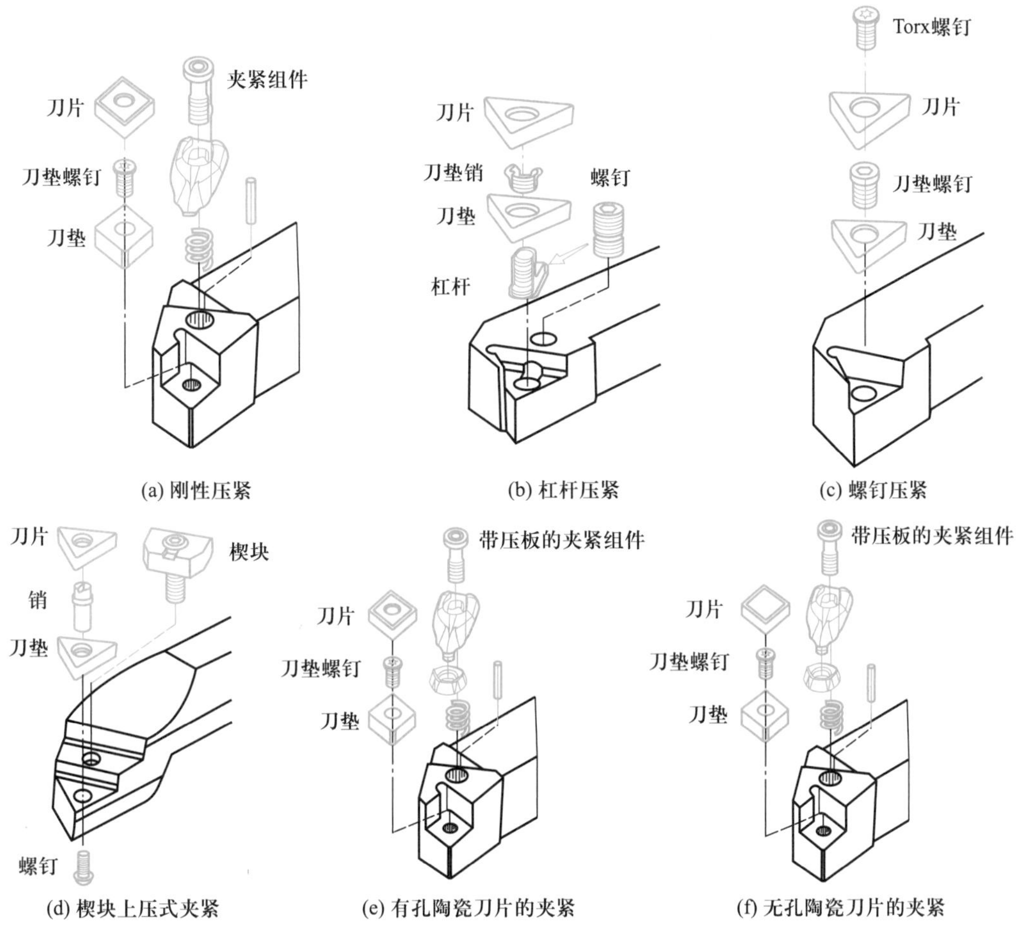

图 4-6　山特维克公司可转位刀片的几种典型夹紧方式

表 4-3　可转位刀片夹紧方式的主要特点

夹紧方式	使用刀片	特点
销孔夹紧(P)	使用有孔的负前角平刀片或带断屑槽的刀片,上下两侧均可使用	夹紧力大,稳定性好,刀片可重复性好,排屑流畅,刀片更换简便,应用广泛,一般适用于中、轻切削
上压与销孔夹紧(M)	使用有孔的正、负前角平刀片或带断屑槽的刀片,上下两侧均可使用	制造方便,使用可靠。适用于切削力较大的场合,如加工条件恶劣、钢的粗加工、铸铁等的加工
上压式夹紧(C)	使用有孔或无孔的正、负前角平刀片或带断屑槽的刀片,上下两侧均可使用	制造方便,夹紧力大,稳定可靠。陶瓷、立方氮化硼等刀片常用此夹紧方式
螺钉夹紧(S)	有孔的负前角平刀片或带断屑槽的刀片,单侧使用	结构简单、紧凑,制造容易。刀片可重复使用,一般用于中小型车刀,如小孔车刀或外圆精车刀

(2) 刀片形状的选择

刀片形状与加工的对象、刀具的主偏角、刀尖角和有效刃数等有关。不同的刀片形状有不同的刀尖强度,一般刀尖角越大,刀尖强度越大,反之亦然。其中,圆刀片(R 型)刀尖角最大,35°菱形刀片(V 型)刀尖角最小,如图 4-7 所示。在选用时,应根据加工条件恶劣与否,按重、中、轻切削有针对性地选择。在机床刚性、功率允许的条件下,大余量、粗加工应选用刀尖角较大的刀片,反之,机床刚性和功率小、小余量、精加工时宜选用刀尖角较小的刀片。一般外圆车削常用四方形刀片(S 型)和 80°菱形刀片(C 型);仿形加工常用 55°菱形刀片(D 型)、35°菱形刀片(V 型)和圆形刀片(R 型),90°主偏角车刀常用三角形刀片(T 型),如图 4-8 所示。数控车床用刀片,最应推荐的是 80°菱形刀片(C 型),这类刀片不仅通用性好,适用于外圆和端面的车削加工等大多数工序,而且它与 T 型刀片相比,更换刀刃时只需将刀片对称反转安装,故重复定位精度要高得多。C 型刀片与 S 型、T 型刀片应用比较如图 4-9 所示。

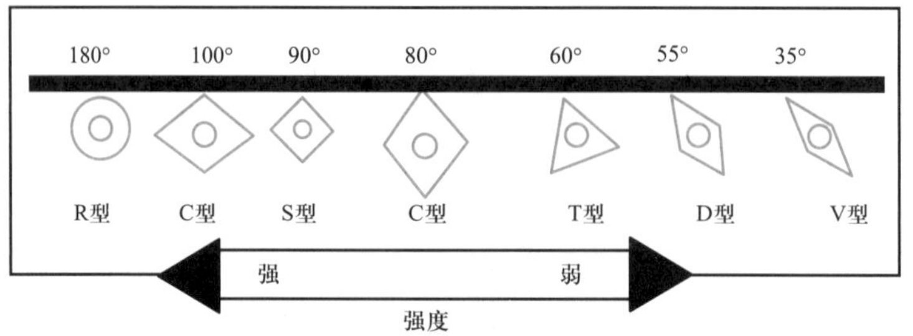

图 4-7 刀片形状与刀尖强度的关系

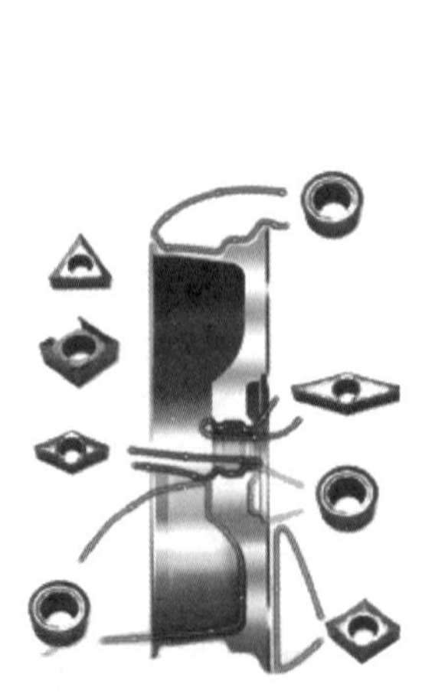

图 4-8 根据加工轮廓选择刀片形状

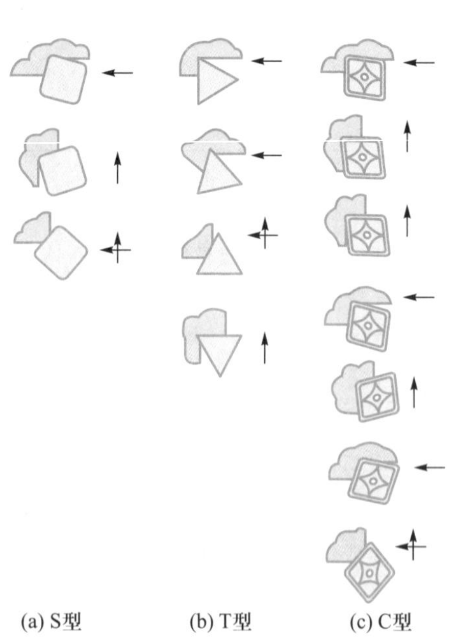

图 4-9 S 型、T 型、C 型刀片应用比较

(3) 刀杆头部形式的选择

刀杆头部形式按主偏角和直头、弯头分有 15~18 种,各种形式规定了相应的代码,在国家标准和刀具样本中都一一列出,可以根据实际情况选择。有直角台阶的工件,可选主偏角大于或等于 90°的刀杆。一般粗车可选主偏角为 45°~90°的刀杆;精车可选主偏角为 45°~75°的刀杆;中间切入、仿形车则可选主偏角为 45°~107.5°的刀杆;工艺系统刚性好时可选较小值,工艺系统刚性差时可选较大值。当刀杆为弯头结构时,则既可加工外圆,又可加工端面。图 4-10 所示为几种不同主偏角车刀车削加工的示意图,图中箭头指向表示车削时车刀的进给方向。

微课

可转位刀柄标记

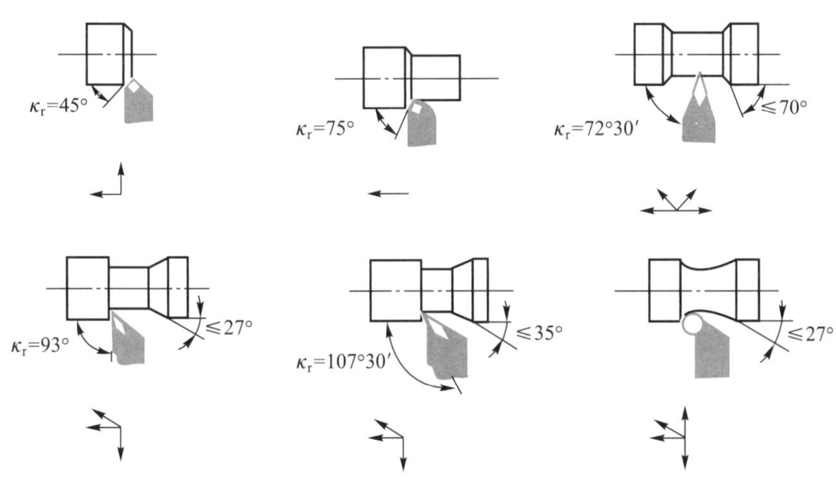

图 4-10　不同主偏角车刀车削加工的示意图

(4) 刀片法后角的选择

常用的刀片后角有 0°(N 型)、7°(C 型)、11°(P 型)、20°(E 型)等。后角为 0°的刀片又称为负型或负前角刀片,必须在车刀柄中将这种刀片倾斜,以形成与工件不干涉的后角。正后角刀片又称为正型或正前角刀片,这种刀片因本身带有后角,在刀柄中安装时则根据需要可倾斜或不倾斜。需要特别指出的是,可转位车刀的有效前角需根据刀片断屑槽的几何形状和刀杆的倾角综合决定,如图 4-11 所示。一般粗加工、半精加工可用 N 型刀片;半精加工、精加工可用 C 型、P 型刀片,也可用带断屑槽的 N 型刀片;加工铸铁、硬钢可用 N 型刀片;加工不锈钢可用 C 型、P 型刀片;加工铝合金可用 P 型、E 型等刀片;加工弹性恢复性好的材料可选用较大一些的后角;一般孔加工刀片可选用 C 型、P 型刀片,大尺寸孔可选用 N 型刀片。

(5) 刀具切削方向的选择

刀具切削方向有 R(右手)、N(左右手)和 L(左手)三种形式,如图 4-12 所示。要注意区分车刀刀柄的方向。选择时要考虑机床刀架是前置式还是后置式、前刀面是向上还是向下、主轴的旋转方向以及需要的进给方向等。

(6) 刀尖圆弧半径的选择

刀尖圆弧半径不仅影响切削效率,而且关系到被加工表面粗糙度及加工精度。表 4-4 是山特维克可乐满刀具样本中给出的车削加工中,采用不同的刀尖圆弧半

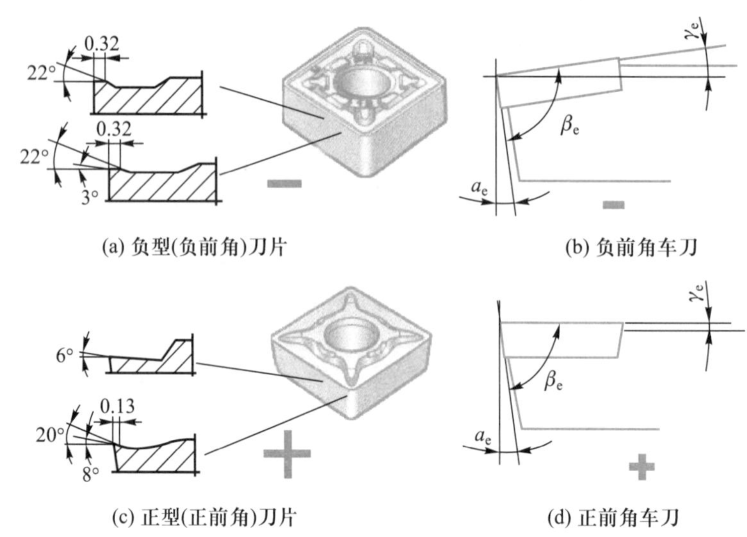

(a) 负型(负前角)刀片　(b) 负前角车刀

(c) 正型(正前角)刀片　(d) 正前角车刀

图 4-11　负前角与正前角刀片

径车刀,选取不同的进给量条件下,分别能获得的工件表面粗糙度值。从刀尖圆弧半径与最大进给量关系来看,最大进给量不应超过刀尖圆弧半径尺寸的 80%,否则将恶化切削条件,甚至出现螺纹状表面和打刀等问题。刀尖圆弧半径还与断屑的可靠性有关,为保证断屑,切削余量和进给量有一个最小值,当刀尖圆弧半径减小时,所得到的这两个最小值也相应减小,因此,从断屑可靠出发,通常小余量、小进给车削加工应采用小的刀尖圆弧半径,反之宜采用较大的刀尖圆弧半径。

图 4-12　右手、左右手和左手车刀

表 4-4　刀尖圆弧半径、进给量与表面粗糙度的关系

进给量 f /mm · r^{-1}	Ra/μm			
	r_ε = 0.4 mm	r_ε = 0.8 mm	r_ε = 1.2 mm	r_ε = 1.6 mm
0.07	0.31	—	—	—
0.1	0.63	0.31	—	—
0.12	0.90	0.45	—	—
0.15	1.41	0.70	0.47	—
0.18	2.03	1.01	0.68	—
0.20	2.50	1.25	0.83	0.63
0.22	3.48	1.74	1.16	0.87
0.25	—	2.25	1.5	1.12
0.28	—	2.82	1.88	1.41

粗加工时,注意以下几点:

1) 为提高刀刃强度,应尽可能选取大刀尖半径的刀片,大刀尖半径可允许大

进给。

2）在有振动倾向时选择较小的刀尖半径。

3）常用刀尖半径为 1.2~1.6 mm。

4）粗车时进给量不能超过表 4-5 给出的最大进给量。作为经验法则，一般进给量可取为刀尖圆弧半径的一半。

表 4-5　不同刀尖半径时最大进给量

刀尖圆弧半径/mm	0.4	0.8	1.2	1.6	2.4
最大推荐进给量/(mm · r^{-1})	0.25~0.35	0.4~0.7	0.5~1.0	0.7~1.3	1~1.8

精加工时，注意以下几点：

1）精加工的表面质量不仅受刀尖圆弧半径和进给量的影响，而且受工件装夹稳定性、夹具和机床的整体条件等因素的影响。

2）在有振动倾向时选择较小的刀尖半径。

3）非涂层刀片比涂层刀片加工的表面质量高。

（7）断屑槽型的选择

断屑槽的参数直接影响着切屑的卷曲和折断，目前刀片的断屑槽形式较多，各种断屑槽刀片使用情况不尽相同。

数控车削加工时断屑的目标是：在不影响刀具寿命的情况下，把切屑断成容易控制的尺寸。

在钢件车削加工时产生的切屑情况见表 4-6。

表 4-6　钢件车削加工时产生的切屑情况

类别	A 型	B 型	C 型	D 型	E 型
切深 $d<7$ mm					
切深大 $d=7\sim15$ mm		—			
成卷长度 l	不成卷	$l\geq50$ mm	$l\leq50$ mm 1~5 卷	1 卷左右	1 卷以下
备注	不规则连续形状，缠绕在工件和刀具上	规则的连续形状，长切屑	良好	良好	切屑飞散，发生振动，表面质量差，达到刀具负荷极限

槽型根据加工类型和加工对象的材料特性来确定,各供应商表示方法不一样,但思路基本一样:基本槽型按加工类型有精加工槽型(代码为 F)、普通加工槽型(代码为 M)和粗加工槽型(代码为 R);按加工材料国际标准有加工钢的 P 类槽型,加工不锈钢、合金钢的 M 类槽型和加工铸铁的 K 类槽型。加工类型与材料特性两者一组合就有了相应的槽型,比如 PF 就指用于钢的精加工槽型,KM 指用于铸铁的普通加工槽型等。如果加工向两方向扩展,如超精加工和重型粗加工,以及材料也扩展,如耐热合金、铝合金等,就有了超精加工、重型粗加工和加工耐热合金、铝合金等的补充槽型,选择时可查阅具体的产品样本。图 4-13 所示是日本住友部分不同断屑槽型车刀刀片及其背吃刀量和进给量的选择范围。从图中可知,一定的断屑槽型和参数,在加工某种具体的工件材料时,其断屑范围是一定的。一般可根据工件材料和加工的条件选择合适的断屑槽型和参数,当断屑槽型和参数确定后,主要靠背吃刀量和进给量的改变控制断屑,背吃刀量和进给量必须在选取范围内才能获得断屑效果。

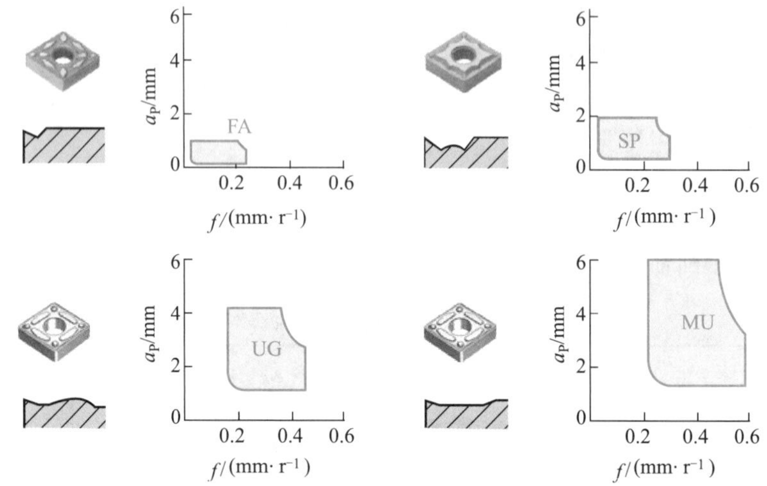

图 4-13　断屑槽型车刀刀片及其背吃刀量和进给量的选择范围

使用断屑槽刀片车削加工时,若断屑效果不佳,可通过如下途径进行改善:

1) 选窄一些的断屑槽刀片。

2) 选深一些的断屑槽刀片。

3) 刃口宽度选窄一些。

4) 增大进给量。

5) 使主偏角接近 90°(使切屑厚度尽量厚)。

6) 减小刀尖圆角半径。

7) 降低切削速度。

8) 减小切削深度。

9) 降低切削温度(使用切削液)。

10) 选择切屑流向更合理的刃倾面。

5. 刀夹

数控车刀一般通过刀夹(座)装在刀架上。刀夹的结构主要取决于刀体的形状、刀架的外形和刀架对主轴的配置三方面因素。刀架对主轴的配置形式只有几种,而刀架与刀夹连接部分的结构形式很多,致使刀夹的结构形式很多,用户在选择时,除满足精度要求外,应尽量减少种类、形式,以利于管理。

4.1.4　数控车削加工工艺路线制订

在数控车床加工过程中,由于加工对象复杂多样,特别是轮廓曲线的形状及位置千变万化,加上材料、批量不同等多方面因素的影响,在确定具体加工方案时,可按先粗后精、先近后远、刀具集中、程序段最少、走刀路线最短等原则综合考虑。下面就其中几点作简要介绍:

1. 先粗后精

如图 4-14 所示,粗加工完成后,接着进行半精加工和精加工。其中,安排半精加工的目的是:当粗加工后所留余量的均匀性满足不了精加工要求时,则可安排半精加工作为过渡性工序,以便使精加工余量小而均匀。

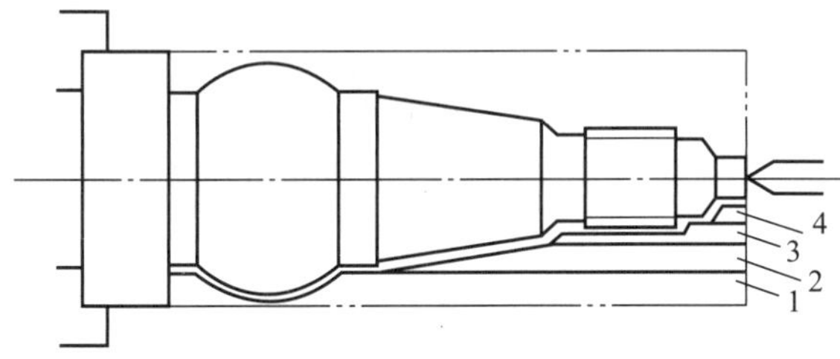

图 4-14　先粗后精

精加工时,零件的轮廓应由最后一刀连续加工而成。这时,加工刀具的进、退刀位置要考虑妥当,尽量沿轮廓的切线方向切入和切出,以免因切削力突然变化而造成弹性变形,致使光滑连接轮廓上产生表面划伤、形状突变或滞留刀痕等疵病。

对既有内孔又有外圆的回转体零件,在安排其加工顺序时,应先进行内外表面粗加工,后进行内外表面精加工。切不可将内表面或外表面加工完后,再加工其他表面。读者可参考本章第 3 节介绍的图 4-63 所示零件的加工工艺顺序安排。

2. 先近后远

这里所说的远与近,是按加工部位相对于对刀点的距离大小而言的。通常在粗加工时,离对刀点近的部位先加工,离对刀点远的部位后加工,以便缩短刀具移动距离,减少空行程时间。对于车削加工,先近后远还有利于保持毛坯件或半成品件的刚性,改善其切削条件。

例如,当加工图 4-15 所示的零件时,如果按 $\phi38$ mm→$\phi36$ mm→$\phi34$ mm 的次序安排车削不仅会增加刀具返回对刀点所需的空行程时间,而且还可能使台阶的外直角处产生毛刺。

对这类直径相差不大的台阶轴,当第一刀的切削深度(图 4-15 中最大背吃刀

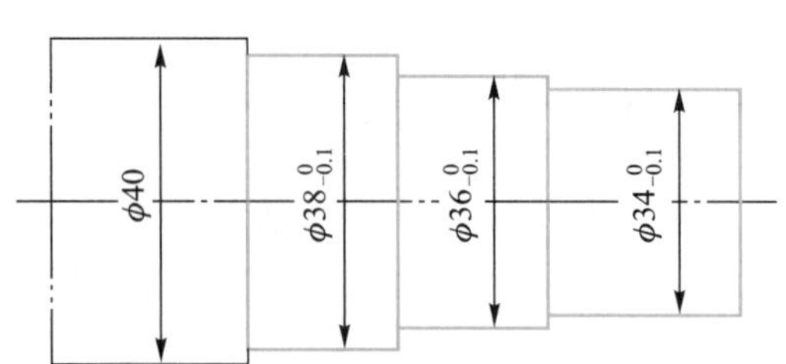

图 4-15 先近后远

量可为 3 mm 左右）未超限时，宜按 ϕ34 mm→ϕ36 mm→ϕ38 mm 的顺序先近后远地安排加工。

3. 刀具集中

即用一把刀加工完相应各部位，再换另一把刀加工相应的其他部位，以减少空行程和换刀时间。

影响数控车削加工路线的因素较多，必须根据具体情况制定合理的工艺方案，才能达到预期的效果。

4.1.5 切削条件变化对数控车削加工的影响

数控车削加工时，最希望达到的目的是加工时间短，刀具寿命长，加工精度高。为此应合理地考虑工件材料的硬度、形状、状态及机床的性能。由此选定刀具，选择高效率的切削条件。

1. 切削速度的影响

切削速度对刀具寿命有很大的影响。提高切削速度时，切削温度就上升，而使刀具寿命大大缩短。由于工件材料的种类和硬度的不同，相应的切削速度也应不同，为此应选用与之相适应的刀具材料。

切削速度对数控车削加工的影响主要表现在以下方面：

1）切削速度提高 20%，刀具寿命降低 1/2；切削速度提高 50%，刀具寿命将降至原来的 1/5。

2）低速（20~40 $m \cdot min^{-1}$）切削易产生振动，刀具寿命也会降低。

2. 进给量的影响

车削时，工件回转一转车刀向前的移动量即为进给量。加工表面粗糙度与进给量有很大关系，通常由表面粗糙度要求决定进给量。

进给量对数控车削加工的影响主要表现在以下方面：

1）减小进给量，后刀面磨损增大，刀具寿命将降低。

2）增大进给量，切削温度升高，后刀面磨损也增大，但较之切削速度对刀具寿命的影响要小。

3）增大进给量，加工效率高。

3. 背吃刀量的影响

背吃刀量是由工件的余量、形状，机床的功率和刚性及刀具的刚性而确定的。

背吃刀量对数控车削加工的影响主要表现在以下方面：

1）背吃刀量变化对刀具寿命的影响相对较小。

2）背吃刀量过小时，会造成刮擦，只切削到工件表面的硬化层，这是刀具寿命降低的原因之一。

3）切削铸铁表面和氧化皮表面层时，应在机床功率极限范围内尽量加大背吃刀量。否则刀刃尖端会因工件表层的硬皮、杂质而发生缺损、破损，使刀刃发生异常损伤。

另外，车削三要素与刀具寿命的关系可用图 4-16 加以说明，其中，切削速度影响最大，其次是进给量，背吃刀量影响最小。一般切削速度增加 20%，刀片磨损增加 50%；进给量增加 20%，刀片磨损增加 20%；背吃刀量增加 50%，刀片磨损增加 20%。

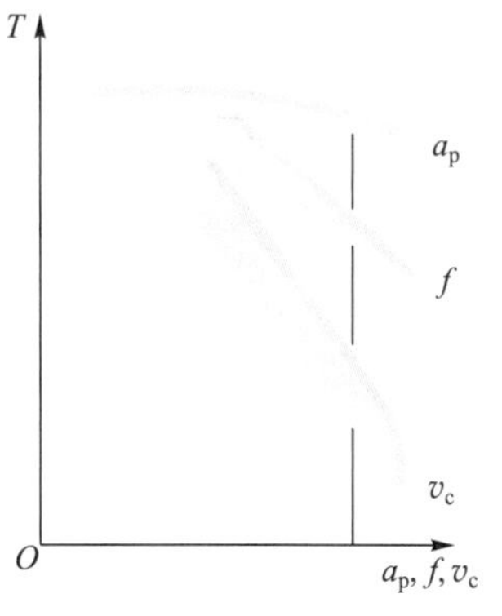

图 4-16　车削三要素与 a_p、f、v_c 刀具寿命的关系

4.2　数控车床程序编制

微课
准备功能
G 代码表

4.2.1　G 功能

表 4-7 是 FANUC 0*i*-TF 系统常用的 G 功能代码。

表 4-7　G　功　能

组群	G 功能类型	含义
01	★G00	快速定位
	G01	直线插补
	G02	顺时针圆弧插补
	G03	逆时针圆弧插补
00	G04	暂停
	G09	准确定位
06	G20	英制数据输入
	★G21	公制数据输入
00	G27	返回参考点检测
	G28	返回至参考点
	G30	返回第 2、第 3、第 4 参考点
01	G32	螺纹切削
	G34	可变螺距切削
07	★G40	取消刀尖圆弧半径补偿
	G41	刀尖半径左补偿
	G42	刀尖半径右补偿

续表

组群	G 功能类型	含义
00	G50	坐标系设定/最高转速设定
	G70	精车加工循环
	G71	轴向粗车复合循环
	G72	径向粗车复合循环
	G73	仿形粗车循环
	G74	z 轴啄式钻孔(沟槽加工)
	G75	x 轴沟槽切削循环
	G76	螺纹复合切削循环
01	G90	轴向切削循环
	G92	螺纹切削循环
	G94	径向切削循环
02	G96	恒线速度控制
	★G97	恒转速控制
05	G98	每分钟进给量/($mm \cdot min^{-1}$)
	★G99	每转进给量/($mm \cdot r^{-1}$)

关于 G 代码,有以下几点需要说明:

1) G 功能以组别可区分为两大类。属于"00"组别者,为非续效指令(也称非模态指令),意即该指令的功能只在该程序段执行时发生效用,其功能不会延续到下面的程序段。属于"非 00"组别者,为续效指令(也称模态指令),意即该指令的功能除在该程序段执行时发生效用外,若下一程序段仍要使用相同功能,则不需再指令一次,其功能会延续到下一程序段,直到被同一组别的其他指令取代为止。

2) 不同组别的 G 功能可以在同一程序段中使用。但若是同一组别的 G 功能,在同一程序段中出现两个或以上时,则以最后面的 G 功能有效。例如指令"G01 G00 X20;",则此程序段将以快速定位(G00)方式移动至 X20 位置,G01 指令将被忽略。

3) 上列 G 功能表中有"★"记号的 G 代码,是表示数控机床一经开机后或按了 RESET 键后,即处于此功能状态。这些预设的功能状态,是由数控系统内部的参数设定的,一般都设定成表 4-7 所示状态。

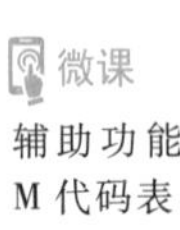

辅助功能 M 代码表

4.2.2 M 功能

常用的 M 功能简介如下:

1. M00:程序停止

M00 是中断程序运行的指令。程序中若使用 M00 指令,当执行至 M00 指令时,程序即停止执行,且主轴停止、切削液关闭,在此之前的模态信息全部被保存。

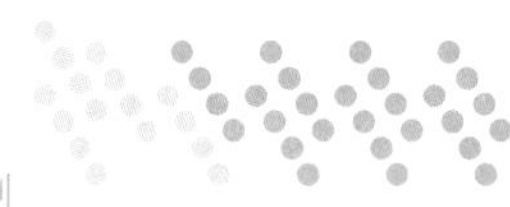

若欲再继续执行下一程序段，只要按下循环启动（CYCLE START）键即可。

2. M01：选择停止

M01 指令必须与操作面板上的选择性停止功能键“OPT STOP”一起配合使用，若此键“灯亮”，表示“ON”，则执行至 M01 时，功能与 M00 相同；若此键“灯熄”，表示“OFF”，则执行至 M01 时，程序不会停止，继续往下执行。

3. M02：程序结束

此指令应置于程序最后，表示程序执行到此结束。此指令会自动将主轴停止（M05）及关闭切削液（M09），但程序执行指针不会自动回到程序的开头。

4. M03：主轴正转

程序执行至 M03 时，主轴即正方向旋转（对于后置刀架数控车床，由尾座向主轴看，顺时针方向旋转），参见图 4-17。

5. M04：主轴反转

程序执行至 M04 时，主轴即反方向旋转（对于后置刀架数控车床，由尾座向主轴看，逆时针方向旋转），参见图 4-17。

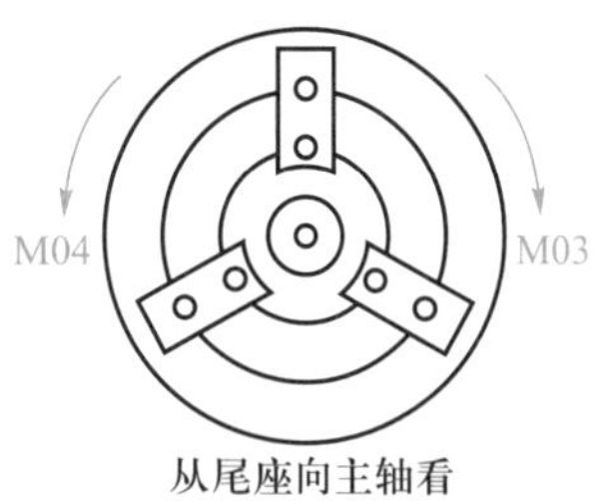

图 4-17　主轴正、反转

6. M05：主轴停止

程序执行至 M05 时，主轴即瞬间停止，即取消 M03、M04 指令，此指令可用于下列情况：

1）程序结束前（但一般常可省略，因为 M02、M30 指令皆包含 M05 指令的功能）。

2）若数控车床有主轴高速挡（M42）、主轴低速挡（M41）指令时，在换挡之前，必须使用 M05 使主轴停止，再换挡，以免损坏换挡机构。

3）主轴正、反转之间的转换也需加入此指令，使主轴停止后，再变换转向指令，以免伺服电动机受损。

7. M08：切削液开

程序执行至 M08 时即启动润滑油泵，但必须与操作面板上的“CLNT AUTO”键配合使用，当此键处于“ON”（灯亮）状态时有效，否则无效。

8. M09：切削液关

用于程序执行完毕之前，将润滑油泵关闭，停止喷切削液，该指令常可省略，因为 M02、M30 指令都包含 M09 指令的功能。

9. M30：程序结束

此指令应置于程序最后，表示程序执行到此结束。此指令会自动将主轴停止（M05）及关闭切削液（M09），且程序执行指针会自动回到程序的开头，以方便此程序再次被执行。这就是该指令与 M02 指令的不同之处，故程序结束使用 M30 更方便。

10. M98：子程序调用

当程序执行 M98 指令时，控制器即调用 M98 所指定的子程序并执行。

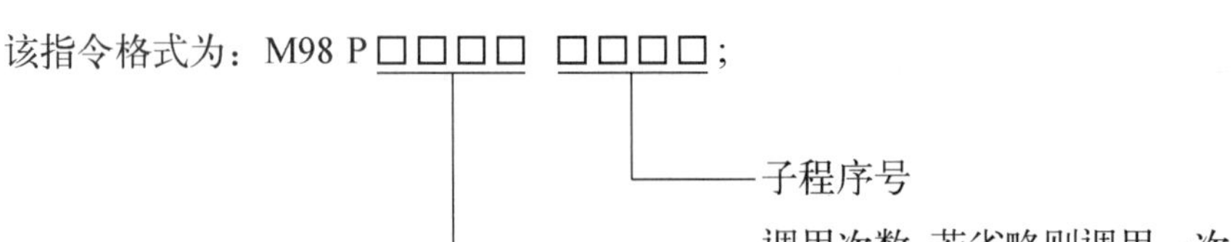

11. M99：子程序结束并返回主程序

此指令用于子程序的最后程序段，表示子程序结束，且程序执行指针跳回主程序中 M98 指令的下一程序段继续执行。

M99 指令也可用于主程序的最后程序段，此时程序执行指针会跳回主程序的第一程序段继续执行此程序，所以此程序将一直重复执行，除非按下 RESET 键才能中断执行。

一般情况下，在一个程序段中仅能指定一个 M 代码。但是参数 No.3407#7＝1 时，在一个程序段中最多可以指定三个 M 代码。注意，由于机床操作的限制，某些 M 代码不能同时指定。有关机床操作对一个程序段中指定多个 M 代码的限制见有关机床说明书。

4.2.3 F、S、T 功能

1. 进给功能（F 功能）

F 功能用于指定进给速度，它有每转进给和每分钟进给两种指令模式。

（1）每转进给模式（G99）

指令格式为：

G99 F__；

该指令在 F 后面直接指定主轴每转一转刀具移动的距离，单位为 $mm \cdot r^{-1}$，如图 4-18a 所示。G99 为模态指令，在程序中指定后，直到 G98 被指定前一直有效。机床通电后，该指令为系统默认状态。在数控车床上这种进给量指令方式应用较多。

（2）每分钟进给模式（G98）

指令格式为：

G98 F__；

该指令在 F 后面直接指定刀具每分钟移动的距离，单位为 $mm \cdot min^{-1}$，如图 4-18b所示。G98 为模态指令，在程序中指定后，直到 G99 被指定前一直有效。

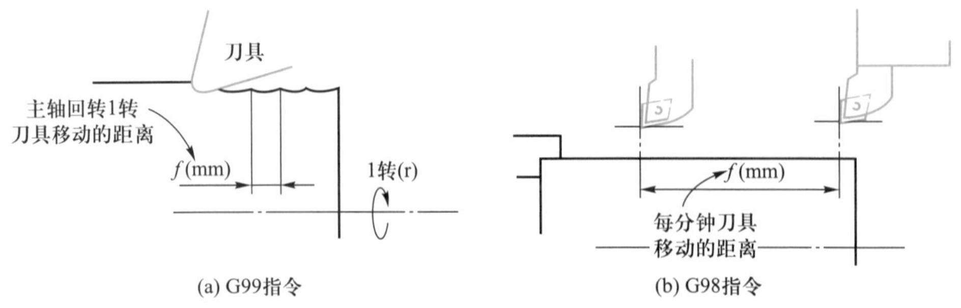

图 4-18 F 功能

2. 主轴转速功能(S 功能)

S 功能用于指定主轴转速,它有恒线速度控制和恒转速控制两种指令方式,并可限制主轴最高转速。

微课
S 功能

(1) 主轴最高转速限制(G50)

指令格式为:

G50 S__;

例如:G50 S2000;指令表示设定主轴最高转速为 2 000 $r \cdot min^{-1}$。

该指令可防止因主轴转速过高、离心力太大而产生危险及影响机床寿命。

(2) 恒线速度控制(G96)

指令格式为:

G96 S__;

例如:G96 S180 M03;指令表示主轴正转,使切削点的线速度为 180 $m \cdot min^{-1}$。

该指令在车削端面或工件直径变化较大时使用。转速与线速度的转换关系为:

$$n=1\ 000v_c/(\pi d)$$

式中:v_c——线速度,$m \cdot min^{-1}$;

d——切削点的直径,mm;

n——主轴转速,$r \cdot min^{-1}$。

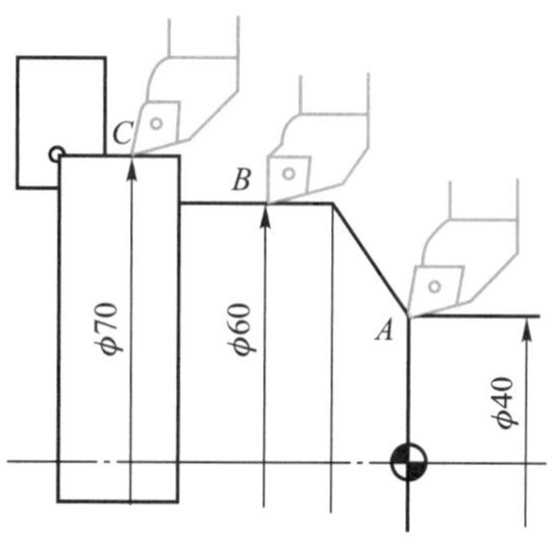

图 4-19　车阶梯轴

如车削如图 4-19 所示的工件时,为保持车刀在 A、B、C 各点的线速度恒定(180 $m \cdot min^{-1}$),则切削到各点时主轴转速分别为:

$n_A=1\ 000\times180\ m \cdot min^{-1}/(\pi\times40\ mm)=1\ 432\ r \cdot min^{-1}$

$n_B=1\ 000\times180\ m \cdot min^{-1}/(\pi\times60\ mm)=955\ r \cdot min^{-1}$

$n_C=1\ 000\times180\ m \cdot min^{-1}/(\pi\times70\ mm)=819\ r \cdot min^{-1}$

车削加工时,由数控装置自动控制主轴的转速变化以保持恒定的线速度。

(3) 恒转速控制(G97)

指令格式为:

G97 S__;

例如:G97 S1500 M03;指令表示主轴以 1 500 $r \cdot min^{-1}$的转速正转。

恒转速控制一般在车螺纹或车削工件直径变化不大时使用,该指令可设定主轴转速并取消恒线速度控制。

微课
T 功能

3. 刀具功能(T 功能)

在数控车床上进行粗车、精车、车螺纹、切槽等加工时,应对加工中所需要的每一把刀具分配一个号码(由刀具在刀座上的位置决定),机床通过在程序中指定所需刀具的号码来选择相应的刀具。

T 功能的指令格式为:T □□□□;

其中:指令 T 后的前两位数字表示刀具号,后两位数字为刀具补偿号。

例如：T0808；表示选择 8 号刀，用 8 号刀具补偿。

T0212；表示选择 2 号刀，用 12 号刀具补偿。

刀具补偿包括刀具长度补偿和刀尖圆弧半径补偿。刀具长度补偿的含义如图 4-20所示。图中 T03 号刀表示基准刀，其补偿号为 03，则在补偿参数设定页面中 No.003 补偿中 x 轴、z 轴的补偿值均设为零；T05 号刀为内孔车刀，其补偿号为 05，它与基准刀在 x 和 z 轴方向的长度差值如图 4-20 所示，则在补偿参数设定页面中 No.005 补偿参数中 x 轴、z 轴的补偿值分别为 10 mm 和 12.5 mm。

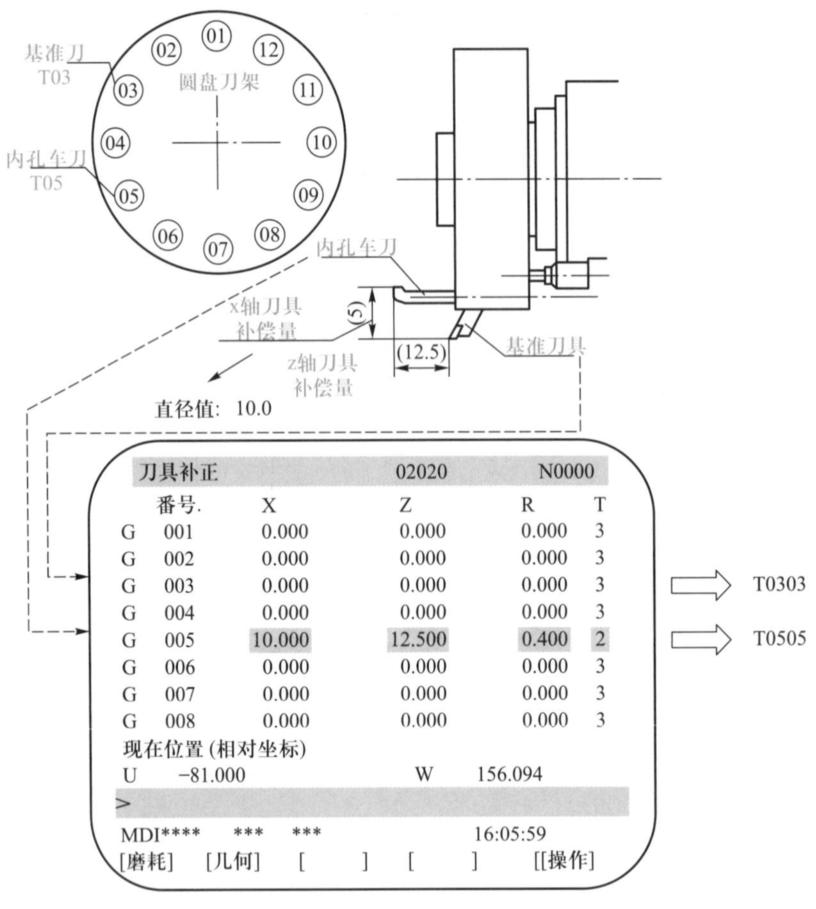

图 4-20 刀具补偿参数设定

微课

刀具补偿相关的机床界面

如图 4-21 所示，若要 T03 刀具到达 A 点，则可用下面程序段：

G00 X20 Z20 T0303；

若要 T05 刀具到达 A 点，则可用下面程序段：

G00 X20 Z20 T0505；

这时，系统会自动调入 No.003 和 No.005 的长度补偿值进行补偿，使刀具到达指定点。

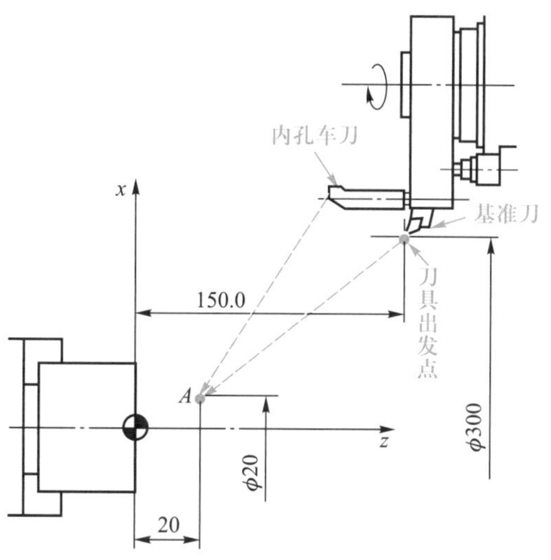

图 4-21　T03 刀具到达 A 点

4.2.4　工件坐标系设定(G50)

微课
G50 设定工件坐标系

1. 用 G50 设定工件坐标系

编程时,首先应该确定工件原点并用 G50 指令设定工件坐标系。车削加工工件原点一般设置在工件右端面或左端面与主轴轴线的交点上。

指令格式为:

G50 X__ Z__;

其中:X、Z 值分别为刀尖(刀位点)起始点相对工件原点的 x 向和 z 向坐标,注意 X 值应为直径值。

微课
G50 工件坐标系设定

如图 4-22 所示,假设刀尖的起始点距离工件原点的 x 向尺寸和 z 向尺寸分别为 200 mm(直径值)和 150 mm,工件坐标系的设定指令为:

G50 X200 Z150;

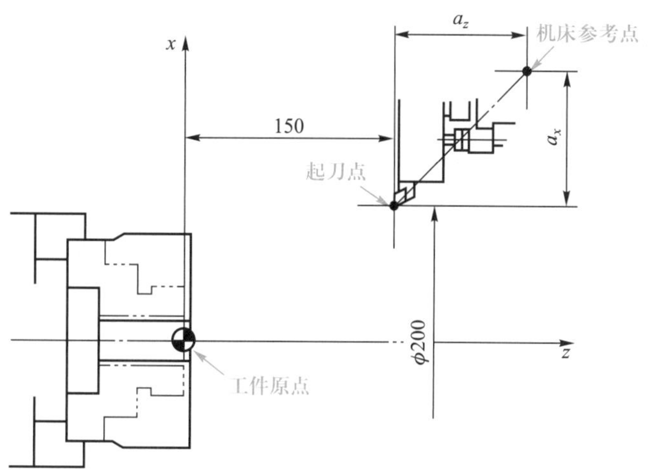

图 4-22　工件坐标系设定

则执行以上程序段后，系统内部即对 X、Z 值进行记忆，并且显示在显示器上，这就相当于系统内建立了一个以工件原点为坐标原点的工件坐标系。

显然，当改变刀具的当前位置时，所设定的工件坐标系的工件原点位置也不同。因此，在执行该程序段前，必须先进行对刀，通过调整机床，将刀尖放在程序所要求的起刀点位置(200,150)上。对具有刀具补偿功能的数控机床，其对刀误差还可以通过刀具偏移来补偿，所以调整机床时的要求并不严格。

2. G54~G59 选择坐标系

从 G54~G59 中指定一个 G 代码，可以从工件坐标系 1 到 6 中选择一个。

G54 工件坐标系 1

G55 工件坐标系 2

G56 工件坐标系 3

G57 工件坐标系 4

G58 工件坐标系 5

G59 工件坐标系 6

在执行 G54~G59 指令前，需将对刀参数(工件原点在机床坐标系中的坐标值)输入到相应的坐标系参数页面中。若用 G54 指令建立如图 4-22 所示的工件坐标系，并使刀具快速定位到起刀点的位置，则可执行如下指令：

G54 G00 X200 Z150;

微课
G00 和 G01 指令

4.2.5 快速定位和直线插补

1. 快速定位(G00)

G00 是使刀具以系统预先设定的速度移动定位至所指定的位置。

指令格式为：

G00 X(U) __ Z(W) __;

其中：X、Z 值表示目标点绝对坐标；

U、W 值表示目标点相对前一点的增量坐标。

如图 4-23 所示，刀具要快速移动到指定位置，用 G00 编程为：

绝对坐标方式　G00 X50 Z6;

增量坐标方式　G00 U-70 W-84;

快速定位的轨迹根据参数(No.1401 #1)的设定有以下两种：

1) 非直线插补定位。刀具分别以每轴的快速移动速度定位，刀具的路径一般是折线，如图 4-23 中非直线插补定位路径所示。

2) 直线插补定位。刀具沿着一直线移动到指定目标点，定位速度不超过各轴的快速移动速度，如图 4-23 中直线插补定位路径所示。

通常设定为非直线插补定位方式，所以，考虑刀具路径时应注意避免刀具与工件等障碍物相碰。

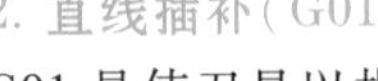
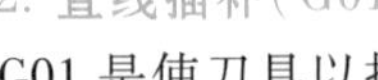

2. 直线插补(G01)

G01 是使刀具以指定的进给速度沿直线移动到目标点。

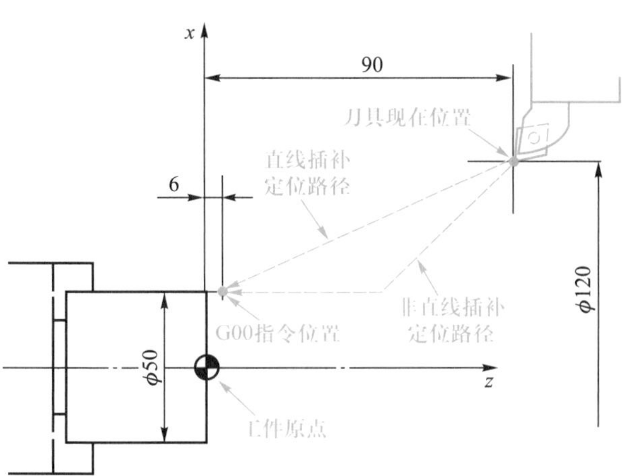

图4-23　G00指令

指令格式为：

G01 X(U)__ Z(W)__ F__;

其中:X、Z值表示目标点绝对坐标;

U、W值表示目标点相对前一点的增量坐标;

F表示进给量,若在前面已经指定,可以省略。

通常,在车削端面、沟槽等与 x 轴平行的加工时,只需单独指定X(或U)值坐标;在车外圆、内孔等与 z 轴平行的加工时,只需单独指定Z(或W)值坐标。图4-24为同时指令两轴移动车削锥面的情况,用G01编程为:

绝对坐标方式　G01 X80 Z-80 F0.25;

增量坐标方式　G01 U20 W-80 F0.25;

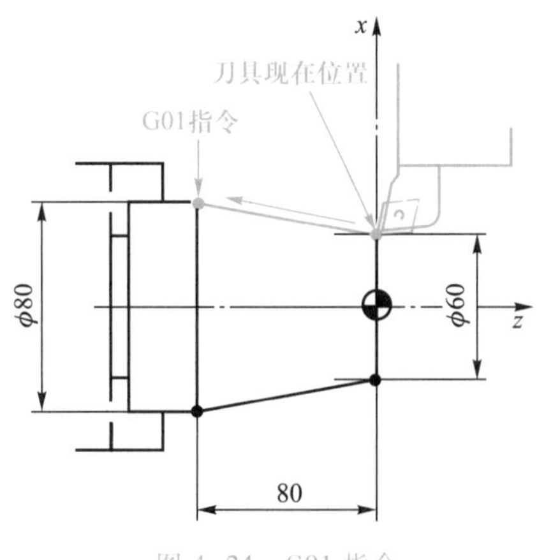

图4-24　G01指令

[例4-1]　刀具按如图4-25所示的走刀路线进行加工,已知进给量为 $0.25\ \mathrm{mm \cdot r^{-1}}$,切削线速度为 $150\ \mathrm{m \cdot min^{-1}}$,刀具号为T01,刀具补偿号为No.001,分别用绝对坐标和增量坐标方式编程。

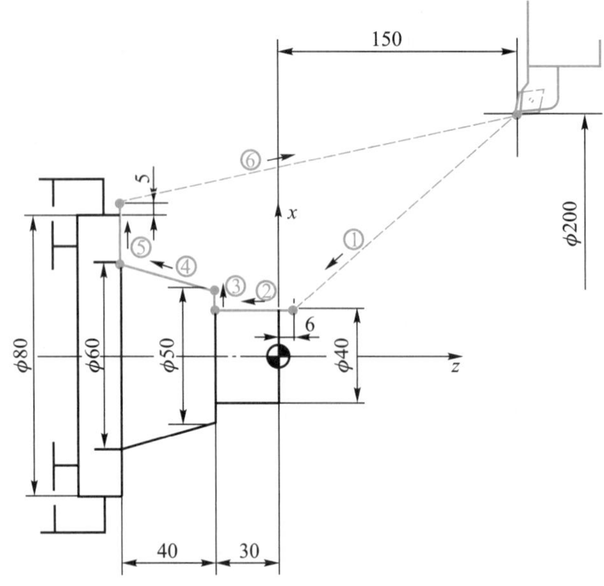

图 4-25　走刀路线

建立如图 4-25 所示工件坐标系,用绝对坐标方式编程为:

O4001;	(程序号)
G50 X200 Z150 T0100;	(建立工件坐标系,选择 T01 号刀)
G96 S150 M03;	(恒线速度设定,主轴正转)
G00 X40 Z6 T0101;	(①,建立刀具补偿)
G01 Z-30 F0.25;	(②)
X50;	(③)
X60 Z-70;	(④)
X90;	(⑤)
G00 X200 Z150 T0100 M05;	(⑥,取消刀具补偿,主轴停)
M30;	(程序结束)

用增量坐标方式编程如下:

O4001;	(程序号)
G50 X200 Z150 T0100;	(建立工件坐标系,选择 T01 号刀)
G96 S150 M03;	(恒线速度设定,主轴正转)
G00 X40 Z6 T0101;	(①,建立刀具补偿)
G01 W-36 F0.25;	(②)
U10;	(③)
U10 W-40;	(④)
U30;	(⑤)
G00 X200 Z150 T0100 M05;	(⑥,取消刀具补偿,主轴停)
M30;	(程序结束)

4.2.6　圆弧插补(G02、G03)

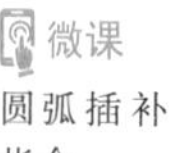
微课
圆弧插补指令

圆弧插补在切削圆弧时使用,顺时针切削用 G02,逆时针切削用 G03。

指令格式为:

$$\begin{Bmatrix} G02 \\ G03 \end{Bmatrix} X(U)\_\_\ Z(W)\_\_\ \begin{Bmatrix} I\_\_\ K\_\_ \\ R\_\_ \end{Bmatrix} F\_\_;$$

圆弧插补指令中包含的内容见表 4-8。

表 4-8　圆弧插补指令的含义

编号	项目		指令	含义
1	旋转方向		G02	顺时针圆弧插补
			G03	逆时针圆弧插补
2	终点坐标	绝对坐标	X、Z	圆弧终点绝对坐标
		增量坐标	U、W	圆弧终点相对圆弧起点的增量坐标
3	圆心相对圆弧起点的增量坐标		I、K	圆心相对圆弧起点的增量坐标(IK 编程)
	圆弧半径		R	圆弧半径(R 编程)
4	进给量		F	圆弧插补的进给量

如图 4-26 所示,可用以下四种方式分别编出圆弧插补程序段如下:

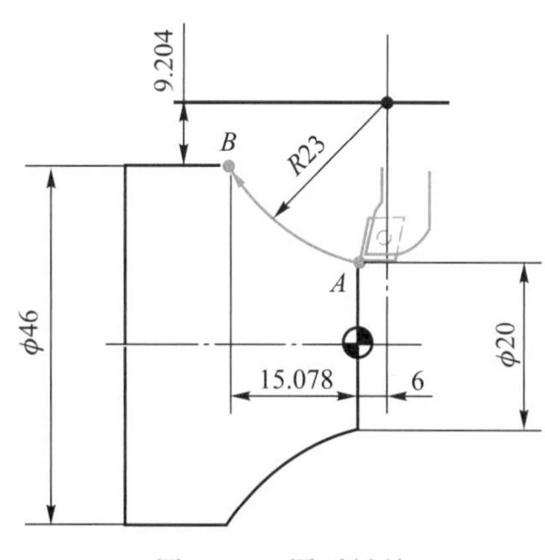

图 4-26　圆弧插补

(1) 绝对坐标方式,IK 编程:

G02 X46 Z-15.078 I22.204 K6 F0.25;

(2) 绝对坐标方式,R 编程:

G02 X46 Z-15.078 R23 F0.25;

(3) 增量坐标方式,IK 编程:

G02 U26 W-15.078 I22.204 K6 F0.25;

(4) 增量坐标方式,R 编程:

G02 U26 W-15.078 R23 F0.25;

[例 4-2] 刀具按如图 4-27 所示的走刀路线进行加工,已知进给量为 0.25 mm · r^{-1},切削线速度为 150 m · min^{-1},试编程。

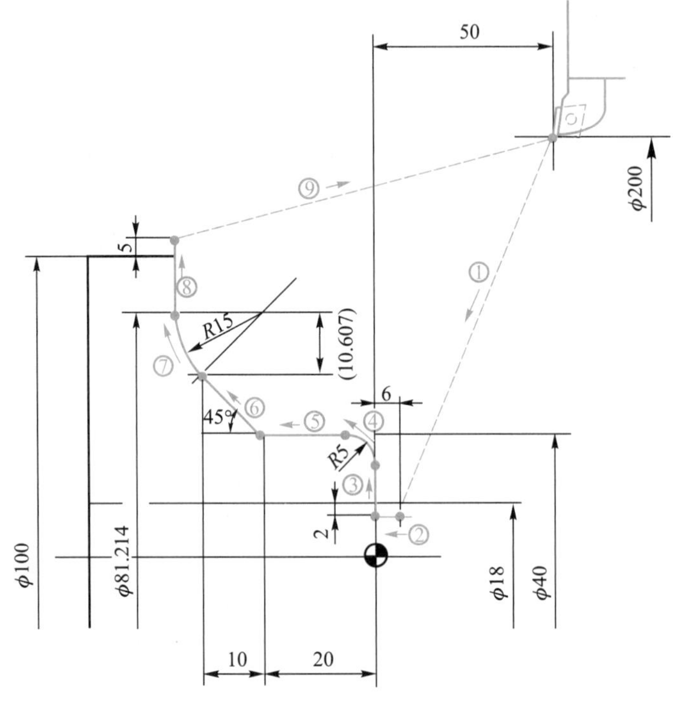

图 4-27 走刀路线

建立如图 4-27 所示工件坐标系,程序编制如下:

O4002;	(程序号)
G50 X200 Z50 T0200;	(建立工件坐标系,换 T02 号刀)
G96 S150 M03;	(恒线速度设定,主轴正转)
G00 X14 Z6 T0202;	(①,建立刀具补偿)
G01 Z0 F0.25;	(②)
X30;	(③)
G03 X40 Z-5 R5;	(④)
G01 Z-20;	(⑤)
X60 Z-30;	(⑥)
G02 X81.214 Z-34.393 R15;	(⑦)
G01 X110;	(⑧)
G00 X200 Z50 T0200;	(⑨,取消刀具补偿)
M30;	(程序结束)

读者也可用其他三种方式编写圆弧插补程序段。

4.2.7　自动倒角及倒圆

使用该功能可以简化倒角及倒圆的编程。

1. 自动倒角

G01 指令除了作直线切削外,还可作自动倒角加工。

(1) 由 z 轴向 x 轴倒角

如图 4-28a 所示,指令格式为:

G01 Z(W)__ I__ F__;

其中:Z、W 之后的值分别为图 4-28a 中 b 点的绝对坐标和增量坐标;

I 之后值的正负取决于倒角方向,当向 x 轴正方向倒角时取正值,反之取负值,如图 4-28a 所示。

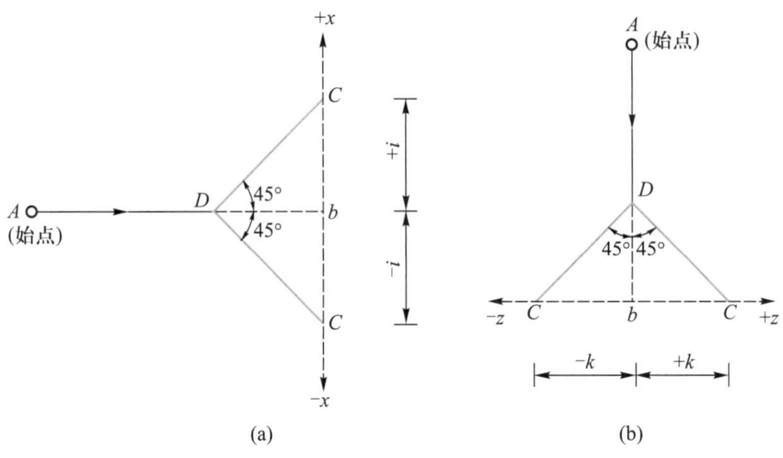

图 4-28　自动倒角

(2) 由 x 轴向 z 轴倒角

如图 4-28b 所示,指令格式为:

G01 X(U)__ K__ F__;

其中:X、U 之后的值分别为图 4-28b 中 b 点的绝对坐标和增量坐标;

K 之后值的正负取决于倒角方向,当向 z 轴正方向倒角时取正值,反之取负值,如图 4-28b 所示。

2. 自动倒圆

G01 指令除了作直线切削外,还可作自动倒圆加工。

(1) 由 z 轴向 x 轴倒圆

如图 4-29a 所示,指令格式为:

G01 Z(W)__ R__ F__;

其中:Z、W 之后的值分别为图中 b 点的绝对坐标和增量坐标;

R 之后值的正负取决于倒圆方向,当向 x 轴正方向倒圆时取正值,反之取负值,如图 4-29a 所示。

（2）由 x 轴向 z 轴倒圆

如图 4-29b 所示，指令格式为：

G01 X(U) __ R __ F __;

其中：X、U 之后的值分别为图 4-29b 中 b 点的绝对坐标和增量坐标；

R 之后值的正负取决于倒圆方向，当向 z 轴正方向倒圆时取正值，反之取负值，如图 4-29b 所示。

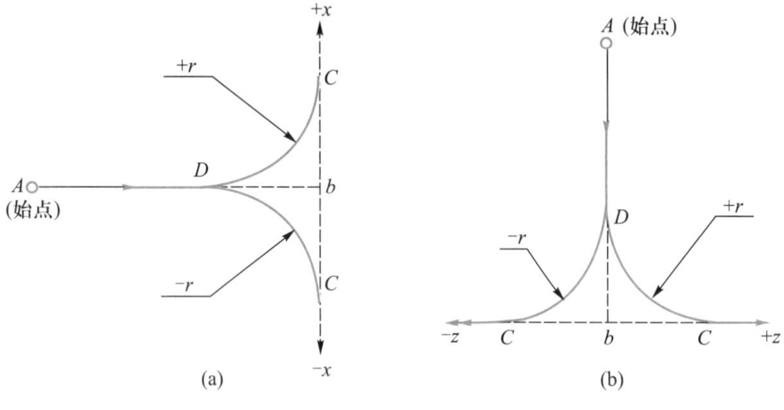

图 4-29　自动倒圆

［例 4-3］　刀具按如图 4-30 所示的走刀路线进行加工，已知进给量为 0.15 mm · r^{-1}，切削线速度为 180 m · min^{-1}，主轴最高转速为 2 000 r · min^{-1}，试编程。

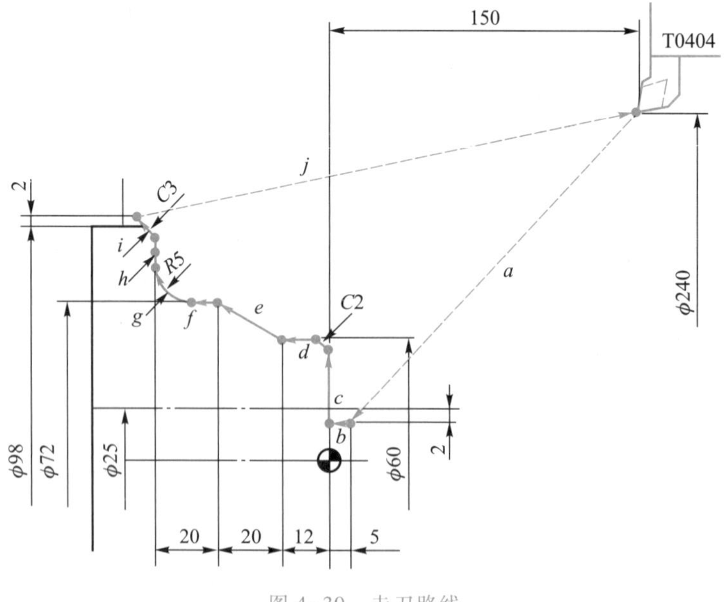

图 4-30　走刀路线

建立如图 4-30 所示工件坐标系，程序编制如下：

O4003;　　　　　　　　　　(程序号)

```
G28 U0 W0;                 (回机床参考点)
G00 U __ W __;             (刀具到起始点,U、W 值取决于起刀点到参考点的距离)
M00;                       (程序停止)
G96 S180 T0400;            (恒线速度设定,换 T04 号刀)
G50 S2000;                 (主轴最高转速限制)
G50 X240 Z150 M08;         (设定工件坐标系,切削液开)
G00 X21 Z5 T0404 M03;      (a,主轴正转)
W-5;                       (b)
G01 X60 K-2 F0.15;         (c,倒角)
Z-12;                      (d)
X72 Z-32;                  (e)
Z-47;                      (f)
G02 X82 Z-52 R5;           (g)
G01 X92;                   (h)
U6 W-3;                    (i)
G00 X240 Z150 T0400;       (j,取消刀具补偿)
M30;                       (程序结束)
```

暂停指令
G04

4.2.8　程序暂停(G04)

该指令控制系统按指定时间暂时停止执行后续程序段,暂停时间结束则继续执行。该指令为非模态指令,只在本程序段有效。指令格式为:

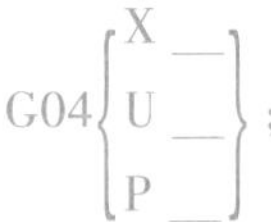

其中:X、U、P 均为暂停时间(s)。

注意在用地址 X 和 U 表示暂停时间时允许使用小数点,用地址 P 表示暂停时间时不能用小数点表示法。

例如,若要暂停 2 s,则可写成如下几种格式:

G04 X2.0;

或:G04 X2000;

或:G04 U2.0;

或:G04 U2000;

或:G04 P2000;

G04 主要应用于:

1) 在车削沟槽或钻孔时,为使槽底或孔底得到准确的尺寸精度及光滑的加工表面,在加工到槽底或孔底时,应该暂停一适当时间,使工件回转一周以上。

2) 使用 G96(主轴以恒线速度回转)车削工件轮廓后,改成 G97(主轴以恒定转速回转)车削螺纹时,指令暂停一段时间,使主轴转速稳定后再执行螺纹车削,以保证螺距加工精度的要求。

4.2.9　刀尖圆弧半径补偿功能

微课 刀尖圆弧半径补偿

上述编程例题均是假设车刀有一刀尖点，在编写程序时，均以此假想刀尖切削工件。假想刀尖为实际上不存在的点，如图 4-31 所示的 O 点。实际上 CNC 车床一般使用粉末冶金制作的刀片，其刀尖是一圆弧形，常用的 CNC 车刀片的刀尖半径 R 有 0.2 mm、0.4 mm、0.6 mm、0.8 mm、1 mm 等多种。在对刀时，刀尖的圆弧中心不易直接对准起刀位置或基准位置，若使用假想刀尖则易于对准该位置。

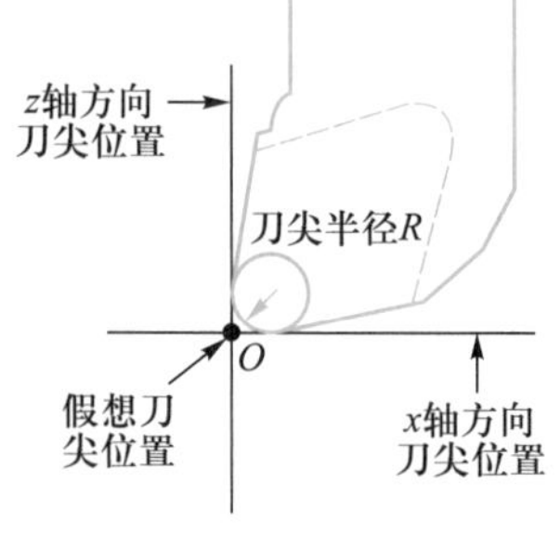

图 4-31　假想刀尖

按假想刀尖编出的程序在车削外圆、内孔等与 z 轴平行的表面时，是没有误差的，但在车削端面、锥面及圆弧时会发生少切或过切的现象，如图 4-32 所示。

图 4-32　刀尖半径 R 造成的少切和过切

微课 假想刀尖和实际刀尖

为了在不改变程序的情况下使刀具切削路径与工件轮廓吻合一致，加工出尺寸正确的零件，就必须使用刀尖圆弧半径补偿指令。

刀尖圆弧半径补偿指令如下：

G40：取消刀尖圆弧半径补偿，即按程序路径进给；

G41：刀具左补偿，指站在刀具路径上，向切削前进方向看，刀具在工件的左方；

G42：刀具右补偿，指站在刀具路径上，向切削前进方向看，刀具在工件的右方。

使用刀尖圆弧半径补偿指令时应注意以下几点：

1）G41 或 G42 指令必须和 G00 或 G01 指令一起使用，且当轮廓切削完成后即用指令 G40 取消补偿。

2）工件有锥度、圆弧时，必须在精车锥度或圆弧前一程序段建立半径补偿，一般在切入工件时的程序段建立半径补偿。

3）必须在刀具补偿参数设定页面的刀尖半径处填入该把刀具的刀尖半径值

（如图 4-33 中的 R 项），则 CNC 装置会自动计算应该移动的补偿量，作为刀尖半径补偿的依据。

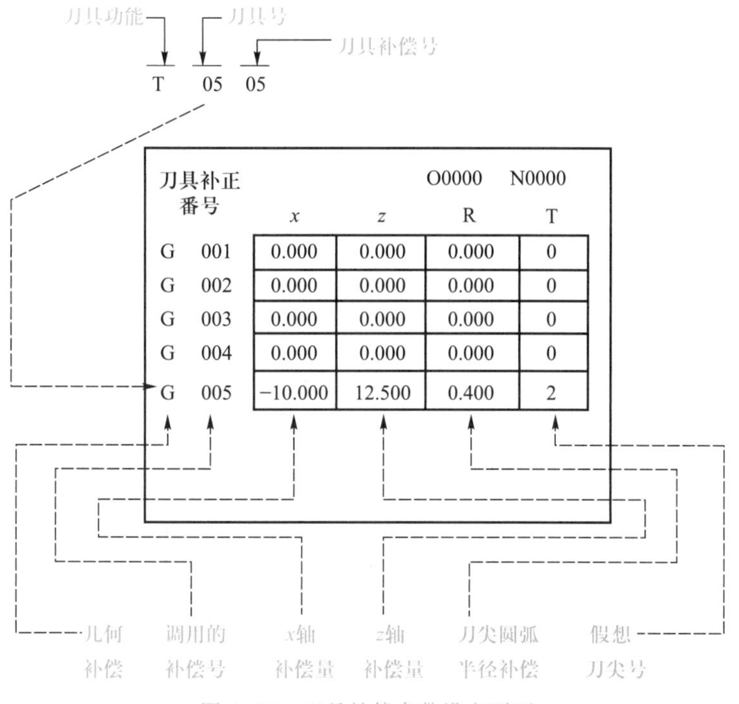

图 4-33　刀具补偿参数设定页面

4）必须在刀具补偿参数设定页面的假想刀尖方向处（如图 4-33 中的 T 项）填入该把刀具的假想刀尖号码，以作为刀尖半径补偿的依据。

5）假想刀尖方向是指假想刀尖与刀尖圆弧中心点的相对位置关系，用 0~9 共 10 个号码来表示，如图 4-34 所示，0 与 9 的假想刀尖与刀尖圆弧中心点重叠。常用车刀的假想刀尖号如图 4-35 所示。

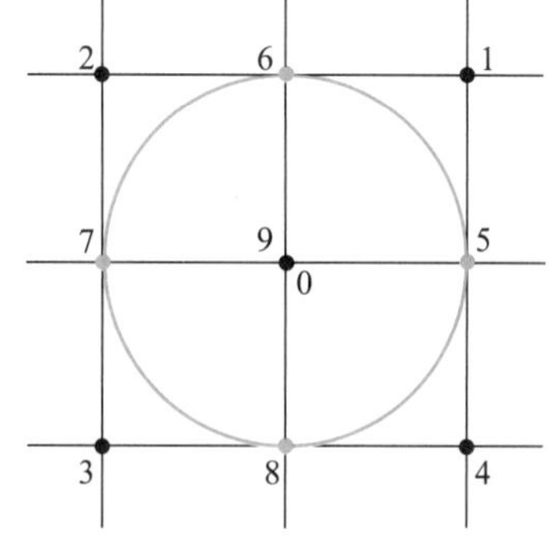

图 4-34　假想刀尖号

6）刀尖圆弧半径补偿指令 G41 或 G42 后，刀具路径必须是单向递增或单向递减。即指令 G42 后刀具路径如向 z 轴负方向切削，就不允许往 z 轴正方向移动，故必须在往 z 轴正方向移动前，用 G40 取消刀尖圆弧半径补偿。

7）建立刀尖圆弧半径补偿后，在 z 轴的切削移动量必须大于其刀尖半径值（如刀尖半径为 0.6 mm，则 z 轴移动量必须大于 0.6 mm）；在 x 轴的切削移动量必须大于 2 倍刀尖半径值（如刀尖半径为 0.6 mm，则 x 轴移动量必须大于 1.2 mm），这是因为 x 轴用直径值表示的缘故。

微课
假想刀尖号

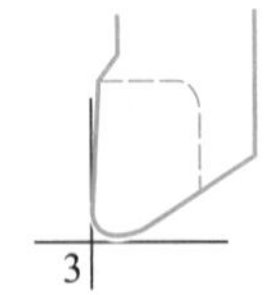

(a) 外圆、端面车刀（右偏刀）

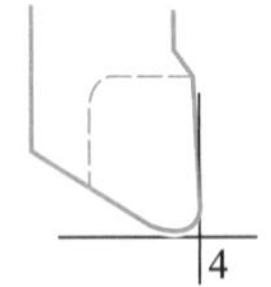

(b) 外圆、端面车刀（左偏刀）

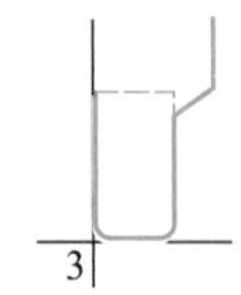

(c) 切槽刀（右偏刀）

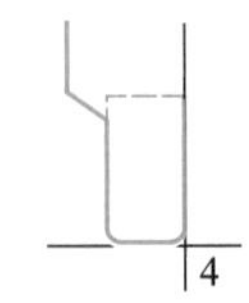

(d) 切槽刀（左偏刀）

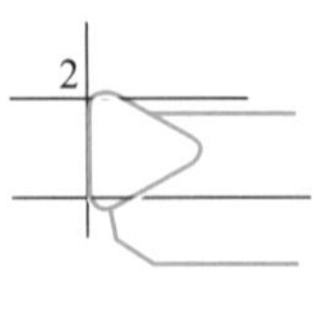

(e) 内孔车刀

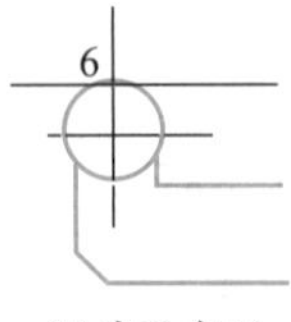

(f) 内孔车刀

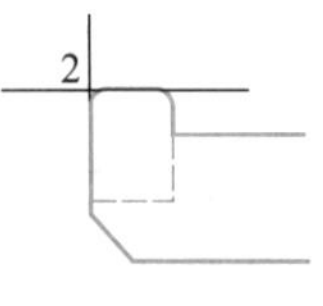

(g) 内孔、切槽车刀

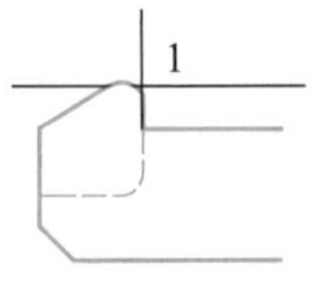

(h) 内孔车刀(左偏刀)

图 4-35　常用车刀的假想刀尖号

［例 4-4］　刀具按如图 4-36 所示的走刀路线进行精加工，已知进给量为 0.1 mm · r^{-1}，切削线速度为 180 m · min^{-1}，试进行刀尖圆弧半径补偿编程。

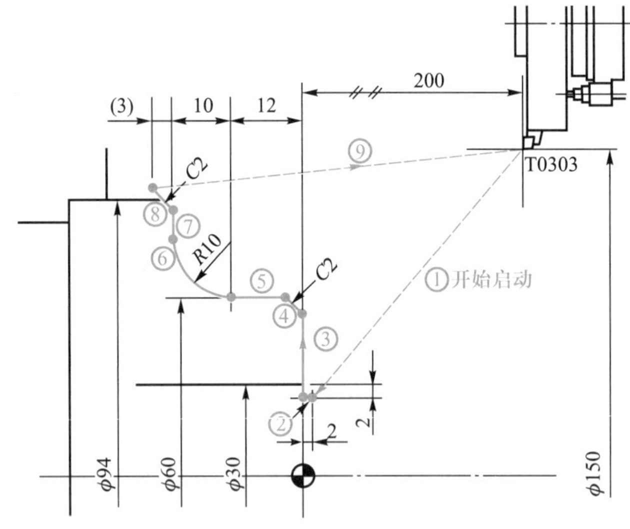

图 4-36　走刀路线

编制程序如下：

O4004;	（程序号）
G96 S180 T0300;	（恒线速度设定，换 T03 号刀）
G50 X150 Z200 M08;	（设定工件坐标系，切削液开）
G00 G42 X26 Z2 T0303 M03;	（①，建立刀具补偿，主轴正转）
G01 Z0 F0.3;	（②）
X56 F0.1;	（③）
X60 Z-2;	（④）
Z-12;	（⑤）
G02 X80 Z-22 R10;	（⑥）

```
G01 X90;                        (⑦)
U6 W-3;                         (⑧)
G00 G40 X150 Z200 T0300;        (⑨,取消刀具补偿)
M30;                            (程序结束)
```

4.2.10　返回参考点检查(G27)

数控机床通常是长时间连续工作,为了提高加工的可靠性及保证零件的加工精度,可用 G27 指令来检查工件原点的正确性。

指令格式为:G27 X(U)__ Z(W)__;

其中:X、Z 值指机床参考点在工件坐标系中的绝对坐标;

U、W 值表示机床参考点相对刀具目前所在位置的增量坐标。

该指令的用法如下:当执行加工完成一循环,在程序结束前执行 G27 指令,则刀具将以快速定位(G00)移动方式自动返回机床参考点,如果刀具到达参考点位置,则操作面板上的参考点返回指示灯会亮;若工件原点位置在某一轴向有误差,则该轴对应的指示灯不亮,且系统将自动停止执行程序,发出报警提示(No.92 报警)。

使用 G27 指令时,若先前用 G41 或 G42 建立了刀尖圆弧半径补偿,必须用 G40 将刀尖圆弧半径补偿取消后才可使用 G27 指令。编程时可参考如下程序结构:

```
:
T0202;
:
G40;                            (取消刀尖圆弧半径补偿)
G27 X200.345 Z458.568;          (返回参考点检查)
:
```

微课
自动返回参考点 G28

4.2.11　自动返回参考点(G28)

G28 指令的功能是使刀具从当前位置以快速定位(G00)移动方式经过中间点回到参考点。指定中间点的目的是使刀具沿着一条安全路径回到参考点。

指令格式为:G28 X(U)__ Z(W)__;

其中:X、Z 值是刀具经过的中间点的绝对坐标;

U、W 值为刀具经过的中间点相对起点的增量坐标。

如图 4-37 所示,若刀具从当前位置经过中间点(30,15)返回参考点,则可用指令:

G28 X30 Z15;

如图 4-38 所示,若刀具从当前位置直接返回参考点,这时相当于中间点与刀具当前位置重合,则可用增量坐标方式指令为:

G28 U0 W0;

4.2.12　从参考点返回(G29)

G29 的功能是使刀具由机床参考点经过中间点到达目标点。

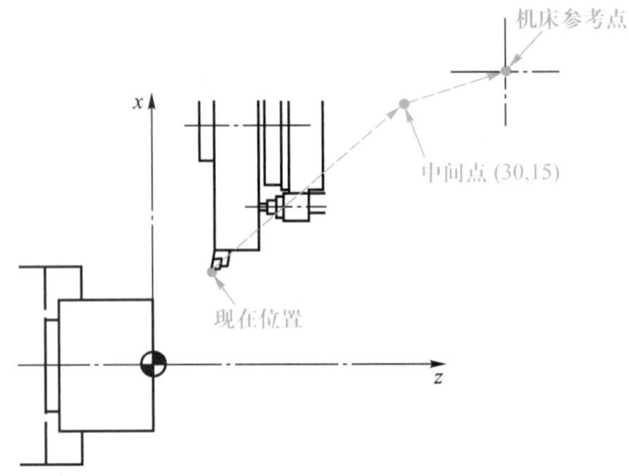

图 4-37　刀具从当前位置经过中间点返回参考点

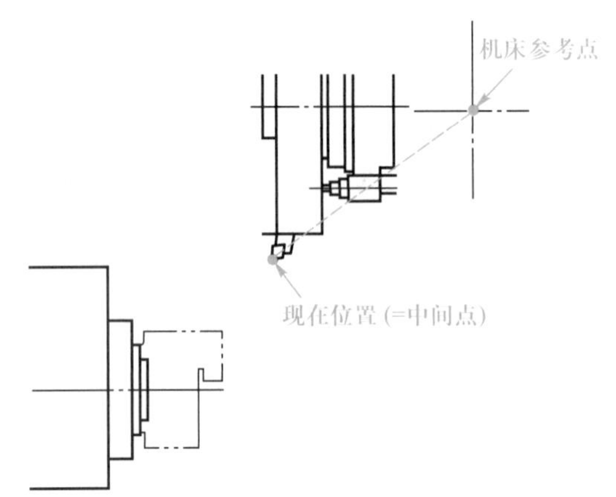

图 4-38　刀具从当前位置直接返回参考点

指令格式为：G29 X __ Z __；

其中：X、Z 后面的数值是指刀具的目标点坐标。

这里经过的中间点就是 G28 指令所指定的中间点，故刀具可经过这一安全路径到达欲切削加工的目标点位置。所以用 G29 指令之前，必须先用 G28 指令，否则 G29 指令不知道中间点位置而发生错误。

微课
螺纹加工指令 G32

4.2.13　螺纹切削指令(G32)

G32 指令可用于切削圆柱螺纹、圆锥螺纹及端面螺纹。指令格式为：

G32 X(U)__ Z(W)__ F __；

其中：X、Z 值是指车削到达的终点坐标；

U、W 值是指切削终点相对起点的增量坐标；

F 是指螺纹导程。

使用螺纹切削指令应注意以下事项：

1) 主轴应通过 G97 指令指定恒转速。切削螺纹时，主轴转速从粗车到精车须保持恒定不变。若使用 G96 恒线速度控制指令，则工件旋转时，其转速会随切削点

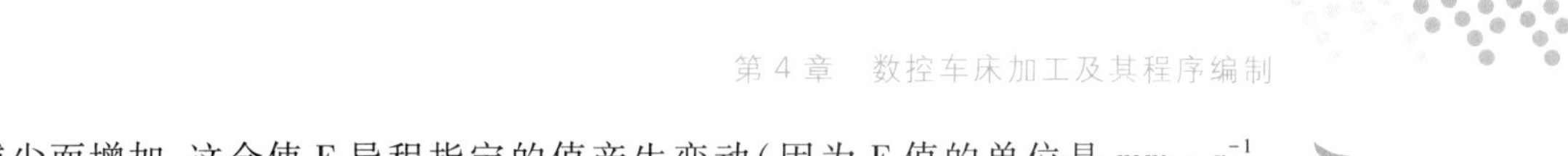

直径减少而增加，这会使 F 导程指定的值产生变动（因为 F 值的单位是 $mm\cdot r^{-1}$，会随转速而变化），从而发生乱牙现象。

2）螺纹切削中，机床"进给倍率旋钮"无效，被固定在 100%上。

3）由于伺服电机由静止到匀速运动有一个加速过程，反之，则为降速过程。为防止加工螺纹螺距不均匀，车削螺纹前后，必须有适当的进刀段 δ_1 和退刀段 δ_2，如图 4-39 所示。通常 δ_1、δ_2 按下面公式计算：

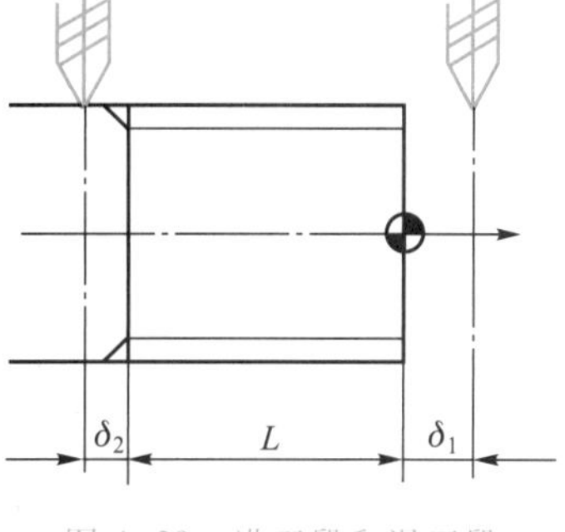

图 4-39　进刀段和退刀段

$$\delta_1 = n\times P/400$$

$$\delta_2 = n\times P/1\ 800$$

式中：n 为主轴转速，$r\cdot min^{-1}$；

P 为螺纹导程，mm。

由以上公式所计算而得的 δ_1 和 δ_2 是理论上所需的进、退刀量，实际应用时一般取值比计算值略大。

4）因受机床结构及 CNC 系统的影响，车削螺纹时主轴的转速有一定的限制，这因制造厂商而异。如杨铁 CNC 车床：$n\times P\leqslant 3\ 500$；台中精机 CNC 车床：$n\times P\leqslant 4\ 000$。

5）螺纹加工时最简单的方法是进刀方向指向卡盘，若使用左手刀具加工右旋螺纹，进刀方向也可远离卡盘，反之亦然。

6）螺纹加工中的走刀次数和进刀量（切削深度）会直接影响螺纹的加工质量，车削螺纹时的切削深度及走刀次数可参考表 4-9。

表 4-9　普通螺纹切削深度及走刀次数参考表

ISO 米制 60°，外螺纹							
螺距/mm		0.5	0.75	1	1.5	2	2.5
螺纹总深度/mm		0.34	0.50	0.67	0.94	1.28	1.58
切削深度及走刀次数	1 次	0.11	0.17	0.19	0.22	0.25	0.27
	2 次	0.09	0.15	0.16	0.21	0.24	0.24
	3 次	0.07	0.11	0.13	0.17	0.18	0.2
	4 次	0.07	0.07	0.11	0.14	0.16	0.17
	5 次			0.08	0.12	0.14	0.15
	6 次				0.08	0.11	0.13
	7 次					0.08	0.12
	8 次						0.11
	9 次						0.11
	10 次						0.08

注：① 本表摘自成都千木数控刀具样本。

② 切削深度及走刀次数根据刀具品牌及所加工工件材料的不同可酌情增减，具体参阅相关刀具样本。

[例 4-5] 如图 4-40 所示，在 CNC 车床上欲车削普通螺纹 M20×1.5，切削速度为 100 m · min^{-1}，用 G32 指令编程。

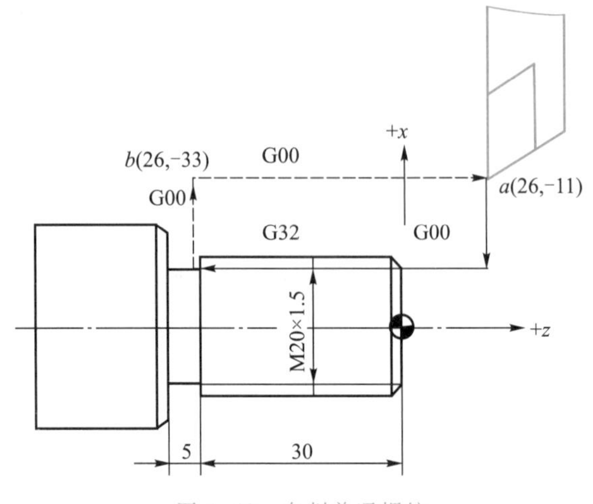

图 4-40 车削普通螺纹

在编程前，应先作下列计算：

(1) 先决定主轴转速

由 $v_c=\pi dn/1\ 000$，$n=(1\ 000\times100)/(3.14\times20)=1\ 592$ (r · min^{-1})

验算 n 取值是否合适：机床要求 $n\times P\leqslant4\ 000$，即 $n\leqslant4\ 000/2.5$，则 $n\leqslant1\ 600$ (r · min^{-1})。由计算得知 n 取 1 592 r · min^{-1} 可使用，一般取整数较方便，故取 1 500 r · min^{-1} 车削螺纹。

(2) 计算进刀段 δ_1 及退刀段 δ_2

$\delta_1=n\times P/400=1\ 500\times2.5/400=9.4$ (mm)　　取：$\delta_1=11$ mm。

$\delta_2=n\times P/1\ 800=1\ 500\times2.5/1\ 800=2.1$ (mm) 取：$\delta_2=3$ mm。

(3) 计算螺纹牙底直径

数控车削普通螺纹，多采用螺纹车刀刀尖作为对刀位置，通常需要计算出螺纹的牙深，作为 X 方向进刀的坐标依据，通过对螺纹小径尺寸的控制，间接保证螺纹中径尺寸，普通螺纹主要几何参数的术语和定义，如图 4-41 所示。

以外螺纹为例，普通螺纹的小径与其公称直径之间存在如下关系：$d_1=d-1.082\ 5P$，标准螺纹牙深为 $L=5H/8=0.541\ 2P$；数控车削中多使用机夹刀具和机夹刀片，其中机夹刀片存在刀尖圆弧半径 R 值，R 值在车削中对螺纹牙深有影响，如图 4-42 所示，$h=R$，外螺纹牙顶到标准三角形底的尺寸是 $K=7H/8=0.757\ 8P$，因此数控车削普通螺纹牙深 L_1 计算公式为：

$$L_1=K-h=0.757\ 8P-R$$

此时车出的牙底宽度不是 $P/4$，也不是一个平面，而是以 R 为半径的中心角为 90°的一段圆弧。

如螺纹刀片的刀尖圆弧半径 $R=0.2$ mm，由以上分析可以得出数控车外螺纹时牙底直径的计算方法如下：

螺纹牙底直径=大径−2×牙深=20 mm−2×(0.757 8×1.5 mm−0.2 mm)= 18.126 mm。

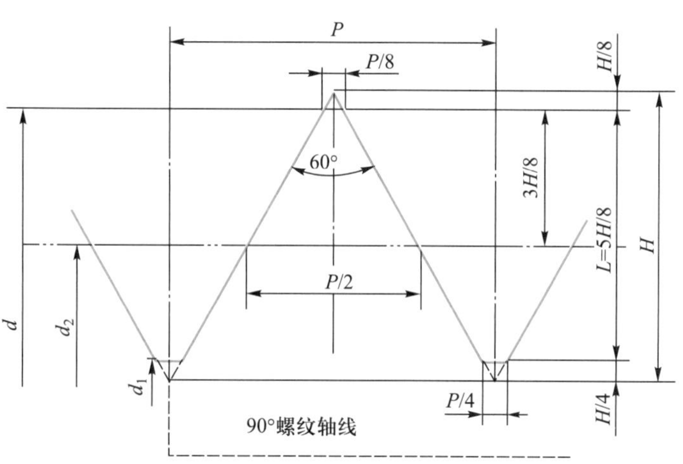

图 4-41　普通螺纹主要几何参数

d—外螺纹大径；d_1—外螺纹小径；d_2—外螺纹中径；P—螺距；H—原始三角高度；L—标准螺纹牙深

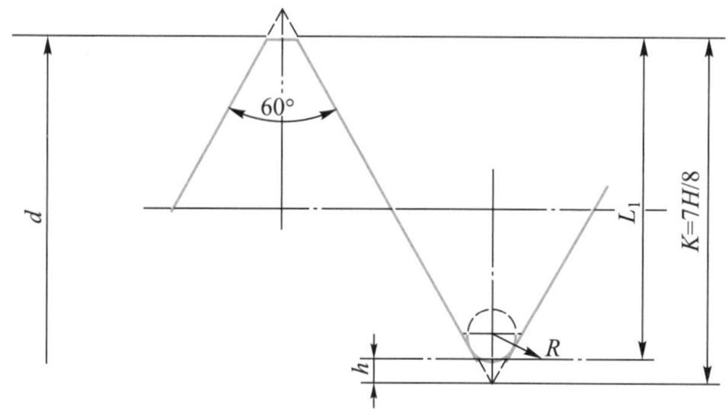

图 4-42　螺纹车刀刀尖圆弧半径对螺纹牙深的影响

程序编制如下：

O4005；

G50 X150 Z200 T0600；

G97 S1500 M03；

T0606 M08；

N10 G00 X26 Z11；　　（快速定位至 a 点，Z11 即为进刀段）

X19.56；　　（20-0.44 = 19.56，参考表 4-9）

G32 Z-33 F1.5；　　（车螺纹第一次走刀）

G00 X26；　　（快速退刀至 b 点）

Z11；　　（快速退刀至 a 点）

X19.14；　　（19.56-0.42 = 19.14，参考表 4-9）

G32 Z-33；　　（车螺纹第二次走刀）

G00 X26；　　（快速退刀至 b 点）

Z11；　　（快速退刀至 a 点）

```
X18.8;              (19.14-0.34=18.8,参考表 4-9)
G32 Z-33;           (车螺纹第三次走刀)
G00 X26;            (快速退刀至 b 点)
Z11;                (快速退刀至 a 点)
X18.52;             (18.8-0.28=18.52,参考表 4-9)
G32 Z-33;           (车螺纹第四次走刀)
G00 X26;            (快速退刀至 b 点)
Z11;                (快速退刀至 a 点)
X18.28;             (18.52-0.24=18.28,参考表 4-9)
G32 Z-33;           (车螺纹第五次走刀)
G00 X26;            (快速退刀至 b 点)
Z11;                (快速退刀至 a 点)
X18.126;            (18.28-0.154=18.126,参考表 4-9)
G32 Z-33;           (车螺纹第六次走刀)
G00 X26;            (快速退刀至 b 点)
Z11;                (快速退刀至 a 点)
X18.126;            (进到要求小径,最后一次进刀进行修正)
G32 Z-33;           (车螺纹第七次走刀)
N100 G00 X26;       (快速退刀至 b 点)
G00 X150 Z200 T0600;
M30;
```

4.2.14 单一固定循环(G90、G92、G94)

前面所介绍的 G 指令,如 G00、G01、G02、G03 等都是基本切削指令,即一个指令只使刀具产生一个动作。一个循环切削指令可使刀具产生四个动作,即可将刀具"切入→切削→退刀→返回"用一个循环指令完成。因此,使用循环指令可简化编程。

当工件毛坯的轴向余量比径向多时,使用 G90 轴向切削循环指令;当材料的径向余量比轴向多时,使用 G94 径向切削循环指令;G92 是用于切削螺纹的循环指令。

微课
轴向切削循环指令 G90

1. 轴向切削循环指令(G90)

(1) 圆柱切削循环指令格式如下:

G90 X(U) __ Z(W) __ F __;

其中:X、Z 值是圆柱面切削终点坐标;

U、W 值是圆柱面切削终点相对于循环起点的增量坐标。

F 是切削进给量。

如图 4-43 所示的刀具路径,当刀具在 A 点(循环起点)定位后,执行 G90 循环指令,则刀具由 A 以快速定位至 B 点,再以指定的进给量切削到 C 点(切削终点),再退刀至 D 点,最后以快速定位回到 A 点完成一循环切削。

注意:使用循环切削指令,刀具必须先定位至循环起点,再执行循环切削指令,

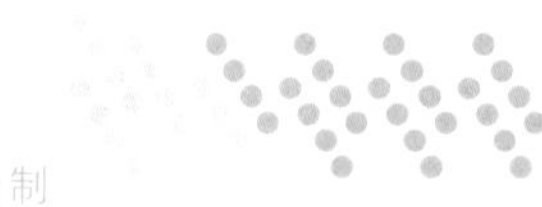

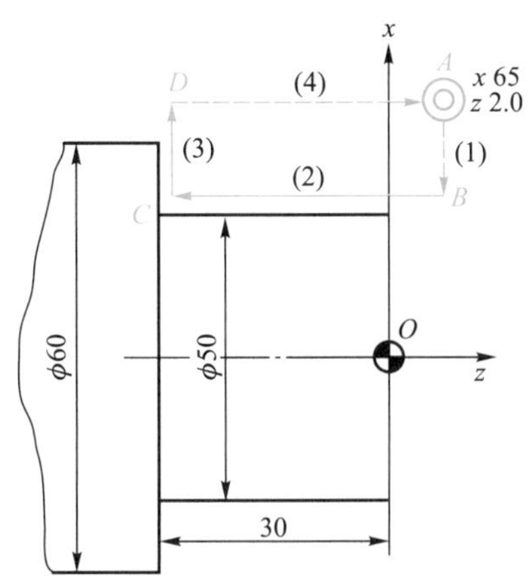

图 4-43　圆柱切削循环

且完成一循环切削后,刀具仍回到此循环起点。循环切削指令为模态指令。

［例 4-6］　使用 1 号粗车刀、2 号精车刀车削如图 4-44 所示工件的外圆,试用 G90 指令编程。

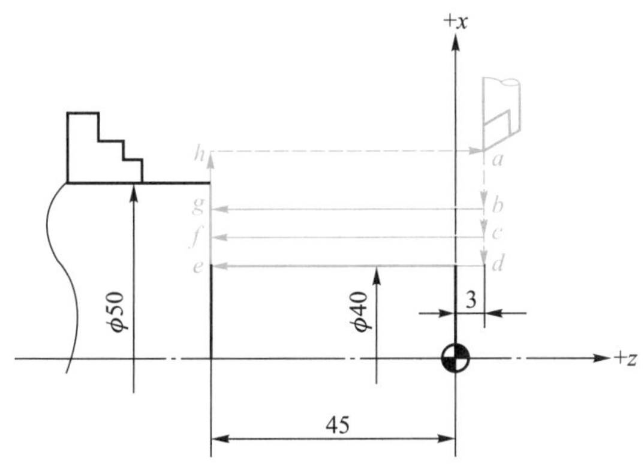

图 4-44　车削外圆

O4006;	
G96 S120 T0100;	(恒线速度设定,换 T01 号刀)
G50 X150 Z200 M08	(设定工件坐标系,切削液开)
G50 S3500;	(主轴最高转速限制)
G00 X55 Z3 T0101 M03;	(快速定位至循环起点 a,建立刀具补偿,主轴正转)
G90 X46 Z-44.95 F0.2;	(以循环切削方式车削,由 $a \to b \to g \to h \to a$)
X42;	(以循环切削方式车削,由 $a \to c \to f \to h \to a$)
X40.2;	(以循环切削方式车削,由 $a \to d \to e \to h \to a$)
G00 X150 Z200 T0100;	(快速定位至点(100,150),准备换 2 号刀)
T0202 S150;	(换 T02 号刀及 2 号补偿,并提高切削速度为 150 m · min^{-1})
X40 Z3;	(刀具至精车起点)

```
G01 Z-45 F0.07;              (精车外圆)
X55;                         (精车轴肩)
G00 X150 Z200 T0200;         (刀具至起始点,取消刀具补偿)
M30;                         (程序结束)
```

(2) 圆锥切削循环指令格式如下:

G90 X(U) __ Z(W) __ R __ F __;

其中:X(U)、Z(W)含义与圆柱切削循环指令相同;

R 值是指切削终点至起点的向量值(以半径值表示),若锥面起点坐标大于终点坐标时,该值为正,反之为负;

F 是切削进给量。

如图 4-45 所示的刀具轨迹,刀具定位至 P_1 点后,执行 G90 指令,则刀具由 P_1 点快速定位至 P_2 点,再以指定的进给量切削至 P_3 点,再退刀至 P_4 点,最后以快速定位回到 P_1 点完成一循环切削。

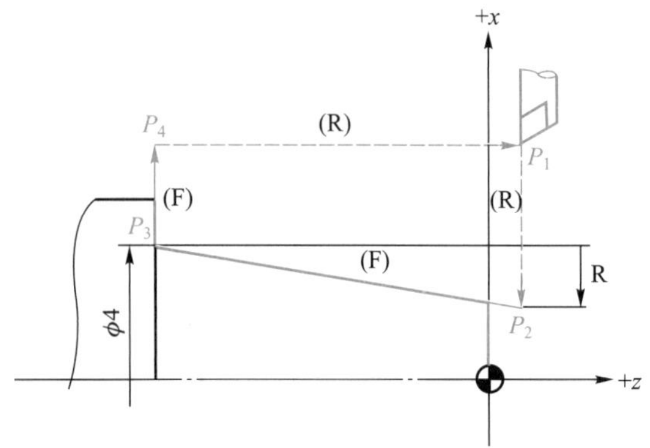

图 4-45　圆锥切削循环

[例 4-7]　使用 3 号车刀,车削如图 4-46 所示工件的外圆锥面,试用 G90 指令编程。

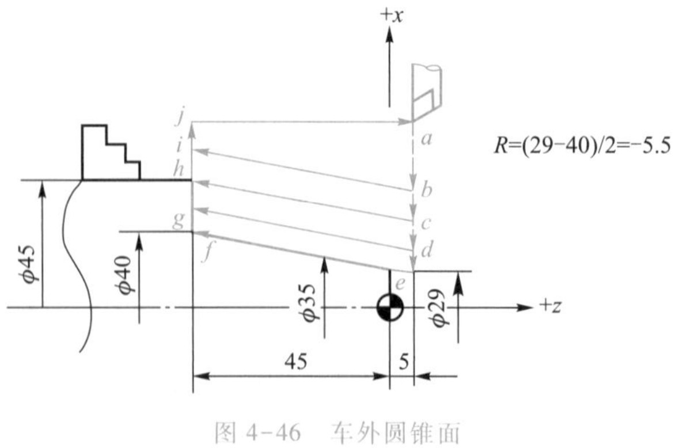

图 4-46　车外圆锥面

程序如下:

O4007;

```
G96 S120 T0300;
G50 X150 Z200 M08;
G50 S3500;
G96 S120;
G00 X50 Z5 T0303 M03;           (快速定位至循环起点 a)
G90 X49 Z-45 R -5.5 F0.2;       (以循环切削方式车削,由 a→b→i→j→a)
X45;                            (以循环切削方式车削,由 a→c→h→j→a)
X41;                            (以循环切削方式车削,由 a→d→g→j→a)
X40 S150 F0.07;                 (以循环切削方式车削,由 a→e→f→j→a)
G00 X150 Z200 T0300;
M30;
```

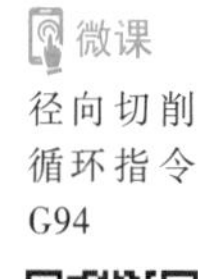

微课 径向切削循环指令 G94

2. 径向切削循环指令(G94)

G94 可用于直端面或锥端面车削循环。

(1) 直端面车削循环指令格式如下:

G94 X(U)__ Z(W)__ F __;

各地址代码的含义与 G90 指令相同。其刀具路径如图 4-47 所示,由 $P_1 \to P_2 \to P_3 \to P_4 \to P_1$ 完成一个循环。

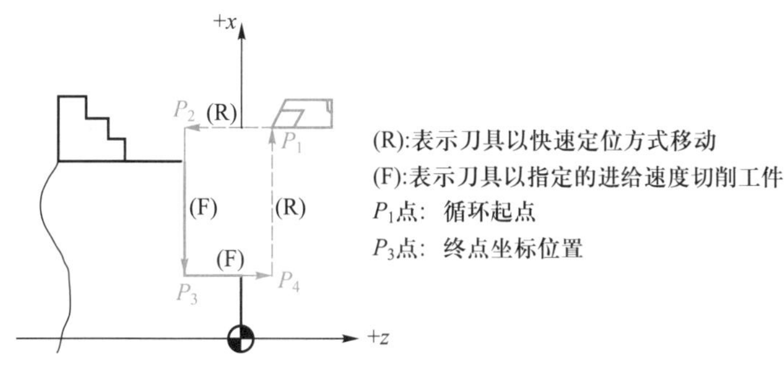

图 4-47　直端面车削循环指令

[例 4-8]　使用 4 号车刀,车削如图 4-48 所示工件的端面,试用 G94 指令编程。

```
O4008;
G96 S120 T0400;
G50 X150 Z200 M08;
G50 S3500;
G96 S120;
G00 X85 Z5 T0404 M03;       (快速定位至循环起点 a,建立刀具补偿,主轴正转)
G94 X40.5 Z-3 F0.2;         (由 a→b→i→j→a 循环粗车)
Z-6.5;                      (由 a→c→h→j→a 循环粗车)
Z-9.9;                      (由 a→d→g→j→a 循环粗车)
X40 Z-10 S150 F0.07;        (由 a→e→P3→P4→a 循环精车)
```

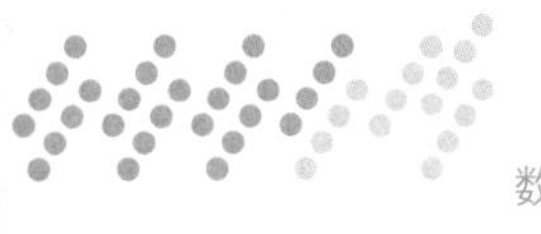


```
G00 X150 Z200 T0400;
M30;
```

(2) 锥端面车削循环指令格式如下：

G94 X(U) __ Z(W) __ R __ F __;

各地址代码的含义与 G90 指令相同。其刀具路径如图 4-49 所示，由 $P_1 \to P_2 \to P_3 \to P_4 \to P_1$ 完成一个循环。

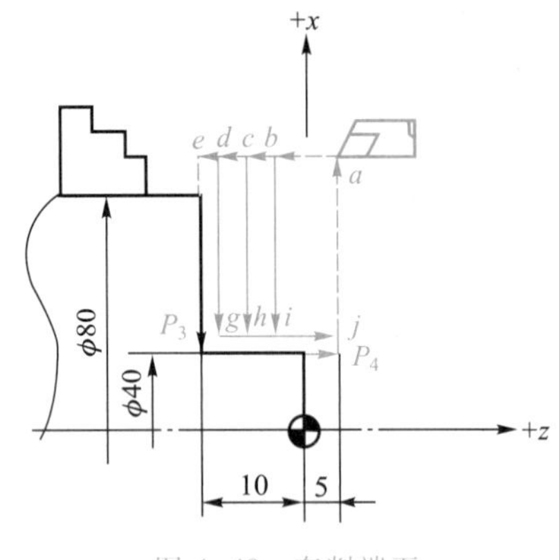

图 4-48　车削端面

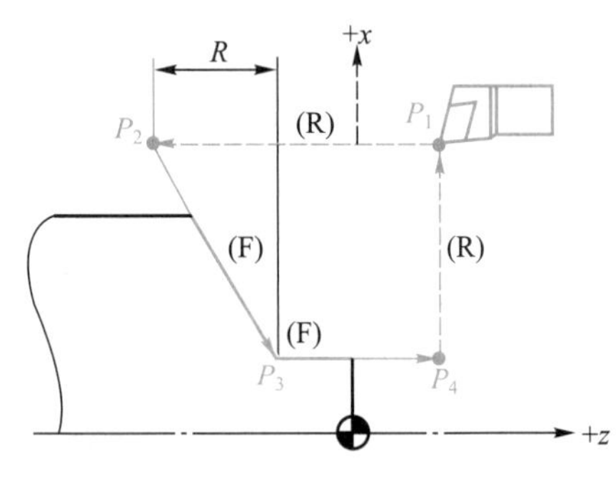

图 4-49　锥端面车削循环

［例 4-9］　使用 4 号车刀，车削如图 4-50 所示工件的端面，试用 G94 指令编程。

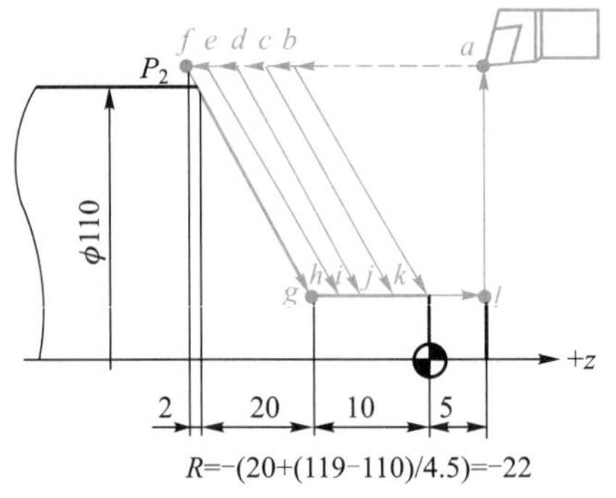

图 4-50　G94 车端面

```
O4009;
G96 S120 T0400;
G50 X150 Z200 M08;
G50 S3500;
G96 S120;
G00 X119 Z5 T0404 M03;          (快速定位至循环起点 a)
G94 X20 Z0 R -22 F0.2;          (由 a→b→k→l→a 循环粗车)
Z-3.5;                          (由 a→c→j→l→a 循环粗车)
Z-6.5;                          (由 a→d→i→l→a 循环粗车)
```

```
Z-9.5;                    (由 a→e→h→l→a 循环粗车)
Z-10 S150 F0.07;          (由 a→f→g→l→a 循环精车)
G00 X150 Z200 T0400;
M30;
```

微课
螺纹切削循环 G92

3. 螺纹切削循环(G92)

G92 指令可完成圆柱螺纹和圆锥螺纹的循环切削。

指令格式为:

G92 X(U) __ Z(W) __ R __ Q __ F __;

其中:X、Z 为螺纹切削终点绝对值坐标;

U、W 为切削终点增量坐标;

R 为锥螺纹终点半径与起点半径的差值,其正负的判断方法与 G90 相同,切削圆柱螺纹时 R 值为 0,可以省略;

F 为螺纹导程。

图 4-51 为 G92 的切削循环路径,刀具从循环起点 P_1 开始,按 $P_1 \to P_2 \to P_3 \to P_4 \to P_1$ 完成一个循环。

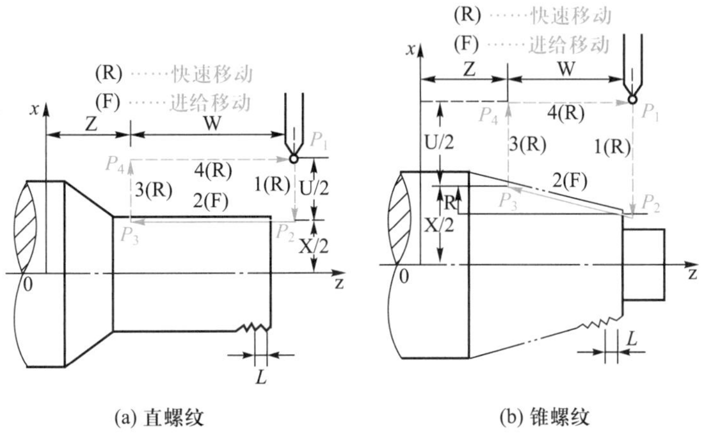

图 4-51 G92 切削循环

前面介绍的[例 4-5]O4005 程序中 N10~N100 程序段如用 G92 编程,则可简化程序如下。

```
……
N10 G00 X26 Z11;          (快速定位至 a 点,Z11 即为进刀段)
    G92 X19.56 Z-33 F2.5; (车螺纹第一次走刀)
    X19.14;               (车螺纹第二次走刀)
    X18.8;                (车螺纹第三次走刀)
    X18.52;               (车螺纹第四次走刀)
    X18.28;               (车螺纹第五次走刀)
    X18.126;              (车螺纹第六次走刀)
N100 X18.126;             (螺纹最后精车)
……
```

4.2.15 复合固定循环

当工件的形状较复杂,如有台阶、锥度、圆弧等时,若使用基本切削指令或循环切削指令,粗车时为了考虑精车余量,在计算粗车的坐标点时可能会很繁杂。如果使用复合固定循环指令,只需依指令格式设定粗车时每次的切削深度、精车余量、进给量等参数,在接下来的程序段中给出精车时的加工路径,则 CNC 控制器即可自动计算出粗车的刀具路径,自动进行粗加工,因此在编制程序时可节省很多时间。

微课 轴向粗车切削循环 G71

使用粗加工固定循环 G71、G72、G73 指令后,必须使用 G70 指令进行精车,使工件达到所要求的尺寸精度及表面粗糙度。

1. 轴向粗车复合循环(G71)

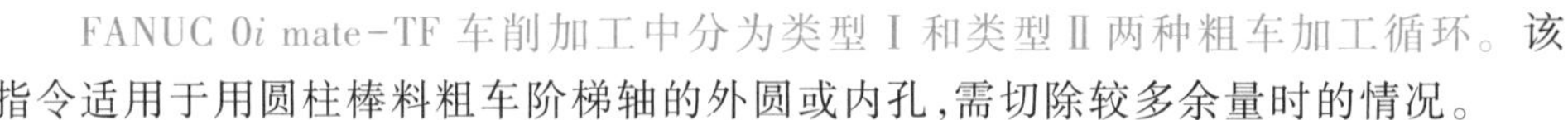

FANUC 0*i* mate-TF 车削加工中分为类型Ⅰ和类型Ⅱ两种粗车加工循环。该指令适用于用圆柱棒料粗车阶梯轴的外圆或内孔,需切除较多余量时的情况。

(1) 类型Ⅰ

G71 类型Ⅰ的刀具循环路径如图 4-52 所示。于 G71 指令的下一程序段给予精车加工指令,描述 $A'\to B$ 间的工件轮廓,并在 G71 指令中给出精车余量 Δu、Δw 及背吃刀量 Δd,则 CNC 装置即会自动计算出粗车的加工路径,控制刀具完成粗车,再退回至循环起点 C 完成粗车循环。

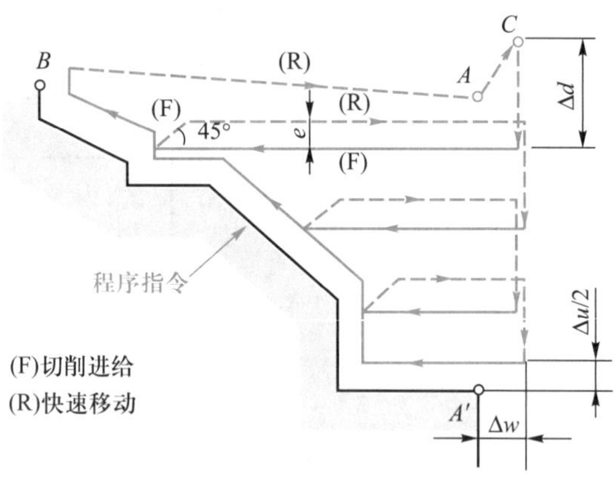

图 4-52 Ⅰ型粗车循环轨迹

指令格式为:

G71 U(Δd)R(e);

G71 P(n_s) Q(n_f) U(Δu)W(Δw) F(f) S(s) T(t);

N(n_s)……;

……S(s)F(f);

⋮

N(n_f)……;

指令中各项的含义说明如下:

Δd:背吃刀量(半径指定),不带符号。该值也可以由参数 5132 号设定,参数由程序指令改变。

e:退刀量。该值也可以由参数 5133 号设定,参数由程序指令改变。

n_s:精车形状第一个程序段的顺序号。

n_f:精车形状最后一个程序段的顺序号。

Δu:x 方向精加工余量的距离和方向(直径/半径指定)。

Δw:z 方向精加工余量的距离和方向。

f、s、t:包含在 n_s 到 n_f 程序段中的任何 F、S 和 T 功能在循环中被忽略,而在 G71 程序段中的 F、S 和 T 功能有效。

注意:

1) 当 Δd 和 Δu 两者都由地址 U 指定时,其意义由地址 P 和 Q 决定。

2) 粗加工循环由带地址 P 和 Q 的 G71 指令实现。在 n_s 到 n_f 间的运动指令中指定的 F、S 和 T 功能无效。但是,在 G71 程序段或前面程序段中指定的 F、S 和 T 功能有效。

3) 当用恒线速度控制时,在 n_s 到 n_f 间的运动指令中指定的 G96 或 G97 无效。但是,在 G71 程序段或前面程序段中指定的 G96 或 G97 有效。

4) 所有的切削循环都平行于 z 轴,Δu 和 Δw 的符号与外圆和内孔切削走刀轨迹有关,如图 4-53 所示。

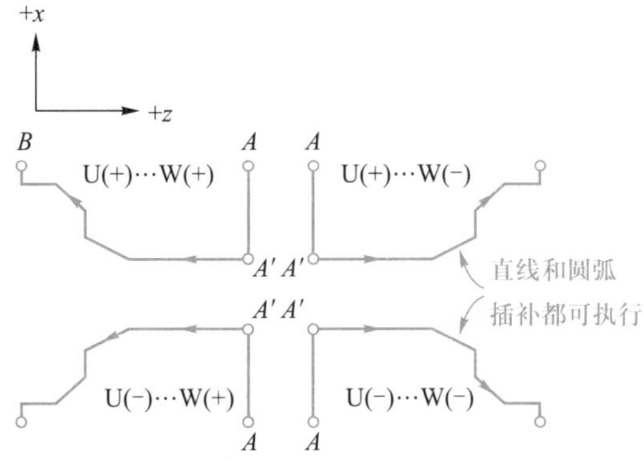

图 4-53　根据走刀轨迹确定 Δu 和 Δw 的符号

5) 在 n_s 到 n_f 间的程序段不能调用子程序。

6) 复合固定循环指令(G70、G71、G72、G73)指定的程序段内,不能有刀尖圆弧半径补偿指令(G40、G41、G42),若需进行半径补偿,则应在复合固定循环指令前面的程序段中建立补偿(G41、G42),并在精车形状最后一个程序段(由 Q 指令的程序段)的后面取消补偿(G40),否则系统会出现报警。

(2) 类型Ⅱ

类型Ⅱ不同于类型Ⅰ,沿 x 轴的外形轮廓不必单调递减或单调递增,而且最多可以有 10 个凹面(凹槽),如图 4-54 所示。但是,沿 z 轴的外形轮廓必须单调递减或单调递增。

类型Ⅰ与类型Ⅱ的区别:

1) 类型Ⅰ重复部分的第一个程序段中只规定一个轴。

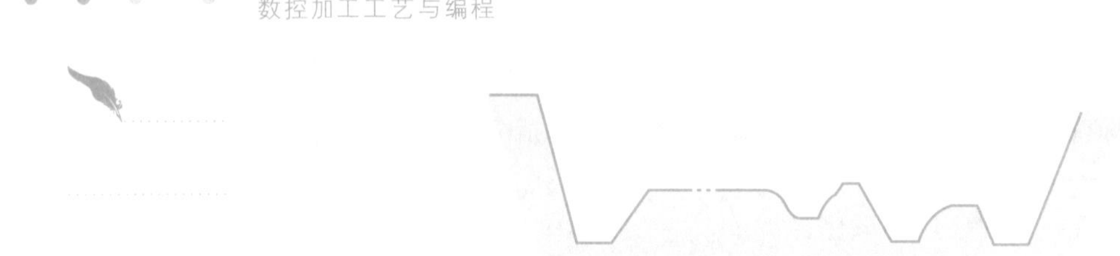

图 4-54 类型Ⅱ粗车的凹槽数

2）类型Ⅱ重复部分的第一个程序段中规定两个轴。

3）当第一个程序段不包含 z 轴运动而用类型Ⅱ时，必须指定 W0。

例子：

类型Ⅰ

```
G71 U10 R5;
G71 P100 Q200…;
N100 G00/G01 X(U)__;                （只指定 X(U)一个轴）
……
N200…;
```

类型Ⅱ

```
G71 U10 R5;
G71 P100 Q200…;
N100 G00/G01 X(U)__ Z(W)__;（必须指定 X(U)和 Z(W)两个轴）
……
N200…;
```

［例 4-10］ 以 FANUC 0*i* mate-TF 系统的 CNC 车床车削如图 4-55 所示工件。粗车刀 1 号，精车刀 2 号，刀尖半径为 0.6 mm。精车余量 x 轴为 0.2 mm，z 轴为 0.05 mm；粗车的切削速度为 150 $m \cdot min^{-1}$，精车为 180 $m \cdot min^{-1}$；粗车的进给量为 0.2 $mm \cdot r^{-1}$，精车为 0.07 $mm \cdot r^{-1}$。粗车时每次背吃刀量为 3 mm。试用 G71 指令编制加工程序。

```
O4010;
G50 X150 Z200 T0100;
G50 S3500;
G96 M03 S150;                 （粗车时的切削速度 150 m·min⁻¹）
T0101 M08;
G00 G42 X84 Z3;               （快速定位至循环起点 A，建立刀尖半径右补偿）
G71 U3 R1;                    （粗车每次背吃刀量 3 mm，退刀量 1 mm）
G71 P10 Q20 U0.2 W0.05 F0.2;  （粗车的进给量为 0.2 mm·r⁻¹）
N10 G00 X20;                  （由 A 快速定位至 A′，开始精车程序段）
G01 Z-20 F0.07 S180;          （设定精车进给量和切削速度）
X40 W-20;
```

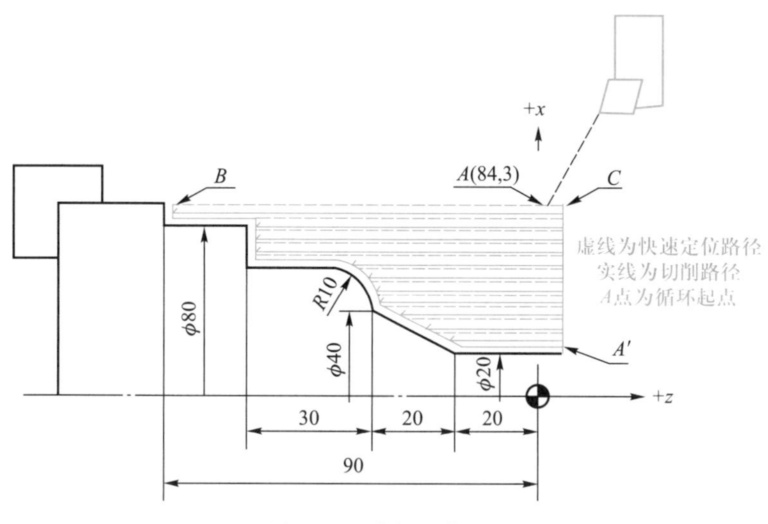

图 4-55 车削工件(1)

```
G03 X60 W-10 R10;
G01 W-20;
X80;
Z-90;
N20 X84;                      (完成精车程序段)
G40 G00 X150 Z200 T0100;      (快速退至安全点,并取消刀尖半径补偿)
T0202;                        (换 2 号精车刀,建立刀具补偿)
X84 Z3;                       (快速定位至循环起点 A)
G70 P10 Q20;                  (精车循环)
G00 X150 Z200 T0200;
M30;
```

程序说明:

1) 精车开始程序段必须由循环起点 A 到 A′点,且没有 z 轴方向移动指令。

2) 必须用 G40 指令在 N20 程序段取消刀尖半径补偿,否则会发生补偿错误信息。而且此程序段的 X 坐标值(84)减去上个程序段的 X 坐标值(80)的得数必须大于两倍精车刀刀尖的半径,否则会发生补偿错误信息。

3) G70 P10 Q20 为精车循环指令,其用法和含义见后述。

4) 执行此程序前,必须在刀具补偿参数页面的 2 号补偿内输入刀尖半径值的补偿值 0.6 及假想刀尖号码 3 号。

微课 径向粗车复合循环 G72

2. 径向粗车复合循环(G72)

此指令用于当直径方向的切除余量比轴向切除余量大时。

指令格式为:

G72 W(Δd)R(e);

G72 P(n_s)Q(n_f)U(Δu)W(Δw)F(f)S(s)T(t);

N(n_s)……;

……;

⋮

N(n_f)……;

指令中各项的意义与 G71 相同。其刀具循环路径如图 4-56 所示，除了切削是平行 x 轴的操作外，该循环与 G71 完全相同。

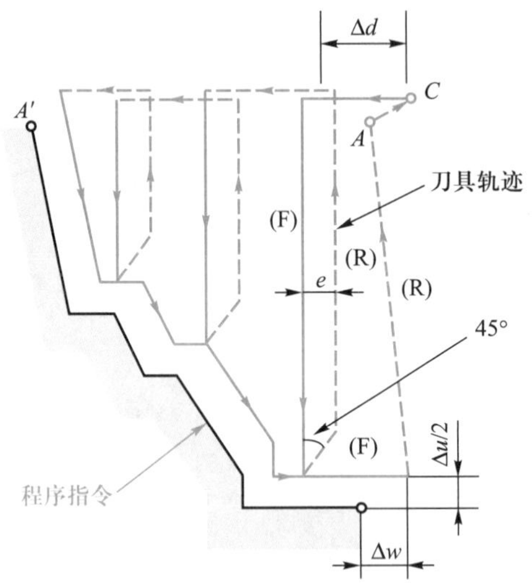

图 4-56　G72 循环切削轨迹

[例 4-11]　以 FANUC 0i mate-TF 系统 CNC 车床加工如图 4-57 所示的工件。1 号为粗车刀，每次背吃刀量为 3 mm，进给量 0.2 mm · r^{-1}，切削速度 150 m · min^{-1}；2 号为精车刀，刀尖半径 0.6 mm，进给量 0.07 mm · r^{-1}，切削速度 180 m · min^{-1}，x 轴方向精车余量为 0.2 mm，z 轴方向为 0.05 mm。试用 G72 指令编制加工程序。

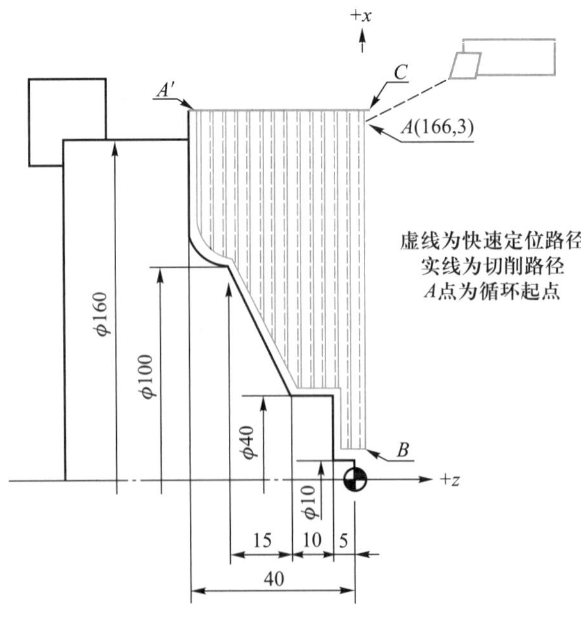

图 4-57　车削工件(2)

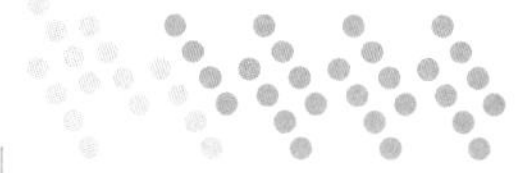

程序	说明
O4011;	
G50 X150 Z200 T0100;	
G50 S3500;	
G96 M03 S150;	
T0101 M08;	
G00 G41 X166 Z3;	(快速定位至循环起点 A,建立刀尖半径左补偿)
G72 W3 R1;	(每次背吃刀量为 3 mm,退刀量 1 mm)
G72 P10 Q20 U0.2 W0.05 F0.2;	(粗车的进给量为 0.2 mm·r^{-1})
N10 G00 Z-40;	(由 A 快速定位至 A',开始精车程序段)
G01 X120 F0.07 S180;	(设定精车进给量和切削速度)
G03 X100 W10 R10;	
G01 X40 W15;	
W10;	
X10;	
N20 Z3;	(完成精车程序段)
G00 G40 X150 Z200 T0100;	(快速退至安全点,并取消刀尖半径补偿)
T0202;	(换 2 号精车刀,建立刀具补偿)
X166 Z3;	(快速定位至循环起点 A)
G70 P10 Q20;	(精车循环)
G00 X150 Z200 T0200;	
M30;	

3. 仿形粗车循环(G73)

微课　仿形粗车循环 G73

G73 指令用于零件毛坯已基本成形的铸件或锻件的加工。铸件或锻件的形状与零件轮廓相接近,这时若仍使用 G71 或 G72 指令,则会产生许多无效切削而浪费加工时间。

指令格式为:

G73 U(Δi)W(Δk)R(d);

G73 P(n_s)Q(n_f)U(Δu)W(Δw)F(f)S(s)T(t);

N(n_s)……;

……;

⋮

N(n_f)……;

G73 循环切削轨迹如图 4-58 所示。指令中各项的含义说明如下:

Δi:x 轴方向退刀距离和方向,以半径值表示。当向+x 轴方向退刀时,该值为正,反之为负;该值也可以由参数 No.5135 号设定,参数由程序指令改变。

Δk:z 轴方向退刀距离和方向。该值也可以由参数 No.5136 号设定,参数由程序指令改变。

d:分割数。此值与粗加工重复次数相同,当向+z 轴方向退刀时,该值为正,反之为负;该值也可以由参数 No.5137 号设定,参数由程序指令改变。

n_s:精车形状第一个程序段的顺序号。

n_f:精车形状最后一个程序段的顺序号。

Δu:x 方向精加工余量的距离和方向(直径/半径指定)。

Δw:z 方向精加工余量的距离和方向。

f、s、t:包含在 n_s 到 n_f 程序段中的任何 F、S 和 T 功能在循环中被忽略,而在 G73 程序段中的 F、S 和 T 功能有效。

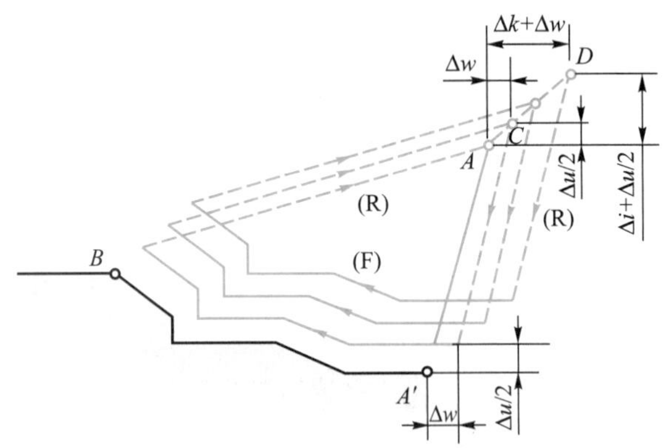

图 4-58 G73 循环切削轨迹

[例 4-12] 以 FANUC 0i mate-TF 系统 CNC 车床车削图 4-59 所示的铸件。x 轴方向加工余量为 6 mm(半径值),z 轴方向为 6 mm,粗加工次数为三次。1 号为粗车刀,2 号为精车刀,刀尖半径 0.6 mm,x 轴方向精车余量为 0.2 mm,z 轴方向为 0.05 mm。试用 G73 指令编制加工程序。

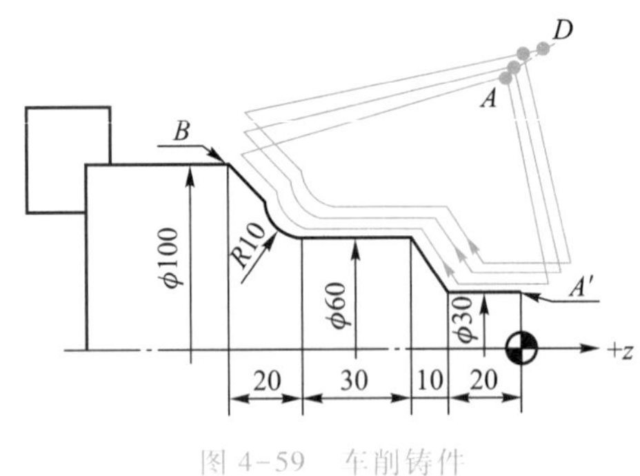

图 4-59 车削铸件

先按前面介绍方法计算 Δi、Δk 可得:$\Delta i=\Delta k=4$ mm。编制加工程序如下:

```
O4012;
G50 X150 Z200 T0100;
G96 S120 M03;
T0101 M08;
G00 G42 X112 Z6;          (快速定位至循环起点 A,建立刀尖半径右补偿)
G73 U4 W4 R3;             (Δi =Δk=4 mm,d=3)
```

```
G73 P10 Q20 U0.2 W0.05 F0.2;（粗车的进给量为 0.2 mm·r⁻¹）
N10 G00 X30 Z1;            （快速定位,开始精车程序段）
G01 Z-20 F0.07;            （设置精车进给量）
X60 W-10;
W-30;
G02 X80 W-10 R10;
G01 X100 W-10;
N20 X106;                  （完成精车程序段）
G00 G40 X150 Z200;         （快速退至安全点,并取消刀尖半径补偿）
T0202 S150;                （换 2 号精车刀,建立刀具补偿,设置精车切
                            削速度）
X112 Z6;
G70 P10 Q20;               （精车循环）
G00 X150 Z200 T0200;
M30;
```

微课
精加工循环 G70

4. 精加工循环指令(G70)

指令格式为：

G70 P(n_s) Q(n_f)；

其中：n_s 是开始精车程序段号；

n_f 是完成精车程序段号。

使用 G70 时应注意下列事项：

1）必须先使用 G71、G72 或 G73 指令后，才可使用 G70 指令。

2）G70 指令指定从 n_s 至 n_f 间精车的程序段中，不能调用子程序。

3）n_s 至 n_f 间精车的程序段所指令的 F 及 S 功能是给 G70 精车时使用的。

4）精车时的 S 功能也可以用于 G70 指令前，在换精车刀时同时指令（如例 4-12程序）。

5）使用 G71、G72 或 G73 及 G70 指令的程序必须储存于 CNC 控制器的内存内，即有复合循环指令的程序不能通过计算机以边传边加工的方式控制 CNC 机床。

5. 螺纹车削多次循环(G76)

已介绍过 G32 和 G92 两个车削螺纹指令。G32 指令需要 4 个程序段才能完成一次螺纹切削循环；G92 是一个程序段可完成一次螺纹切削循环，程序长度比 G32 短，但仍须多次进刀方可完成螺纹切削。若使用 G76 指令，则一个指令即可完成多次螺纹切削循环。其指令格式如下：

G76 P(m)(r)(α) Q(Δd_{min}) R(d)；

G76 X(U) __ Z(W)__ R(i) P(k) Q(Δd) F(l)；

指令中各项的意义如下：

m：精车削次数，必须用两位数表示，范围从 01~99。

r：螺纹末端倒角量。当导程用 l 表示时，可以从 0.0 l 到 9.9 l 设定；r 必须用 2

位数表示，范围从 00~99；倒角量=0.1lr。例如 r=10，则倒角量=10×0.1×l。

α：刀具角度，有 80°、60°、55°、30°、29°和 0°六种。m、r、α 都必须用两位数表示，同时由 P 指定。例如 P021060 表示精车削两次，末端倒角量为一个螺距长，刀具角度为 60°。

Δd_{min}：最小切削深度。若自动计算而得的切削深度小于 Δd_{min} 时，以 Δd_{min} 为准，此数值不可用小数点方式表示。例如 Δd_{min}=0.02 mm，需写成 Q20。

d：精车余量。

X(U)、Z(W)：螺纹终点坐标。X 值即螺纹的小径，Z 值即螺纹的长度。

i：车削锥度螺纹时，终点 B 到起点 A 的向量值。若 i=0 或省略，则表示车削圆柱螺纹。

k：x 轴方向之螺纹深度，以半径值表示。

Δd：第一刀切削深度，以半径值表示。

l：螺纹的导程。

G76 的刀具轨迹如图 4-60 所示。

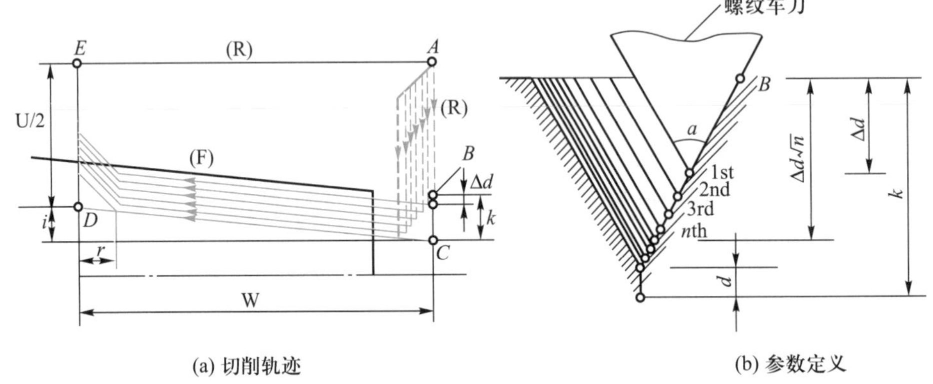

(a) 切削轨迹　　(b) 参数定义

图 4-60　G76 螺纹循环

使用 G70~G76 循环指令时应注意下列几点：

1）同一程序内 P、Q 所指定的顺序号码必须是唯一的，不可重复使用。

2）由 P 至 Q 所指定顺序号中的程序段中，不能使用下列指令：

- 除 G04 暂停指令以外的非模态 G 代码；
- G00、G01、G02、G03 以外的所有 01 组 G 代码；
- 06 组 G 代码；
- M98 及 M99。

［例 4-13］　以 FANUC 0i mate-TF 的 G76 指令切削如图 4-61 所示工件的螺纹，已知 T08 为螺纹车刀，n=1 000 r · min^{-1}。试编制加工程序。

解：进刀段 $\delta_1=n\times P/400=1\ 000\times2/400=5$（mm），取 δ_1=8 mm。

牙底直径=30-2(0.757 8×2-0.2)= 27.368 8（mm）

牙型高度=0.757 8×2-R=1.315 5（mm）

O4013；

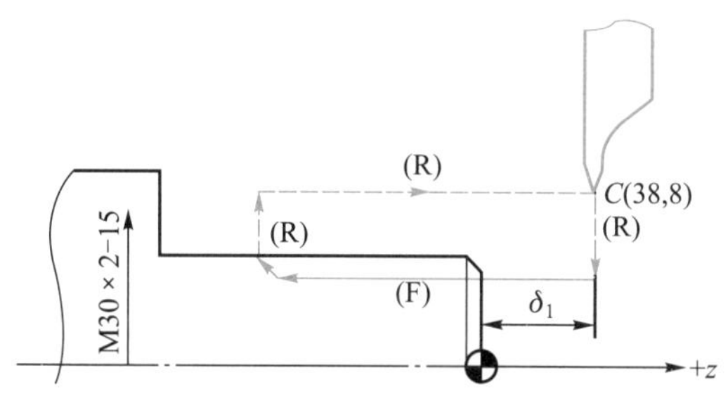

图 4-61　车削螺纹

```
G50 X150 Z200 T0800;
G97 M03 S1000;
T0808 M08;
G00 X38 Z8;                （快速定位至循环起点 C）
G76 P041060 Q20 R0.2;
G76 X27.369 Z-15 P1.316 Q0.5 F2;
G00 X150 Z200 T0800;
M30;
```

4.2.16　子程序

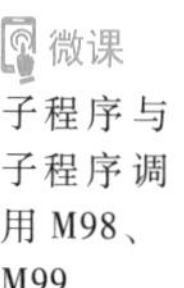
微课
子程序与子程序调用 M98、M99

如图 4-62 所示的工件，在相同的间隔距离切削四个凹槽，若用一个程序切削，则必有许多重复的加工指令。此种情况可将相同的加工程序制作成一个子程序，再使用主程序去调用此子程序，则可简化程序的编制和节省 CNC 系统的内存空间。

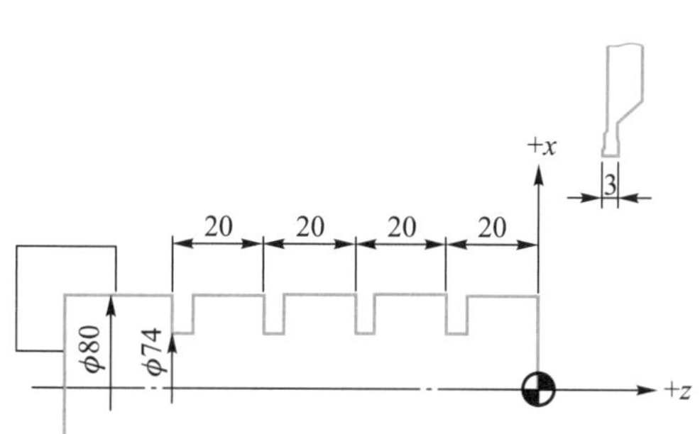

图 4-62　通过子程序切削工件

子程序必须有一程序号码，且以 M99 作为子程序的结束指令。主程序调用子程序的指令格式如下：

M98 P __;

其中：P 后最多可以跟八位数字，前四位表示调用次数，后四位表示调用的子程序号，若调用一次则可直接给出子程序号。

例如：M98 P46666;　　（表示连续调用四次 O6666 子程序）

M98 P8888;　　（表示调用 O8888 子程序一次）

M98 P12;　　（表示调用 O12 子程序一次）

主程序调用同一子程序执行加工,最多可执行 999 次,且子程序亦可再调用另一子程序执行加工,最多可调用 4 层子程序(不同的系统其执行的次数及层次可能不同)。

主程序调用子程序的执行方式如下:

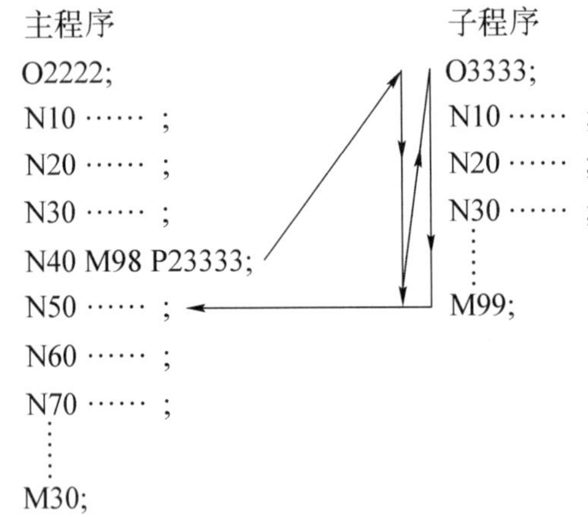

[例 4-14] 以 FANUC 0i mate-TF 系统子程序指令加工如图 4-62 所示工件上的四个槽。

分别编制主程序和子程序如下:

主程序	子程序
O4014;	O5555;
G50 X150 Z200 T0300;	W-20;
G97 S1200 M03;	G01 X74 F0.07;
T0303 M08;	G00 X82;
G00 X82 Z0;	M99;
M98 P45555; (调用子程序 O5555 执行四次,切削四个槽)	
X150 Z200 T0300;	
M30;	

M99 指令也可用于主程序最后程序段,此时程序执行指针会跳回主程序的第一程序段继续执行此程序,所以此程序将一直重复执行,除非按下 RESET 键才能中断执行。此种方法常用于数控车床开机后的热机程序,下面例子可供参考。

[例 4-15] 数控车床热机程序:

```
O4015;
G28 U0 W0;              (x、z 轴返回参考点)
G97 S100 M03;           (主轴以 100 m·min⁻¹正转)
T0100;                  (换 1 号刀)
G01 U-200 W-250 F2;     (刀具以 2 mm·r⁻¹的进给量向 x、z 轴负方向移动)
T0500;                  (换 5 号刀)
U180;                   (刀具向 x 轴正方向移动)
```

```
W220;          (刀具向 z 轴正方向移动)
T0300;         (换 3 号刀)
U-180;         (刀具向 x 轴负方向移动)
W-220;         (刀具向 z 轴负方向移动)
T0700;         (换 7 号刀)
M99;           (程序执行指针跳回程序开始继续执行此程序)
```

4.3 数控车床编程实例

下面以图 4-63 所示零件为例，介绍其在数控车床上加工的程序编制方法。已知该零件的毛坯为 ϕ85 mm×45 mm 的棒料，材料为 45 钢。

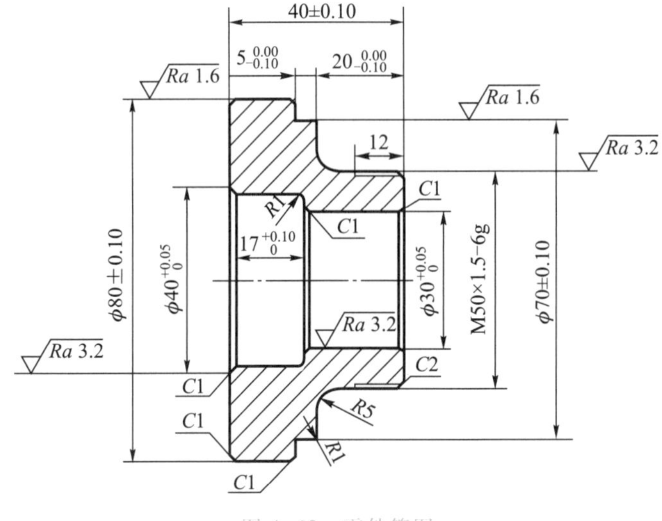

图 4-63　零件简图

1. 工艺方案制订

该零件在数控车床上分两次用三爪自定心卡盘装夹加工，如图 4-64 所示。

第一次装夹加工工序为：

1）钻 ϕ30 底孔为 ϕ28；

2）端面及 ϕ80 外圆粗加工，留 0.2 mm 精加工余量；

3）ϕ40 及 ϕ30 内孔粗加工至 ϕ39.7×16.85，ϕ29.7；

4）端面及 ϕ80 外圆精加工至 ϕ80×18；

5）ϕ40 精加工至 ϕ40×17。

第二次装夹加工工序为：

1）外圆粗加工（复合循环），留 0.2 mm 精加工余量；

2）ϕ30 内孔精加工至 ϕ30×23；

3）外圆精加工至尺寸（复合循环）；

4）车螺纹 M50。

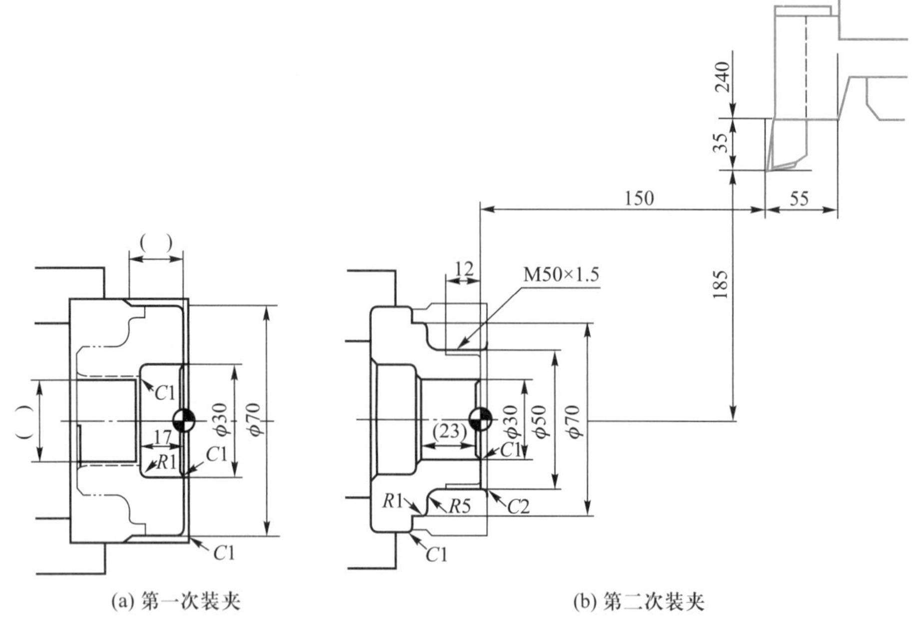

图 4-64　工件装夹简图

2. 工步设计

该零件数控车削工序的工步内容、使用刀具及其补偿号、切削用量选择见表 4-10。

表 4-10　数控加工工序卡片

零件号	100		零件名称		轴套	编制日期			
程序号	O4016、O4017					编制			
工步号	程序段号	工步内容	使用刀具名称		切削用量			备注	
			刀片材质	刀具号	v_c /(m·min^{-1})	f /(mm·r^{-1})	a_p /mm		
1	N1100	钻 $\phi30$ 底孔为 $\phi28$	$\phi28$ 钻头		30	0.1		第一次装夹	
			P20	T1111					
2	N1200	端面及 $\phi80$ 外圆粗加工,留 0.2 mm 精加工余量	粗车刀		150	0.3	4.6		
			P20	T0101			直径		
3	N1300	$\phi40$ 及 $\phi30$ 内孔粗加工至 $\phi39.7\times16.85$,$\phi29.7$	$\phi25$ 内孔镗刀		100	0.2	5		
			P20	T0303			直径		
4	N1400	端面及 $\phi80$ 外圆精加工至 $\phi80\times18$	精车刀		200	0.2	0.4		
			P10	T0505			直径		
5	N1500	$\phi40$ 精加工至 $\phi40\times17$	$\phi25$ 内孔镗刀		150	0.1	0.3		
			P10	T0707			直径		

续表

工步号	程序段号	工步内容	使用刀具名称		切削用量			备注
			刀片材质	刀具号	v_c /(m·min^{-1})	f /(mm·r^{-1})	a_p /mm	
6	N2100	外圆粗加工(复合循环),留 0.2 mm 精加工余量	粗车刀		150	0.3	5/直径	第二次装夹
			P20	T0101				
7	N2200	ϕ30 内孔精加工至 ϕ30×23	精车刀		120	0.1	0.3/直径	
			P10	T0707				
8	N2300	外圆精加工至尺寸(复合循环)	精车刀		200	0.15	0.4/直径	
			P10	T0505				
9	N2400	车螺纹 M50	螺纹车刀		100	1.5		
			P10	T0909				

3. 绘制数控加工走刀路线图

在编制数控车削加工程序前,一般应对每一加工工步准确绘制出走刀路线图。在绘制时应特别注意设计好刀具进、退刀路线,以防止刀具在运动中与夹具、工件等发生意外的碰撞。图 4-65a、b、c、d、e 分别为工件第一次装夹加工从工步 1 至工步 5 的走刀路线图。第二次装夹共 4 个工步的走刀路线图请读者自己绘制。

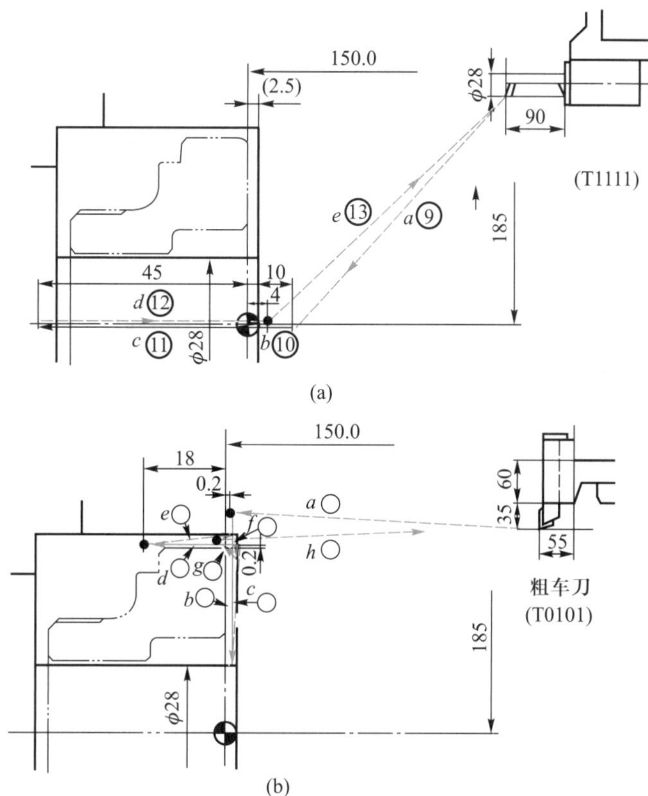

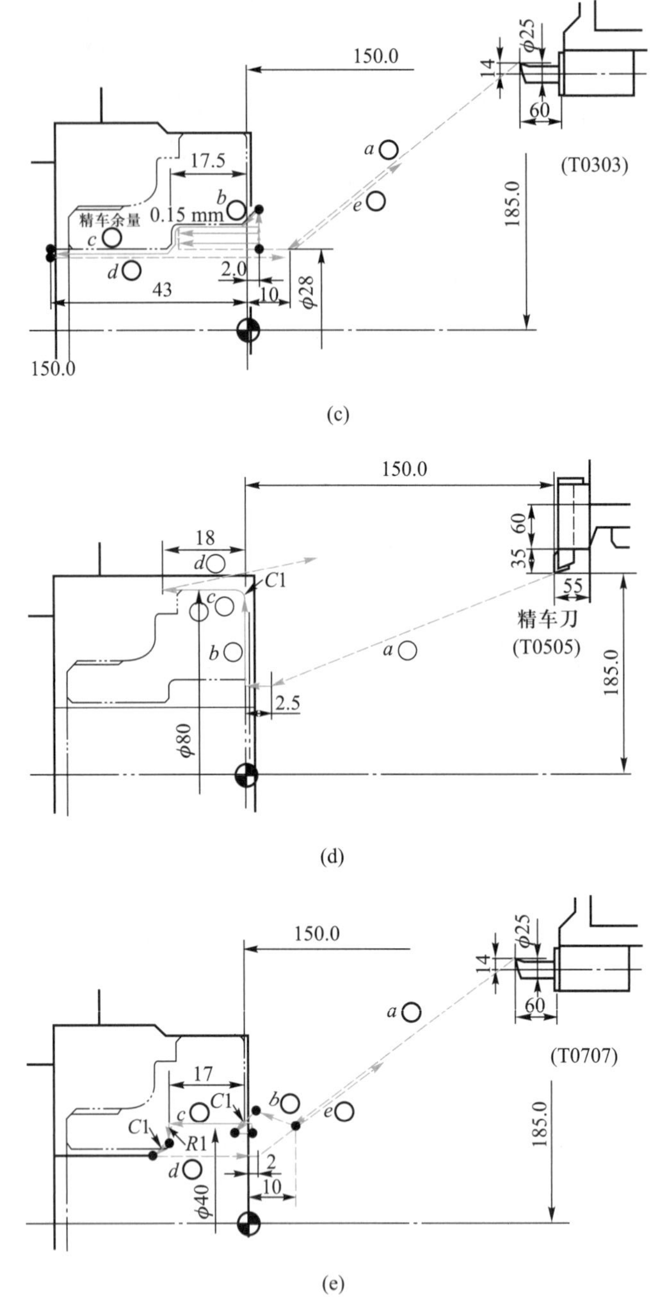

图 4-65　走刀路线图

4. 程序设计

第一次装夹的加工程序见表 4-11。表中的程序说明有助于操作者理解程序内容。

表 4-11　加工程序单

零件号	101	零件名称		编制日期	
程序号		O3011		编制	

序号	程序内容	程序说明
1	O3011;	程序号
2	N10 G28 U0 W0	● x、z 轴返回参考点
3	M00;	● 程序停止(操作者检查是否回零)
4	G00 U __ W __;	● x、z 轴快速到达起刀点
5	M00;	● 程序停止(操作者检查位置是否准确)
6	N11 G97 S1000 T1100;	钻 ϕ30 底孔至 ϕ28 开始程序段
7	G50 X370 Z150 M08;	● 建立工件坐标系,冷却液开
8	G00 X0 Z10 T1111 M03;	● a:建立刀具长度补偿,主轴正转
9	Z4;	● b:快速进刀至 z=4 点
10	G01 Z-45 F0.1;	● c:钻孔至孔深
11	G00 Z4;	● d:快速退刀至 z=4 点
12	X370 Z150 T1100;	● e:返回起刀点,取消刀具补偿
13	M01;	● 选择停止
14	N12 G96 S120 T0100;	端面及 ϕ80 外圆粗加工开始程序段
15	G50 X370 Z150 M08;	● 建立工件坐标系,冷却液开
16	G00 X90 Z0.2 T0101 M03;	● a:建立刀具长度补偿,主轴正转
17	G01 X28 F0.3;	● b:车端面
18	G00 X80.4 Z1;	● c:快速退刀至外圆加工起刀点
19	G01 Z-18;	● d:粗车 ϕ80 外圆
20	G00 X85 Z1;	● e:快速退刀
21	X76.4;	● f:快进至倒角起刀点
22	G01 U6 W-3;	● g:倒角
23	G00 X370 Z150 T0100;	● h:返回起刀点,取消刀具补偿
24	M01;	● 选择停止
25	N13 G96 S120 T0300;	ϕ40 及 ϕ30 内孔粗加工开始程序段
26	G50 X370 Z150 M08;	● 建立工件坐标系,冷却液开
27	G00 X28 Z10 T0303 M03;	● a:建立刀具长度补偿,主轴正转
28	Z2;	● 刀具至循环起始点
29	G90 X33 Z-16.85 F0.25;	● 单一固定循环第一次走刀粗车 ϕ40 孔

续表

序号	程序内容	程序说明
30	G00 X33;	● 刀具至循环起始点
31	G90 X38 Z-16.85;	● 单一固定循环第二次走刀粗车 ϕ40 孔
32	G00 X38;	● 刀具至循环起始点
33	G90 X39.7 Z-16.85;	● 单一固定循环第三次走刀粗车 ϕ40 孔
34	G00 X46.2;	● 快进至倒角起刀点
35	G01 U-5.5 W-2.75;	● b:倒角
36	Z-16.9 R-0.5;	● 第四次走刀粗车 ϕ40 孔,倒角
37	X29.7 K-1.3;	● 车内孔台阶面,倒角
38	Z-43;	● c: 粗车 ϕ30 内孔
39	G00 X28;	● x 向退刀
40	Z10;	● d:z 向退刀
41	X370 Z150 T0300;	● e:返回起刀点,取消刀具补偿
42	M01	● 选择停止
43	N14 G96 S180 T0500;	端面及 ϕ80 外圆精加工开始程序段
44	G50 X370 Z150 M08;	● 建立工件坐标系,冷却液开
45	G00 G42 X39 Z2.5 T0505 M03;	● a:建立刀具长度和半径补偿,主轴正转
46	G01 Z0 F0.5;	● 至车端面进刀起始点
47	X80 K-1 F0.2;	● 精车端面,倒角
48	Z-18;	● 精车 ϕ80 外圆
49	G00 G40 X370 Z150 T0500;	● 返回起刀点,取消刀具补偿
50	M01;	● 选择停止
51	N15 G96 S180 T0700;	精车 ϕ40 内孔开始程序段
52	G50 X370 Z150 M08;	● 建立工件坐标系,冷却液开
53	G00 X40 Z10 T0707 M03;	● a:建立刀具长度补偿,主轴正转
54	G41 X46 Z2;	● b:至内孔倒角进刀起始点,建立左刀补
55	G01 U-8 W-4 F0.08;	● 倒角 $C1$
56	G00 Z1;	● z 轴退刀
57	X40;	● x 轴进刀至 $x=40$
58	G01 Z-17 R-1 F0.1;	● 精车 ϕ40 内孔,倒圆角 $R1$
59	X32;	● 车内孔台阶面
60	U-4 W-2;	● 倒角 $C1$
61	G00 Z2;	● d:z 向退刀

续表

序号	程序内容	程序说明
62	G40 X370 Z150 T0700 M09	● 返回起刀点,取消刀具补偿,冷却液关
63	M02;	● 程序结束
64	M99 P11;	● 返回 N11 程序段

4.4 车削中心编程

4.4.1 车削中心机床

对于不少回转体类零件来说,在完成车削加工的同时,需要少量的铣削或钻削加工,如轴类零件需铣键槽,盘类零件需钻法兰孔以及有些工件需在轴向或径向钻孔或铣槽等,这些工件就非常适合使用车削中心加工。车削中心是在数控车床的转塔刀库上增加了动力回转刀具(即动力头)和主轴附加 C 轴功能(可以分度或做圆弧插补运动),使其在完成车削加工的同时,可以进行铣削和钻削等加工,其外观如图 4-66 所示,刀架及动力刀柄如图 4-67 所示。

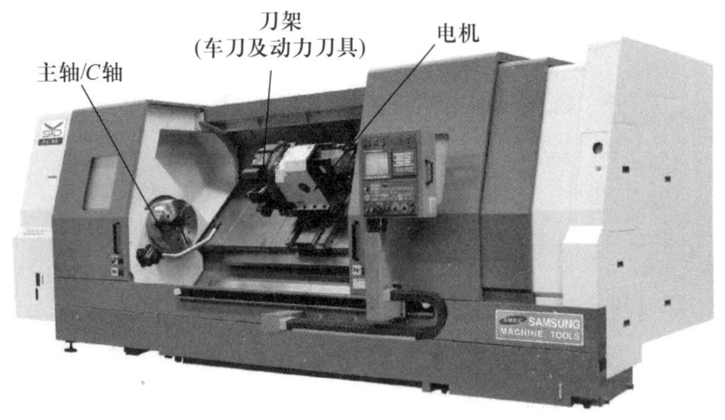

图 4-66　车削中心机床外观图

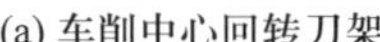

(a) 车削中心回转刀架

(b) 轴向动力刀具

(c) 径向动力刀具

图 4-67　车削中心刀架及动力刀柄(DIN1809 VDI 型接口铣削刀柄)

4.4.2　车削中心的 C 轴功能

车削中心的主轴旋转除作为车削的主运动外，还可作分度运动，即定向停车和圆周进给，并在数控装置的伺服控制下，实现 C 轴与 z 轴联动，或 C 轴与 x 轴联动，以进行圆柱面上或端面上任意部位的钻削、铣削、攻螺纹及平面或曲面铣削加工，如图 4-68 所示。

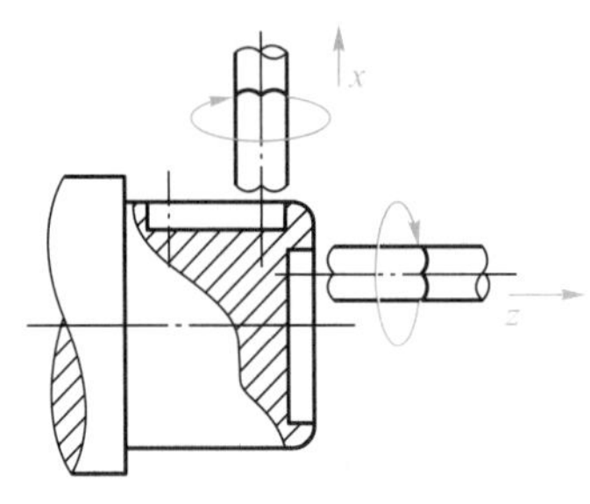

(a) C轴定向时：在圆柱面铣槽及端面中心铣槽(也可在圆柱面及端面钻孔)

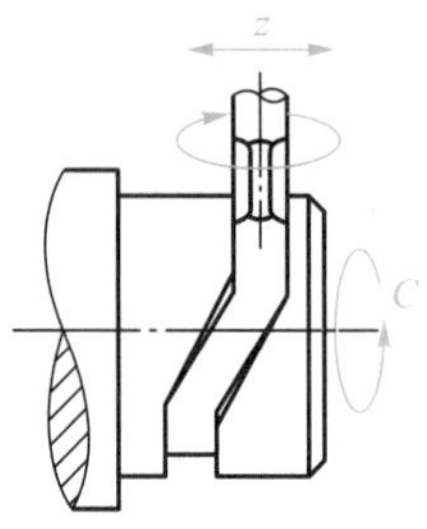

(b) C轴、z轴进给插补：在圆柱面上铣螺旋槽

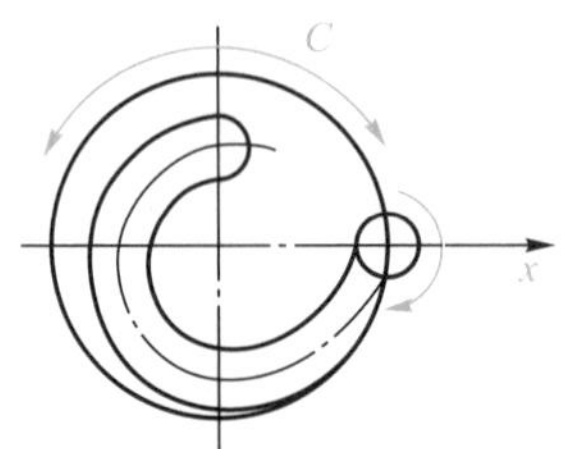

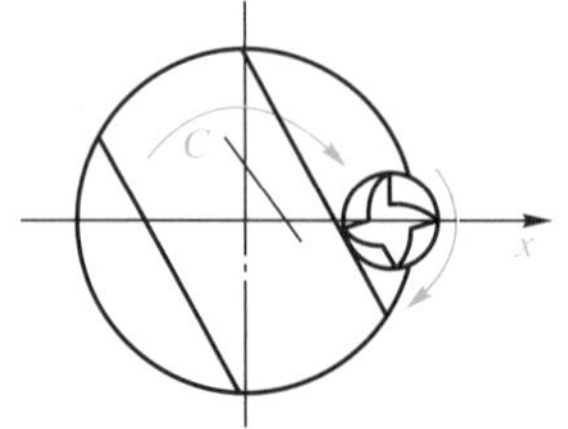

(c) C轴、x轴进给插补：在端面上铣螺旋槽及铣轮廓

图 4-68　C 轴功能

4.4.3　车削中心编程指令

1. 车削中心 C 轴控制下的 M 指令

车削中心 C 轴控制下的 M 指令通常由机床厂家设定，常用的 M 代码见表 4-12，具体以机床厂家说明书为准。

表 4-12　C 轴控制下的 M 代码

M 代码	功能
M50	Cs 轮廓控制有效(C 轴有效)
M51	Cs 轮廓控制无效(C 轴无效)
M23	动力主轴逆时针旋转启动
M24	动力主轴顺时针旋转启动
M25	动力主轴停止
M52	C 轴阻尼(用于铣削加工时主轴能承受切削力，C 轴可运行)
M53	C 轴松开(与 M52 配合)

续表

M 代码	功能
M54	C 轴夹紧(C 轴定位,主轴能承受大切削力,C 轴不能运行)
M55	C 轴松开(与 M54 配合)

2. 车削中心常用 G 指令

(1) C 轴定位加工及外圆柱面加工

在车削中心上定位铣、钻加工,外圆柱面插补铣加工类同第 5 章铣、钻加工,可参见后续章节内容。C 轴功能下各轴相对坐标表示为:

1) x 轴相对坐标为 U;

2) z 轴相对坐标为 W;

3) C 轴相对坐标为 H。

(2) 端面轮廓加工

对于某些需要端面铣削的零件来说,车削中心不像车铣中心或车铣复合机床一样具备 y 轴,在端面轮廓加工编程时需要用到坐标转换,即用 x、C 轴的联动来实现两轴铣插补加工。

1) 极坐标插补功能 G12.1/G13.1　极坐标插补功能是将轮廓控制由直角坐标系中编程的指令转换成一个直线轴运动(刀具的运动)和一个回转轴的运动(工件的回转)。这种方法适用于在与 z 轴垂直的切削平面上进行切削加工。

① 指令格式

指令格式:

G12.1;启动极坐标插补方式(使极坐标插补功能有效)

…
…　} 指令直角坐标系中的直线和圆弧插补,直角坐标系由直线轴和回转轴组成

G13.1;极坐标插补方式取消

② 极坐标插补平面。G12.1 启动极坐标插补方式,并选择一个极坐标插补平面,极坐标插补在该平面上完成。极坐标插补平面通常如图 4-69 所示,x 轴为直线轴(直径量),C 轴为旋转轴(半径量)。

③ 极坐标插补的移动距离和进给速度。在极坐标插补方式,程序指令是在极坐标平面用直角坐标指令的。回转轴的轴地址作为平面中的第二轴(虚拟轴)的地址。当指令 G12.1 后,极坐标插补的刀具位置从角度 0°开始。虚拟轴与直线轴坐标单位相同,即 mm;进给速度的单位是 $mm \cdot min^{-1}$。

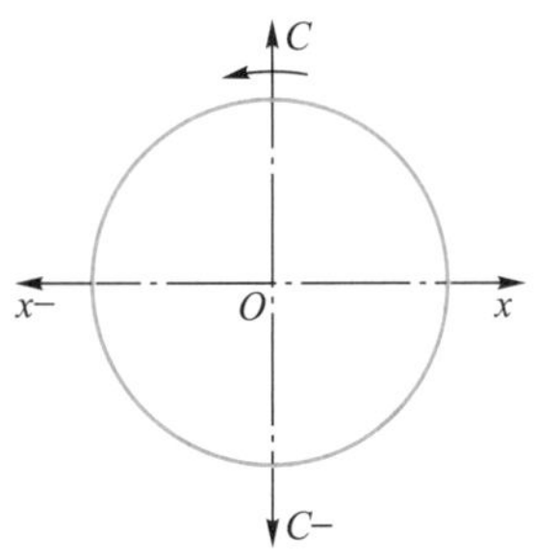

图 4-69　极坐标插补平面

④ 使用时注意事项:

a) 可以在极坐标插补方式下使用的 G 代码有:G01、G02、G03、G04、G40、G41、G42、G65、G66、G67、

G98、G99。

b）在极坐标插补方式下使用 G02、G03 时，圆弧半径用 R 指令；当指定圆弧的圆心时，用 I、J 指令。

c）F 指令的进给速度是零件和刀具间的相对速度。

d）极坐标插补单独使用。

e）在机床上电复位时，为极坐标插补方式取消模式。

［例 4-16］ 在车削中心上，将圆棒料铣削成如图 4-70 所示的正方形，铣削深度为 5 mm（走刀路线如图 4-70 所示）。

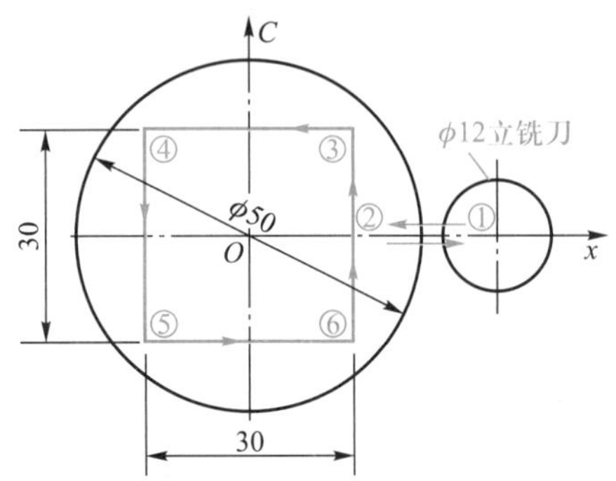

图 4-70 例 4-16 走刀路线

参考程序（以工件右端面与轴线的交点为程序原点建立工件坐标系）：

程序	说明
O4016;	（程序号）
N5 G28 U0 W0;	（x、z 轴返回参考点）
N10 T0101;	（选择 1 号刀，建立刀补）
N20 M50;	（C 轴功能有效）
N30 G28 H0;	（C 轴回零）
N40 M23 S680;	（动力头正转）
N50 G98 G54 G00 X65 Z-5 M52;	（快速定位至 1 点，C 轴阻尼）
N60 G12.1;	（极坐标插补开始）
N70 G42 G01 X30 C0 F180 M08;	（建立刀尖圆弧半径补偿，1 点→2 点）
N80 C15;	（2 点→3 点）
N90 X-30;	（3 点→4 点）
N100 C-15;	（4 点→5 点）
N110 X30;	（5 点→6 点）
N120 C0;	（6 点→2 点）
N130 G40 X75 M09;	（取消刀尖圆弧半径补偿，2 点→1 点）
N140 G00 Z20 M53;	（z 向退刀，C 轴松开）
N150 G13.1;	（取消极坐标插补）
N160 M25;	（停止动力头）
N180 M51;	（取消 C 轴功能）
N190 T0100;	（取消 1 号刀刀补）

N200 G28 U0 W0;　　　　　　　　　　(x、z 轴返回参考点)
N210 M30;　　　　　　　　　　　　　(程序结束)

复习思考题

1. 按如图 4-71 所示的走刀路线编制程序,并按提示填入下面的空行中。图中虚线表示快速点定位,实线表示切削进给(下同)。

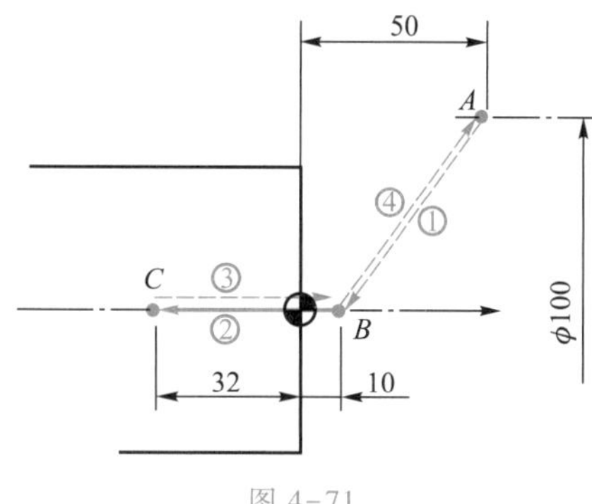

图 4-71

① A→B(　　　　　　　　　　　　　　　　　　)
② B→C(　　　　　　　　　　　　　　　　　　)
③ C→B(　　　　　　　　　　　　　　　　　　)
④ B→A(　　　　　　　　　　　　　　　　　　)

2. 按如图 4-72 所示的走刀路线编制程序,并按提示填入下面的空行中。

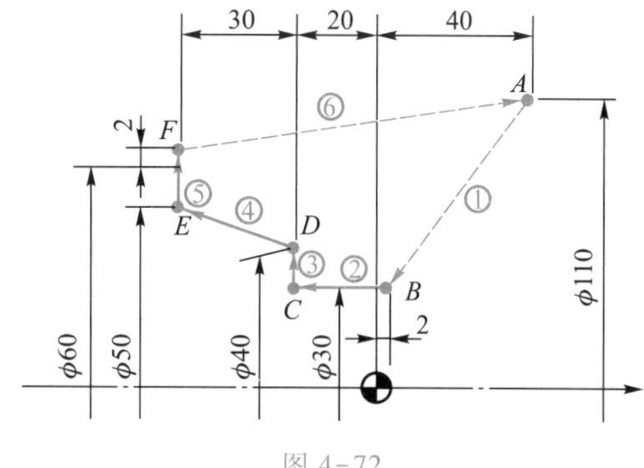

图 4-72

① A→B(　　　　　　　　　　　　　　　　　　)
② B→C(　　　　　　　　　　　　　　　　　　)
③ C→D(　　　　　　　　　　　　　　　　　　)
④ D→E(　　　　　　　　　　　　　　　　　　)
⑤ E→F(　　　　　　　　　　　　　　　　　　)
⑥ F→A(　　　　　　　　　　　　　　　　　　)

3. 按如图 4-73 所示的走刀路线编制程序,并按提示填入下面的空行中。

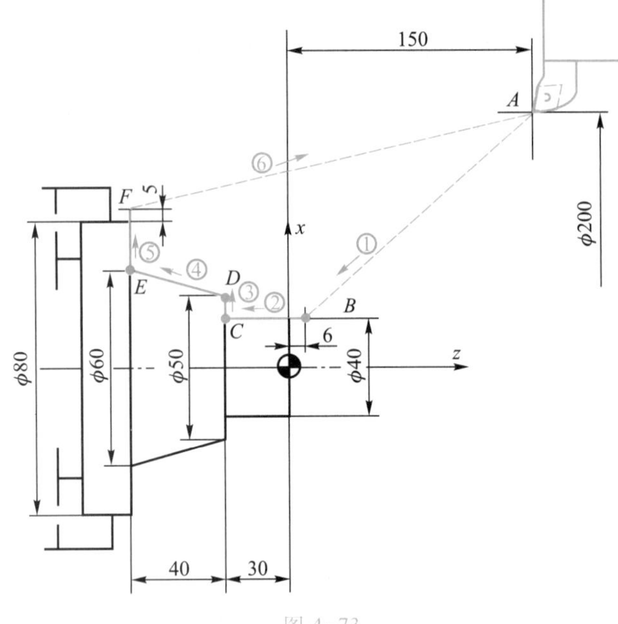

图 4-73

① $A \to B$(　　　　　　　　　　　　　　　)

② $B \to C$(　　　　　　　　　　　　　　　)

③ $C \to D$(　　　　　　　　　　　　　　　)

④ $D \to E$(　　　　　　　　　　　　　　　)

⑤ $E \to A$(　　　　　　　　　　　　　　　)

4. 按图 4-74 所示的走刀路线编制的加工程序单见表 4-13,请将程序补充完整,并填入下面的空格中。

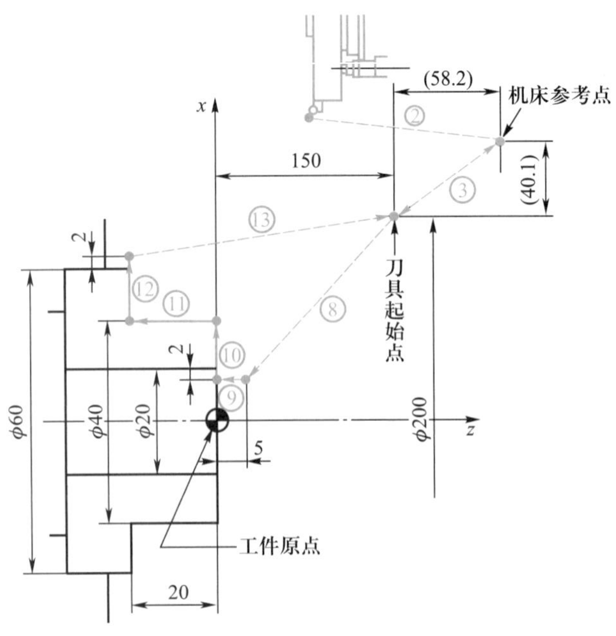

图 4-74

表 4-13　加工程序单

	O/N	G	X(U)	Z(W)	F	S	T	M	CR
①	O401								;
②	N10	G28	U0	W0					;
③		G00	U-80.2	(　)					;
④								M00	;
⑤									;
⑥	N110	G96				S150	T0100		;
⑦		G50	(　)	Z150					;
⑧		G00	X16	Z5			T0101	M03	;
⑨				(　)					;
⑩		G01	X40		F0.15				;
⑪				(　)					;
⑫			(　)						;
⑬		G00	X200	Z150			T0100	M05	;
⑭								M01	;

5. 按图 4-75 所示的走刀路线编制的加工程序单如表 4-14 所示，请将程序补充完整，并填入下面的空格中。

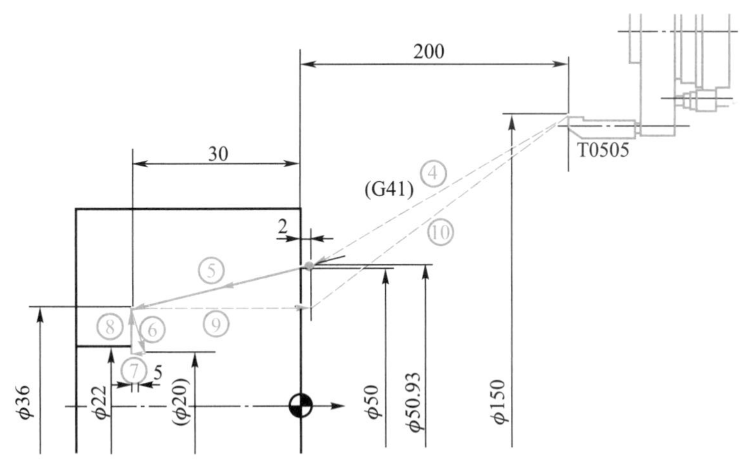

图 4-75

表 4-14　加工程序单

	O/N	G	X(U)	Z(W)	F	S	T	M	CR
①	O402								;
②		G96				S180	(　)		;
③		G50	X150	Z200					;
④		(　)	(　)	(　)			(　)	(　)	;

续表

	O/N	G	X(U)	Z(W)	F	S	T	M	CR
⑤		( )	( )	( )	F0.1				;
⑥		( )	( )	( )					;
⑦		( )		( )					;
⑧		( )	( )						;
⑨		( )		( )					;
⑩			( )	( )			( )		;
⑪								( )	;

6. 加工如图 4-76 所示的零件。毛坯为 ϕ62 mm×95 mm 的棒料，从右端至左端轴向进给切削，粗车每次切削深度为 2 mm，进给量为 0.25 mm · r^{-1}，精车余量 x 向为 0.4 mm，z 向为 0.1 mm，试编写加工程序。

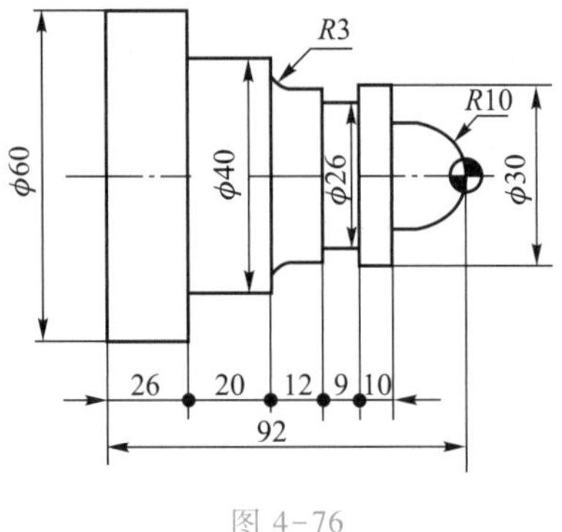

图 4-76

7. 加工如图 4-77a 所示的零件，图 4-77b 为其毛坯图。外圆和内孔的精车余量均为 x 向 0.4 mm，z 向 0.1 mm。钻头直径为 ϕ23 mm。试编写加工程序。

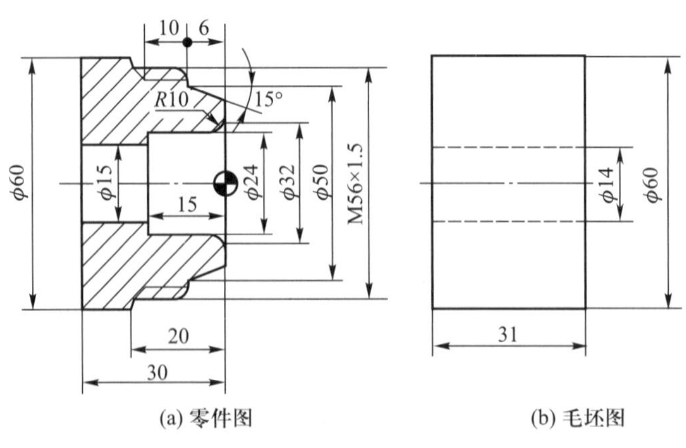

(a) 零件图　　(b) 毛坯图

图 4-77

8. 试编制图 4-63 所示零件第 2 次装夹工序部分加工程序，并将表 4-11 加工程序单中程序改为由 G54 指令建立工件坐标系，用 G50 指令限定主轴最高转速。

第5章

数控镗铣床和加工中心加工及其程序编制

学习目标

1. 了解数控镗铣床和加工中心的主要工艺特点。

2. 认识数控镗铣床和加工中心常用的刀具类型及特点,并能正确选用。

3. 会对数控镗铣床和加工中心加工典型零件进行工艺分析。

4. 掌握 FANUC 0*i* 数控铣削系统常用编程指令格式及含义,并能熟练应用编制典型零件的数控镗铣和加工中心加工程序。

5.1 加工工艺基础

通常数控镗铣床和加工中心(machine center,MC)在结构、工艺和编程等方面有许多相似之处。全功能型数控镗铣床与加工中心相比,区别主要在于数控镗铣床没有自动刀具交换装置(automatic tools changer,ATC)及刀具库,只能用手动方式换刀,而加工中心因具备 ATC 及刀具库,故可将使用的刀具预先存放于刀具库内,需要时再通过换刀指令由 ATC 自动换刀。数控镗铣床和加工中心都能够进行铣削、钻削、镗削及攻螺纹等加工。数控铣削是机械加工中最常用和最主要的数控加工方法之一,数控镗铣床和加工中心除了能铣削普通镗铣床所能加工的各种工件表面外,还能铣削普通镗铣床不能完成的需 2~5 轴联动加工的各种平面轮廓和立体轮廓。特别是加工中心,除具有一般数控镗铣床的工艺特点外,由于工序的集中和自动换刀,减少了工件的装夹、测量和机床调整时间等,使机床的切削时间达到机床开动时间的 80%左右(普通机床仅为 15%~20%);同时也减少了工序之间的工件周转、搬运和存放时间,缩短了生产周期,具有明显的经济效益。加工中心适宜于加工形状复杂、加工内容多、要求较高,需多种类型的普通机床和众多的工艺装备经多次装夹和调整才能完成加工的零件。

5.1.1 数控镗铣床与加工中心的工艺特点

1. 三坐标数控镗铣床与加工中心

三坐标数控镗铣床与加工中心的共同特点是:除具有普通镗铣床的工艺性能

外，还具有加工形状复杂的二维、三维复杂轮廓的能力。这些复杂轮廓零件的加工有的只需二轴联动（如二维曲线、二维轮廓和二维区域加工），有的则需三轴联动（如三维曲面加工），它们所对应的加工一般相应称为二轴加工与三轴加工。

对于三坐标加工中心（无论是立式还是卧式），由于具有自动换刀功能，适于多工序加工，如箱体等需要铣、钻、铰及攻螺纹等多工序加工的零件。特别是在卧式加工中心上，加装数控分度转台后，可实现四面加工，若主轴方向可换，则可实现五面加工，因而能够一次装夹完成更多表面的加工，特别适合于加工复杂的箱体类、泵体、阀体、壳体零件等。

2. 四坐标数控镗铣床与加工中心

四坐标是指在 x、y 和 z 三个平动坐标轴基础上增加一个转动坐标轴（A、B 或 C），且四个轴一般可以联动，如图 5-1 所示。

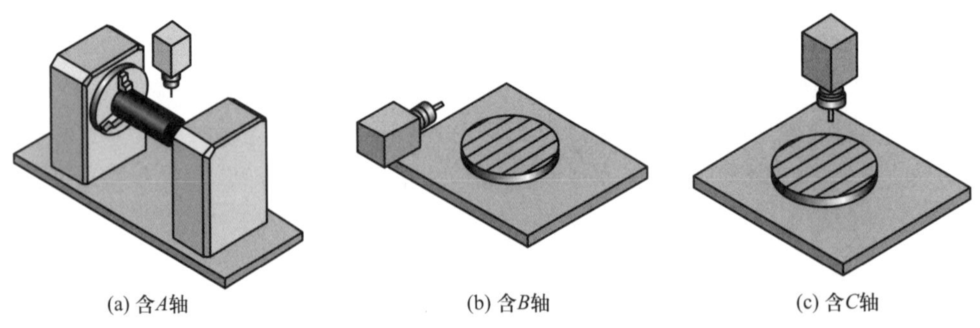

(a) 含A轴　(b) 含B轴　(c) 含C轴

图 5-1　四轴数控机床

图 5-1a 所示是在立式数控机床工作台上安装一个能绕 x 轴旋转的数控转台，这种结构主要应用于回转体类等工件的加工。

图 5-1b 所示是在卧式数控机床工作台上安装一个能绕 y 轴旋转的数控转台，这种结构主要适合于大型工件的侧面加工。

图 5-1c 所示是在立式数控机床工作台上安装一个能绕 z 轴旋转的数控转台，这种结构一个典型的应用是在回转体工件上需要较大 x、y 轴行程才能进行的钻孔加工。

对于四坐标机床，不管是哪种类型，其共同特点是：相对于静止的工件来说，刀具的运动位置不仅是任意可控的，而且刀具轴线的方向在刀具摆动平面内也是可以控制的，从而可根据加工对象的几何特征按保持有效切削状态或根据避免刀具干涉等需要来调整刀具相对零件表面的姿态。因此，四坐标加工可以获得比三坐标加工更广的工艺范围和更好的加工效果。

3. 五轴数控镗铣床与加工中心

对于五坐标机床，不管是哪种类型，它们都具有两个回转坐标，如图 5-2 所示。

图 5-2a 所示是工作台旋转型。在工作台上增加一个绕 x 轴摆动的转台和一个绕 z 轴旋转的转台。这种结构转动回转轴也可以是 B、C 轴或 A、B 轴，B、C 轴时摆动轴绕 y 轴摆动；A、B 轴时摆动轴绕 x 轴摆动，并且当 A 轴为 0°时旋转轴绕 y 轴旋转。这种类型主要用于小型五轴机床，又称为“小五轴”。

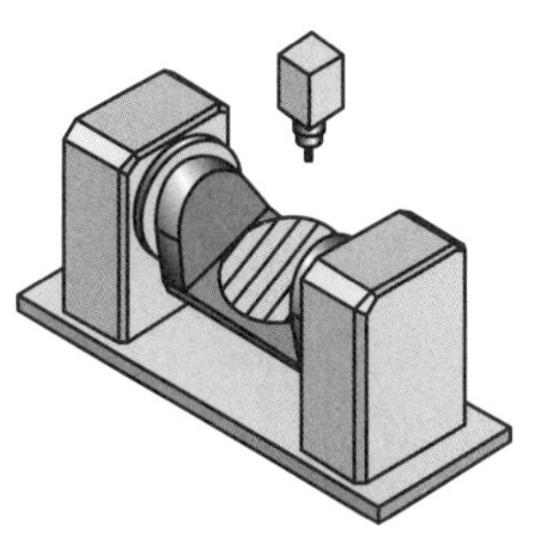

(a) 工作台旋转型

(b) 主轴头旋转型

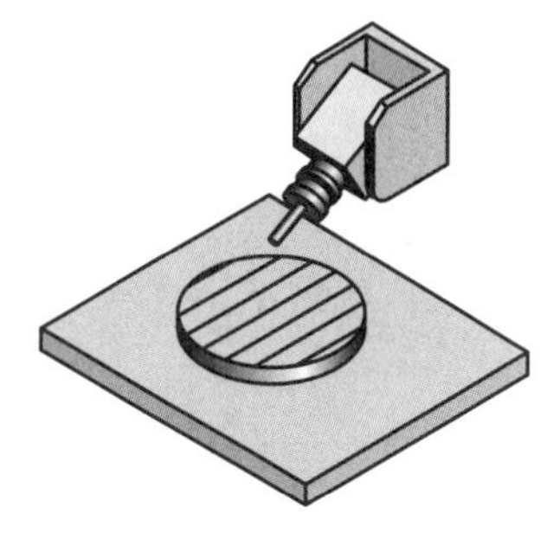

(b) 主轴头旋转和工作台旋转复合型

图 5-2　五轴数控机床的类型

图 5-2b 所示是主轴头旋转型。这种类型包含主轴头绕 z 轴旋转的 C 轴，以及绕 x 轴摆动的 A 轴。这种结构主要用于大型五轴机床，又称为“大五轴”。

图 5-2c 所示是主轴头旋转和工作台旋转的复合型。工作台安装有绕 z 轴旋转的转台(C 轴)，同时主轴头可绕 y 轴摆动(B 轴)。这种结构主要适用于中型、卧式或车铣复合机床。

五坐标数控机床相对于静止的工件来说，其运动合成可使刀具轴线的方向在一定的空间内(受机构结构限制)任意控制，从而具有保持最佳切削状态及有效避免刀具干涉的能力。因此，五轴加工可以获得比四轴加工更广的工艺范围和更好的加工效果，特别适用于三维曲面零件的高效、高质量加工以及异型复杂零件的加工。采用五轴联动对三维曲面零件进行加工，可用刀具最佳几何形状进行切削，不仅加工表面粗糙度值低，而且效率也大幅度提高。一般认为，一台五轴联动机床的效率可以等同于两台三轴联动机床，特别是使用立方氮化硼等超硬材料铣刀进行高速铣削淬硬钢零件时，五轴联动加工可比三轴联动加工发挥更高的效益。图5-3所示为在五坐标数控机床上加工的典型零件。

图 5-3　五坐标数控机床加工的典型零件

下面以一复杂模具零件加工为例来说明五轴加工的优点。如图 5-4 是在“小五轴”(工作台旋转型)加工中心上加工齿轮箱模具(毛坯尺寸：260 mm×220 mm×185 mm；材料：NK80)的情况。

该零件五轴加工和三轴加工方法的比较可以通过图5-5来说明：

图5-4 “小五轴”加工中心加工复杂工件

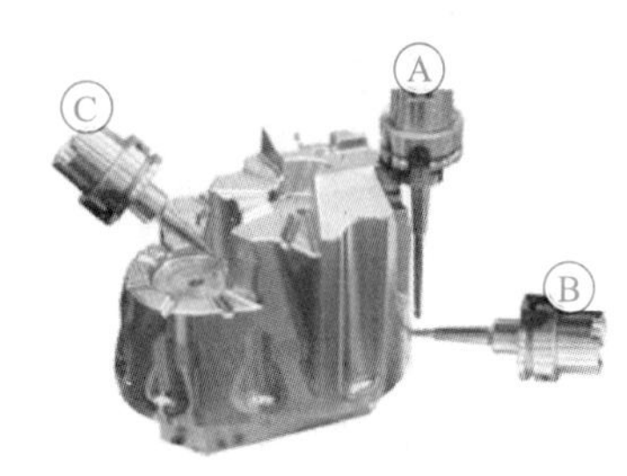

图5-5 复杂零件三轴和五轴加工比较

图5-5中A所示：工件侧壁高度大于150 mm，如果用三轴加工，刀具必须悬伸很长，并且刀柄容易和工件发生干涉；

图5-5中B所示：用五轴加工可以选用较短的刀具，通过坐标轴旋转进行加工；

图5-5中C所示：型腔根部加工需要使用ϕ2 mm小直径铣刀，五轴加工时刀具可以倾斜一个最佳角度，而如果采用三轴加工则要发生干涉。

5.1.2 数控镗铣床和加工中心刀具及其工艺特点

数控镗铣床和加工中心上使用的刀具主要有铣削用刀具和孔加工用刀具两大类。

数控机床上进行铣削加工主要是通过旋转的多切削刃刀具，沿着工件在几乎任何方向上执行可编程的进给运动，从而完成切削加工。以铣削加工轮廓和刀具走刀方式划分，铣削的主要工序类型包括：面铣削、方肩铣削、仿形铣削、型腔铣削、槽铣削、插铣削、坡走铣削、螺旋插补铣削、切断、螺纹铣削等，如图5-6所示。

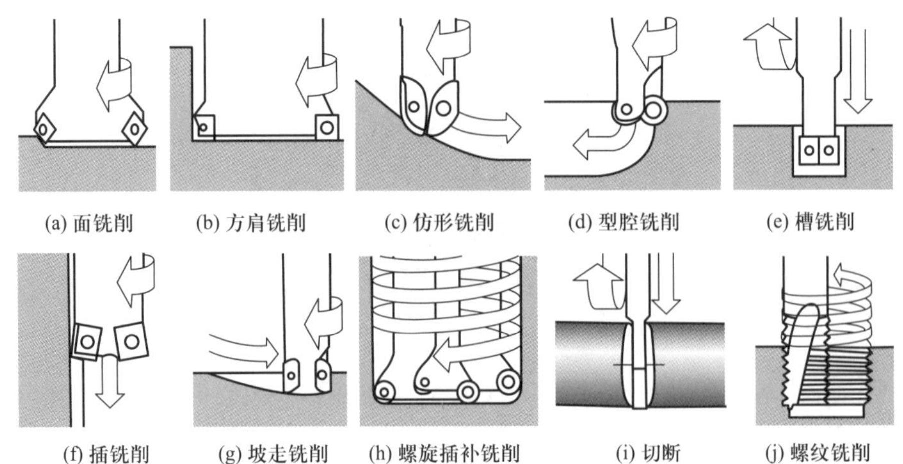

图5-6 铣削主要的工序类型

1. 铣刀的种类和工艺特点

（1）面铣刀

面铣刀主要用于面积较大平面的铣削和较平坦的立体轮廓的多坐标加工。

硬质合金面铣刀与高速钢面铣刀相比，铣削速度较高、加工效率高、加工表面质量也较好，并可加工带有硬皮和淬硬层的工件，故得到广泛应用。硬质合金面铣刀按刀片和刀齿安装方式的不同，可分为整体焊接式、机夹焊接式和可转位式三种，如图 5-7 所示。

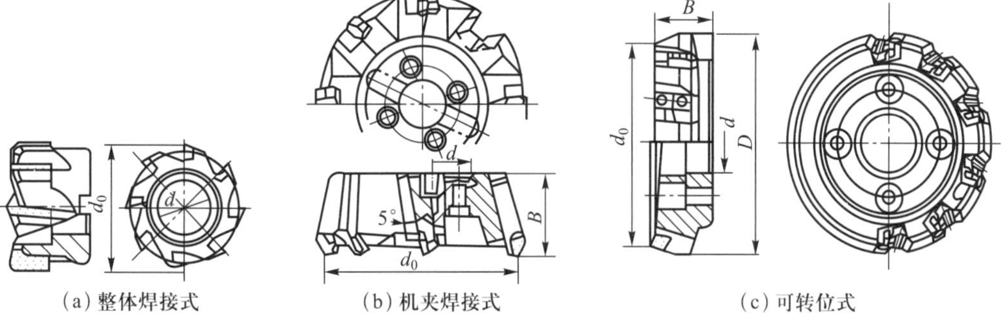

图 5-7　硬质合金面铣刀

数控加工中广泛使用可转位式面铣刀。目前先进的可转位式数控面铣刀的刀体趋向于用轻质高强度铝、镁合金制造，切削刃采用大前角、负刃倾角，可转位刀片（多种几何形状）带有三维断屑槽型，便于排屑。

（2）立铣刀

立铣刀是数控机床上应用最广的一种铣刀。立铣刀的圆柱表面和端面上都有切削刃，它们可同时进行切削，也可单独进行切削。立铣刀的结构有整体式和机夹式等，硬质合金和高速钢是铣刀工作部分的常用材料，如图 5-8 所示。立铣刀按端部切削刃的不同可分为过中心刃和不过中心刃两种，过中心刃立铣刀可直接轴向进刀，不过中心刃立铣刀由于端面中心处无切削刃，所以不能在实体轮廓表面上直接作轴向进给；按螺旋角大小可分为 30°、40°、60°等几种形式；按齿数可分为粗齿、中齿、细齿三种。

数控加工中除了用普通的高速钢立铣刀以外，还广泛使用以下几种先进的结构类型：

1）整体式立铣刀　硬质合金立铣刀侧刃采用大螺旋升角（≤62°）结构，立铣刀头部的过中心端刃（或螺旋中心刃）往往呈弧线形、负刃倾角，增加了切削刃长度，提高了切削平稳性、工件表面精度及刀具寿命。适应数控高速、平稳三维空间铣削加工技术的要求。

2）可转位立铣刀　各类可转位立铣刀由可转位刀片（往往设有三维断屑槽型）组合而成侧齿、端齿与过中心刃端齿（均为短切削刃），可满足数控高速、平稳三维空间铣削加工技术要求。

3）波形立铣刀　波形立铣刀的结构如图 5-9 所示，其特点是：①能将狭长的薄切屑变成厚而短的碎切屑，使排屑更加流畅；②比普通立铣刀容易切进工件，在

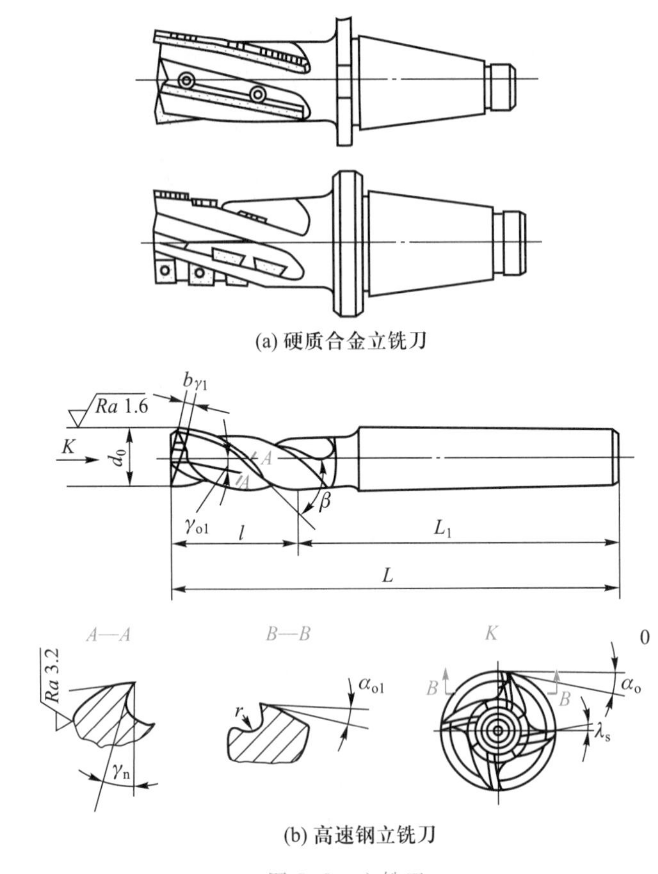

图 5-8　立铣刀

相同进给量的条件下，它的切削厚度比普通立铣刀要大些，并且减小了切削刃在工件表面的滑动现象，从而提高了刀具的寿命；③与工件接触的切削刃长度较短，刀具不易产生振动；④由于切削刃是波形的，因而使刀刃的长度增大，有利于散热。

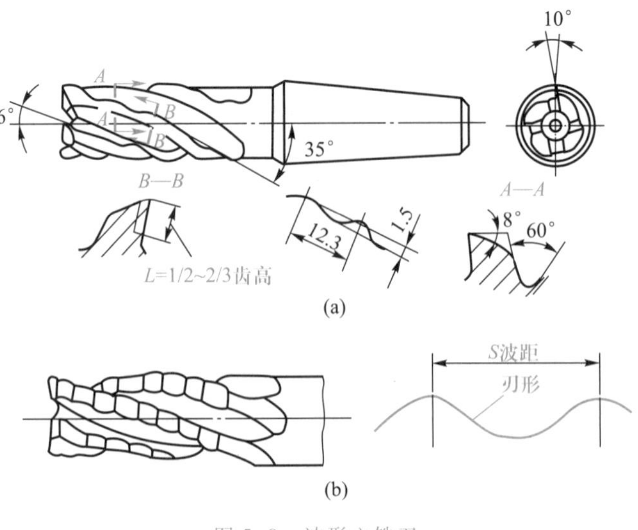

图 5-9　波形立铣刀

(3) 模具铣刀

模具铣刀由立铣刀发展而成,它是加工金属模具型面铣刀的通称。模具铣刀可分为圆锥形立铣刀、圆柱形球头立铣刀和圆锥形球头立铣刀三种,其柄部有直柄、削平型直柄和莫氏锥柄三种。它的结构特点是球头或端面上布满切削刃,圆周刃与球头刃圆弧连接,可以作径向和轴向进给。铣刀工作部分用高速钢或硬质合金制造。国家标准规定直径 $d=4\sim63$ mm。图 5-10 所示为高速钢制造的模具铣刀,图 5-11 所示为用硬质合金制造的模具铣刀。小规格的硬质合金模具铣刀多制成整体结构,$\phi16$ mm 以上直径的可制成焊接或机夹可转位刀片结构。

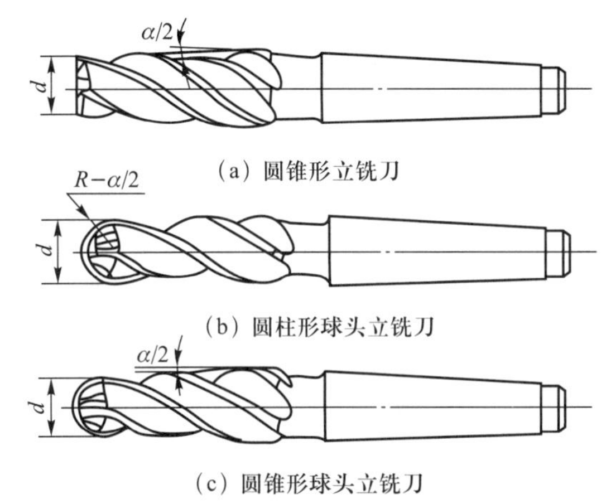

图 5-10　高速钢模具铣刀

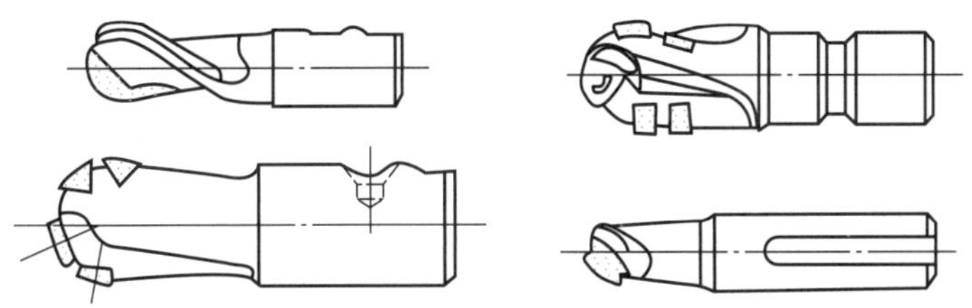

图 5-11　硬质合金模具铣刀

(4) 键槽铣刀

键槽铣刀有两个刀齿,圆柱面和端面都有切削刃,端面刃延伸至中心,也可把它看作立铣刀的一种。按国家标准规定,直柄键槽铣刀直径 $d=2\sim22$ mm,锥柄键槽铣刀直径 $d=14\sim50$ mm。键槽铣刀直径的偏差有 e8 和 d8 两种。键槽铣刀的圆周切削刃仅在靠近端面的一小段长度内发生磨损,重磨时只需刃磨端面切削刃,因此重磨后铣刀直径不变。用键槽铣刀铣削键槽时,一般先轴向进给达到槽深,然后沿键槽方向铣出键槽全长。由于切削力引起刀具和工件变形,一次走刀铣出的键槽形状误差较大,槽底一般不是直角。为此,通常采用两步法铣削键槽,即先用小号铣刀粗加工出键槽,然后以逆铣

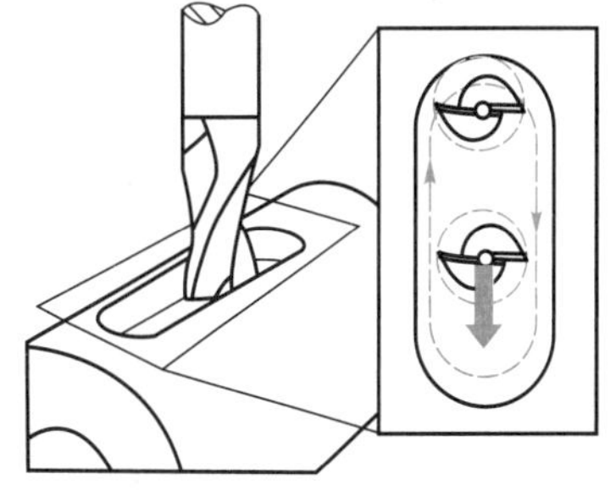

图 5-12　两步法铣削键槽

方式精加工四周,可得到真正的直角,能获得最佳的精度,如图 5-12 所示。

(5) 鼓形铣刀

如图 5-13 所示是一种典型的鼓形铣刀,它的切削刃分布在半径为 R 的圆弧面上,端面无切削刃。鼓形铣刀多用来对飞机结构件等零件中与安装面倾斜的表面进行三坐标加工,如图 5-14 所示。这种表面最理想的加工方案是多坐标侧铣,在单件或小批量生产中可用鼓形铣刀加工来取代多坐标加工,加工时控制刀具上下位置,相应改变刀刃的切削部位,可以在工件上切出从负到正的不同斜角。R 越小,鼓形铣刀所能加工的斜角范围越广,但所获得的表面质量也越差。这种刀具的缺点是刃磨困难,切削条件差,而且不适合加工有底的轮廓表面。

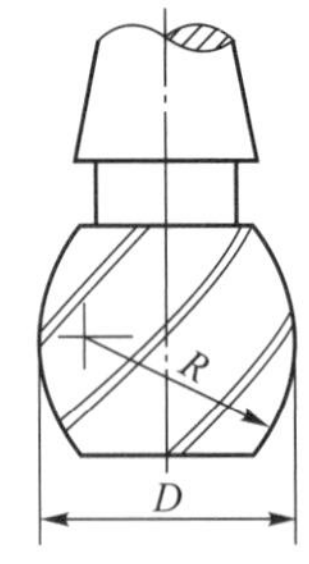

图 5-13 鼓形铣刀

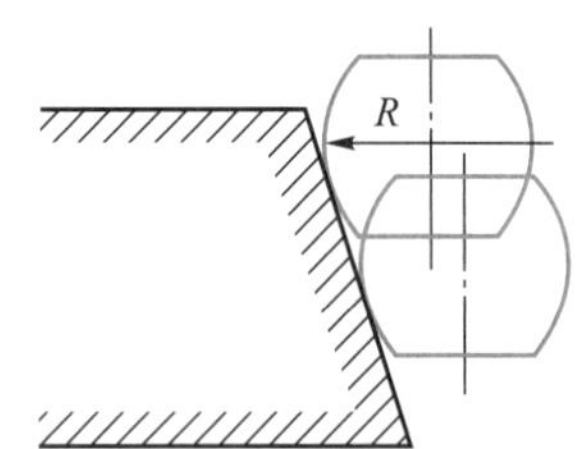

图 5-14 三坐标鼓形铣刀加工

(6) 成形铣刀

图 5-15 是常见的几种成形铣刀,一般都是为特定的工件或加工内容专门设计制造的,如角度面、凹槽、特形孔或台等。

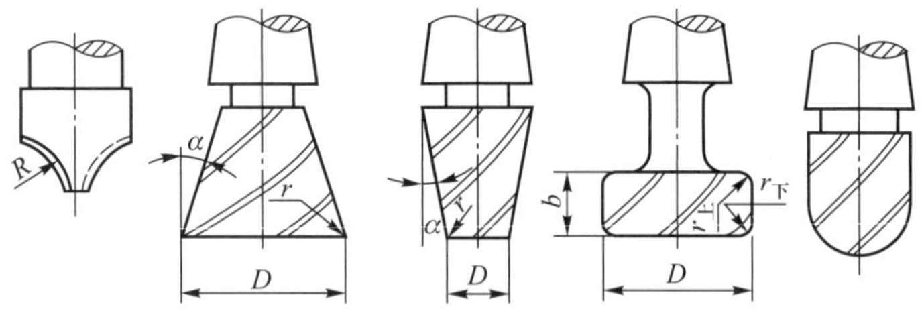

图 5-15 常见的几种成形铣刀

(7) 锯片铣刀

锯片铣刀可分为中小规格的锯片铣刀和大规格锯片铣刀(GB/T 6130—2001)。数控镗铣床及加工中心主要用中小规格的锯片铣刀,其分类及主要尺寸参数范围见表 5-1。目前国外有可转位锯片铣刀,如图 5-16 所示。

表 5-1 中小规格的锯片铣刀分类及适用范围 mm

分类		锯片铣刀外圆直径 d	锯片铣刀厚度 L
高速钢(GB/T 6120—2012)	粗	$\phi50 \sim \phi315$	0.80~6
	中	$\phi32 \sim \phi315$	0.30~6
	细	$\phi20 \sim \phi315$	0.20~6
整体硬质合金(GB/T 14301—2008)		$\phi8 \sim \phi125$	0.20~5

锯片铣刀主要用于大多数材料的切槽、切断、内外槽铣削、组合铣削、缺口实验的槽加工、齿轮毛坯粗齿加工等。

选择铣刀时首先要注意根据加工工件材料的热处理状态、切削性能及加工余量,选择刚性好、寿命长的铣刀,同时铣刀类型应与工件表面形状和尺寸相适应。加工较大的平面应选择面铣刀;加工凹槽、较小的台阶面及平面轮廓应选择立铣刀;加工空间曲面、模具型腔或凸模成形表面等多选用模具铣刀;加工封闭的键槽选择键槽铣刀;加工变斜角零件的变斜角面应选用鼓形铣刀;加工各种直的或圆弧形的凹槽、斜角面、特殊孔等应选用成形铣刀。根据不同的加工材料和加工精度要求,应选择不同参数的铣刀进行加工。

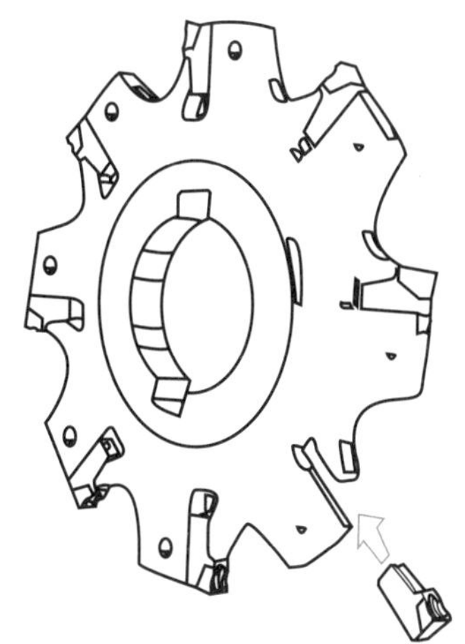

图 5-16　可转位锯片铣刀

2. 孔加工刀具的类型与工艺特点

在刀具门类中,孔加工刀具是一大家族,在此就其数控加工用主要新结构孔加工刀具作一简要介绍:

(1) 数控钻头

数控钻头主要有①整体式钻头:钻尖切削刃由对称直线形改进为对称圆弧形($r=1/2D$),以增长切削刃、提高钻尖寿命;钻芯加厚,提高钻体刚度,用“S”形横刃(或螺旋中心刃)替代传统横刃,减小轴向钻削阻力,提高横刃寿命;采用不同顶角阶梯钻尖及负倒刃,提高分屑、断屑、钻孔性能和孔的加工精度;镶嵌模块式硬质(超硬)材料齿冠;油孔内冷却及大螺旋升角(≤40°)结构;以及整体式细颗粒陶瓷(Si3N4)、Ti 基类金属陶瓷材料钻头等。②机夹式钻头:钻尖采用长方异形专用对称切削刃,钻削力径向自成平衡的可转位刀片替代其他几何形状,以减小钻削振动,提高钻尖自定心性能、寿命和孔的加工精度。

(2) 数控铰刀

大螺旋升角(≤45°)切削刃、无刃挤压铰削及油孔内冷却的结构是数控铰刀的总体发展方向,最大铰削孔径已达 ϕ400 mm。

(3) 镗刀

图 5-17、图 5-18 所示分别为山特维克可乐满刀具公司生产的各种类型的粗镗刀和精镗刀示意图,适合于各种类型孔的镗削加工,最小镗孔直径为 ϕ3 mm,最大可达 ϕ975 mm。国外已研制出采用工具系统内部推拉杆轴向运动或高速离心力带平衡滑块移动,一次走刀完成镗削球面(曲面)、斜面及反向走刀切削加工零件背面的数控智能精密镗刀,代表了镗刀发展的方向。

(4) 丝锥

目前已研发出大螺旋升角(≤45°)丝锥,其切削锥根据被加工零件材料的软、硬状况来设计专用刃倾角、前角等。

(5) 扩(锪)孔刀

多刃、配置各种数控工具柄及模块式可调微型刀夹的结构形式是目前扩(锪)孔刀具发展的方向。

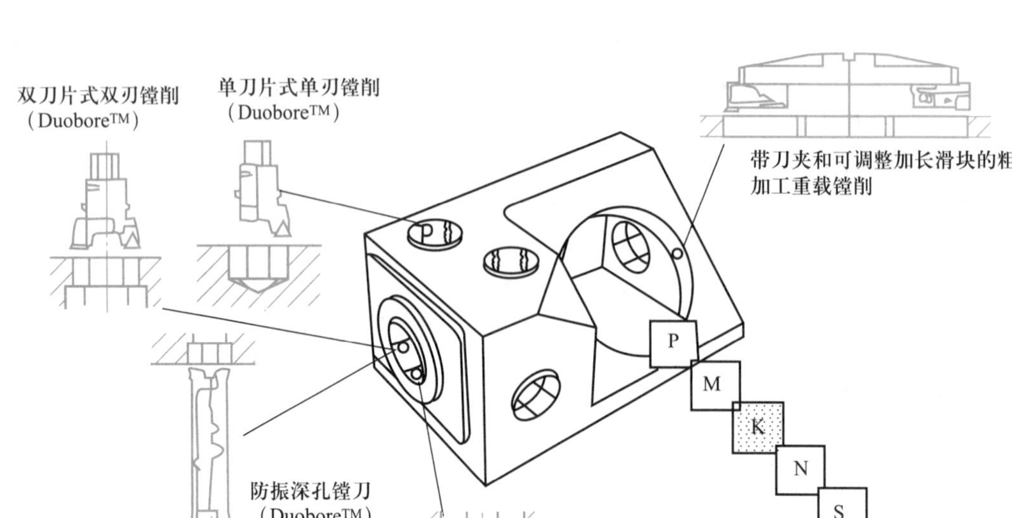

图 5-17　粗镗刀

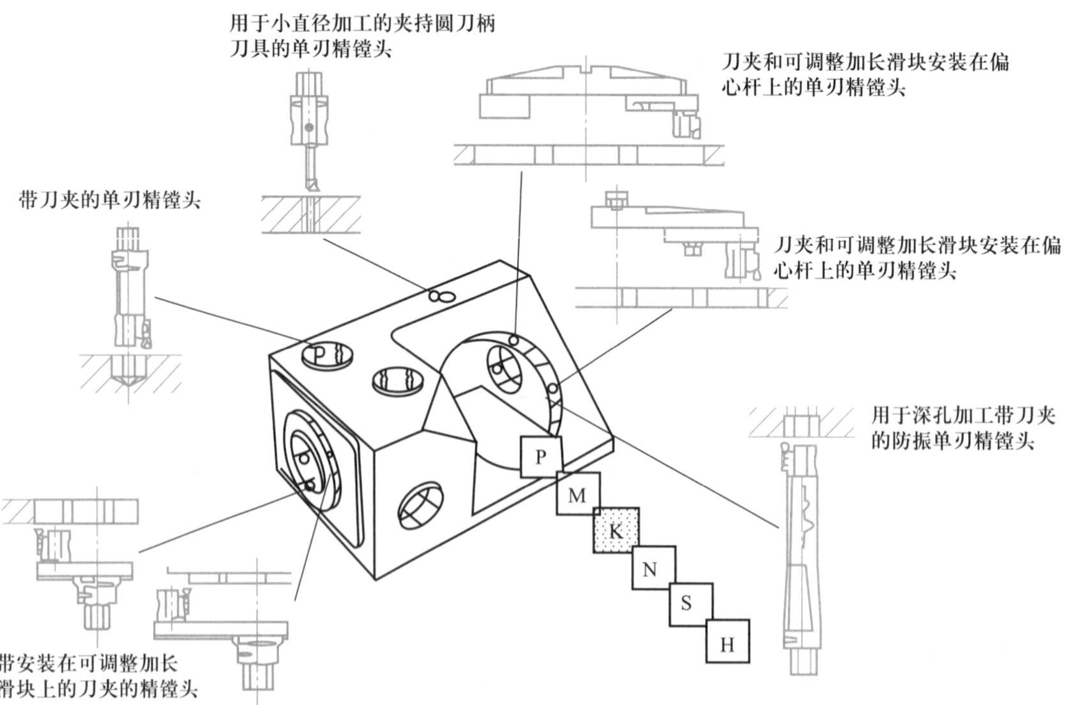

图 5-18　精镗刀

(6) 复合(组合)孔加工数控刀具

该类数控刀具集合了钻头、铰刀、扩(锪)孔刀及挤压刀具的新结构、新技术。目前,整体式、机夹式、专用复合(组合)孔加工数控刀具研发速度很快。总体而言,采用镶嵌模块式硬质(超硬)材料切削刃(含齿冠)及油孔内冷却、大螺旋槽等结构是其目前发展趋势。图 5-19 所示为几种复合刀具简图。

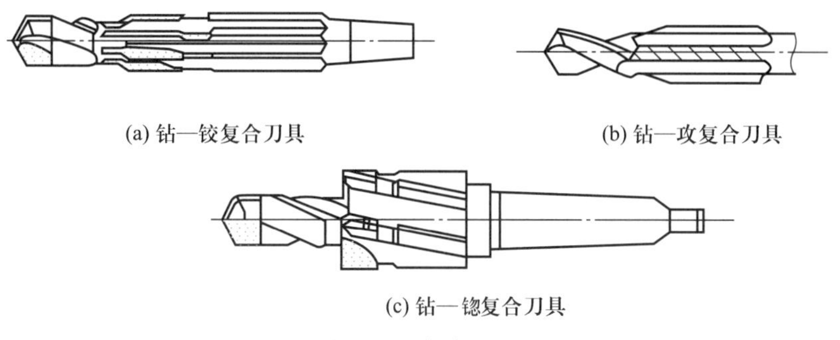

图 5-19　复合刀具

3. 铣削刀具的选用特点

目前可转位铣刀已广泛应用于各行业的高效、高精度铣削加工,其种类已基本覆盖了现有的全部铣刀类型。由于可转位铣刀结构各异、规格繁多,选用时有一定难度,可转位铣刀的正确选择和合理使用是充分发挥其效能的关键。下面主要就可转位铣刀的合理选用作简单介绍。

(1) 刀片断屑槽型的选择

经过长期发展,用于铣削的切削刃槽型和性能得到了很大的提高,很多最新刀片都有轻型、中型和重型加工三种基本槽型,如图 5-20 所示。

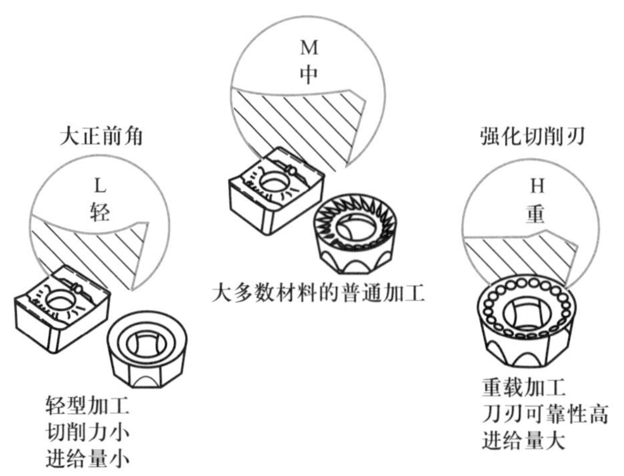

图 5-20　铣刀刀片的三种基本槽型

(2) 刀具齿数的选择

铣刀齿数多,可提高生产效率,但受容屑空间、刀齿强度、机床功率及刚性等的限制,不同直径的可转位铣刀的齿数均有相应规定。为满足不同用户的需要,同一

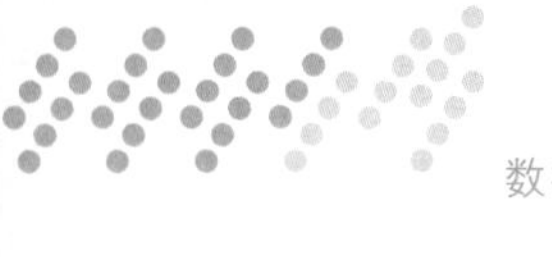

直径的可转位铣刀一般有粗齿、中齿、密齿三种类型。

1) 粗齿铣刀　适用于普通机床的大余量粗加工和软材料或切削宽度较大的铣削加工;当机床功率较小时,为使切削稳定,也常选用粗齿铣刀。

2) 中齿铣刀　是通用系列,使用范围广泛,具有较高的金属切除率和切削稳定性。

3) 密齿铣刀　主要用于铸铁、铝合金和其他有色金属的大进给速度切削加工。在专业化生产(如流水线加工)中,为充分利用设备功率和满足生产节奏的要求,也常选用密齿铣刀(此时多为专用非标准铣刀)。

此外,为防止工艺系统出现共振,使切削平稳,技术人员还开发出一种不等分齿距铣刀。在铸钢、铸铁件的大余量粗加工中建议优先选用不等分齿距的铣刀。

(3) 铣刀直径的选择

下面以面铣刀和立铣刀为例来说明铣刀直径选择的主要依据。

1) 面铣刀　面铣刀直径主要是根据工件宽度进行选择,同时要考虑机床的功率、刀具的位置和刀齿与工件接触形式等,也可将机床主轴直径作为选取的依据,面铣刀直径可按 $D=1.5d$(d 为主轴直径)选取。一般来说,面铣刀的直径应比切宽大 20%~50%。为了获得最佳的切削效果,推荐采用如图 5-21a 所示的不对称铣削切削位置。另外,为提高刀具寿命,推荐采用顺铣,如图 5-22 所示。

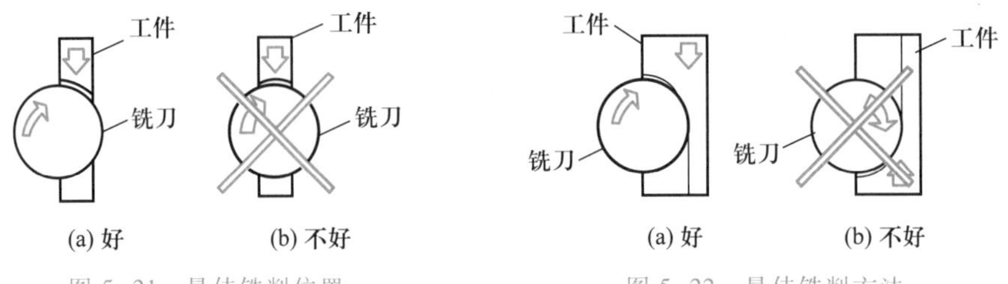

图 5-21　最佳铣削位置　　　图 5-22　最佳铣削方法

2) 立铣刀　立铣刀直径的选择主要应考虑工件加工尺寸的要求,并保证刀具所需功率在机床额定功率范围以内。如是小直径立铣刀,则应主要考虑机床的最高转速能否达到刀具的最低切削速度要求。

(4) 主偏角的选择

铣刀的主偏角是由刀片和刀体形成的,主偏角对径向切削力和切削深度影响很大。径向切削力的大小直接影响切削功率和刀具的抗振性能。铣刀的主偏角越小,其径向切削力越小,抗振性也越好,但切削深度也随之减小。可转位铣刀的主偏角有 90°、88°、75°、70°、60°、45°等几种。

主偏角对切削力的影响如图 5-23 所示。90°主偏角刀具适用于薄壁零件、装夹较差的零件的加工或要求准确 90°角成形的场合,由于该类刀具的径向切削力等于切削力,进给抗力大,易振动,因而要求机床具有较大功率和足够的刚性。45°主偏角刀具为一般切削加工首选,此类铣刀的径向切削力大幅度减小,约等于轴向切削力,切削载荷分布在较长的切削刃上,具有很好的抗振性,适用于镗铣床主轴悬伸较长的加工场合。用该类刀具加工平面时,刀片破损率低,寿命长;在加工铸铁件时,工件边缘不易产生崩刃。圆刀片刀具可多次转位,切削刃强度高,随切深不同其主偏角和切屑负载均会变化,切屑很薄,最适合加工耐热合金。

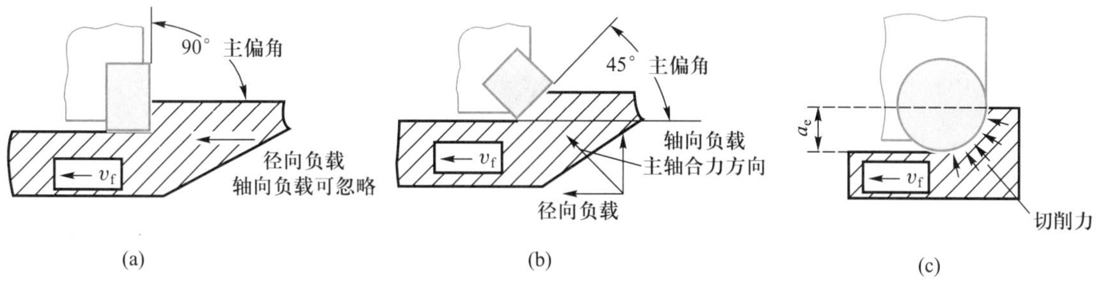

图 5-23　主偏角对切削力的影响

4. 刀柄和拉钉的种类和选用

(1) 按刀柄锥度分类

数控镗铣床和加工中心的刀柄通常分为两大类,即 7∶24 锥度的通用刀柄和 1∶10的 HSK 空心短锥柄。

1) 7∶24 锥度的通用刀柄　由于历史原因,各国在最初设计 7∶24 圆锥柄时,在锥柄尾部的拉钉和锥柄前端凸缘结构(包括机械手夹持槽、键槽和方向识别槽的选择)上各不相同,并且形成了各自的标准,如:美国标准(ANSI CAT B5.50)、德国标准(DIN 69871)、日本标准(BT MAS 403)、国际标准化组织标准(ISO)等多种形式。目前不同的机床规格和不同的生产商,所选用的刀柄规格和系列各有不同。常见的刀柄分为 BT 系列(常用)、CAT 系列、DIN 系列(德国常用)。刀柄的规格又根据机床规格的不同分为 30、40、50 等多个品种。7∶24 的通用刀柄是靠刀柄的 7∶24 锥面与机床主轴孔的 7∶24 锥面接触定位连接的,在高速加工、连接刚性和重合精度三方面有局限性。

2) 1∶10 的 HSK 空心短锥柄　空心短锥柄的德国标准是 DIN 69873,有六种标准和规格,即 HSK-A、HSK-B、HSK-C、HSK-D、HSK-E 和 HSK-F,常用的有三种:HSK-A(带内冷自动换刀)、HSK-C(带内冷手动换刀)和 HSK-E(带内冷自动换刀,高速型)。A 型和 E 型的最大区别就在于:A 型有传动槽而 E 型没有。所以相对来说 A 型传递扭矩较大,可进行一些重切削;而 E 型传递的扭矩就比较小,只能进行一些轻切削。其他常见结构的 1∶10 工具锥柄基本采用企业标准,具有垄断性,如瑞典山特维克公司的 Capto 系列、美国肯纳公司的 KM 型系列、德国瓦尔特公司的 NOVEX 系列等。HSK 真空刀柄靠刀柄的弹性变形,不但刀柄的 1∶10 锥面与机床主轴孔的 1∶10 锥面接触,而且使刀柄的法兰盘面与主轴面也紧密接触,这种双面接触系统在高速加工、连接刚性和重合精度上均优于 7∶24锥度的刀柄。

(2) 按夹持刀具的方法分类

1) 弹簧夹头刀柄　弹簧夹头刀柄和弹簧夹头如图 5-24 所示。通过更换弹簧夹头可装夹一定范围内的各尺寸刀具,装卸刀具十分方便,应用较广泛。卡簧弹性变形量为 1 mm,主要夹持直柄小规格铣刀、钻头和丝锥。

(a) 弹簧夹头刀柄　　(b) 弹簧夹头

图 5-24　弹簧夹头刀柄和弹簧夹头

2) 侧固式立铣刀柄　如图 5-25 所示。一个刀柄装夹一个尺寸的刀具,在强力切削时可防止刀具加工时的轴向窜动。该刀柄装夹的立铣刀尾部应开有装夹槽,如图 5-25 所示。

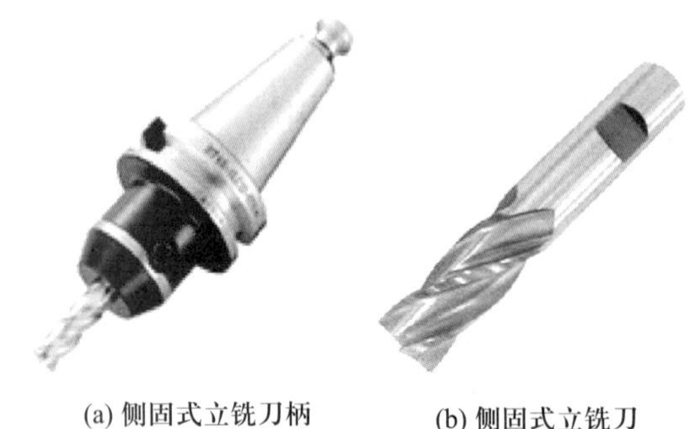

(a) 侧固式立铣刀柄　　(b) 侧固式立铣刀

图 5-25　侧固式立铣刀柄和侧固式立铣刀

3) 强力夹头刀柄　如图 5-26 所示。此类刀柄夹持部采用加厚设计,提高了整体刚性,自锁性好,夹紧力大,可进行强力铣削加工;同时夹持精度高,可用于高精度铣铰孔加工。主要夹持直柄小规格铣刀、钻头、丝锥。

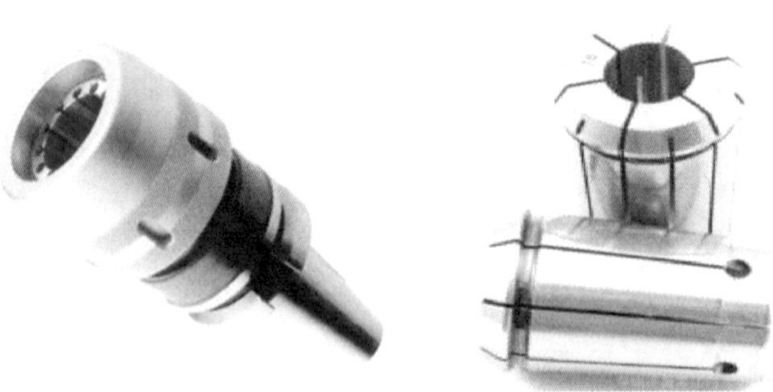

(a) 强力夹头刀柄　　(b) 强力刀柄用卡簧

图 5-26　强力夹头

4) 面铣刀柄　如图 5-27 所示。用于装夹可转位面铣刀,可通过更换刀盘改变刀具直径。

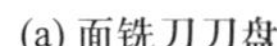

图 5-27　面铣刀柄及刀盘

5）钻夹头刀柄　如图 5-28 所示。可直接装夹直柄的钻头，装夹精度较低，刀具不宜做径向移动，可夹持卡爪张开范围内任意尺寸的刀具。

6）镗刀柄　如图 5-29 所示。适用于各种规格的孔的粗镗和精镗加工。

图 5-28　钻夹头刀柄　　图 5-29　镗刀柄

7）液压刀柄　如图 5-30 所示。它利用高黏度液压油的不可压缩性使刀具夹持腔的内壁发生弹性变形，从而锁紧刀具。通过内六角扳手拧紧加压螺钉，提高油腔内的油压，那么封闭油腔中的每个部分都会受到相同的压力，使油腔的内壁均匀而对称地向轴线方向膨胀而夹紧刀具；当松开加压螺钉时，油腔内油压回落，装夹孔内壁在弹性回复力的作用下回复到原始直径而松开刀具。液压刀柄锁紧力矩通常优于弹簧套系统，精度高，可以实现高转速（2 000 r · min^{-1}以上）。

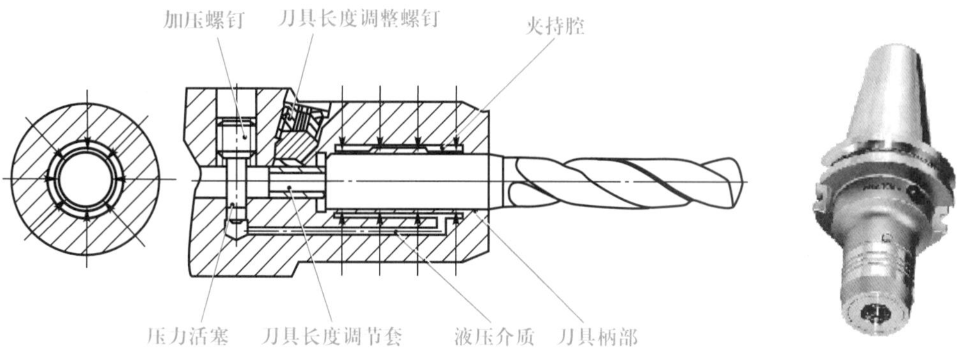

图 5-30　液压刀柄

8）热胀刀柄　如图5-31所示。它是利用刀柄（特殊热缩不锈钢）的热胀冷缩原理来夹紧刀具，具有液压刀柄的精度，克服了液压刀柄易损的缺点，在价格上有很强的优势，近年来在欧美的高速加工领域得到了广泛的使用。和热胀仪配合使用，利用电涡流加热原理，具有快速加热及冷却的特点（加热夹紧时间5 s，冷却时间小于30 s）。进行多次热装夹，材质也不会发生大的变化，刀柄精度稳定，可用于夹持直径3~32 mm的刀具。

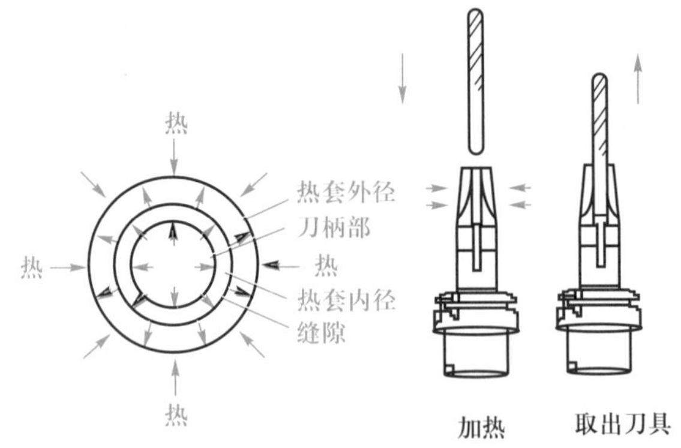

(a) 热胀刀柄

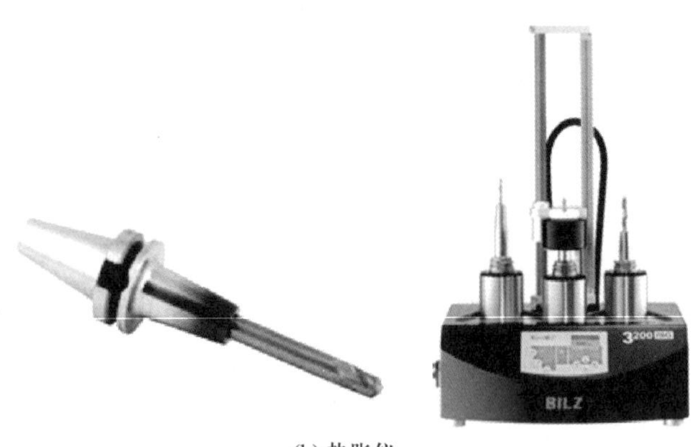

(b) 热胀仪

图5-31　热胀刀柄及热胀仪

(a) ISO 7388及DIN 69871的A型拉钉　(b) ISO 7388及DIN 69871的B型拉钉　(c) MAS BT的拉钉

图5-32　数控机床刀柄常用拉钉

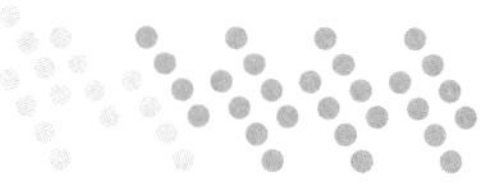

（3）拉钉的选择

数控机床刀柄常用拉钉如图 5-32 所示。拉钉是带螺纹的零件，常固定在各种工具柄的尾端。机床主轴内的拉紧机构借助它把刀柄拉紧在主轴中。数控机床刀柄有不同的标准，机床刀柄拉紧机构也不统一，故拉钉有多种型号和规格。正确选择拉钉应根据数控机床说明书或对机床自带的拉钉进行测量后来确定。如果拉钉选择不当，装在刀柄上使用可能会造成事故。

5. 刀具的管理

加工中心具有自动换刀功能，为了提高加工中心的效率，必须使刀具的供应顺利及时，这就需要在正确的时间将正确的刀具送到需要的加工中心上。在加工中心或 FMS 上刀具的管理主要有以下四种方法：

（1）一种工件采用一组刀具

该方法是对加工不同的工件，各准备一组刀具。当一种工件加工完毕后，则将机床刀库上所有刀具取下送到库房。加工另外一种工件时，再换上另一组刀具。这种方法管理简单，但是刀具库存量大，费用高，一般在成批生产中采用，不适合于单件小批生产。

（2）部分刀具更换及部分刀具共用

该方法是在加工完一组工件后，保留一部分共同的刀具，而将其余的专用刀具从刀库中卸下，再装上一部分不同的刀具，以加工另一种工件。因为不同的工件共用一部分刀具，这种方法较为节省刀具。

（3）数种工件使用同一组刀具

该方法按成组技术相似性原理选出数种相似的工件，提供一组刀具进行加工。整组的刀具都安放在刀库中，因而需要机床刀库容量大，一般要求能容纳 80～140 把刀具。

（4）所有刀具为一组机床所共用

上述三种方法均只考虑了一台加工中心的情况，假定按计划加工多种不同的工件，在实际生产中常会发生各种意外的情况。例如机床故障或材料发生问题等，以至必须临时改变加工计划。此时需要一个较有弹性的系统来适应这些意外的情况。这时可将刀具分布在一组加工中心的刀库中，彼此共用，而每一台机床均具有相同的功能，可以完成任一种零件的加工。因此，当有一台机床出现故障时，则立即可由另一台代替。这种方法使用的刀具数量虽然不少，但是却有能力应付在 FMS 生产线上意外发生的情况，在生产期间，每台机床的刀库中装满了刀具，以减少机床之间刀具交换的次数。常用的刀具均装在刀库里，其中部分最常用的刀具在刀库中准备了两把以上，以便刀具磨损时能随时补充。这里需要容量较大的机床刀库，以及能在机床之间运送刀具的无人搬运系统。

另外，有些较先进的加工中心具有刀具寿命管理功能，刀具可按若干组分类，每组中的刀具寿命和刀号可以以表的形式在机床的 NC 存储器中事先设定。当加工过程中所使用的刀具达到其使用寿命时，机床能自动选择同组中未达到使用寿命的刀具继续加工。使用该功能，可实现刀具寿命管理的自动化。

5.1.3 加工工艺分析

数控铣床或加工中心加工零件的表面不外乎平面、曲面、孔和内螺纹等，主要应考虑所选加工方法要与零件的表面特征、所要求达到的精度及表面粗糙度相适应。

在数控镗铣床及加工中心上可铣削平面及曲面。经粗铣的平面，尺寸精度一般可达 IT12～IT14 级，表面粗糙度可达 Ra12.5～25 μm。经粗、精铉的平面，尺寸精度可达 IT7～IT9 级，表面粗糙度可达 Ra0.8～3.2 μm。

1. 二维轮廓加工

(1) 刀具的选择

铣削平面类零件周边轮廓一般采用立铣刀。刀具的尺寸一般应满足：

1) 刀尖半径 R 小于朝轮廓内侧弯曲的最小曲率半径 ρ_{min}，一般可取 $R=(0.8\sim0.9)\rho_{min}$；

2) 刀具与零件的接触长度 $H\leqslant(1/4\sim1/6)R$，以保证刀具有足够的刚度。

如果 ρ_{min} 过小，为提高加工效率，可先采用大直径刀具进行粗加工，然后按上述要求选择刀具对轮廓上残留余量过大的局部区域处理后再对整个轮廓进行精加工。

(2) 走刀路线的选择

走刀路线的合理选择是非常重要的，因为它与零件的加工效率和表面质量密切相关。确定走刀路线的一般原则是：

1) 保证零件的加工精度和表面粗糙度要求。

2) 缩短走刀路线，减少进退刀时间和其他辅助时间。

3) 方便数值计算，减少编程工作量。

4) 尽量减少程序段数。

对于二维轮廓的铣削，无论是外轮廓或内轮廓，要安排刀具从切向进入轮廓进行加工，当轮廓加工完毕之后，要安排一段沿切线方向继续运动的退刀距离，这样可以避免刀具在工件上的切入点和退出点处留下接刀痕。例如，图 5-33 所示为铣削外圆可采取的走刀路线，其进、退刀路线采取的是沿切向的直线段。而对于内轮廓的加工，其切向进、退刀路线可采用圆弧段。

此外，在铣削加工零件轮廓时，要考虑尽量采用顺铣加工方式，这样可以提高零件表面质量和加工精度，减少机床的"颤振"。要选择合理的进、退刀位置，尽可能选在不太重要的位置。

2. 二维型腔加工

型腔是指具有封闭边界轮廓的平底或曲底凹坑，而且可能具有一个或多个不加工的岛屿(图 5-34)，当型腔底面为平面时即为二维型腔。型腔类零件在模具、飞机零件中应用普遍，有人甚至认为 80%以上的机械加工可归结为型腔加工。

型腔的加工包括型腔区域底面的加工与轮廓(包括边界与岛屿轮廓)的加工，一般采用立铣刀或成形铣刀(取决于型腔侧壁与底面间的过渡要求)进行加工。

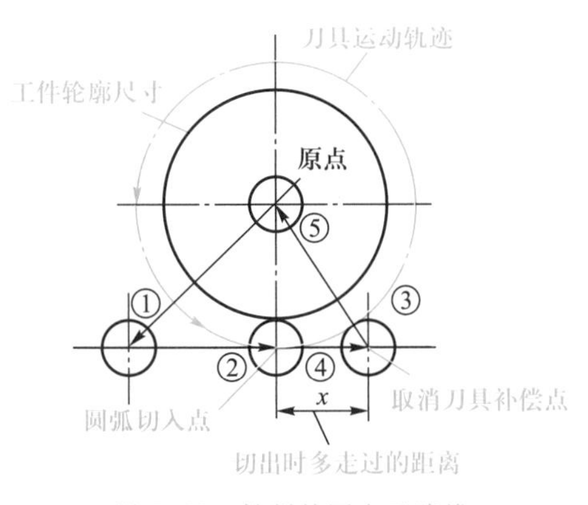

图 5-33　铣削外圆走刀路线

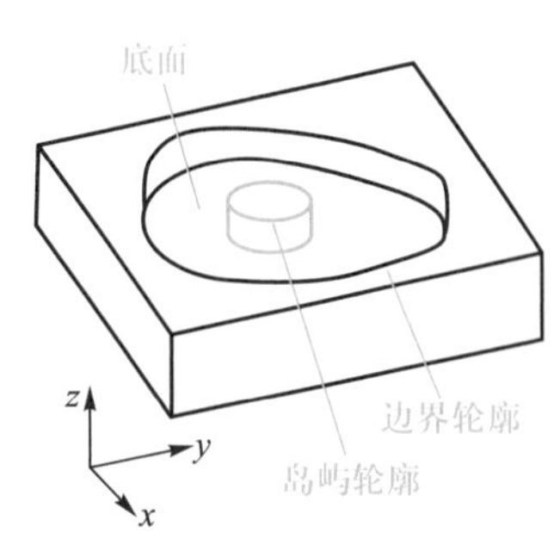

图 5-34　型腔类零件示意图

型腔的切削分两步，第一步切内腔，第二步切轮廓。切削内腔区域时，主要采用行切和环切两种走刀路线（图 5-35），其共同点是都要切净内腔区域的全部面积，不留死角，不伤轮廓，同时尽量减少重复走刀的搭接量。从加工效率（走刀路线长短）、代码质量等方面衡量，行切与环切走刀路线哪个较好要取决于型腔边界的具体形状与尺寸以及岛屿数量、形状尺寸与分布情况。切轮廓通常又分为粗加工和精加工两步。粗加工的刀具轨迹如图 5-36 中粗线所示，是从型腔边界轮廓向里及从岛屿轮廓向外偏置铣刀半径并且留出精加工余量而形成，它是计算内腔区域加工走刀路线的依据。另外，型腔加工还可采用其他走刀路线（例如行切与环切的混合）。对于一具体型腔，可采用各种不同的走刀方式，并以加工时间最短（走刀轨迹长度最短）作为评价目标进行比较，原则上可获得较优的走刀方案，但更具智能化的型腔加工方案优化方法（如基于模糊模式识别的方法）仍有待进一步研究。

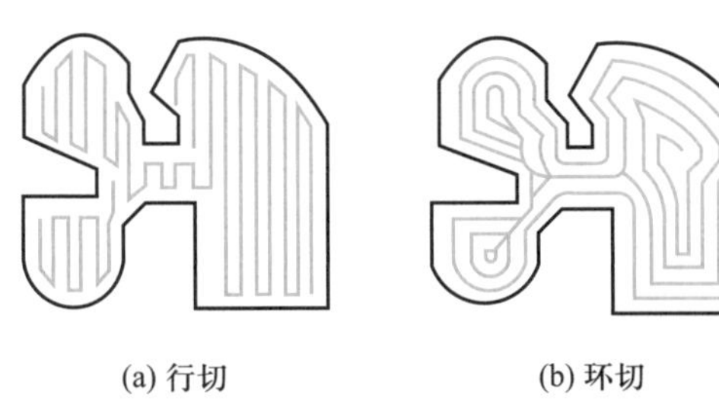

图 5-35　型腔区域切削走刀路线

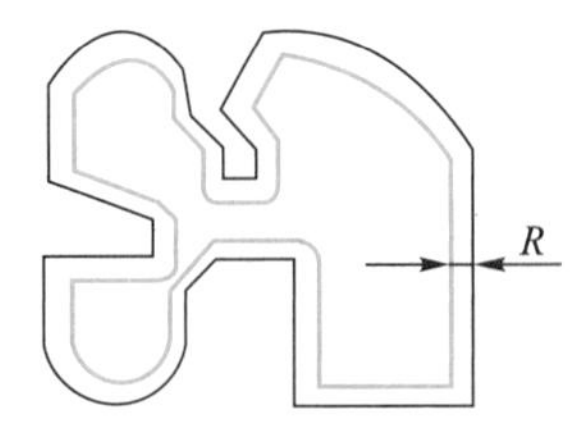

图 5-36　型腔轮廓粗加工

尽管采用大直径刀具可以获得较高的加工效率，但对于形状复杂的二维型腔，若采用大直径刀具将产生大量还需切削的区域，需进行后续加工处理，而若直接采用小直径刀具则又会降低加工效率。因此，一般采用大直径与小直径刀具混合使用的方案。

在型腔深处进行切削时（刀具长度大于三倍直径），采用侧铣很容易产生振动，这时最好采用插铣（轴向铣削）。另外，使用整体硬质合金刀具精加工型腔壁时，一般使用顺铣，但是，加工工件壁较厚时，应选择逆铣，这样刀具产生的弯曲小。

3. 曲面加工

曲面加工在飞机、模具等制造行业应用非常普遍，一直是数控加工技术的主要研究与应用对象。曲面加工应根据曲面形状、刀具形状以及加工精度要求采用不同的铣削方法,可在三坐标、四坐标或五坐标数控机床上完成,其中三坐标曲面加工应用最为普遍。

三坐标曲面加工可采用球头刀、立铣刀、鼓形刀和成形刀等,其特征是加工过程中刀具轴线方向始终不变,平行于 z 轴。三坐标曲面加工通过 x、y、z 三坐标联动逐行走刀来完成,这种方法称为行切法。两相邻切削行刀具轨迹或刀具接触点之间的距离称为行距,行距的大小是影响曲面加工质量和效率的重要因素。如图 5-37所示为用球头刀三坐标行切法加工曲面的情况,P_{yz}为平行于 yz 坐标平面的一个行切面,它与被加工曲面的交线为 ab。加工时球头刀通过三坐标联动与曲面的切削点始终在平面曲线 ab 上,这样可获得较规则的残留沟纹。这时的刀心轨迹 O_1O_2 不在 P_{yz}平面上,而是一条空间曲线。

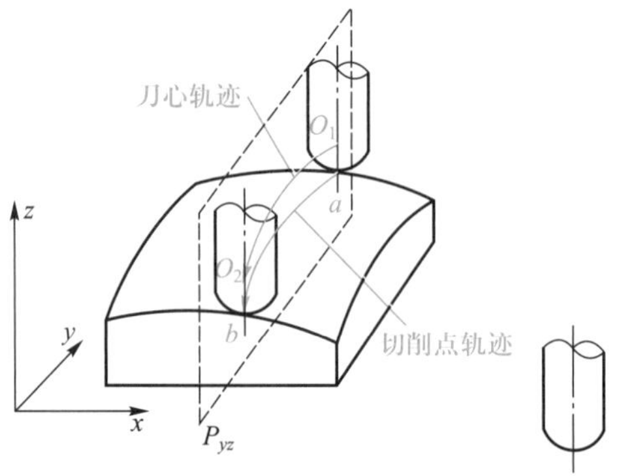

图 5-37　三坐标行切法加工曲面的切削点轨迹

4. 孔和内螺纹加工

孔加工的方法比较多,有钻削、扩削、铰削、铣削和镗削等。

对于直径大于 ϕ30 mm 的已铸出或锻出的毛坯孔的加工,一般采用“粗镗—半精镗—孔口倒角—精镗”的加工方案,孔径较大的可采用立铣刀“粗铣—精铣”加工方案。孔中空刀槽可用锯片铣刀在孔半精镗之后、精镗之前铣削完成,也可用镗刀进行单刀镗削,但单刀镗削效率较低。

对于直径小于 ϕ30 mm 无底孔的加工,通常采用“锪平端面—打中心孔—钻—扩—孔口倒角—铰”的加工方案,对有同轴度要求的小孔,需采用“锪平端面—打中心孔—钻—半精镗—孔口倒角—精镗(或铰)”的加工方案。为提高孔的位置精度,在钻孔工步前需安排打中心孔工步。孔口倒角一般安排在半精加工之后、精加工之前,以防孔内产生毛刺。

内螺纹的加工方法根据孔径的大小来选择,一般情况下,M6～M20 之间的螺纹,通常采用攻螺纹的方法加工。因为在加工中心上攻小直径螺纹的丝锥容易折断,M6 以下的螺纹,可在加工中心上完成底孔加工,再通过其他手段攻螺纹;M20 以上的内螺纹,可采用铣削(或镗削)加工。另外,还可铣外螺纹,如图 5-38所示。

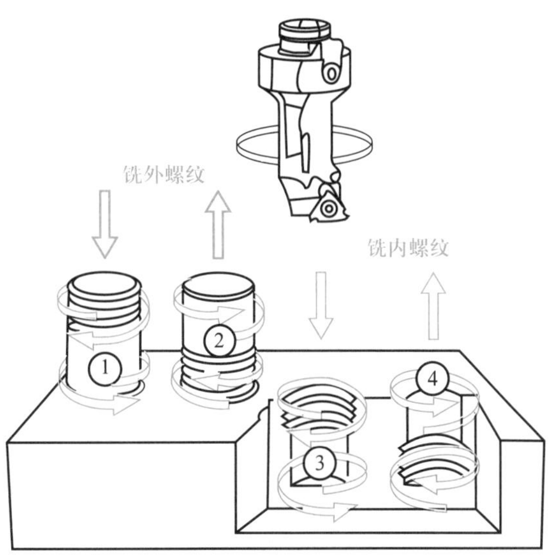

图 5-38　铣螺纹

5.2 数控镗铣床和加工中心编程

下面以配置 FANUC 0*i*-F 系统的数控镗铣床和加工中心为例，介绍其常用编程指令和方法。

5.2.1　G 功能

G 功能是命令机械准备以何种方式切削加工或移动。以地址 G 后面接两位数字组成，其范围为 G00～G99，不同的 G 代码代表不同的意义与不同的动作方式，表 5-2 所示是常用的 G 功能代码。

微课
常用 G 代码表

表 5-2　准备功能（FANUC 0*i*-F）

代码	功能	组别	代码	功能	组别
★G00	快速定位	01	★G17	*xy* 平面选择	02
G01	直线插补		G18	*zx* 平面选择	
G02	顺时针圆弧插补		G19	*yz* 平面选择	
G03	逆时针圆弧插补		G20	英制单位输入选择	06
			G21	米制单位输入选择	
G04	暂停	00	★G27	参考点返回检查	00
G09	准确停止检验		G28	参考点返回	
G10	自动程序原点补正，刀具补正设定		G29	由参考点返回	
			G30	第 2、3、4 参考点返回	

续表

代码	功能	组别
G33	螺纹切削	01
★G40	取消刀具半径补偿	07
G41	左刀补	
G42	右刀补	
G43	刀具长度正补偿	08
G44	刀具长度负补偿	
★G49	取消刀具长度补偿	
★G50	比例缩放取消	11
G51	比例缩放有效	
G52	局部坐标系统	00
G53	选择机床坐标系	
★G54	选择第 1 工件坐标系	12
G55	选择第 2 工件坐标系	
G56	选择第 3 工件坐标系	
G57	选择第 4 工件坐标系	
G58	选择第 5 工件坐标系	
G59	选择第 6 工件坐标系	
G61	准确停止方式	15
G62	自动拐角倍率	
G63	攻螺纹方式	
★G64	切削方式	
G65	宏程序调用	00
G73	高速深孔啄钻循环	09
G74	攻左螺纹循环	
G76	精镗孔循环	
★G80	取消固定循环	
G81	钻孔循环	09
G82	沉头钻孔循环	
G83	深孔啄钻循环	
G84	攻右螺纹循环	
G85	铰孔循环	09
G86	背镗循环	
★G90	绝对坐标编程	03
G91	增量坐标编程	
G92	设定工件坐标系	00
★G94	每分钟进给量	05
★G98	在固定循环中使 z 轴返回到起始点	10
G99	在固定循环中使 z 轴返回到 R 点	

注：① 标有★的 G 代码为电源接通时的状态。

② “00”组的 G 代码为非续效指令，其余为续效代码。

③ 如果同组的 G 代码出现在同一程序段中，则最后一个 G 代码有效。

④ 在固定循环中（09 组），如果遇到 01 组的 G 代码时，固定循环被自动取消。

微课 常用 M 代码表

5.2.2 M 功能

数控镗铣床和加工中心的 M 功能与数控车床基本相同。表 5-3 为数控镗铣床和加工中心常用 M 代码（FANUC 0i-F 系统）。

表 5-3　辅助功能(FANUC 0i-F)

代码	功能	指令执行类型	代码	功能	指令执行类型
M00	程序停止	A	M07	切削液开(雾状)	W
M01	选择停止	A	M08	切削液开	W
M02	程序结束	A	M09	切削液关	A
M03	主轴正转	W	M19	主轴准停	单独程序段
M04	主轴反转	W	M29	刚性攻螺纹	单独程序段
			M30	程序结束并返回	A
M05	主轴停止	A	M98	调用子程序	A
M06	自动换刀	W	M99	子程序结束,并返回主程序	A

通常 M 功能除某些有通用性的标准码外(如 M03,M05,M08,M09,M30 等),亦可由制造厂商依其机械的动作要求,设计出不同的 M 指令,以控制不同的开/关动作,或预留 I/O(输入/输出)接点,作为用户自行连接其他外围设备使用。

在同一程序段中若有两个或两个以上 M 代码出现时,虽其动作不相冲突,但排列在最后面的 M 代码有效,前面的 M 代码被忽略而不执行。

一般数控机床的 M 代码的前导零可省略,如 M01 可用 M1 表示,M03 可用 M3 来表示,余者类推,这样可节省内存空间及减少键入的字数。

M 代码分为前指令码(表 5-3 中标 W)和后指令码(表 5-3 中标 A),前指令码和同一程序段中的移动指令同时执行,后指令码在同段的移动指令执行完后才执行。例如,如果程序结构如下,注意 M 代码执行的时间:

⇩

(G00 移动指令)　M03;　(在快速定位的同时主轴正转)

(G01 移动指令)　M08;　(切削液开,刀具靠近工件准备加工)

⇩

(M98 P__;)　(调用"P"指定的子程序执行)

⇩

(G01 移动指令)　M09;　(刀具离开工件,切削液关)

(G00 移动指令)　M05;　(刀具快速移动后主轴停)

⇩

M06;　(换刀,此处为单独 M 指令直接执行)

⇩

M30(M02);　(程序结束,此处为单独 M 指令直接执行)

5.2.3 F、S、T 功能

1. F 功能

F 功能用于控制刀具移动时的进给速度，F 后面所接数值代表每分钟刀具进给量（$mm \cdot min^{-1}$），它为续效代码。

微课
F 功能

F 代码指令值如超过制造厂商所设定的范围时，则以厂商所设定的最高或最低进给速度为实际进给速度。

进给速度 v_f 的值可由下列公式计算而得：

$$v_f = fzn$$

式中：f——铣刀每齿的进给量，$mm \cdot z^{-1}$；

z——铣刀的刀刃数；

n——刀具的转速，$r \cdot min^{-1}$。

［例 5-1］ 使用 $\phi 75$ mm、6 齿的面铣刀铣削碳钢表面，已知切削速度 $v_c = 100\ m \cdot min^{-1}$，$f = 0.08\ mm \cdot z^{-1}$，求主轴转速 n 及 v_f。

解：$n = 1\,000 v_c / \pi D = 1\,000 \times 100 / (3.14 \times 75) = 425\ (r \cdot min^{-1})$

$v_f = fzn = 0.08 \times 6 \times 425 = 204\ (mm \cdot min^{-1})$

微课
S 功能

2. S 功能

S 功能用于指令主轴转速（$r \cdot min^{-1}$）。S 代码以地址 S 后面接 1～4 位数字组成。如其指令的数字大于或小于制造厂商所设定的最高或最低转速时，将以厂商所设定的最高或最低转速为实际转速。一般加工中心的主轴转速为 0～8 000 $r \cdot min^{-1}$。

3. T 功能

微课
T 功能

数控镗铣床因无 ATC，必须用人工换刀，所以 T 功能只用于加工中心。T 代码以地址 T 及接在后面的两位数字组成。

加工中心的刀具库有两种：一种是圆盘型，另一种为链条型。换刀的方式分无机械手式和有机械手式两种。无机械手式换刀方式是刀具库靠向主轴，先卸下主轴上的刀具，刀库再旋转至欲换的刀具位置，上升装上主轴。此种刀具库以圆盘型较多，且是固定刀号式(即 1 号刀必须插回 1 号刀套内)，故换刀指令的书写方式如下：

M06 T02；

执行该指令时，主轴上的刀具先装回刀库，再旋转至 2 号刀，将 2 号刀装上主轴。

有机械手式换刀大都配合链式刀库且是无固定刀号式，即 1 号刀不一定插回 1 号刀套内，其刀库上的刀号与设定的刀号由控制器的 PLC 管理。此种换刀方式的 T 指令后面所接数字代表欲调用刀具的号码。当 T 代码被执行时，被调用的刀具会转至准备换刀位置(称为选刀)，但无换刀动作，因此 T 指令可在换刀指令 M06 之前即设定，以节省换刀时等待刀具的时间。有机械手式换刀程序的指令常书写如下：

T01；　　(1 号刀转至换刀位置)

⋮

```
M06;      (将 1 号刀换到主轴上)
T03;      (3 号刀转至换刀位置)
:
M06;      (将 3 号刀换到主轴上)
T04;      (4 号刀转至换刀位置)
:
M06;      (将 4 号刀换到主轴上)
T08;      (8 号刀转至换刀位置)
```

执行刀具交换时,并非刀具在任何位置均可交换,各制造厂商依其设计不同,均在一安全位置实施刀具交换动作,以避免与机床工作台、工件发生碰撞。z 轴的机床参考点位置是远离工件最远的安全位置,故一般以 z 轴先返回机床参考点后,才能执行换刀指令。但有些制造厂商,如台中精机的加工中心除了 z 轴先返回机床参考点外,还必须用 G30 指令返回第二参考点。故加工中心的实际换刀程序通常书写如下:

1) 只需 z 轴回机床参考点(无机械手式的换刀):

```
G91 G28 Z0;      (z 轴回机床参考点)
M06 T03;         (主轴更换为 3 号刀)
:
G91 G28 Z0;      (z 轴回机床参考点)
M06 T04;         (主轴更换为 4 号刀)
:
G91 G28 Z0;      (z 轴回机床参考点)
M06 T05;         (主轴更换为 5 号刀)
:
```

2) z 轴先返回机床参考点,且 y 轴必须返回第二参考点(有机械手式的换刀);

```
T01;             (1 号刀到换刀位置)
G91 G28 Z0;      (z 轴返回机床参考点)
G30 Y0;          (y 轴返回第二参考点)
M06;             (将 1 号刀换到主轴上)
T03;             (3 号刀到换刀位置)
:
G91 G28 Z0;      (z 轴返回机床参考点)
G30 Y0;          (y 轴返回第二参考点)
M06;             (将 3 号刀换到主轴上)
T04;             (4 号刀到换刀位置)
:
G91 G28 Z0;      (z 轴返回机床参考点)
G30 Y0;          (y 轴返回第二参考点)
M06;             (将 4 号刀换到主轴上)
```

T05;　　　　　　(5 号刀到换刀位置)

5.2.4　编程应注意的几个问题

1. 数控装置初始状态的设定

当机床电源打开时,数控装置将处于初始状态,表 5-2 中标有"★"的 G 代码被激活。由于开机后数控装置的状态可通过 MDI 方式更改,且会因为程序的运行而发生变化,为了保证程序的运行安全,建议在程序开始应有程序初始状态设定程序段。如下所示:

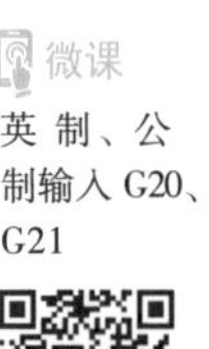

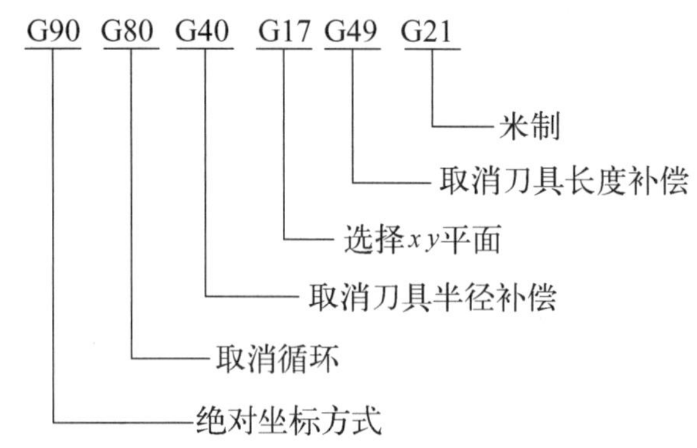

2. 工件坐标系的设置

(1) G54~G59 建立工件坐标系

数控机床一般在开机后需"回零"(即回机床参考点)才能建立机床坐标系。一般在正确建立机床坐标系后可用 G54~G59 设定六个工件坐标系。在一个程序中,最多可设定六个工件坐标系,如图 5-39 所示。

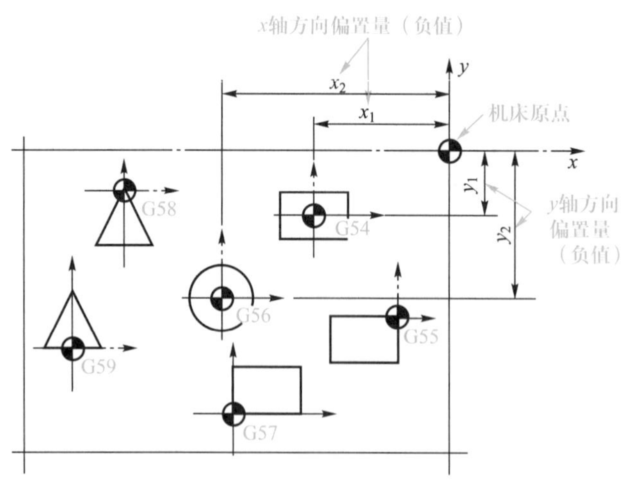

图 5-39　G54~G59 设定工件坐标系

在三轴数控机床上用 G54 建立工件坐标系的方法如图 5-40 所示,图中表示了工件原点在机床坐标系中的坐标值。

图 5-41 所示为在程序中设定两个坐标系的情况。

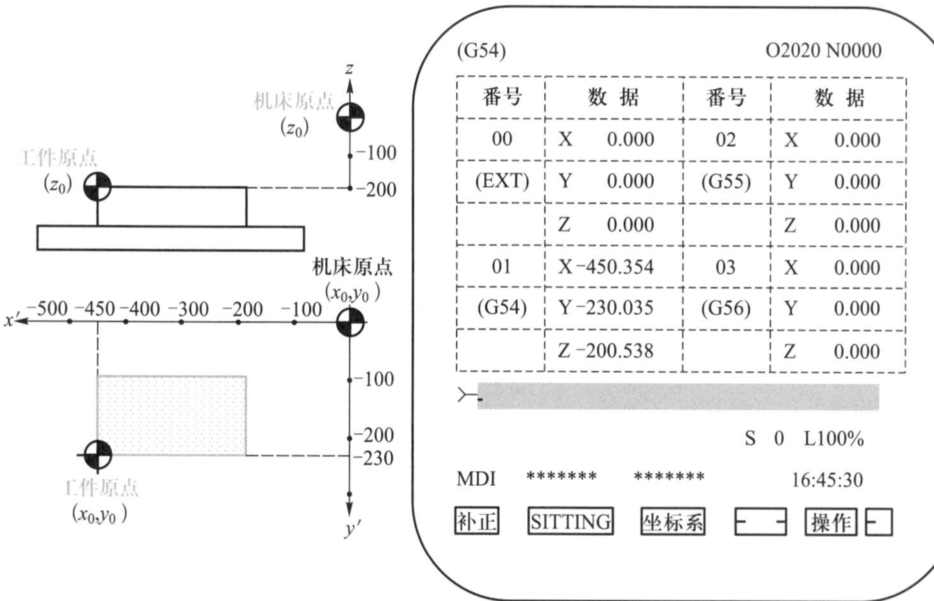

图 5-40　G54 设定工件坐标系

微课
G54 设定工件坐标系

一旦设定了工件坐标系，后续程序段中的工件绝对坐标（G90）均为相对此原点的坐标值。

当工件在机床上装夹后，工件原点与机床参考点的偏移量可通过测量或对刀来确定，该偏移量应事先输入到数控机床工件坐标系设定对应的偏置界面中。

（2）G92 建立工件坐标系

另外，可用 G92 指令建立工件坐标系。G92 指令通过设定刀具起点相对于工件原点的相对位置来建立工件坐标系。指令格式为：

G92X __ Y __ Z __;

其中：X、Y、Z 值指刀具起点相对于工件原点的坐标。

如图 5-42 所示，可用如下指令建立工件坐标系：G92 X30 Y30 Z20;

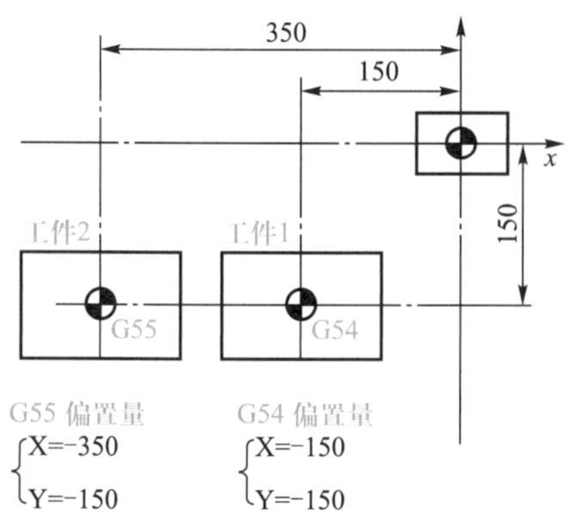

图 5-41　设定两个工件坐标系

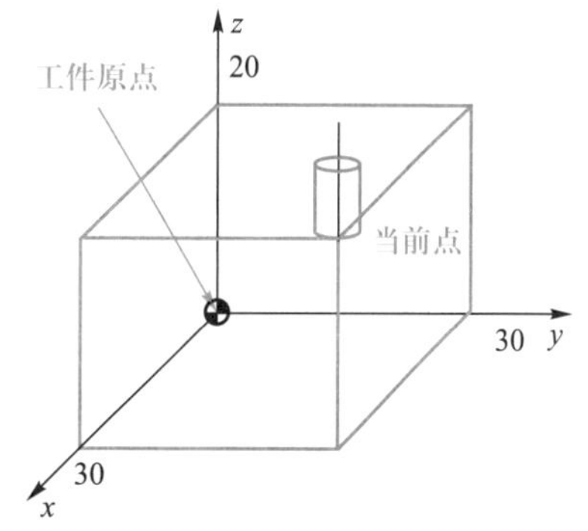

图 5-42　G92 建立工件坐标系

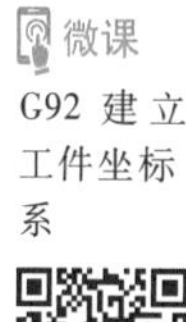
微课
G92 建立工件坐标系

注意 G92 与 G54~G59 指令之间的差别：G92 需单独一个程序段指定，其后的位置指令值与刀具的起始位置有关，在使用 G92 之前必须保证刀具处于加工起始点，执行该程序段只建立工件坐标系，并不产生坐标轴移动；G92 建立的工件坐标系在机床重开机时消失；使用 G54~G59 建立工件坐标系时，该指令可单独指定，也可与其他指令同段指定，如果该程序段中有位置移动指令（G00、G01），就会在设定的坐标系中运动；G54~G59 建立工件坐标系在机床重新开机后并不消失，并与刀具的起始位置无关。

3. 安全高度的确定

在数控镗铣床和加工中心上对工件进行加工时，起刀点和退刀点必须离开加工零件上表面至一个安全高度，保证刀具在停止状态时，不与加工零件和夹具发生碰撞。在安全高度位置时刀具中心（或刀尖）所在的平面也称为安全面，如图 5-43 所示。

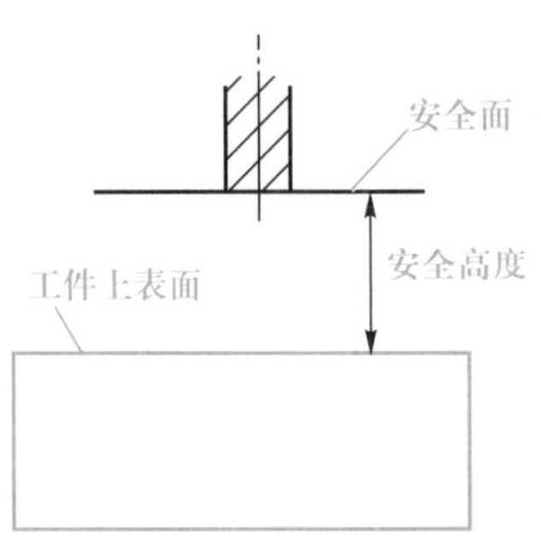

图 5-43 安全高度

4. 进刀／退刀方式的确定

对于铣削加工，刀具切入工件的方式不仅影响加工质量，同时直接关系到加工的安全。对于二维轮廓加工，一般要求从侧向进刀或沿切线方向进刀，尽量避免垂直进刀，如图 5-44 所示。退刀也应从侧向或切向进行。刀具从安全面高度下降到切削高度时，应离开工件毛坯边缘一个距离，不能直接贴着加工零件的理论轮廓直接下刀，以免发生危险，如图 5-45 所示。下刀运动最好不用快速（G00）运动，而用直线插补（G01）运动。

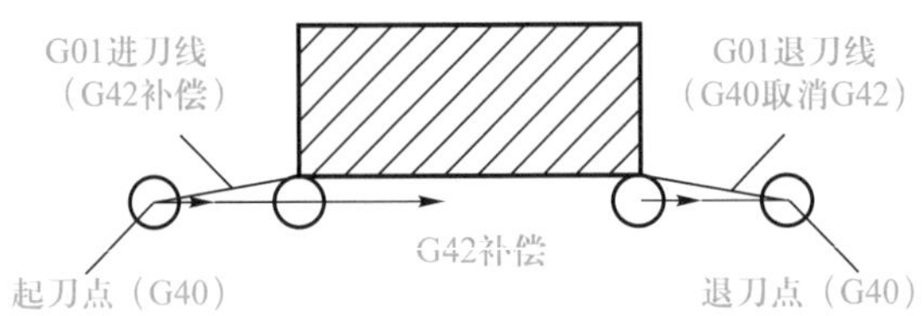

图 5-44 进刀/退刀方式

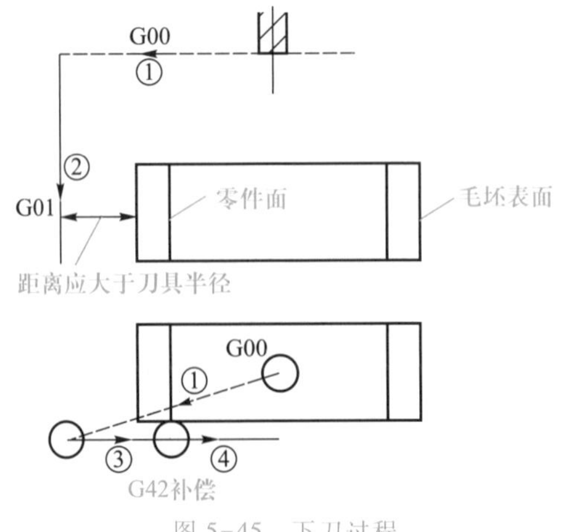

图 5-45 下刀过程

对于型腔的粗铣加工，一般应先钻一个工艺孔至型腔底面（留一定精加工余量），并扩孔，以便所使用的立铣刀能从工艺孔进刀，进行型腔粗加工。型腔粗加工一般采用从中心向四周扩展的方式。

5.2.5　基本移动指令

基本移动指令包括快速定位、直线插补和圆弧插补三个指令。

微课 快速定位和直线插补 G00、G01

1. 快速定位（G00 或 G0）

该指令控制刀具从当前所在位置快速移动到指令给出的目标点位置。该指令只能用于快速定位，不能用于切削加工。指令格式为：

G00　X __ Y __ Z __；

其中：X、Y、Z 值表示目标点坐标。

G00 可以同时指令一轴、两轴或三轴移动，如图 5-46 所示。

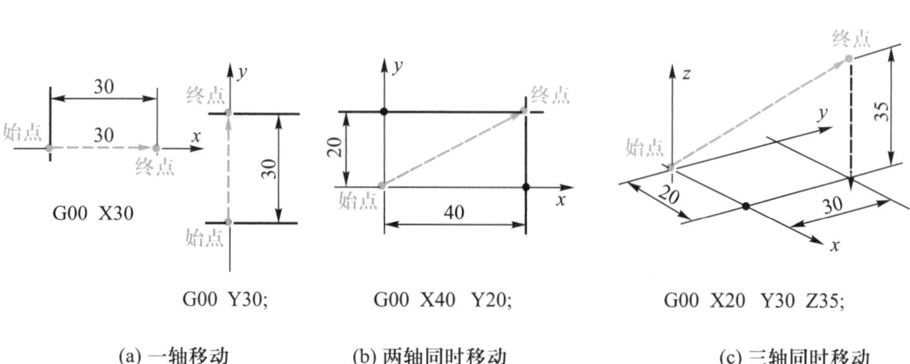

(a) 一轴移动　(b) 两轴同时移动　(c) 三轴同时移动

图 5-46　G00 指令

如图 5-47 所示，刀具从原点 O 快速移动到 P_1、P_2、P_3 点，可分别用增量坐标方式（G91）或绝对坐标方式（G90）编程。

G91 方式编程为：

G91 G00 X40 Y60；　($O \to P_1$)

X40 Y-20；　($P_1 \to P_2$)

X-40 Y-20；　($P_2 \to P_3$)

G90 方式编程为：

G90 G00 X40 Y60；　($O \to P_1$)

X80 Y40；　($P_1 \to P_2$)

X40 Y20；　($P_2 \to P_3$)

需要说明的是：G00 的具体运动速度已由机床生产厂设定，不能用程序指令改变，但可以用机床操作面板上的“进给倍率旋钮”来改变。另外，G00 的走刀轨迹通常不是直线，而是如图 5-48 所示的折线，这种走刀轨迹有利于提高定位精度。

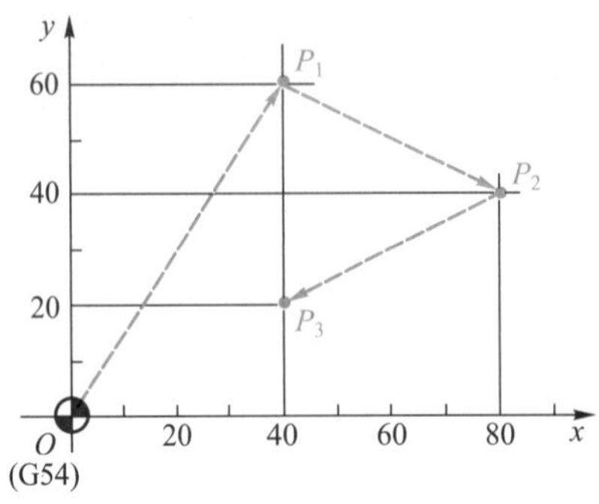

图 5-47　G00 编程例

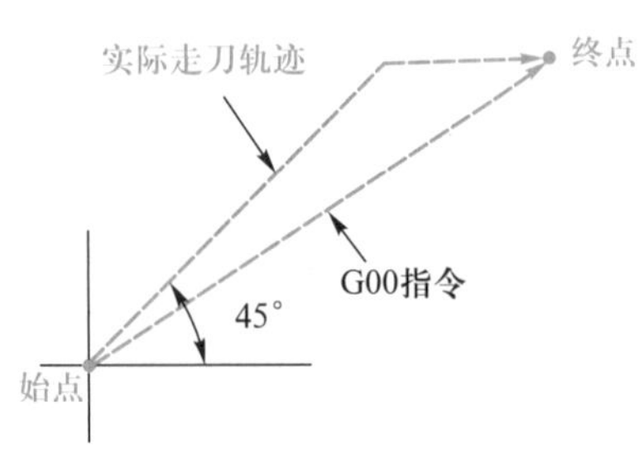

图 5-48　G00 的走刀轨迹

2. 直线插补(G01 或 G1)

该指令控制刀具以给定的进给速度从当前位置沿直线移动到指令给出的目标位置。指令格式为：

G01　X __ Y __ Z __ F __;

其中:X、Y、Z 值表示目标点坐标；

F 表示进给速度,mm · min^{-1}。

图 5-49 表示刀具从 P_1 点开始沿直线移动到 P_2、P_3、P_4、P_5、P_6 点,可分别用增量坐标方式(G91)或绝对坐标方式(G90)编程。

G91 方式编程为：

G91 G01 Y50 F120;　　($P_1 \to P_2$)

X30;　　($P_2 \to P_3$)

X40 Y-30;　　($P_3 \to P_4$)

Y-20;　　($P_4 \to P_5$)

X-50 Y-10;　　($P_5 \to P_6$)

G90 方式编程为：

G90 G01 Y80 F120;　　($P_1 \to P_2$)

X60;　　($P_2 \to P_3$)

X100 Y50;　　($P_3 \to P_4$)

Y30;　　($P_4 \to P_5$)

X50 Y20;　　($P_5 \to P_6$)

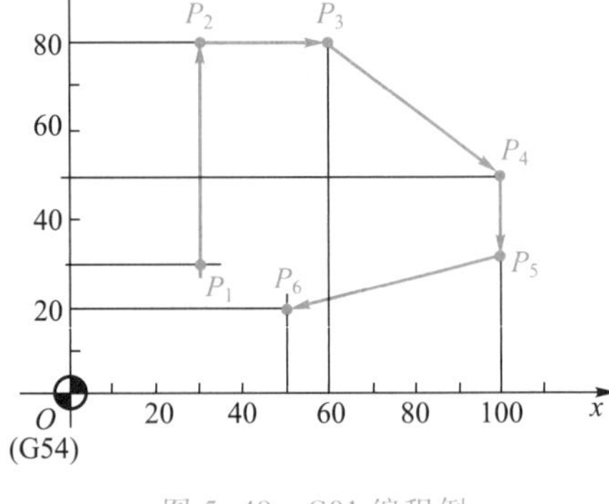

图 5-49　G01 编程例

[例 5-2]　在立式数控镗铣床上按如图 5-50 所示的走刀路线铣削工件上表面,已知主轴转速为 300 r · min^{-1},进给速度为 200 mm · min^{-1}。试编制加工程序。

建立如图 5-50 所示工件坐标系,编制加工程序如下：

O5001;　　(程序号)

G90 G54 G00 X155 Y40 S300;(①)

G00 Z50 M03;　　(②)

Z0;　　(③)

G01 X-155 F200;　　(④)

G00 Y-40;　　(⑤)

```
G01 X155;                  (⑥)
G00 Z300 M05;              (⑦)
X250 Y180;                 (⑧)
M30;                       (程序结束)
```

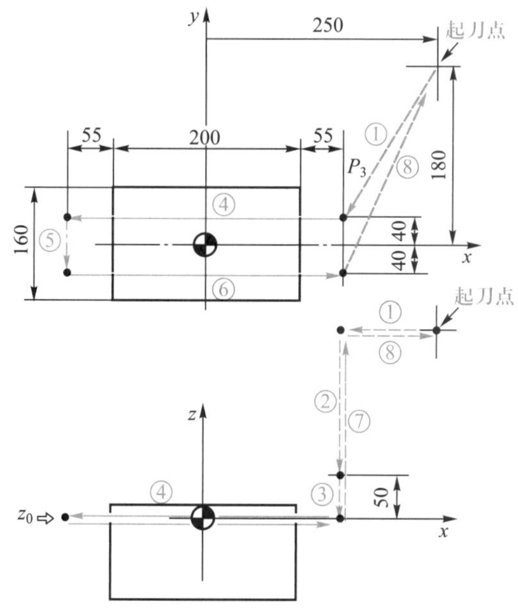

图 5-50　刀具走刀路线

3. **圆弧插补**(G02、G03 或 G2、G3)

该指令控制刀具在指定坐标平面内以给定的进给速度从当前位置(圆弧起点)沿圆弧移动到指令给出的目标位置(圆弧终点)。G02 为顺时针圆弧插补指令,G03 为逆时针圆弧插补指令。**因加工零件均为立体的,在不同平面上其圆弧切削方向(G02 或 G03)如图 5-51 所示。其判断方法为:**在右手直角笛卡儿坐标系统中,从垂直于圆弧所在平面轴的正方向往负方向看,顺时针为 G02,逆时针为 G03。**指令格式有三种情况:**

微课
圆弧插补
G02、G03

(1) *xy* 平面上的圆弧

$$\mathrm{G17}\begin{Bmatrix}\mathrm{G02}\\\mathrm{G03}\end{Bmatrix}\quad \mathrm{X}\_\_\ \mathrm{Y}\_\_\quad \begin{Bmatrix}\mathrm{I}\_\_\ \mathrm{J}\_\_\\\mathrm{R}\_\_\end{Bmatrix}\quad \mathrm{F}\_\_;$$

(2) *zx* 平面上的圆弧

$$\mathrm{G18}\begin{Bmatrix}\mathrm{G02}\\\mathrm{G03}\end{Bmatrix}\quad \mathrm{X}\_\_\ \mathrm{Z}\_\_\quad \begin{Bmatrix}\mathrm{I}\_\_\ \mathrm{K}\_\_\\\mathrm{R}\_\_\end{Bmatrix}\quad \mathrm{F}\_\_;$$

(3) *yz* 平面上的圆弧

$$\mathrm{G19}\begin{Bmatrix}\mathrm{G02}\\\mathrm{G03}\end{Bmatrix}\quad \mathrm{Y}\_\_\ \mathrm{Z}\_\_\quad \begin{Bmatrix}\mathrm{J}\_\_\ \mathrm{K}\_\_\\\mathrm{R}\_\_\end{Bmatrix}\quad \mathrm{F}\_\_;$$

其中:X、Y、Z 值为圆弧终点坐标;

I、J、K 值为圆心分别在 *x*、*y*、*z* 轴相对圆弧起点的增量坐标(简称 IJK 编程),

如图 5-52a 所示；

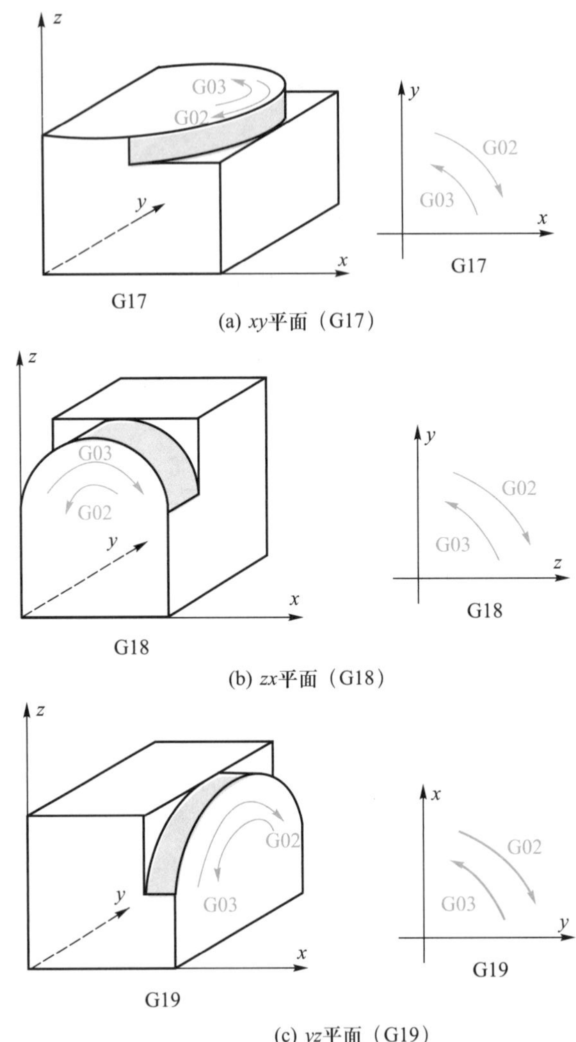

(a) *xy*平面（G17）

(b) *zx*平面（G18）

(c) *yz*平面（G19）

图 5-51　圆弧切削方向与平面的关系

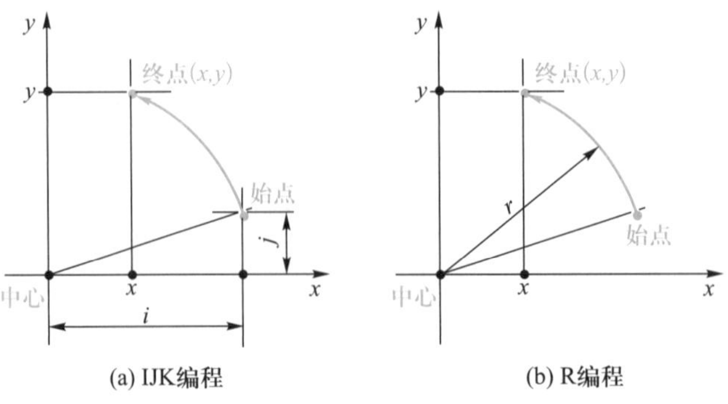

(a) IJK编程

(b) R编程

图 5-52　圆弧插补 IJK 编程和 R 编程

R 为圆弧半径(简称 R 编程),如图 5-40b 所示;

G17、G18、G19 为坐标平面选择指令,其含义见表 5-4。

坐标平面选择

表 5-4　坐标平面选择指令

平面	G 码	观看位置
xy	G17	从 $+z$ 方向观看
zx	G18	从 $+y$ 方向观看
yz	G19	从 $+x$ 方向观看

注意:G02 和 G03 指令的编写与坐标平面的选择有关。圆弧终点坐标可分别用增量坐标方式(G91)或绝对坐标方式(G90)指令,用 G91 指令时表示圆弧终点相对于圆弧起点的增量坐标。用 R 编程时,如果圆弧圆心角 $\alpha \leqslant 180°$,R 值取正;若 $\alpha > 180°$,R 值取负。如果加工的是整圆,则不能直接用 R 编程,而应用 IJK 编程。如图 5-53 所示的圆弧可分别按如下四种不同的方式编程:

(1) G91 方式 IJK 编程

(G91 G17)

G02 X30 Y-30 I-20 J-50 F120;

(2) G91 方式 R 编程

(G91 G17)

G02 X30 Y-30 R54 F120;

(3) G90 方式 IJK 编程

(G17 G90 G54)

G02 X90 Y40 I-20 J-50 F120;

(4) G90 方式 R 编程

(G17 G91 G54)

G02 X90 Y40 R54 F120;

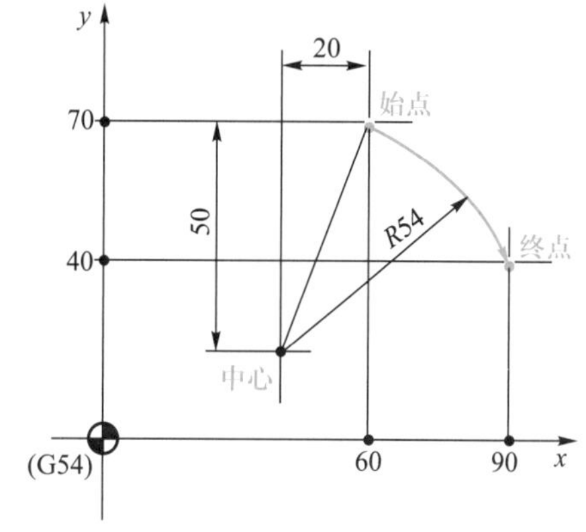

图 5-53　圆弧插补编程例

[例 5-3]　在立式数控镗铣床上按如图 5-54 所示的走刀路线铣削工件外轮廓(不考虑刀具半径),已知主轴转速为 400 $r \cdot min^{-1}$,进给速度为 200 $mm \cdot min^{-1}$。试编制加工程序。

建立如图 5-54 所示工件坐标系,编制加工程序如下:

```
O5002;                        (程序号)
G17 G90 G54 G00 X0 Y0;        (①)
X-35 Y-70 S400;               (②)
Z50 M03;                      (③)
G01 Z-25 F1000 M08;           (④)
X-60 F200;                    (⑤)
G03 X-110 Y-20 R50;           (⑥)
G01 Y-40;                     (⑦)
G02 X-140 Y-70 R-30;          (⑧)
```

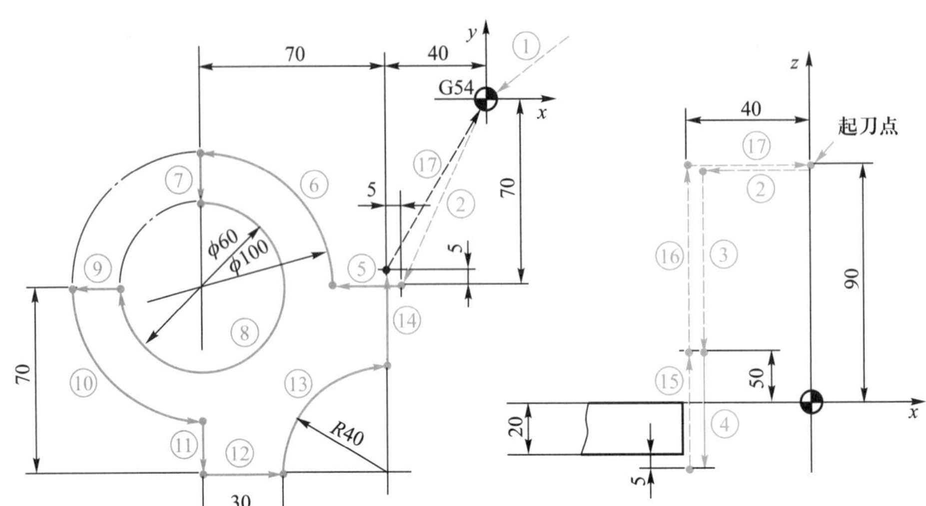

图 5-54　例 5-3 刀具走刀路线

```
G01 X-160;                     (⑨)
G03 X-110 Y-120 R50;           (⑩)
G01 Y-140;                     (⑪)
X-80;                          (⑫)
G02 X-40 Y-100 R40;            (⑬)
G01 Y-65;                      (⑭)
G00 Z50;                       (⑮)
Z90 M05;                       (⑯)
X0 Y0;                         (⑰)
M30;                           (程序结束)
```

微课
程序暂停
G04

5.2.6　程序暂停（G04）

该指令控制系统按指定时间暂时停止执行后续程序段，暂停时间结束则继续执行。该指令为非模态指令，只在本程序段有效。指令格式为：

$$G04\begin{Bmatrix} X\_\_ \\ P\_\_ \end{Bmatrix};$$

其中：X、P 值均为暂停时间，单位分别为秒和毫秒。

暂停指令应用于下列情况：

1）用于主轴有高速、低速挡切换时，以 M05 指令后，用 G04 指令暂停几秒，使主轴停稳后，再行换挡，以避免损伤主轴电动机。

2）用于孔底加工时暂停几秒，使孔的深度正确及减小孔底面的表面粗糙度值。

3）用于铣削大直径螺纹时，用 M03 指定主轴正转后，暂停几秒使转速稳定，再加工螺纹，使螺距正确。

如图 5-55 所示为在加工中心上镗孔示意图,为了保证孔底光滑和深度尺寸准确,在镗到孔底时暂停 1 s(P1000),其加工程序为:

(G90 G54)

G00 Z2;

G01 Z-10 F100;

G04 P1000;

G00 Z22;

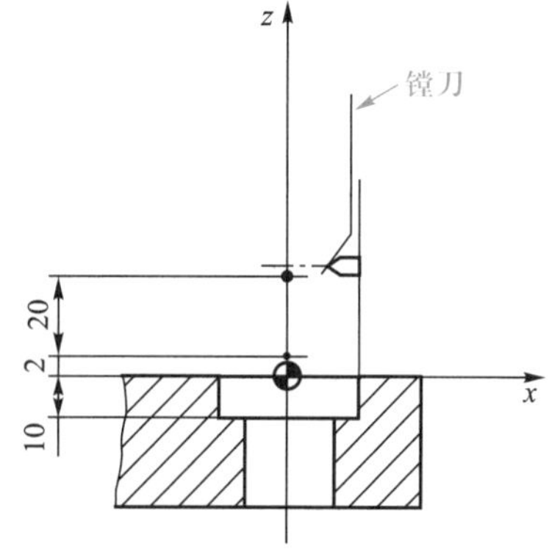

图 5-55　在加工中心上镗孔示意图

暂停时间一般应保证刀具在孔底保持回转一转以上。例如:假设主轴转速为 300 r · min^{-1},则暂停时间为 60/300 s = 0.2 s, 也就是说,暂停时间应该为 0.2 s 以上。假设我们可以取 0.5 s,则指令为:G04 P500;(或 G04 X0.5;)

5.2.7　刀具补偿指令

在数控机床上进行工件轮廓的铣削加工时,由于刀具半径的存在,刀具中心轨迹和工件轮廓不重合。

当数控机床具备刀具半径补偿功能时,编程人员只需根据工件轮廓编程,数控系统会自动计算出刀具中心轨迹,加工出所需要的工件轮廓。同时,为了简化编程,在编程时除了可以不考虑刀具半径值以外,也可以不考虑刀具长度值,此时只需利用系统的长度补偿功能建立起相应的长度补偿即可。

FANUC 0*i*-F 存储器可以储存 400 个刀具补偿值,专供刀具补偿之用。进行数控编程时,只需调用所需刀具补偿参数(刀具半径、刀具长度)所对应的寄存器编号即可,加工时,CNC 系统将该编号对应的刀具偏置寄存器中存放的刀具半径或长度补偿值取出,对刀具中心轨迹进行补偿计算,生成实际的刀具中心运动轨迹。

微课
刀具半径补偿

1. 刀具半径补偿(G40、G41、G42)

(1) 刀具半径补偿的方法

铣削加工刀具半径补偿分为刀具半径左补偿(G41)和刀具半径右补偿(G42)。编程时,使用非零的 D###代码选择正确的刀具偏置寄存器号,其偏置量(即补偿值)的大小通过 CRT/MDI 操作面板在对应的偏置寄存器号中设定,可设定值范围为 0~±999.999 mm。根据 ISO 标准,当刀具中心轨迹沿前进方向位于零件轮廓右边时称为刀具半径右补偿,反之称为刀具半径左补偿,如图 5-56 所示。当不需要进行刀具半径补偿时,则用 G40 取消刀具半径补偿。刀具半径补偿的建立有以下三种方式:① 先下刀后,再在 *x*、*y* 轴移动中建立刀具半径补偿,如图 5-57a所示;② 先建立刀具半径补偿后,再下刀到加工深度位置,如图 5-57b 所示;③ *x*、*y*、*z*三轴同时移动建立刀具半径补偿后再下刀,如图 5-57c 所示。一般取消刀具半径补偿的过程与建立过程正好相反。

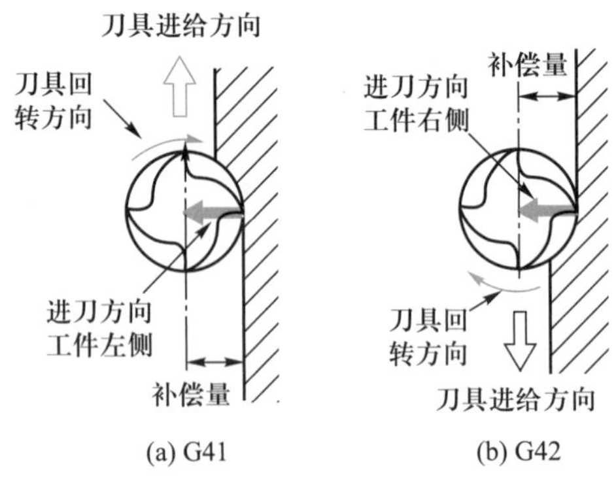

(a) G41　　(b) G42

图 5-56　刀具半径补偿方向

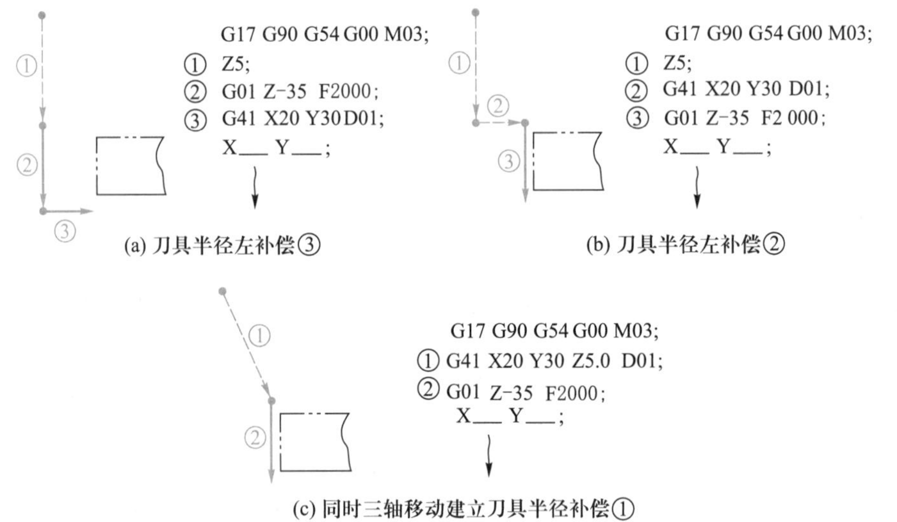

图 5-57　建立刀具半径补偿的方法

建立刀具半径补偿指令格式为：

$$\begin{Bmatrix} G17 \\ G18 \\ G19 \end{Bmatrix} \begin{Bmatrix} G00 \\ G01 \end{Bmatrix} \begin{Bmatrix} G41 \\ G42 \end{Bmatrix} \quad \alpha\_\_ \ \beta\_\_ \ D\_\_;$$

取消刀具半径补偿指令格式为：

$$\begin{Bmatrix} G00 \\ G01 \end{Bmatrix} \quad G40\ \alpha\_\_ \ \beta\_\_;$$

其中：α、β 值为 x、y、z 三轴中配合平面选择（G17、G18、G19）的任意两轴；

D 值为刀具半径补偿号码，以 1~3 位数字表示。

例如 D8，表示刀具半径补偿号码为 8 号，执行 G41 或 G42 指令时，控制器会到 D 所指定的刀具补偿号内调取刀具半径补偿值，以作为半径补偿的依据。如图 5-58所示为刀具补偿参数设定界面，这时 8 号半径补偿值为 0 mm。

图 5-59 所示为建立和取消刀具半径补偿示例，程序如下：

```
G17 G90 G54 G00 X0 Y0 S400;     (→O)
G41 G00 X30 Y15 D01 M03;        (O→P1,建立刀具半径左补偿)
G01 Y50 F150;                   (P1→P2)
X65;                            (P2→P3)
Y25;                            (P3→P4)
X20;                            (P4→P5)
G40 G00 X0 Y0 M05;              (P5→O,取消刀补)
```

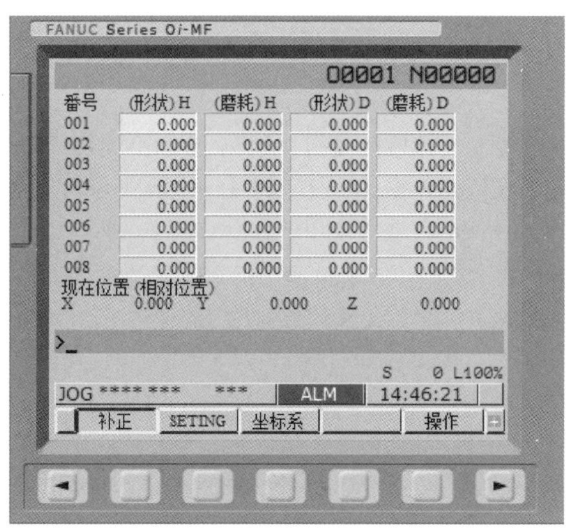

番号	(形状)H	(磨耗)H	(形状)D	(磨耗)D
001	0.000	0.000	0.000	0.000
002	0.000	0.000	0.000	0.000
003	0.000	0.000	0.000	0.000
004	0.000	0.000	0.000	0.000
005	0.000	0.000	0.000	0.000
006	0.000	0.000	0.000	0.000
007	0.000	0.000	0.000	0.000
008	0.000	0.000	0.000	0.000

图 5-58　刀具补偿参数设定界面

(2) 使用刀具半径补偿注意事项

1) 机床通电后,为取消刀具半径补偿状态(G40)。

2) G41、G42、G40 不能和 G02、G03 一起使用,只能与 G00 或 G01 一起使用,且刀具必须要移动。

3) 在程序中用 G42 指令建立右刀补,铣削时对于工件将产生逆铣效果,故常用于粗铣;用 G41 指令建立左刀补,铣削时对于工件将产生顺铣效果,故常用于精铣。

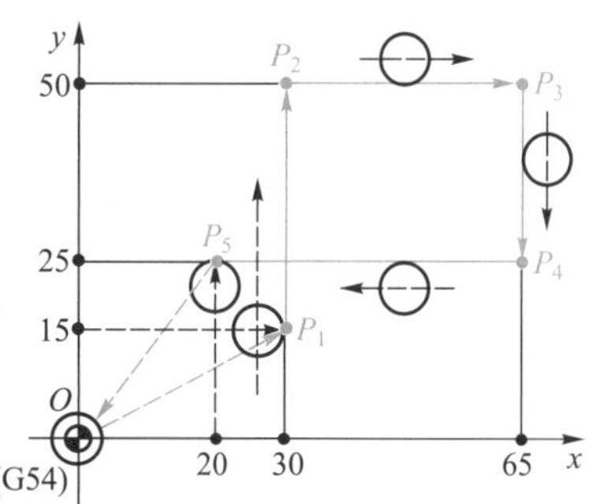

图 5-59　刀具半径补偿建立和取消示例

4) 一般情况下,刀具半径补偿量应为正值,如果补偿值为负,则 G41 和 G42 正好相互替换。通常在模具加工中利用这一特点,可用同一程序加工同一公称尺寸的内外两个型面。如图 5-60 所示为用同一加工程序加工阳模和阴模的情况。

5) 在建立刀具半径补偿以后,不能出现连续三个或者三个以上程序段无选择补偿坐标平面的移动指令,否则数控系统因无法正确计算程序中刀具轨迹交点坐标,可能会产生过切现象。如图 5-61 所示铣外轮廓时,在 G17 坐标平面建立刀具

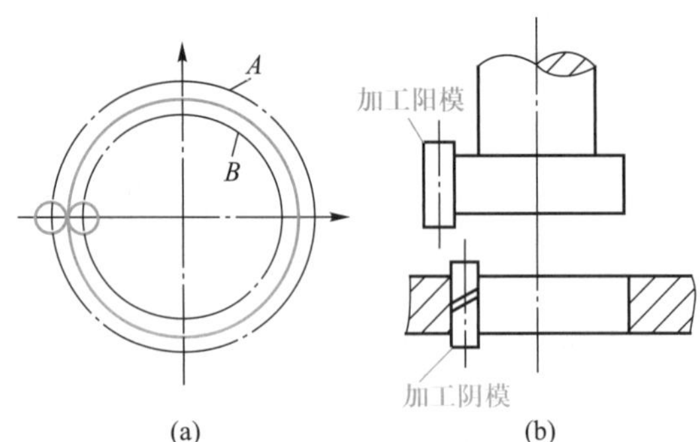

图 5-60　同一加工程序加工阳模和阴模

半径补偿后因连续出现三个程序段没有产生 xy 坐标平面移动指令,加工中出现过切现象;图 5-62 表示在铣内轮廓建立刀具半径补偿后,在程序中出现连续三个程序段没有 xy 平面移动指令,加工中将出现过切现象。非 xy 坐标平面移动指令示例如下:

M05;	(M 代码)
S300;	(S 代码)
T01;	(T 代码)
G04 P1200;	(暂停指令)
(G17)G01 Z100;	(xy 轴外移动指令)
G90;	(非移动 G 代码)
G91 G01 Y0;	(移动量为零)

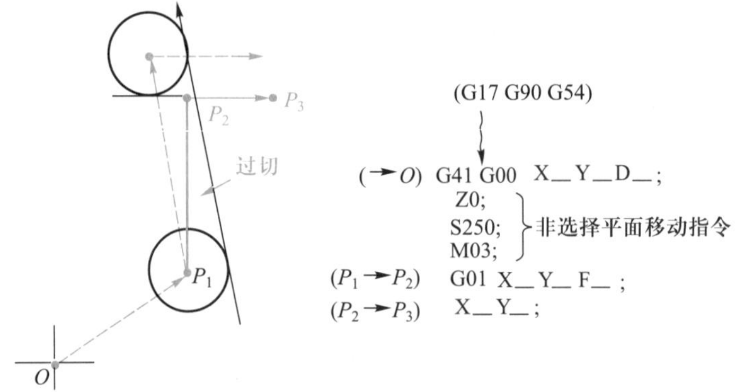

图 5-61　铣外轮廓过切

6) 在补偿状态下,铣刀的直线移动量及铣削内侧圆弧的半径值要大于或等于刀具半径,否则补偿时会产生干涉,系统在执行相应程序段时将会产生报警,停止执行。图 5-63a 所示为直线移动量小于铣刀半径发生过切的情况,图 5-63b 所示为铣刀半径大于加工沟槽宽度的情况,图 5-63c 所示为铣刀半径值大于加工内圆弧半径的情况。

7) 半径补偿功能为续效代码,在补偿状态时,若加入 G28、G29、G92 指令,当这些指令被执行时，补偿状态将暂时被取消，但是控制系统仍记忆着此补偿状态，因此于执行下一程序段时，又自动恢复补偿状态。

8）若程序中建立了半径补偿，在加工完成后必须用 G40 指令将补偿状态取消，使铣刀的中心点回到实际的坐标点上。亦即执行 G40 指令时，系统会将向左或向右的补偿值往相反的方向释放，使刀具中心点回复到实际坐标点上。所以使用 G40 指令时最好是铣刀已远离工件。

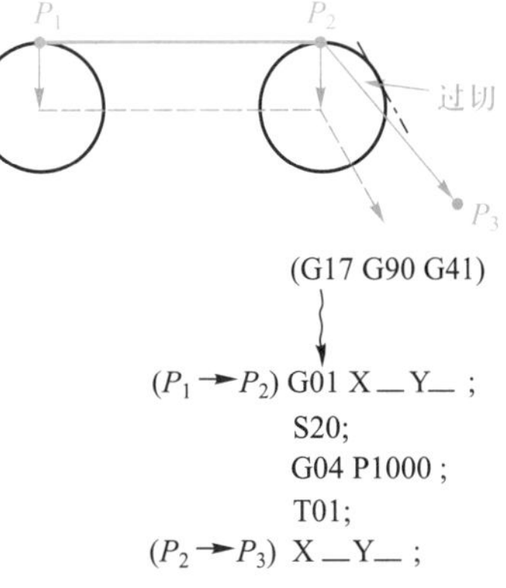

图 5-62　铣内轮廓过切

（3）刀具半径补偿的应用

1）编程时直接按工件轮廓尺寸编程。刀具在磨损、重磨或更换后直径会发生改变，此时不必修改程序，只需改变半径补偿参数。

2）刀具半径补偿值不一定等于刀具半径值。同一加工程序，采用同一刀具可通过修改刀补的办法实现对工件轮廓的粗、精加工；同时也可通过修改半径补偿值获得所需要的尺寸精度。

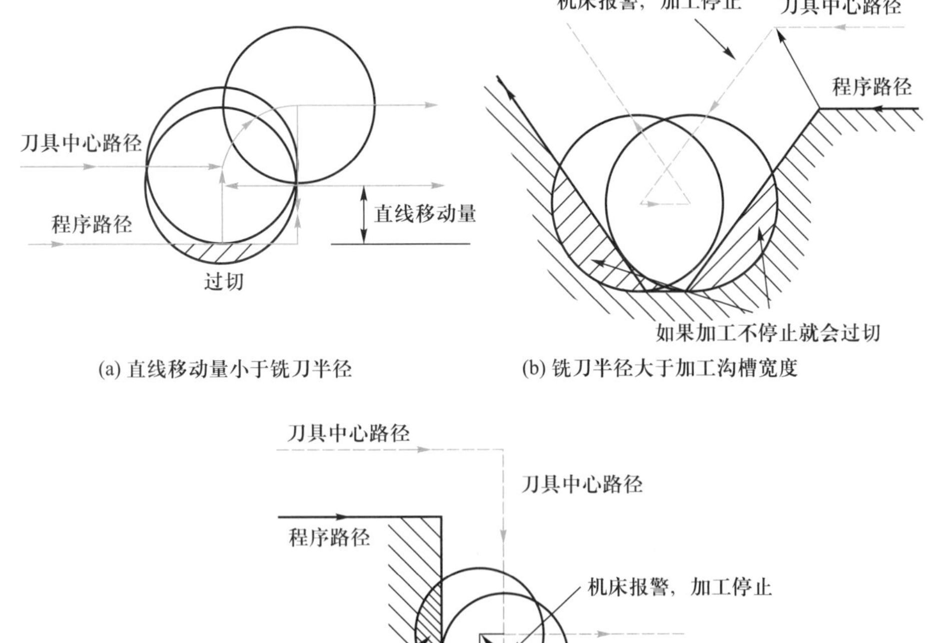

(a) 直线移动量小于铣刀半径　(b) 铣刀半径大于加工沟槽宽度

(c) 铣刀半径大于加工内圆弧半径

图 5-63　三种过切现象

［例 5-4］　按如图 5-64 所示的走刀路径铣削工件外轮廓，试编制加工程序。

已知立铣刀半径为 ϕ16 mm，半径补偿号为 D01。

建立如图 5-64 所示工件坐标系，编制加工程序如下：

O5003；	（程序号）
G17 G90 G54 G00 X0 Y0 S500；	（②）
Z5 M03；	（③）
G41 X60 Y30 D01；	（④ $O \to A$）
G01 Z-27 F2000；	（⑤）
Y80 F120；	（⑥ $A \to B$）
G03 X100 Y120 R40；	（⑦ $B \to C$）
G01 X180；	（⑧ $C \to D$）
Y60；	（⑨ $D \to E$）
G02 X160 Y40 R20；	（⑩ $E \to F$）
G01 X50；	（⑪ $F \to G$）
G00 Z5；	（⑫）
G40 X0 Y0 M05；	（$G \to O$）
G91 G28 Z0；	（z 轴回参考点）
M30；	（程序结束）

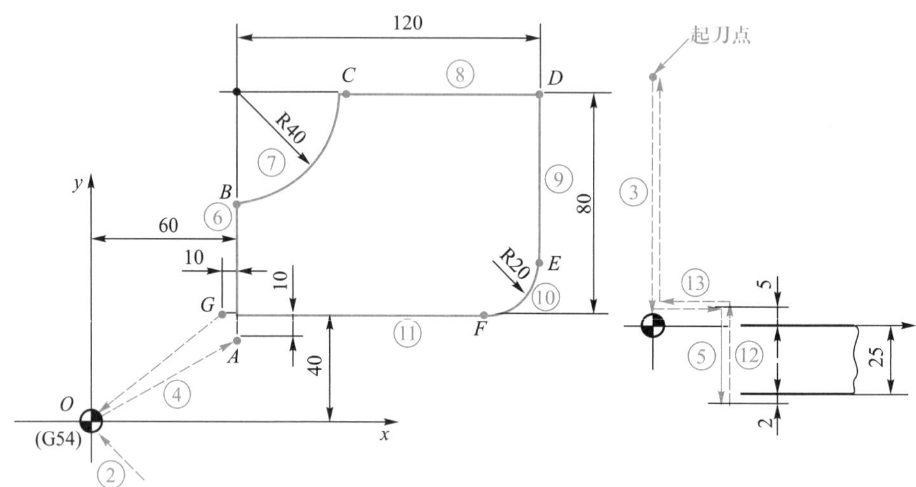

图 5-64　例 5-4 刀具走刀路线

2. 刀具长度补偿（G43、G44、G49）

数控镗铣床或加工中心所使用的刀具，因每把刀具的长度都不相同，同时，由于刀具的磨损或其他原因会引起刀具长度发生变化，使用刀具长度补偿指令可使每一把刀加工出来的深度尺寸都正确。

（1）刀具长度补偿的方法

刀具长度补偿是将编程时的刀具长度和实际使用的刀具长度之差设定于偏置寄存器中，利用该功能补偿这个差值而不需要修改程序，其指令类型和格式见表 5-5。

表 5-5　刀具长度补偿指令类型及格式

<table>
<tr><th>类型</th><th>格式</th><th>说明</th></tr>
<tr><td rowspan="2">刀具长度补偿 A</td><td>G43 Z __ H __;</td><td rowspan="11">G43:长度正补偿
G44:长度负补偿
G17:XY 平面选择
G18:XZ 平面选择
G19:YZ 平面选择
α :某一任意轴的轴地址
H :刀具长度补偿量指定地址
X,Y,Z:进行补偿的移动指令</td></tr>
<tr><td>G44 Z __ H __;</td></tr>
<tr><td rowspan="6">刀具长度补偿 B</td><td>G17 G43 Z __ H __;</td></tr>
<tr><td>G17 G44 Z __ H __;</td></tr>
<tr><td>G18 G43 Y __ H __;</td></tr>
<tr><td>G18 G44 Y __ H __;</td></tr>
<tr><td>G19 G43 X __ H __;</td></tr>
<tr><td>G19 G44 X __ H __;</td></tr>
<tr><td rowspan="2">刀具长度补偿 C</td><td>G43 α __ H __;</td></tr>
<tr><td>G44 α __ H __;</td></tr>
<tr><td>刀具长度补偿取消</td><td>G49;或 H00;</td></tr>
</table>

备注:① 刀具长度补偿类型 A、B、C 由参数 No. 5001 设定;
② 偏置号 H00 的刀具长度补偿量始终为 0,不能设定其他值

下面以刀具长度补偿 A 类型为例:G43 表示长度正补偿,其含义如图 5-65 所示;G44 表示长度负补偿,其含义如图 5-66 所示;Z 指令 z 轴移动坐标值。H 指令长度补偿号,例如 H01,表示刀具半径补偿号码为 1 号。执行 G43 或 G44 指令时,控制器会到 H 所指定的刀具补偿号内调取刀具长度补偿值,以作为长度补偿的依据,长度补偿值由 CRT/MDI 操作面板在对应的偏置寄存器中设定,可设定值范围为 0~±999.999 mm,在图 5-58 所示的刀具补偿参数设定界面中进行设置。

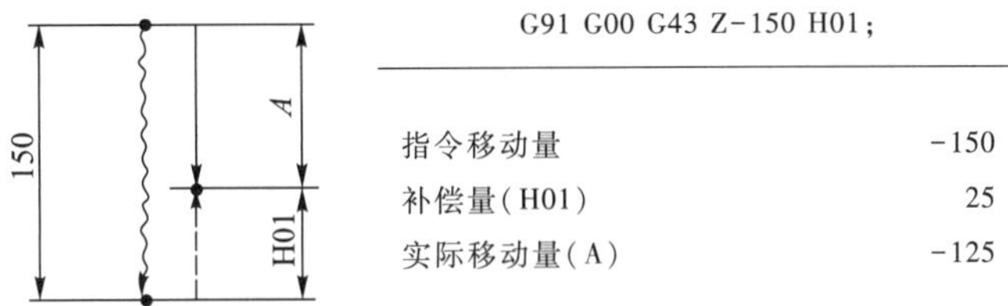

图 5-65　G43 的含义

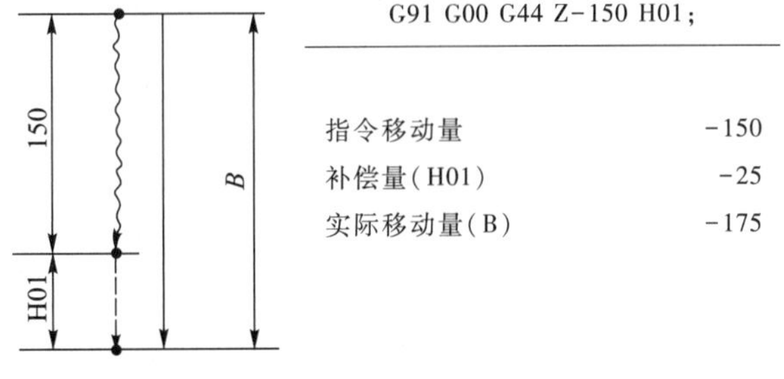

图 5-66　G44 的含义

使用刀具长度补偿功能应注意以下几点：

1）机床通电后，为取消长度补偿状态（G49）。

2）使用 G43 或 G44 指令进行刀具长度补偿时，只能有 z 轴的移动量，若有其他轴向的移动，则会出现报警。

3）G43、G44 为续效代码，如欲取消刀具长度补偿，除用 G49 外，也可以用 H00 的办法，这是因为 H00 的偏置量固定为 0。

（2）长度补偿量的确定

刀具长度补偿值可通过以下三种方式设定：

第一种方法如图 5-67 所示：事先通过机外对刀法测量出刀具长度（图中 H01 和 H02），作为刀具长度补偿值（该值应为正），输入到对应的刀具补偿参数中。此时，工件坐标系（G54）中 Z 值的偏置值应设定为工件原点相对机床原点的 z 向坐标值（该值为负）。

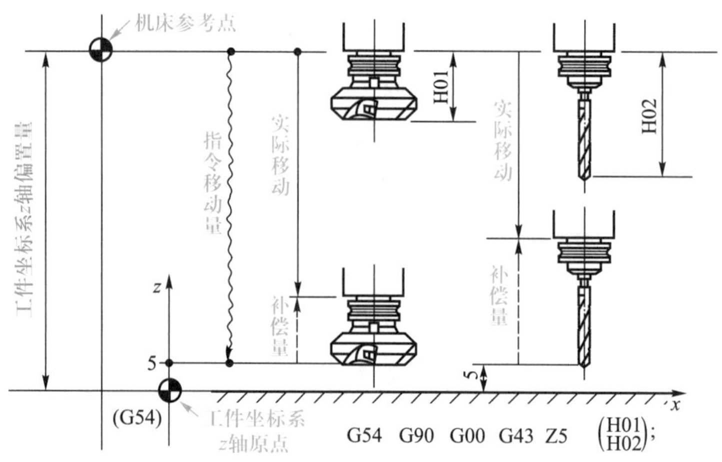

图 5-67 刀具长度补偿设定方法一

第二种方法如图 5-68 所示：将工件坐标系（G54）中 Z 值的偏置值设定为零，即 z 向的工件原点与机床原点重合，通过机内对刀测量出刀具 z 轴返回机床原点时刀位点相对工件基准面的距离（图中 H01、H02 均为负值）作为每把刀具长度补偿值。

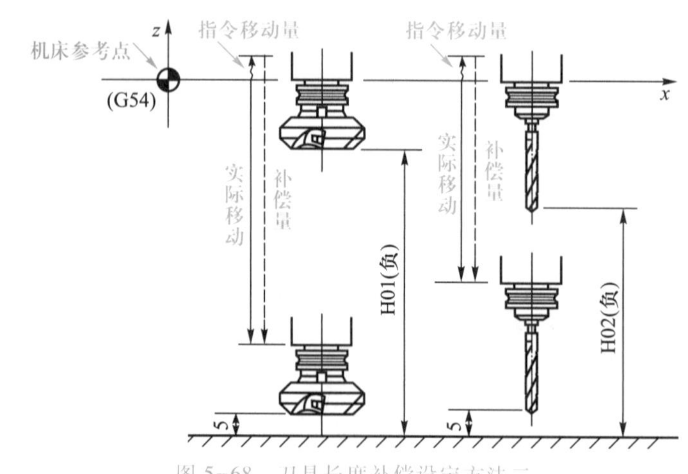

图 5-68 刀具长度补偿设定方法二

第三种方法如图 5-69 所示：将其中一把刀具作为基准刀，其长度补偿值为零，其他刀具的长度补偿值为与基准刀的长度差值（可通过机外对刀测量）。此时应先通过机内对刀法测量出基准刀在 z 轴返回机床原点时刀位点相对工件基准面的距离，并输入到工件坐标系（G54）中 Z 值的偏置参数中。

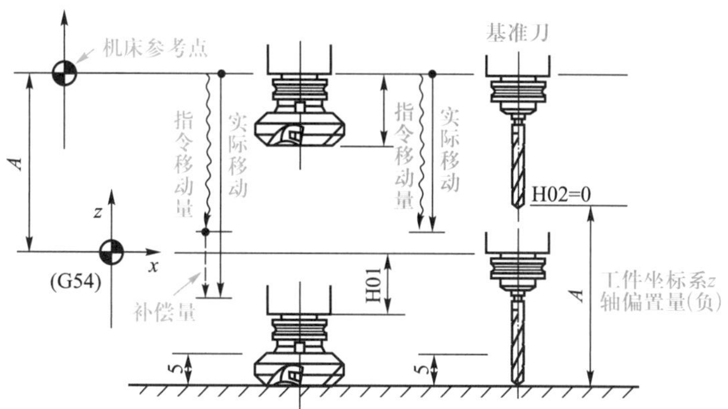

图 5-69　刀具长度补偿设定方法三

［例 5-5］　在立式加工中心上铣削如图 5-70 所示的工件上表面和外轮廓，分别用 ϕ125 mm（6 齿）面铣刀和 ϕ20 mm（3 齿）立铣刀，刀具 xy 轴和 z 轴方向走刀路线分别如图 5-71 和图 5-72 所示，在配置 FANUC 0i-F 系统的立式加工中心上加工。试编制加工程序。

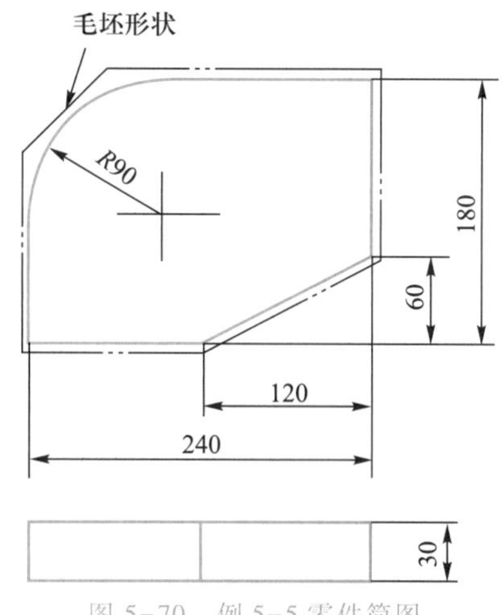

图 5-70　例 5-5 零件简图

建立如图 5-71 所示工件坐标系，编制加工程序如下：

O5004;	(程序号)
N100;	(程序初始设定)
G17 G90 G40 G49 G21;	(G 代码初始设定)
G91 G28 Z0;	(z 轴回参考点)
T01;	(选择 T01 号刀)
M06;	(主轴换上最初使用的 T01 号刀)

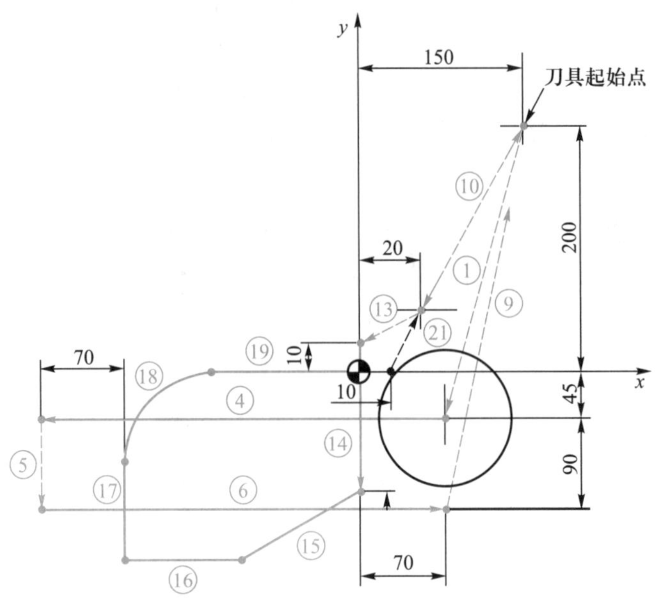

图 5-71　例 5-5 走刀路线

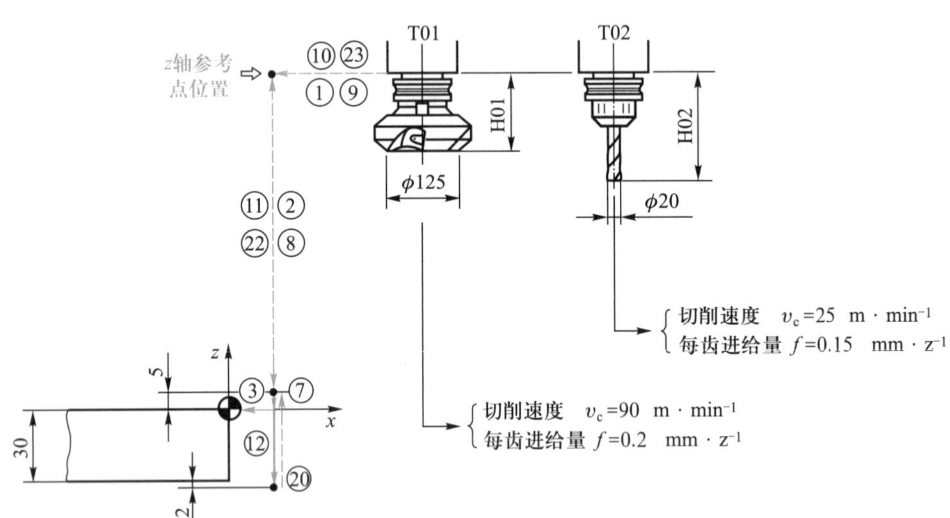

图 5-72　例 5-5 切削用量

N101(FACE MILL)；	（铣顶面程序）
T02；	（选择 T02 号刀）
G90 G54 G00 X70 Y-45 S230；	（①）
G43 Z5 H01 M03；	（②）
G01 Z0 F2000；	（③）
X-310 F275；	（④）
G00 Y-135；	（⑤）
G01 X70；	（⑥）

```
G00 Z5 M05;                     (⑦)
G91 G28 Z0;                     (⑧)
G90 X150 Y200;                  (⑨)
(G49;)                          (取消长度补偿,可省略)
M06;                            (换 T02 号刀)
N102(END MILL);                 (铣轮廓程序)
T01;                            (选择 T01 号刀)
G90 G54 G00 X20 Y20 S400;       (⑩)
G43 Z5 H02 M03;                 (⑪)
Z-32 F2000 M08;                 (⑫)
G41 G01 X0 Y10 D22 F180;        (⑬)
Y-120;                          (⑭)
X-120 Y-180;                    (⑮)
X-240;                          (⑯)
Y-90;                           (⑰)
G02 X150 Y0 R90;                (⑱)
G01 X10;                        (⑲)
G00 Z5 M09;                     (⑳)
G40 X20 Y20 M05;                (㉑)
G91 G28 Z0;                     (㉒)
G90 X150 Y200;                  (㉓)
M30;                            (程序结束)
```

5.2.8　返回参考点检查(G27)

数控机床通常是长时间连续运转,为了提高加工的可靠性及保证工件尺寸的正确性,可用 G27 指令来检查工件原点的正确性。

指令格式为:G90 (G91) G27 X __ Y __ Z __;

其中:在 G90 方式下 X、Y、Z 值指机床参考点在工件坐标系的绝对坐标;

在 G91 方式下 X、Y、Z 值表示机床参考点相对刀具目前所在位置的增量坐标。

该指令的用法如下:当执行加工完成一循环,在程序结束前执行 G27 指令,则刀具将以快速定位(G00)移动方式自动返回机床参考点,如果刀具到达参考点位置,则操作面板上的参考点返回指示灯亮;若工件原点位置在某一轴向有误差,则该轴对应的指示灯不亮,且系统将自动停止执行程序,发出报警提示。

使用 G27 指令时,若先前建立了刀具半径或长度补偿,则必须先用 G40 或 G49 将刀具补偿取消后,才可使用 G27 指令。例如对于加工中心可编写如下程序:

```
:
M06 T01;                        (换 1 号刀)
:
```

G40 G49;　　　　　　　　　　　　　　　　（取消刀具补偿）

G27 X385.612 Y210.812 Z421.226;　　　　（返回参考点检查）

:

5.2.9 自动返回参考点(G28)

微课
自动返回参考点 G28

该指令可使坐标轴自动返回参考点。

指令格式为:G28 X __ Y __ Z __;

其中:X、Y、Z 值为返回参考点时所经过的中间点坐标。

指令执行后,所有受控轴都将快速定位到中间点,然后再从中间点回到参考点,如图 5-73 所示。

G91 方式编程为:

G91 G28 X100 Y150;

G90 方式编程为:

G90 G54 G28 X300 Y250;

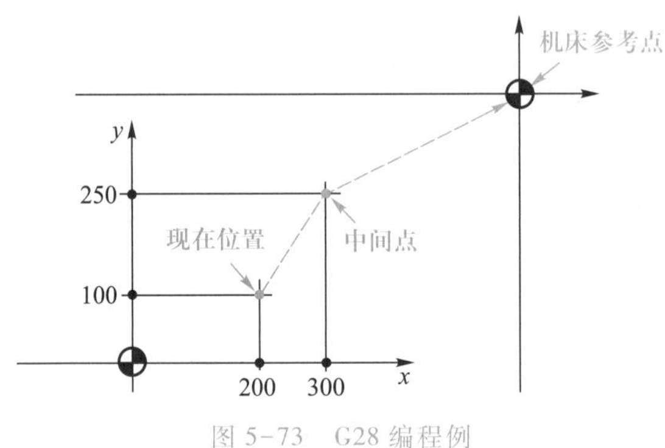

图 5-73　G28 编程例

对于加工中心,G28 指令一般用于自动换刀,在使用该指令时应首先取消刀具补偿功能。如果需要坐标轴从目前位置直接返回参考点,一般用增量坐标方式指令,如图 5-74 所示,其程序编制为:

G91 G28 X0 Y0;

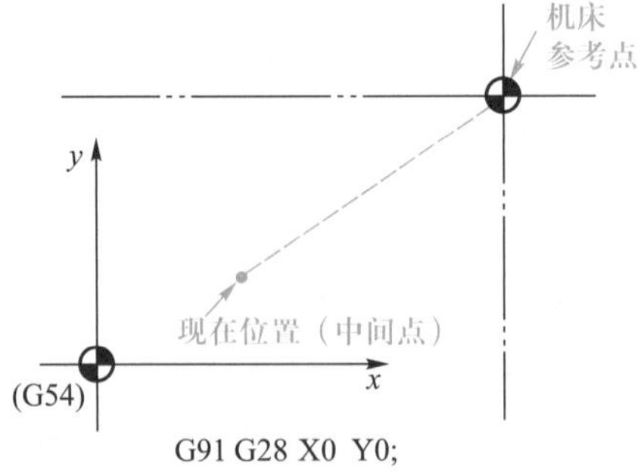

图 5-74　坐标轴直接返回参考点

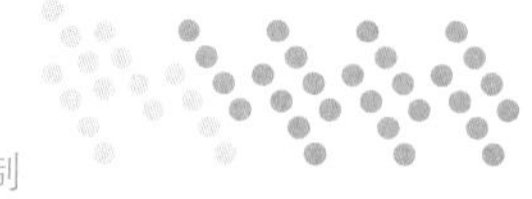

5.2.10　从参考点返回(G29)

此指令的功能是使刀具由机床参考点经过中间点到达目标点。

指令格式为:G29 X __ Y __ Z __;

其中:X、Y、Z 后面的数值是指刀具的目标点坐标。

这里经过的中间点就是 G28 指令所指定的中间点,故刀具可经过这一安全通路到达欲切削加工的目标点位置。所以用 G29 指令之前,必须先用 G28 指令,否则 G29 指令因不知道中间点的位置而发生错误。其使用方法如图 5-75 所示,程序编写如下:

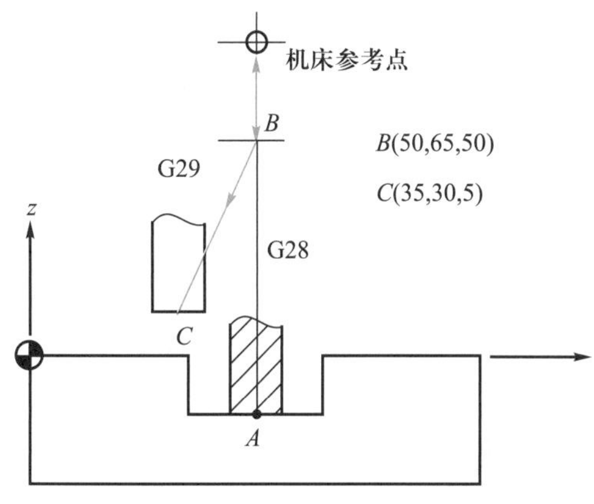

图 5-75　G28、G29 例

```
M06 T02;              (换 2 号刀)
:
G90 G28 Z50;          (由 A 点经中间点 B 回到 z 轴机床参考点)
M06 T03;              (换 3 号刀)
G29 X35 Y30 Z5;       (3 号刀由机床参考点经中间点 B 快速定位至 C 点)
:
```

5.2.11　第 2、3、4 参考点返回(G30)

参考点是在数控机床特定位置上设定的点,FANUC 系统共可设 4 个参考点,这些点(位置)可分别用于换刀、交换工作台、换动力头及用机械手上下料等操作。G28 指令用于回归第一参考点(机床原点),而返回第 2、3、4 参考点则用 G30 指令实现,参考点的位置由参数(No.1240~1243)设定。

指令格式为:

$$G30\begin{Bmatrix}P2\\P3\\P4\end{Bmatrix}X\_\_\ Y\_\_\ Z\_\_;$$

其中:P2、P3、P4 即选择的第 2、3、4 参考点,选择第 2 参考点时可省略不写 P2;

X、Y、Z 后面的数值是指中间点位置坐标。

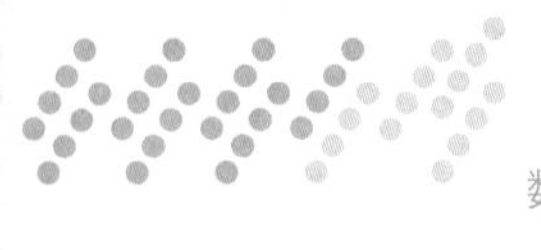

5.2.12 固定循环功能

微课
孔加工固定循环概述

孔加工是数控加工中最常见的加工工序，数控镗铣床和加工中心通常都具有完成钻孔、镗孔、铰孔和攻螺纹等加工的固定循环功能。本节介绍的固定循环功能指令即是针对各种孔的加工，用一个G代码即可完成。该类指令为模态指令，使用它编程加工孔时，只需给出第一个孔加工的所有参数，接着加工的孔与第一个孔相同的参数均可省略，这样可极大提高编程效率，而且使程序变得简单易读。表5-6列出了这些指令的基本含义。

表5-6 固定循环功能指令一览表

指令	钻孔动作	在孔底位置的动作	退刀动作	用途
G73	间歇进给		快速移动	高速深孔啄钻循环
G74	切削进给	主轴停止→主轴正转	切削进给	攻左螺纹循环
G76	切削进给	主轴定向停止	快速移动	精镗孔循环
G80	—	—	—	固定循环取消
G81	切削进给	—	快速移动	钻孔循环
G82	切削进给	暂停	快速移动	沉孔钻孔循环
G83	间歇进给	—	快速移动	深孔啄钻循环
G84	切削进给	主轴停止→主轴反转	切削进给	攻右螺纹循环
G85	切削进给	—	切削进给	铰孔循环
G86	切削进给	主轴停止	快速移动	镗孔循环
G87	切削进给	主轴停止	快速移动	背镗孔循环
G88	切削进给	暂停→主轴停止	手动操作	镗孔循环
G89	切削进给	暂停	切削进给	镗孔循环

1. 固定循环的基本动作

如图5-76所示，孔加工固定循环一般由以下六个动作组成（图中用虚线表示的是快速进给，用实线表示的是切削进给）：

动作①——x轴和y轴定位：使刀具快速定位到孔加工的位置。

动作②——快进到R点：刀具自起始点快速进给到R点（Referance point）。

动作③——孔加工：以切削进给的方式执行孔加工的动作。

动作④——孔底动作：包括暂停、主轴准停、主轴停止、刀具偏移等动作。

动作⑤——返回到R点：继续加工其他孔，且可以安全移动刀具时选择返回R点。

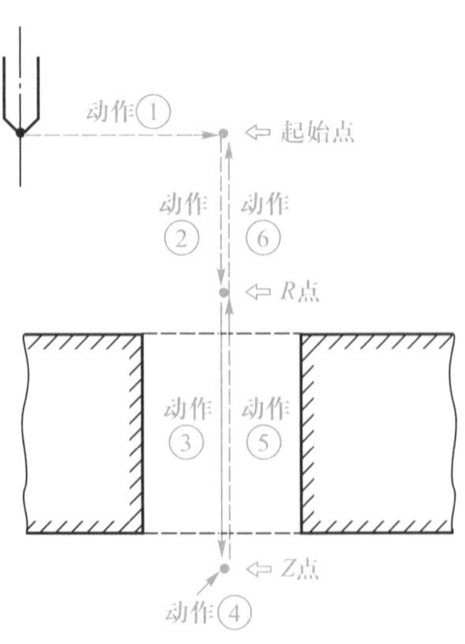

图5-76 孔加工固定循环动作

动作⑥——返回到起始点：孔加工完成后一般应选择返回起始点。

说明：

1）固定循环指令中地址 R 与地址 Z 的数据指令与 G90 或 G91 方式的选择有关。选择 G90 方式时 R 值与 Z 值一律取其终点坐标值；选择 G91 方式时 R 值则是指自起始点到 R 点间的距离，Z 值是指自 R 点到孔底平面上 Z 点的距离，如图5-77所示。

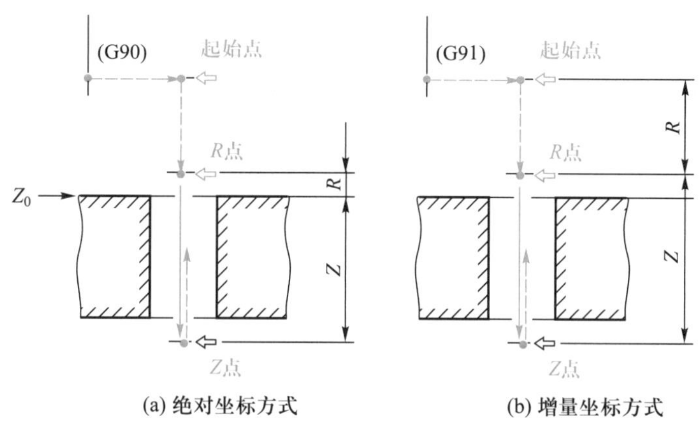

(a) 绝对坐标方式　　(b) 增量坐标方式

图 5-77　固定循环指令中的 R 与 Z 指令

2）起始点是为安全下刀而规定的点。该点到零件表面的距离可以任意设定在一个安全的高度上。当使用同一把刀具加工若干孔时，只有孔间存在障碍需要跳跃或全部孔加工完毕时，才使用 G98 功能使刀具返回到起始点，如图 5-78a 所示。

3）R 点又叫参考点，是刀具下刀时自快进转为工进的转换起点。距工件表面的距离主要考虑工件表面尺寸的变化，一般可取 2～5 mm。使用 G99 时，刀具将返回到该点，如图 5-78b 所示。

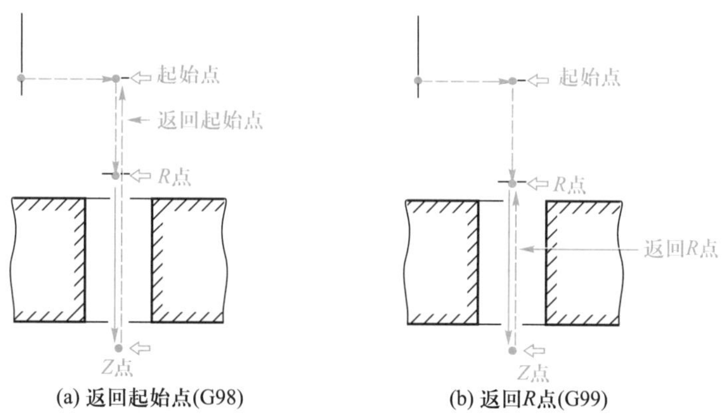

(a) 返回起始点(G98)　　(b) 返回R点(G99)

图 5-78　刀具返回指令

4）加工盲孔时孔底平面就是孔底的 z 轴高度；加工通孔时一般刀具还要伸出工件底平面一段距离，这主要是保证全部孔深都加工到规定尺寸。钻削加工时还应考虑钻头钻尖对孔深的影响。

5）孔加工循环与平面选择指令（G17、G18 或 G19）无关，即不管选择了哪个平面，孔加工都是在 xy 平面上定位并在 z 轴方向上加工孔。

2. 固定循环指令书写格式

孔加工固定循环指令书写格式为：

$$\begin{Bmatrix} G90 \\ G91 \end{Bmatrix} \begin{Bmatrix} G98 \\ G99 \end{Bmatrix} \text{G□□X\_\_Y\_\_Z\_\_R\_\_Q\_\_P\_\_F\_\_K\_\_;}$$

说明：

1）G□□是孔加工固定循环指令，指 G73～G89。

2）X、Y 值指定孔在 xy 平面的坐标位置（增量坐标或绝对坐标）。

3）Z 值指定孔底坐标值。增量坐标方式编程时，是 R 点到孔底的距离；绝对坐标方式编程时，是孔底的 z 坐标值。

4）R 值在增量坐标方式编程中是起始点到 R 点的距离；而在绝对坐标方式编程中是 R 点的 z 坐标值。

5）Q 值在 G73、G83 指令中，是用来指定每次进给的深度；在 G76、G87 指令中指定刀具位移量。

6）P 值指定暂停的时间，最小单位为 1 ms。

7）F 值为切削进给的进给速度。

8）K 值指定固定循环的重复次数，只循环一次时 K 可不指定。

9）G73～G89 是模态指令，一旦指定，一直有效，直到出现其他孔加工固定循环指令，或固定循环取消指令（G80），或 G00、G01、G02、G03 等插补指令时才失效。因此，多孔加工时该指令只需指定一次，以后的程序段只给孔的位置即可。

10）固定循环中的参数（Z，R，Q，P，F）是模态的，当变更固定循环方式时，可用的参数可以继续使用，不需重设。但中间如果隔有 G80 或 G01、G02、G03 指令，不受固定循环的影响。

11）在使用固定循环编程时一定要在前面程序段中指定 M03（或 M04），使主轴启动。

12）若在固定循环指令程序段中同时指定一后指令 M 代码（如 M05、M09），则该 M 代码并不是在循环指令执行完成后才被执行，而是执行完循环指令的第一个动作（x、y 轴向定位）后，即被执行。因此，固定循环指令不能和后指令 M 代码同时出现在同一程序段。

13）当用 G80 指令取消孔加工固定循环后，那些在固定循环之前的插补模态（如 G00、G01、G02 和 G03）恢复，M05 指令也自动生效（G80 指令可使主轴停转）。

微课
高速深孔啄钻循环 G73

14）在固定循环中，刀尖圆弧半径补偿（G41，G42）无效，刀具长度补偿（G43，G44）有效。

3. 固定循环指令介绍

（1）高速深孔啄钻循环指令（G73）

指令格式：G73X__Y__Z__R__Q__F__K__;

说明：孔加工动作如图 5-79 所示，分多次工作进给，每次进给的深度由 Q 值指定（一般为 2～3 mm），且每次工作进给后都快速退回一段距离 d，d 值由参数（No.5114）设定（通常为 0.3～1 mm）。这种加工方法，通过 z 轴的间断进给可以比较容易地实现断屑与排屑。

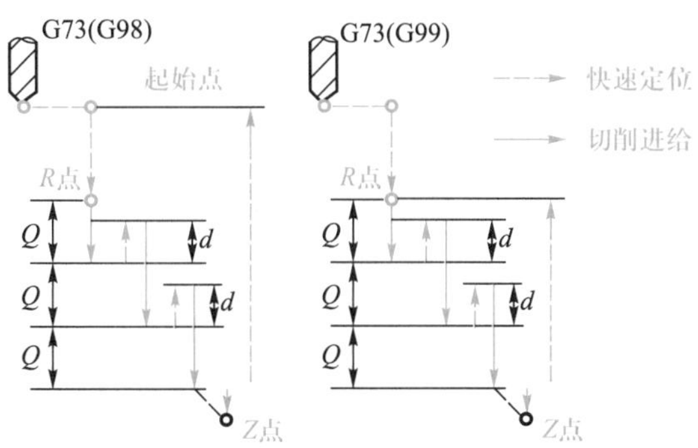

图 5-79　G73 的动作

（2）攻左旋螺纹循环指令（G74）

指令格式：G74 X __ Y __ Z __ R __ F __ K __；

微课
攻左旋螺纹循环 G74

说明：加工动作如图 5-80 所示，图中 CW 表示主轴正转，CCW 表示主轴反转。此指令用于攻左旋螺纹，故需先使主轴反转，再执行 G74 指令，刀具先快速定位至 X、Y 所指定的坐标位置，再快速定位到 R 点，接着以 F 所指定的进给速度攻螺纹至 Z 所指定的坐标位置后，主轴暂停 P，然后转换为正转且同时向 z 轴正方向退回至 R 点，退至 R 点后主轴恢复原来的反转。

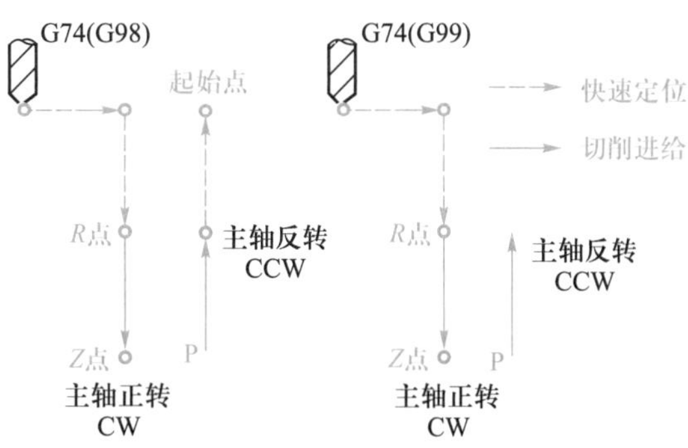

图 5-80　G74 的动作

攻螺纹的进给速度为：v_f（$mm \cdot min^{-1}$）= 螺纹导程 P（mm）×主轴转速 n（$r \cdot min^{-1}$）。

（3）精镗孔循环指令（G76）

指令格式：G76 X __ Y __ Z __ R __ Q __ P __ F __ K __；

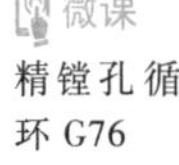

微课
精镗孔循环 G76

说明：孔加工动作如图 5-81 所示。图中 P 表示在孔底有暂停，OSS 表示主轴准停，Q 值表示刀具移动量。采用这种方式镗孔可以保证提刀时不划伤内孔表面。

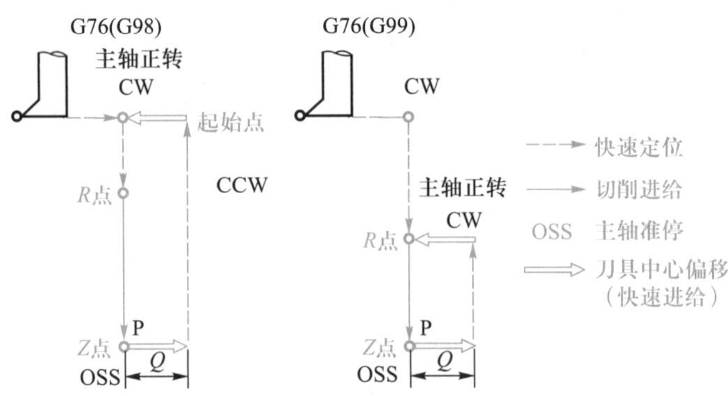

图 5-81　G76 的动作

执行 G76 指令时，镗刀先快速定位至 X、Y 所指定的坐标点，再快速定位到 *R* 点，接着以 F 指定的进给速度镗孔至 Z 指定的深度后，主轴准停（定向停止），使刀尖指向一固定的方向后，镗刀中心偏移使刀尖离开加工孔面（如图 5-81 所示），这样镗刀以快速定位退出孔外时，才不至于刮伤孔面。当镗刀退回到 *R* 点或起始点时，刀具中心即回复至原来位置，且主轴恢复转动。

应注意偏移量 Q 值一定是正值，如果 Q 为负值，符号被忽略。偏移方向可用参数（No.5148）设定选择+*x*、+*y*、-*x* 及-*y* 的任何一个方向，一般设定为+*x* 方向。指定 Q 值时不能太大，以避免碰撞工件。

这里要特别指出的是，镗刀在装到主轴上后，一定要在 CRT/MDI 方式下执行 M19 指令使主轴准停后，检查刀尖所处的方向，如图 5-82 所示，若与图中位置相反（相差 180°）时，需重新安装刀具使其按图中的定位方向定位。

微课
钻孔循环
G81

（4）钻孔循环指令（G81）

指令格式：G81 X __ Y __ Z __ R __ F __ K __；

说明：孔加工动作如图 5-83 所示。本指令属于一般孔钻削加工固定循环指令。

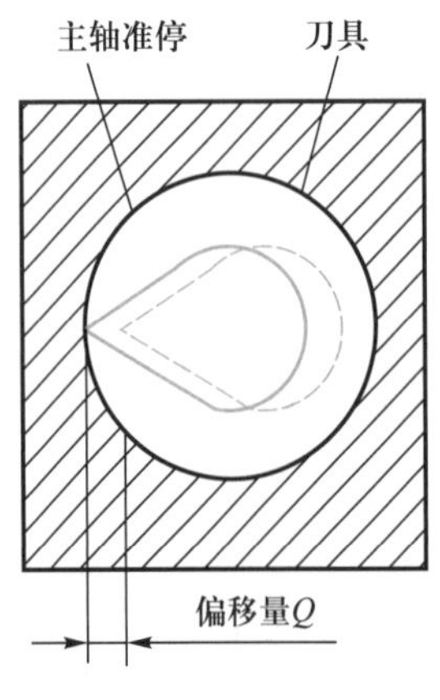

图 5-82　主轴准停与偏移

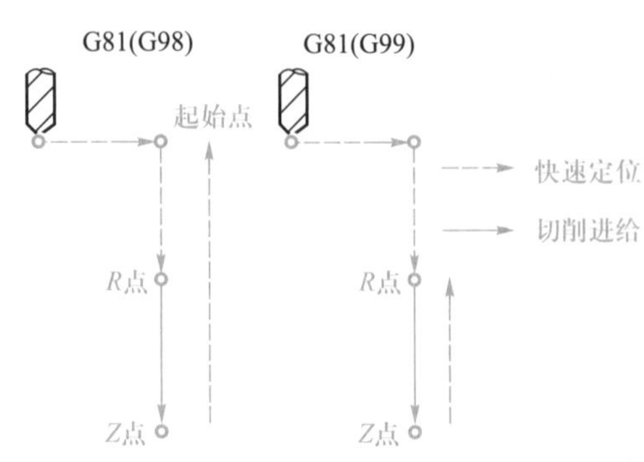

图 5-83　G81 的动作

(5) 沉孔钻孔循环指令(G82)

指令格式:G82 X __ Y __ Z __ R __ P __ F __ K __;

说明:与 G81 动作轨迹一样,仅在孔底增加了"暂停"时间,因而可以得到准确的孔深尺寸,表面更光滑,适用于锪孔或镗阶梯孔。

微课
沉孔钻孔
循环 G82

(6) 深孔啄钻循环指令(G83)

指令格式:G83 X __ Y __ Z __ R __ Q __ K __;

说明:孔加工动作如图 5-84 所示,本指令适用于加工较深的孔,与 G73 不同的是每次刀具间歇进给后退至 R 点,可把切屑带出孔外,以免切屑将钻槽塞满而增加钻削阻力及切削液无法到达切削区。图中的 d 值由参数设定(FANUC 0i-MC 由参数 No. 5101 设定),当重复进给时,刀具快速下降,到 d 规定的距离时转为切削进给,q 为每次进给的深度。

微课
深孔啄钻
循环 G83

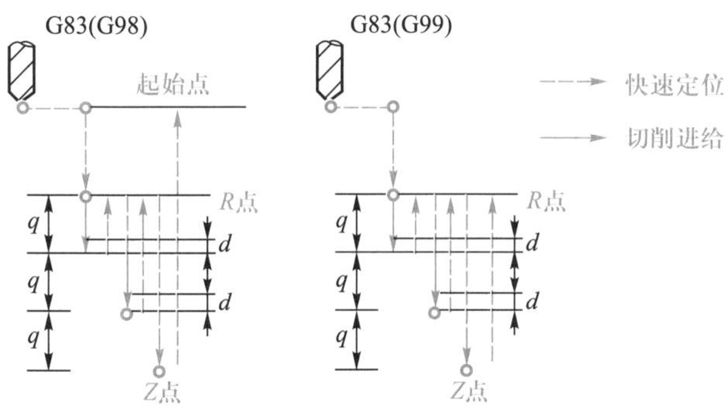

图 5-84　G83 的动作

(7) 攻右旋螺纹循环指令(G84)

指令格式:G84 X __ Y __ Z __ R __ F __ K __;

说明:与 G74 类似,但主轴旋转方向相反,用于攻右旋螺纹,其循环动作如图 5-85所示。

微课
攻右旋螺
纹循环 G84

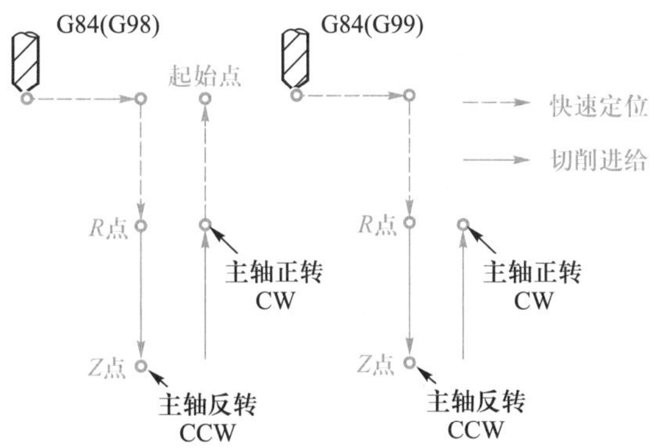

图 5-85　G84 的动作

使用螺纹循环指令弹性攻螺纹时,普通攻螺纹的刀具(丝锥)是用能轴向浮动的弹性卡头夹持装在机床主轴上的,因主轴的旋转和 z 轴进给是分别由主轴单元和进给单元独立控制的,加工中特别是在主轴加、减速和进给轴加、减速时,难以严格满足两者的同步,所以很难保证螺纹加工精度。而采用刚性攻螺纹方式时,刀具(丝锥)被刚性的连接在刀柄上,主轴旋转一转所对应的钻孔轴的进给量严格的与攻螺纹的螺距相等,以保证螺纹加工精度,可通过以下三种方式设定:

1) 在攻螺纹指令前指定 M29 S __;

2) 在含有攻螺纹指令的程序段中指定 M29 S __;

3) 作为刚性攻螺纹 G 代码指定 G84(将参数 G84(No.5200#0)设定为 1)。

螺纹循环指令执行过程中,操作面板上的“进给倍率旋钮”无效,另外即使按下进给暂停键,循环在回复动作结束之前也不会停止。

微课 铰孔循环 G85

(8) 铰孔循环指令(G85)

指令格式:G85 X __ Y __ Z __ R __ F __ K __;

说明:孔加工动作与 G81 类似,但返回行程中,从 $Z \rightarrow R$ 段为切削进给,以保证孔壁光滑,其循环动作如图 5-86 所示。此指令适宜铰孔。

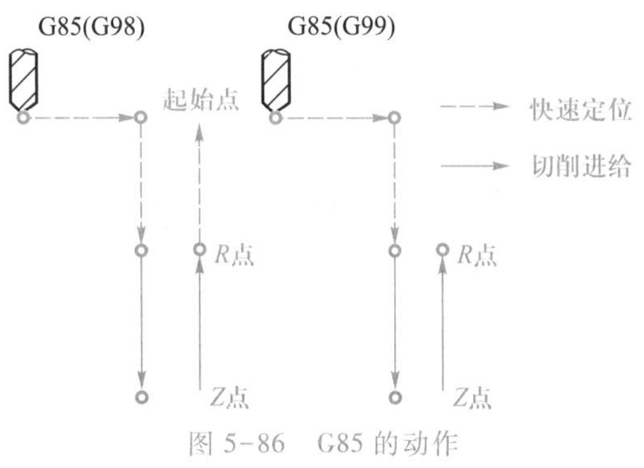

图 5-86　G85 的动作

微课 镗孔循环 G86

(9) 镗孔循环指令(G86)

指令格式:G86 X __ Y __ Z __ R __ F __ K __;

说明:指令的格式与 G81 完全相同,但进给到孔底后,主轴停止,返回到 R 点(G99)或起始点(G98)后主轴再重新启动,其循环动作如图 5-87 所示。采用这种方式加工,如果连续加工的孔间距较小,则可能出现刀具已经定位到下一个孔加工的位置而主轴尚未到达规定转速的情况,为此可以在各孔动作之间加入暂停指令 G04,以使主轴获得规定的转速。使用固定循环指令 G74 与 G84 时也有类似的情况,同样应注意避免。本指令属于一般孔镗削加工固定循环。

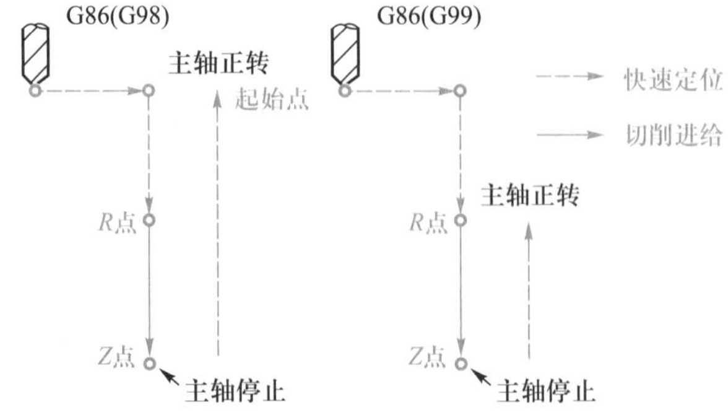

图 5-87　G86 的动作

（10）取消固定循环指令（G80）

指令格式为：G80；

说明：当循环指令不再使用时，应用 G80 指令取消循环，此时循环指令中的孔加工数据（如 Z 点、R 点值等）也被取消，那些在固定循环之前的插补模态被恢复（如 G00、G01、G02、G03 等）。

［例 5-6］　加工如图 5-88 所示的 5 个孔，分别用 G81 和 G83 编程。

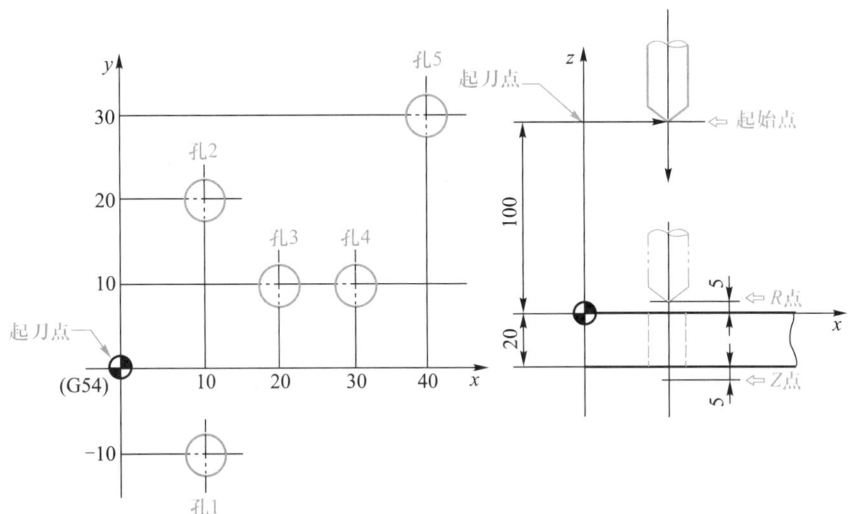

图 5-88　加工 5 个孔

G81 编程（增量坐标方式）如下：

G91 G00 S200 M03；	（增量坐标方式，主轴正转）
G99 G81 X10 Y-10 Z-30 R-95 F150；	（G81 钻孔循环加工孔 1，返回 R 点）
Y30；	（钻孔 2）
X10 Y-10；	（钻孔 3）
X10；	（钻孔 4）
G98 X10 Y20；	（钻孔 5，返回起始点）
G80 X-40 Y-30 M05；	（取消循环，快速返回刀具起刀点位置，主轴停）
M30；	（程序结束）

G83 编程（绝对坐标方式）如下：

G90 G54 G00 S200 M03；	（绝对坐标方式，建立工件坐标系，主轴正转）
G99 G83 X10 Y-10 Z-25 R5 Q5 F150；	（G83 循环加工孔 1，返回 R 点）
Y20；	（钻孔 2）
X20 Y10；	（钻孔 3）
X30；	（钻孔 4）
G98 X40 Y30；	（钻孔 5，返回起始点）

G80 X0 Y0 M05;　　　　　　　　　　(取消循环,快速返回刀具起刀点位置,主轴停)

M30;　　　　　　　　　　　　　　　(程序结束)

4. 固定循环的重复使用

在固定循环指令的最后,用 K 地址指定重复次数。在增量坐标方式(G91)编程时,如果有间距相同的若干个相同的孔,采用重复次数来编程是很方便的。

采用重复次数编程时,要采用 G91、G99 指令方式。

[例 5-7]　加工如图 5-89 所示的 4 个孔,用 G82 编程。

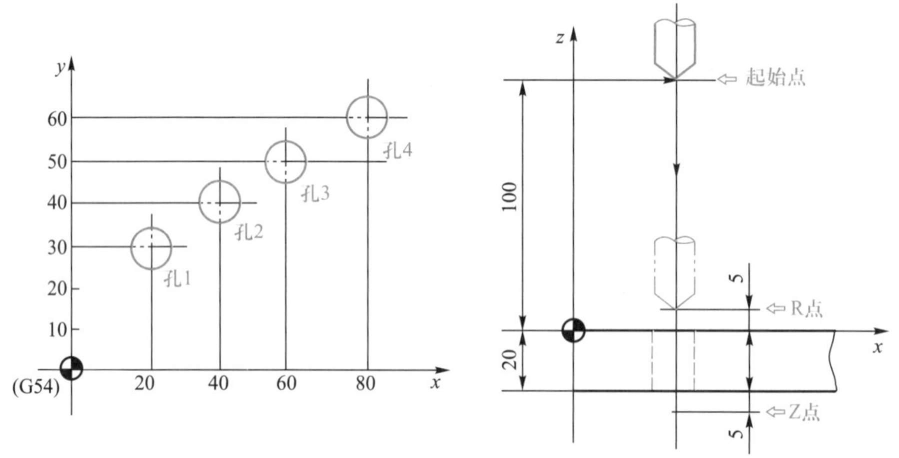

图 5-89　G82 编程

编制程序如下:

G91 G00 S200 M03;　　　　　　　　　(增量坐标方式,主轴正转)

G99 G82 X20 Y30 Z-30 R-95 P1000 F120;(G82 固定循环钻孔 1)

X20 Y10 K3;　　　　　　　　　　　　(G82 固定循环钻孔 2、3、4)

G80 Z95;　　　　　　　　　　　　　(取消循环,刀具快速返回起始点)

X-80 Y-60 M05;　　　　　　　　　　(刀具快速返回工件原点,主轴停)

M30;　　　　　　　　　　　　　　　(程序结束)

注意:如果使用 G74 或 G84 时,因为主轴回到 R 点或起始点时要反转,因此需要一定时间,如果用 K 指令来进行多孔操作,要估计主轴的启动时间。如果时间不足,不应使用 K 地址,而应对每一个孔给出一个程序段,并且每段中增加 G04 指令来保证主轴的启动时间。

5. 固定循环功能综合应用实例

[例 5-8]　如图 5-90 所示加工 2×M10×1.5 螺纹通孔,在立式加工中心上加工工序为:① ϕ8.5 麻花钻钻孔;② ϕ25 锪钻倒角;③ M10 丝锥攻螺纹。切削用量见表 5-7,试编制加工程序。

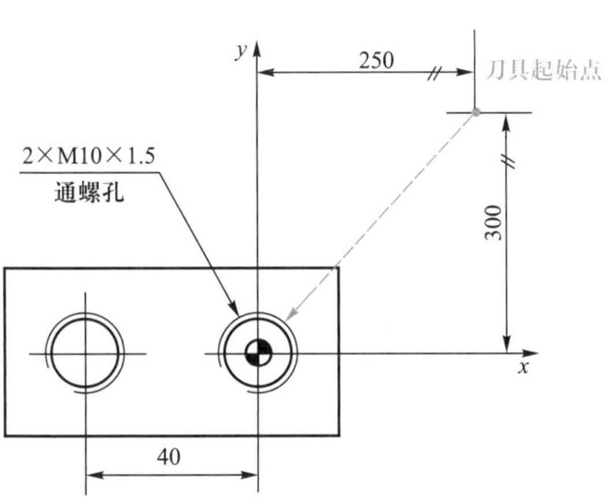

图 5-90　例 5-8 加工示意图

表 5-7　切 削 用 量

刀具号	长度补偿号	刀具名称	切削速度/(m·min^{-1})	进给量/(mm·r^{-1})
T01	H01	ϕ8.5 麻花钻	20	0.2
T02	H02	ϕ25 倒角刀	12	0.2
T03	H03	M10 丝锥	8	1.5

分析：绘制加工刀具走刀路线，如图 5-91 所示，各刀具的 R 点和 Z 点位置如图 5-92 所示。这里主要有两点需要特别说明：

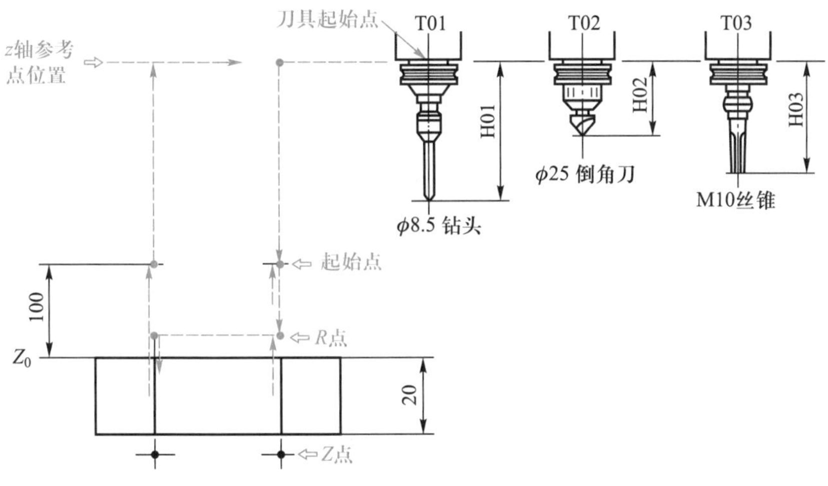

图 5-91　z 轴方向走刀路线

(1) 应如何计算 ϕ25 锪钻倒角时的 Z 点坐标？这里假设倒角孔口直径为 D，锪钻小端直径为 d，锥角为 α，锪钻与孔口接触时锪钻小端与孔口的距离 L，则：

$$L=(D-d)/2\tan(\alpha/2)$$

根据 L 值和倒角量的大小就可算出 Z 点坐标值。本例 $\alpha=90°$，$D=8.5$ mm，$d=0$，则 $L=4.25$ mm，若倒角深为 1.25 mm，则 Z 点 z 坐标值为 5.5 mm。

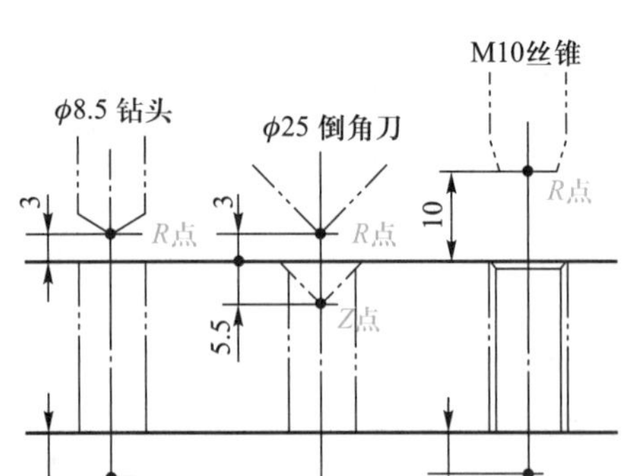

图 5-92　各刀具的 R 点和 Z 点位置

(2) 攻螺纹时的 R 点的 z 坐标为 10 mm,这是为了保证螺距准确,因为主轴在由快进转入工进时中有一个加减速运动过程,应避免在这一过程中攻螺纹。

编制加工程序如下:

```
O5007;                          (程序号)
N10;                            (初始设定)
G17 G90 G40 G80 G49 G21;        (G 代码初始状态)
G91 G28 Z0 T01;                 (z 轴回零,选 T01 号刀)
M06;                            (主轴换上最初使用的 T01 号刀)
N11 (DRILLING);                 (钻孔程序)
T02;                            (选 T02 号刀)
G90 G00 G54 X0 Y0;              (工件坐标系设定,快速到达 x=0,y=0 位置)
M13 S750;                       (主轴正转,冷却液开)
G43 Z100 H01;                   (刀具长度补偿,至循环起始点)
G99 G81 Z-25 R3 F150;           (钻孔 1,刀具返回 R 点)
G98 X-40;                       (钻孔 2,刀具返回起始点)
G91 G80 G28 Z0;                 (取消钻孔循环,z 轴回参考点)
M06;                            (主轴换上 T02 号刀)
N20(CHAMFER);                   (倒角程序)
T03;                            (选 T03 号刀)
G90 G00 G54 X0 Y0;              (工件坐标系设定,快速到达 x=0,y=0 位置)
M13 S380;                       (主轴正转,冷却液开)
G43 Z100 H02;                   (刀具长度补偿,至循环起始点)
G99 G81 Z-5.5 R3 F30;           (孔 1 倒角,刀具返回 R 点)
G98 X-40 M09;                   (孔 2 倒角,刀具返回起始点,冷却液关)
G91 G80 G28 Z0 M05;             (取消钻孔循环,z 轴回参考点,主轴停)
M06;                            (主轴换上 T03 号刀)
N30(TAPPING);                   (攻螺纹程序)
G90 G00 G54 X0 Y0;              (工件坐标系设定,快速到达 x=0,y=0 位置)
M29 S150;                       (刚性攻螺纹方式)
```

```
G43 Z100 H03;              (刀具长度补偿,至循环起始点)
G99 G84 Z-25 R10 F500;     (孔 1 攻螺纹,刀具返回 R 点)
G98 X-40;                  (孔 2 攻螺纹,刀具返回起始点)
G80 G00 X250 Y300;         (取消攻螺纹循环,回起始位置)
G91 G28 Z0;                (z 轴回参考点)
M30;                       (程序结束)
```

5.2.13　等导程螺纹切削(G33)

小直径的内螺纹大都用丝锥配合攻螺纹指令 G74、G84 固定循环指令加工。大直径的螺纹因刀具成本太高,常使用可调式的镗刀配合 G33 指令加工,可节省成本。

指令格式为:G33 Z __ F __;

其中:Z 值为螺纹切削的终点坐标值(绝对坐标)或切削螺纹的长度(增量坐标);

F 值为螺纹的导程。

一般在切削螺纹时,从粗加工到精加工,是沿同一轨迹多次重复切削。由于在机床主轴上安装有位置编码器,可以保证每次切削螺纹时起始点和运动轨迹都是相同的,同时还要求从粗加工到精加工时主轴转速必须是恒定的。如果主轴转速发生变化,必然会影响螺纹切削精度。G33 指令对主轴转速有以下限制:

$$1 \leqslant n \leqslant v_{\mathrm{fmax}}/P$$

式中:n——主轴转速,r · min^{-1};

v_{fmax}——最大进给速度,mm · min^{-1};

P——螺纹导程,mm。

[例 5-9]　如图 5-93 所示,孔径已加工完成,使用可调式镗刀配合 G33 指令切削 M60×1.5 的内螺纹。

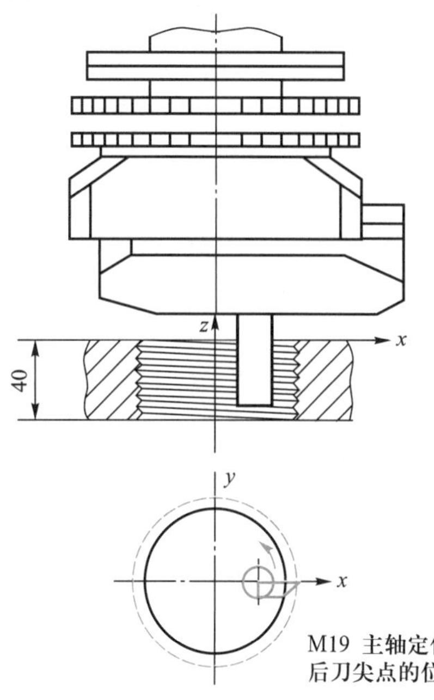

图 5-93　G33 指令应用例

```
O5008;
G90 G00 G17 G40 G49;      (G 代码初始设定)
G54 X0 Y0;                (建立工件坐标系,刀具快速定位)
M03 S400;                 (主轴正转)
G43 Z10 H01;              (建立长度补偿,刀具定位至工件上方 10 mm 处)
G33 Z-45 F1.5;            (第一次切削螺纹)
M19;                      (主轴准停)
G00 X-5;                  (主轴中心偏移,避免提升刀具时碰撞工件)
Z10;                      (提升刀具)
X0 M00;                   (刀具移至孔中心后,程序停止,调整刀具)
M03;                      (主轴正转)
G04 X2;                   (暂停 2 s,使主轴转速 400 r·min⁻¹稳定)
G33 Z-45 F1.5;            (第二次切削螺纹)
M19;                      (主轴准停)
G00 X-5;                  (主轴中心偏移,避免提升刀具时碰撞工件)
Z10;                      (提升刀具)
X0 M00;                   (刀具移至孔中心后,程序停止,调整刀具)
M03;                      (主轴正转)
G04 X2;                   (暂停 2 s,使主轴转速 400 r·min⁻¹稳定)
G33 Z-45 F1.5;            (第三次切削螺纹)
:
M19;                      (主轴准停)
G00 X-5;                  (主轴中心偏移,避免提升刀具时碰撞工件)
Z10;                      (提升刀具)
G28 G91 Z0;               (z 轴返回参考点)
M30;
```

5.2.14 转角的速度控制

一般数控机床的各移动轴都是由伺服电机驱动的。当数控系统执行移动指令时(如 G00、G01、G02、G03 及用手摇脉冲发生器移动),为了保证坐标轴在开始和结束移动时运动平稳,机床不产生振动,伺服电机在移动开始及结束时会自动加减速。各轴加减速的时间由参数设定。所以,在编写程序时,一般不需要考虑加减速问题。

因为自动加减速的关系,如果在某一程序段刀具仅沿 y 轴切削,而在下一程序段沿 x 轴切削,当进给速度沿 x 轴加速时,y 轴开始减速,则在转角处会形成一小圆角,如图 5-94 中虚线所示。

1. 切削模式(G64)

一般数控机床一开机即自动设定处于 G64 切削模式状态,此指令具有自动加减速功能,切削工件时于转角处形成一小圆角,具有去除毛边的效果。

2. 准确停止检验(G09、G61)

G09 和 G61 指令能使刀具定位于程序所指定的位置,并执行定位检查,这样就能加工出尖锐转角的工件(即转角处实际刀具路径与程序路径相同,如图 5-94 实线部分)。这两个指令的差别是 G09 为非续效代码,而 G61 为续效代码。

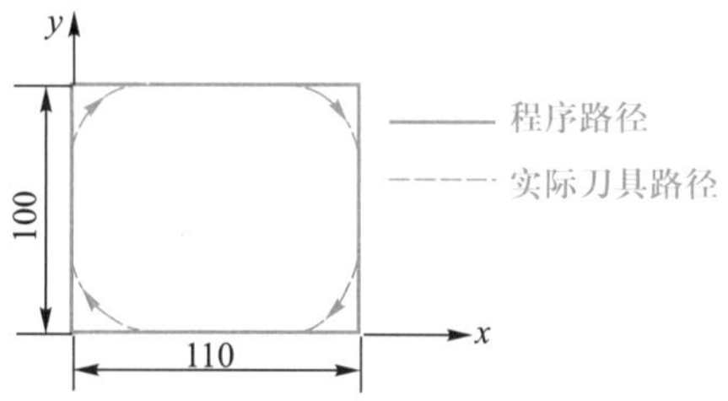

图 5-94　自动加减速使转角处形成小圆角

[例 5-10]　如图 5-94 所示,编制程序使刀具路线在全部转角处均沿实线进给。

编制程序如下:

```
O5009;
G54 G90 G00 X-20 Y-20;
M03 S800;
G43 Z5 H01;
G01 Z-10 F80;
G41 X0 Y0 D11 F100;
Y100;
N10 G61;                    (准确停止检验)
X110;
Y0;
X0;
G64;                        (恢复切削模式指令,具有自动加减速功能)
G00 G40 X-20 Y-20;
Z20;
G28 G91 Z0;
M30;
```

说明:因为 G61 是续效代码,所以使刀具在全部转角处沿实线轨迹切削;若将 N10 程序段 G61 指令改为 G09 指令,因为 G09 是非续效代码,则只能使左上角沿实线切削,其他转角仍沿虚线切削;若删除 N10 程序段,则加工的四个转角均会产生小圆角。

3. 自动转角进给速率调整指令(G62)

G62 称为自动转角进给速率调整指令。当建立刀具半径补偿时,控制器会自动执行 G62 指令,在切削内圆弧的转角处自动降低进给速度,以减轻刀具的负荷,因此能切削出一个较好的表面。

4. 攻螺纹模式(G63)

在一般切削模式(G01、G02、G03)时,其进给速度可由操作面板上的“进给倍率旋钮”随时依实际情况调整。但只要使用切削螺纹指令(如G33、G74、G84指令),则控制器会自动执行G63指令,使“进给倍率旋钮”无效(即锁定在100%),以避免切削螺纹时因人为误操作“进给倍率旋钮”而改变切削螺纹的进给速度,使刀具断裂或加工出螺距不等的螺纹。

微课
子程序

5.2.15 子程序

为了说明子程序的概念和应用,先来看如下一个简单的实例:

[例5-11] 如图5-95所示,在数控镗铣床上铣削工件上两个相同的外轮廓,其加工程序如下:

```
O5010;
N10 G17 G90 G00 S250 M03;
N20 G54 X0 Y0;
N30 G41 X30 Y30 D01;
N40 Z-25;
N50 Y80;
N60 X60;
N70 Y40;
N80 X20;
N90 G00 Z100;
N100 G40 X0 Y0;
N110 G55 X0 Y0;
N120 G41 X30 Y30 D01;
N130 Z-25;
N140 Y80;
N150 X60;
N160 Y40;
N170 X20;
N180 G00 Z100;
N190 G40 X0 Y0;
N200 G54 X0 Y0;
M30;
```

从以上程序可以看出N30~N100与N120~N190程序段内容完全相同,为了简化编程,我们可以把这部分内容单独编写一个子程序,在主程序中分两次调用。则程序可以简化为:

```
O5010;(主程序)
G17 G90 G00 S250 M03;
G54 X0 Y0;
```

```
M98 P1000;
G55 X0 Y0;
M98 P1000;
G54 X0 Y0;
M30;
O1000;(子程序)
G01 G41 X30 Y30 D01;
Z-25;
Y80;
X60;
Y40;
X20;
G00 Z100;
G40 X0 Y0;
M99;
```

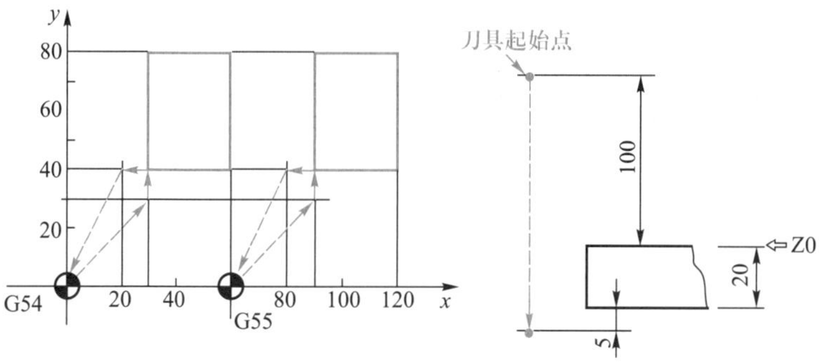

图 5-95　子程序概念

从上例可以看出,在一个加工程序中,若有几个一连串的程序段完全相同,为了简化程序,可把重复的程序段单独编成子程序,存储在数控系统中,其他程序可对子程序反复调用。

1. 子程序指令方法

上例中 M98 表示子程序调用指令,M99 表示子程序结束指令。

子程序调用指令格式为:

M98 P __;

其中:调用地址 P 后最多可跟八位数字,前四位为调用次数,后四位为子程序号,若 P 后数字小于等于四位,则表示调用子程序号,调用次数为 1 次。

子程序结束指令格式为:

M99;

注意:子程序若直接以 M99 结束,则执行完子程序后直接返回到调用该子程序的下一个程序段去执行。

2. M99 指令的特殊用法

1）用于主程序最后程序段，则在执行 M99 指令时，程序执行指针会跳回主程序的第一程序段继续执行此程序，所以此程序将一直重复执行，除非按下 RESET 键才能中断执行。此种方法常用于数控镗铣床或加工中心开机后的热机程序，请参考例 5-13。

2）程序中若出现指令格式为"M99 P __;"（P 后为程序段号）的程序段，在执行该段时，程序将返回到地址 P 后数字所表示的程序段去执行。该种用法通常与选择性程序段删除指令"/"同时使用，请参考例 5-14。

3. 应用实例

［例 5-12］ 如图 5-96 所示为在数控镗铣床上铣削四个直径为 $\phi80$ mm 的孔的走刀路线。已知底孔直径为 $\phi76$ mm，使用 $\phi20$ mm 四刃立铣刀，切削速度为 20 $m \cdot min^{-1}$，进给量为 0.1 $mm \cdot z^{-1}$。

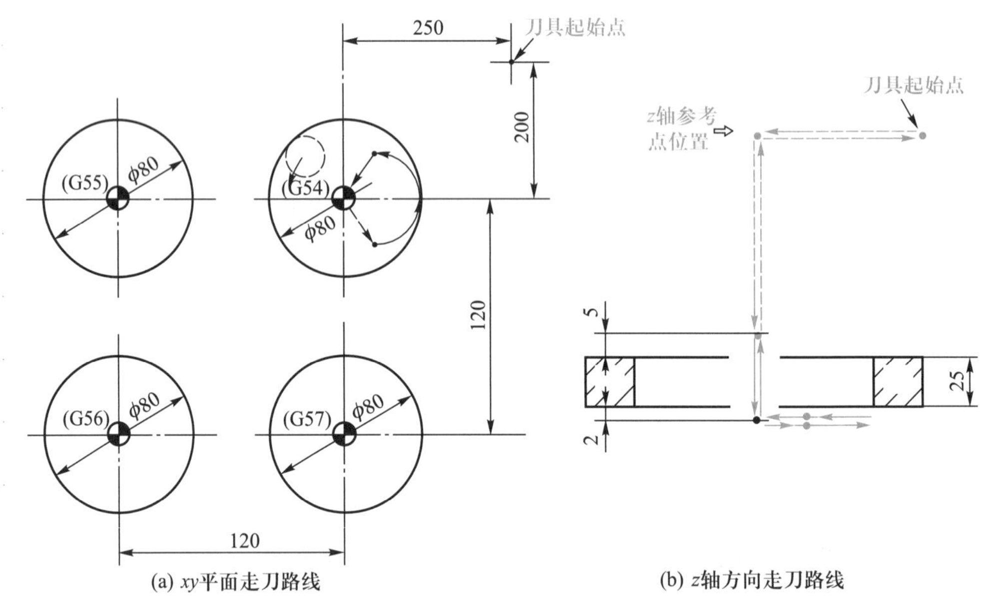

图 5-96 例 5-12 走刀路线图

为了便于编程，建立如图 5-96 所示的 G54～G57 四个工件坐标系，编写程序如下：

```
O5011;                      （主程序号）
G17 G90 G40 G80 G49 G21;    （G 代码初始状态）
G00 G54 X0 Y0;              （G54 坐标系设定，快速到达 x=0，y=0 位置）
M13 S320;                   （主轴正转，冷却液开）
G43 Z5 H01;                 （刀具长度补偿，至安全高度）
M98 P1001;                  （调子程序 O1001，铣削孔 1）
G00 G55 X0 Y0;              （G55 坐标系设定，快速到达 x=0，y=0 位置）
M98 P1001;                  （调子程序 O1001，铣削孔 2）
G00 G56 X0 Y0;              （G56 坐标系设定，快速到达 x=0，y=0 位置）
```

```
M98 P1001;                  (调子程序 O1001,铣削孔 3)
G00 G57 X0 Y0;              (G57 坐标系设定,快速到达 x=0,y=0 位置)
M98 P1001;                  (调子程序 O1001,铣削孔 4)
G91 G28 Z0;                 (z 轴回机床参考点)
G00 G54 X250 Y200;          (刀具返回起始点)
M30;                        (程序结束)
O1001;                      (子程序号)
G01 Z-27 F1000;             (下刀至铣削深度)
G41 X15 Y-25 D11 F128;      (建立刀具半径补偿)
G03 X40 Y0 R25;             (圆弧进刀切入工件)
I-40;                       (铣 φ80 孔)
X15 Y25 R25;                (圆弧退刀切出工件)
G01 G40 X0 Y0;              (取消刀具半径补偿)
Z5 F1000;                   (刀具返回安全高度)
M99;                        (子程序结束)
```

[例 5-13]　加工中心热机程序(适合无机械手换刀加工中心)如下:

```
O5012;
G91 G28 Z0;                 (z 轴返回参考点)
G28 X0 Y0;                  (x、y 轴返回参考点)
M06 T01;                    (将 1 号刀装到主轴上)
M03 S100;                   (主轴正转 100 r·mm⁻¹)
G01 G91 X-500 Y-350 F50;    (以 50 mm·min⁻¹进给速度移动)
Z-400;                      (z 轴向下移动)
X450 Y300;                  (x、y 轴移动)
G28 Z0;                     (z 轴返回参考点)
M06 T07;                    (将 7 号刀装到主轴上)
Z-400;                      (z 轴向下移动)
X-500 Y-350;                (x、y 轴移动)
Z200;                       (z 轴向上移动)
X250 Y170;                  (x、y 轴移动)
G28 Z0;                     (z 轴返回参考点)
M06 T14;                    (将 14 号刀装到主轴上)
Z-400;                      (z 轴向上移动)
M99;                        (程序执行指针跳回第一程序段继续执行此程序)
```

[例 5-14]　如图 5-97 所示,镗削 $\phi40^{0}_{-0.02}$孔。编制程序(包含试切削)如下:

```
(G90 G54)
……
G00 X120 Y0 S900 M03;(刀具到孔中心位置,主轴正转)
/N101 G43 Z2 H10;       (刀具接近工件)
```

```
/N102 G01 Z-6 F72;       (镗孔深度为 6 mm,供试切测量)
/N103 G28 Z-6 M00;       (z 轴回参考点,程序停止)
⇩                        (程序停止:测量孔径和孔深,调整镗刀并修改刀具
                          长度补偿参数)
/N104 M99 P101;          (若跳步开关 OFF,则返回到 N101,否则执行 N105)
N105 G43 Z2 H10 M03;     (刀具接近工件,主轴正转)
N106 G01 Z-20 F72;       (镗孔至孔深)
G04 P500 M05;            (暂停 0.5 s,主轴停)
M19;                     (主轴准停)
Y-1;                     (刀具偏移 1 mm,刀尖与工件脱离接触)
G90 G28 Z0;              (z 轴回参考点)
M06;                     (换刀)
```

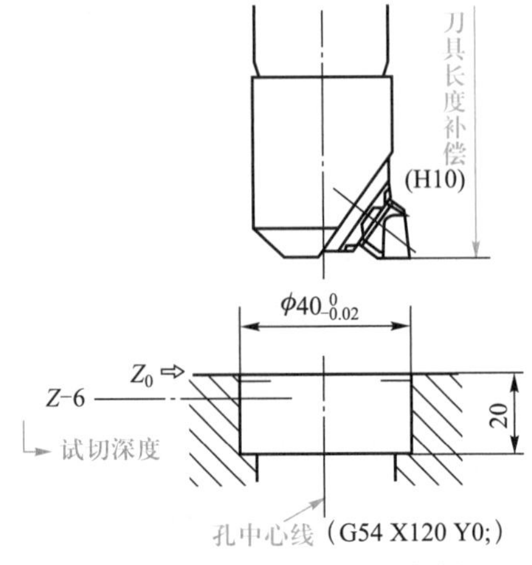

图 5-97　例 5-14 镗孔程序例

说明:在程序调试阶段,先将机床面板上跳步开关(STOCK DELLET)置于 OFF,这时将执行程序中有“/”指令的程序段,当执行完 N103 时,程序停止,这时操作员可对试切孔径和孔深进行测量,并根据测量结果来调整镗刀和修改刀具长度补偿参数(H10 中的值),完成后按循环启动键,程序继续执行 N104 程序段时将返回到 N101 程序段去重新执行,当再一次执行完 N103 程序段时,可再测量孔径和孔深看是否满足要求。当尺寸合格后,将跳步开关置于 ON,再一次按循环启动键,这时,将跳过 N104 程序段从 N105 程序段继续执行。

5.2.16　极坐标编程

指令格式为:

```
G17 G16 X__ Y__;
G18 G16 X__ Z__;
G19 G16 Y__ Z__;
G15;
```

其中:G17、G18、G19 为极坐标指令平面选择;

G16 为极坐标系设定;

X __ Y __、X __ Z __、Y __ Z __指令极坐标系选择平面的轴的地址及其值,第一轴为极坐标半径,第二轴为极坐标角度;

G15 为取消极坐标。

[例 5-15] 如图 5-98 所示,用极坐标编程加工轮圆上的螺栓孔。

用绝对坐标指令指定角度和半径编程如下:

```
N1 G17 G90 G16;                    (极坐标指令和选择 xy 平面,设定工
                                    件原点作为极坐标系原点)
N2 G81 X100 Y30 Z-20 R-5 F200;     (钻第一孔)
N3 Y150;                           (钻第二孔)
N4 Y270;                           (钻第三孔)
N5 G15 G80;                        (取消极坐标和循环)
```

用增量坐标指令角度,用绝对坐标指令角度编程如下:

```
N1 G17 G90 G16;                    (极坐标指令和选择 xy 平面,设定工
                                    件原点作为极坐标系原点)
N2 G81 X100 Y30 Z-20 R-5 F200;     (钻第一孔)
N3 G91 Y120;                       (钻第二孔)
N4 Y120;                           (钻第三孔)
N5 G15 G80;                        (取消极坐标和循环)
```

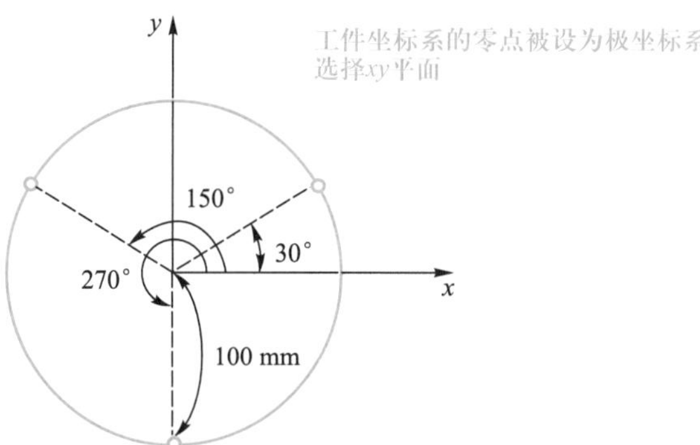

图 5-98 极坐标编程

5.3 多轴倾斜面(定轴)加工

5.3.1 多轴倾斜面(定轴)加工

多轴加工时,常会遇到在相对于工件基准面上的倾斜面中加工孔或凹凸等形状,如果能以固定于该面的坐标系(称为特征坐标系)编程,即在特征坐标系下基

于三轴编程，程序就会变得简单，如图 5-99 所示。

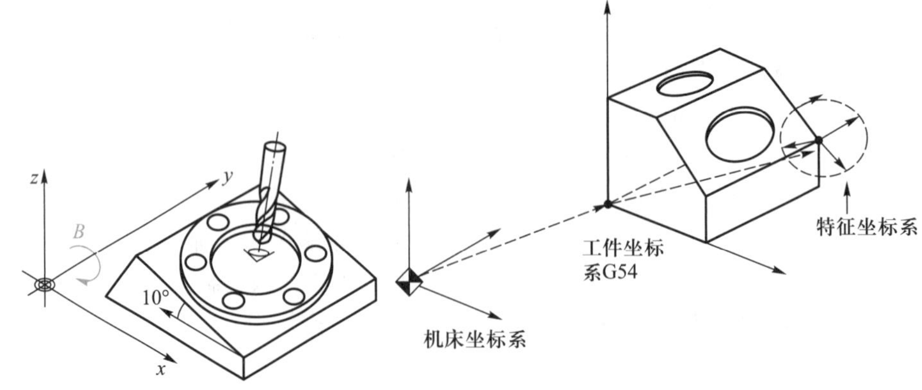

图 5-99　倾斜面加工

5.3.2　倾斜面加工 G68.2、G53.1 指令

倾斜面加工 G68.2 指令，可以对现在被设定的工件坐标的原点进行平行移动以及对 x、y、z 坐标轴进行旋转得到新坐标系（称为特征坐标系）。指令可以定义空间上的任意平面及坐标系。

G53.1 指令自动控制刀具轴向，可使刀具轴为新定义了特征坐标系的 $+z$ 方向，即刀具轴为 z 轴，垂直于预加工的坐标平面，如图 5-100 所示。

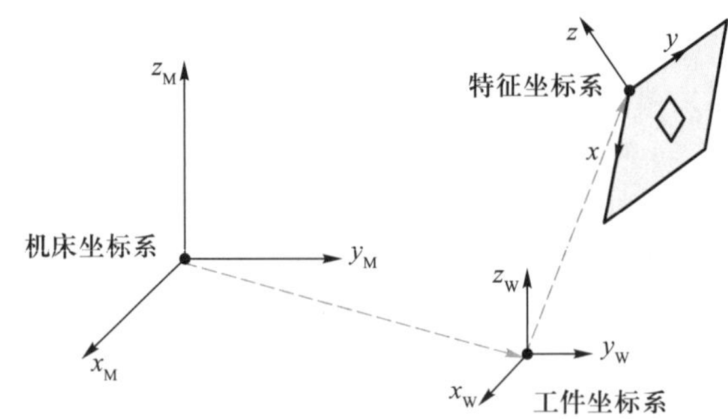

图 5-100　指令示意图

指令可以根据所需的刀具轴向重新设定特征坐标系，所以后续编程不用考虑特征坐标系的方向或刀具轴的旋转方向，可直接进行通常的程序指令和加工，大大简化了编程。

1. 打开倾斜面加工模式

打开倾斜面加工模式 G68.2 指令格式如下：

G68.2 X_x Y_y Z_z I_α J_β K_γ；

其中：X、Y、Z，特征坐标系的原点坐标，以工件坐标系的绝对值指令。

I、J、K，决定特征坐标系方向的欧拉角。

几点说明：

(1) X、Y、Z 以原工件坐标系的绝对值进行指令。如果省略了 X、Y、Z，原坐标系的原点将成为特征坐标系的原点。

(2) 如果省略了 I、J、K，被省略的地址被视为指令了 0。

(3) 关于坐标系的旋转角度，从旋转中心轴正方向看旋转中心，以逆时针方向旋转为正旋转。

(4) 特征坐标系被如下设定：

① 使现在的工件坐标系的点(x, y, z)成为特征坐标系的原点。

② 使移动坐标系围绕 z 轴只旋转角度 α 度。

③ 接着，围绕旋转后坐标系的 x 轴只旋转角度 β 度。

④ 进一步围绕旋转后坐标系的 z 轴只旋转角度 γ 度，得到特征坐标系。

⑤ 工件坐标系与特征坐标系的欧拉角转换关系如图 5-101 所示。

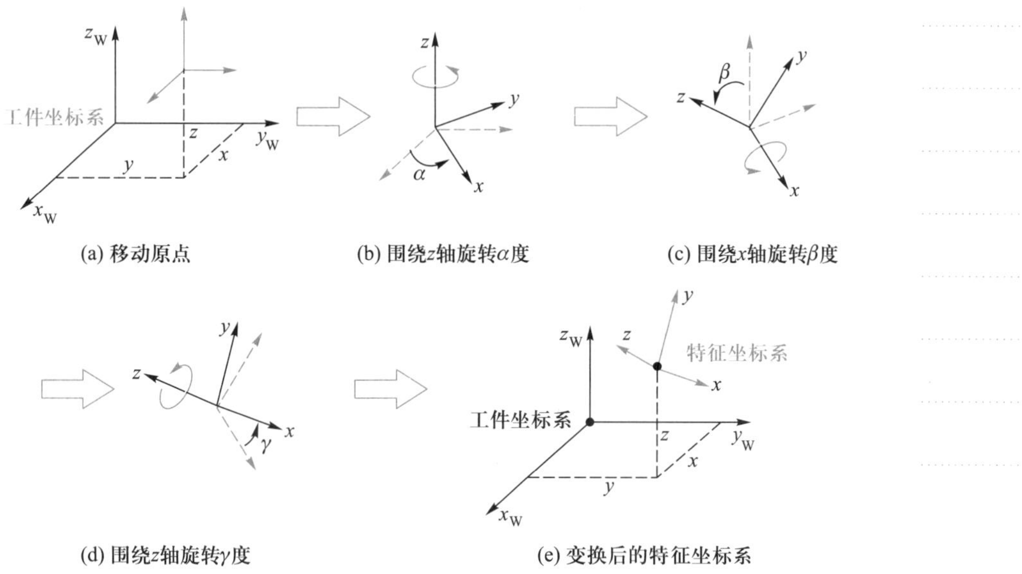

图 5-101　欧拉角的变化

2. 刀具轴向控制

刀具轴向控制 G53.1 需在 G68.2 模式中进行单独指令，如果与其他 G 代码、移动指令等在同一程序段指令时，将发生报警“1808 CANNOT USE G53.1”，指令 G53.1 时的移动速度将依存于该时的模态。

3. 取消倾斜面加工

G69 为倾斜面加工模式取消指令。

［例 5-16］　如图 5-102 所示，在立式加工中心上铣削 45°斜面上 4 mm 高凸台(初始斜面已经预加工完成)。

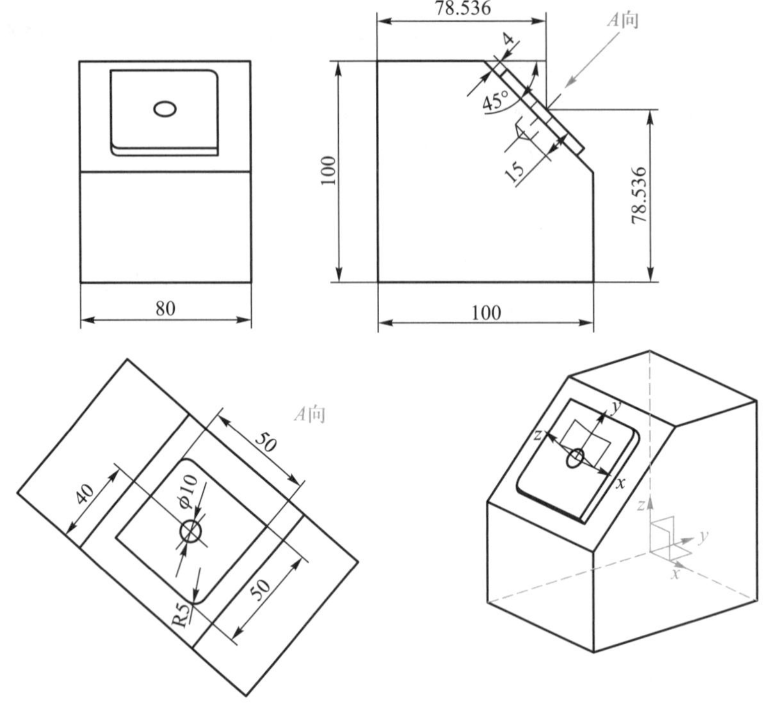

图 5-102　倾斜面加工实例

以底面左上角为原点建立工件坐标系，选用 ϕ20 立铣刀，参考程序如下：

O5016	程序号
N10;	初始设定
G17 G90 G40 G80 G49 G21;	• G 代码初始状态
T01;	• 选 T01 号刀
M06;	• 主轴换上最初使用的 T01 号刀
G90 G54 G00 X200 Y0;	• 工件坐标系设定，刀具快速至安全点
G43 Z200 H01;	• 刀具长度补偿，至安全高度
M03 S900;	• 主轴正转
N20;	倾斜面加工
G68.2 X40 Y-78.536　Z78.536 I0 J45 K0;	• 移动原点，并旋转坐标轴得到特征坐标系
G53.1;	• 自动刀轴
G00 X50 Y-40;	• 刀具快速至下刀点
Z5;	• 下刀至起始平面
G01 Z-4 F1000 M08;	• 下刀
G41 X35 Y-25 D01F280;	• 建立刀补

续表

O5016	程序号
G01 X-20 F210;	• 切削
G02 X-25 Y-20 R5 ;	• 切削
G01 Y25 ;	• 切削
G01 X20 ;	• 切削
G02 X25 Y20 R5 ;	• 切削
G01 Y-35 ;	• 切削
G40 X50 Y-40 F400 M09;	• 取消刀补
G00 Z20;	• 退刀
N30;	取消倾斜面加工
G69;	• 取消倾斜面加工
N40;	程序结束
G00 Z200;	• 抬刀至安全平面，主轴停止
G91 G28 Z0;	• z 轴回参考点
(G49;)	• 取消刀具长度补偿(可省略)
…………	
M30;	• 程序结束

注：除欧拉角方式外，还有其他方式定义旋转角度，请读者自行查阅机床编程手册。

5.4 加工中心综合编程实例

下面以图 2-3 所示零件为例，介绍其在立式加工中心上加工的程序编制方法。已知该零件的毛坯为 100 mm×80 mm×27 mm 的方形坯料，材料为 45 钢，且底面和四个轮廓面均已加工好，要求在 FANUC 0*i*-F 系统立式加工中心上加工顶面、孔及沟槽。

1. 工艺方案制订

该零件在加工中心工序前已将轮廓和底面加工完成，在加工中心上加工的内容是：

1）加工顶面；

2）加工 ϕ32 孔；

3）加工 ϕ60 沉孔及沟槽；

4）加工 3×ϕ6 及 2×ϕ12 孔；

5）加工 4×M8-7H 螺孔。

如图 5-103 所示，根据该零件的结构和加工特点，选择平口钳把工件装夹在机床工作台上。

2. 图形的数学处理

对图形的数学处理一般包括两个方面：一是根据零件图样给出的形状、尺寸

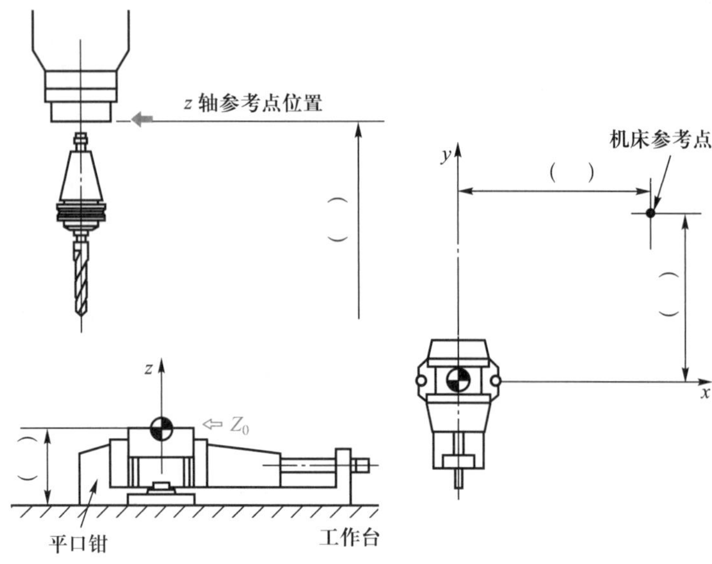

图 5-103　工件装夹简图

和公差等条件直接计算出编程时所需的有关各点的坐标值；二是当按照零件图样给出的条件还不能直接计算出编程时所需的所有坐标值时，就必须根据所采用的具体工艺方法、工艺装备等条件，对零件图形及有关尺寸进行必要的数学处理或改动，才可以进行各点的坐标计算和编程工作。

在作数学处理前首先要选定工件原点，这里选择工件精加工后的顶面中心为工件原点。原点选定后，就应对图样中各点的尺寸进行换算，即把各点的尺寸换算成从工件原点开始的坐标值，并重新标注。对该零件图形进行数学处理后，各点的坐标值如图 5-104 所示，图中 x_a、y_a 的坐标值计算见后述。

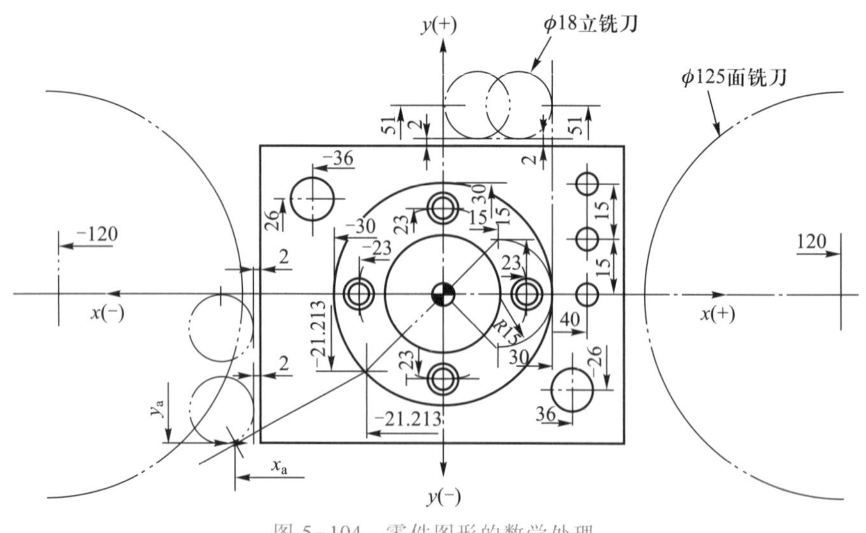

图 5-104　零件图形的数学处理

3. 加工中心工步设计

该零件加工中心工序的工步内容、使用刀具及其补偿号、切削用量选择见表 5-8。

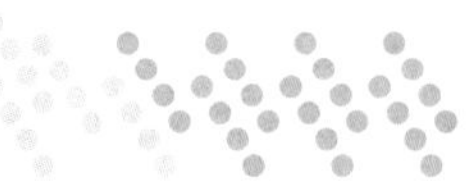

表 5-8　数控加工工序卡片

零件号		101	零件名称			编制日期		
程序号		O1011				编制		
工步号	程序段号	工步内容	使用刀具名称			切削用量		
			刀具号	刀长补偿	半径补偿	S 功能	F 功能	切深/mm
1	N11	粗铣顶面	端面铣刀(ϕ125)			$v_c=90\ \mathrm{m\cdot min^{-1}}$	$f=0.2\ \mathrm{mm\cdot z^{-1}}$	2.5
			T01	H01		S240	F300	
2	N12	钻 ϕ32、ϕ12 孔中心孔	中心钻(ϕ2)			$v_c=10\ \mathrm{m\cdot min^{-1}}$	$f=0.06\ \mathrm{mm\cdot r^{-1}}$	5
			T02	H02		S1000	F60	
3	N13	钻 ϕ32、ϕ12 孔至 ϕ11.5	麻花钻(ϕ11.5)			$v_c=20\ \mathrm{m\cdot min^{-1}}$	$f=0.2\ \mathrm{mm\cdot r^{-1}}$	
			T03	H03		S550	F110	
4	N14	扩 ϕ32 孔至 ϕ30	麻花钻(ϕ30)			$v_c=25\ \mathrm{m\cdot min^{-1}}$	$f=0.3\ \mathrm{mm\cdot r^{-1}}$	
			T04	H04		S280	F85	
5	N15	钻 3×ϕ6 孔至尺寸	麻花钻(ϕ6)			$v_c=20\ \mathrm{m\cdot min^{-1}}$	$f=0.2\ \mathrm{mm\cdot r^{-1}}$	
			T05	H05		S1100	F220	
6	N16	粗铣 ϕ60 沉孔及沟槽	立铣刀(ϕ18,2 刃)			$v_c=20\ \mathrm{m\cdot min^{-1}}$	$f=0.15\ \mathrm{mm\cdot z^{-1}}$	10.2,5.2
			T06	H06	D26	S370	F110	
7	N17	钻 4×M8 底孔至 ϕ6.8	麻花钻(ϕ6.8)			$v_c=20\ \mathrm{m\cdot min^{-1}}$	$f=0.15\ \mathrm{mm\cdot r^{-1}}$	
			T07	H07		S950	F140	
8	N18	镗 ϕ32 孔至 ϕ31.7	镗刀(ϕ31.7)			$v_c=80\ \mathrm{m\cdot min^{-1}}$	$f=0.15\ \mathrm{mm\cdot r^{-1}}$	1.7
			T08	H08		S830	F120	
9	N19	精铣顶面	端面铣刀(ϕ125)			$v_c=120\ \mathrm{m\cdot min^{-1}}$	$f=0.15\ \mathrm{mm\cdot z^{-1}}$	0.5
			T01	H01		S320	F280	
10	N20	铰 ϕ12 孔至尺寸	铰刀(ϕ12)			$v_c=6\ \mathrm{m\cdot min^{-1}}$	$f=0.25\ \mathrm{mm\cdot r^{-1}}$	
			T10	H10		S170	F42	
11	N21	精镗 ϕ32 孔至尺寸	微调精镗刀(ϕ32)			$v_c=90\ \mathrm{m\cdot min^{-1}}$	$f=0.08\ \mathrm{mm\cdot r^{-1}}$	0.3
			T11	H11		S940	F75	
12	N22	精铣 ϕ60 沉孔及沟槽至尺寸	立铣刀(ϕ18,4 刃)			$v_c=25\ \mathrm{m\cdot min^{-1}}$	$f=0.08\ \mathrm{mm\cdot z^{-1}}$	0.3
			T12	H12	D32	S460	F150	
13	N23	ϕ12 孔口倒角	倒角刀(ϕ20)			$v_c=20\ \mathrm{m\cdot min^{-1}}$	$f=0.2\ \mathrm{mm\cdot r^{-1}}$	
			T13	H13		S550	F110	

续表

工步号	程序段号	工步内容	使用刀具名称			切削用量		
			刀具号	刀长补偿	半径补偿	S 功能	F 功能	切深/mm
14	N24	3×ϕ6, M8 孔口倒角	麻花钻(ϕ11.5)			$v_c = 20\ \text{m} \cdot \text{min}^{-1}$	$f = 0.15\ \text{mm} \cdot \text{r}^{-1}$	
			T03	H03		S830	F120	
15	N25	攻 4×M8 螺纹成	丝锥(M8)			$v_c = 8\ \text{m} \cdot \text{min}^{-1}$		
			T15	H15		S320	F400	

4. 绘制数控加工走刀路线图

在数控加工中,常常要注意防止刀具在运动中与夹具、工件等发生意外的碰撞,为此,必须设法告诉操作者编程中的刀具运动路线(如从哪里下刀,在哪里抬刀等),使操作者在加工前就有所了解,计划好夹紧位置及控制好夹紧元件的高度,这样就可以避免上述事故的发生;同时走刀路线图也有利于编程人员编程和进行程序分析。在绘制走刀路线图时往往还需进行必要的坐标值计算。图 5-105 为铣削工件顶面的走刀路线图,图 5-106 为加工 ϕ60 沉孔及沟槽的走刀路线图。

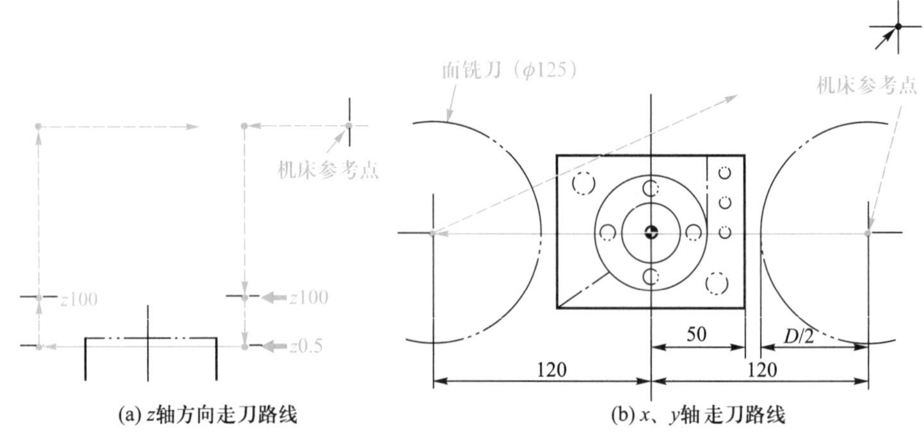

(a) z轴方向走刀路线　(b) x、y轴走刀路线

图 5-105　铣削工件顶面的走刀路线

在图 5-106 中:

O:加工开始点;

A:建立刀尖半径左补偿;

B:ϕ60 mm 沉孔粗加工——第一次走刀;

C:ϕ60 mm 沉孔粗加工——第二次走刀;

D:深 4.7 mm(留 0.3 mm 精加工余量);

E~F:30°沟槽加工;

G~K:30 mm 宽直沟槽加工;

L:取消刀尖半径补偿;

O:加工终点。

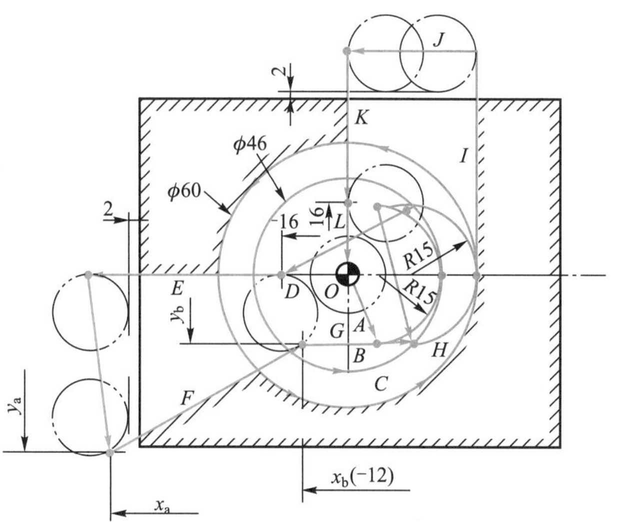

图 5-106　加工 $\phi60$ 沉孔及沟槽的走刀路线

注意：在本例中，粗、精加工使用的立铣刀直径均为 $\phi18$ mm，可以用同一程序，通过改变刀具补偿值实现 $\phi60$ mm 沉孔及沟槽的粗、精加工。在粗加工时刀具半径补偿值 D26=9.3，这样，按照图中刀具轨迹编程；粗加工后，将留有 0.3 mm 精加工余量，精加工时刀尖半径补偿值 D32=9，即可完成轮廓精加工。

图 5-106 中 x_a、y_a、x_b、y_b 坐标值计算如图 5-107 所示。

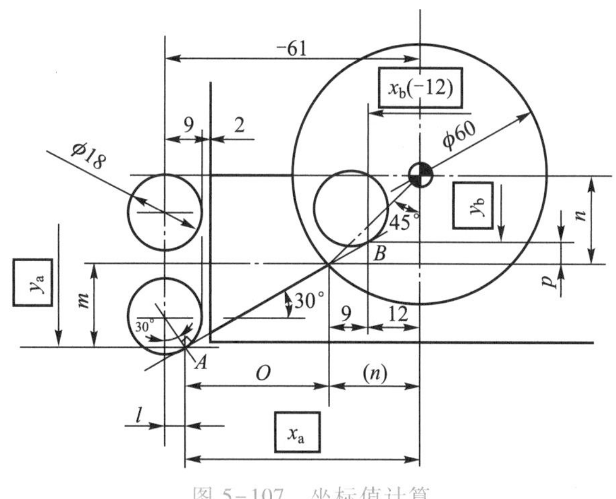

图 5-107　坐标值计算

图中：$l=9\sin 30°=4.5$

$n=30\cos 45°=21.213$

$m=O\ \tan 30°=(56.5-21.213)\ \tan 30°=20.373$

$x_a=-(61-l)=-(61-4.5)=-56.5$

$y_a=-(n+m)=-(21.213+20.373)=-41.586$

$x_b=-12$

$y_b=-(n-p)=-(21.213-5.319)=-15.894$

图 5-108 为孔加工固定循环起始点、R 点和 Z 点位置图。

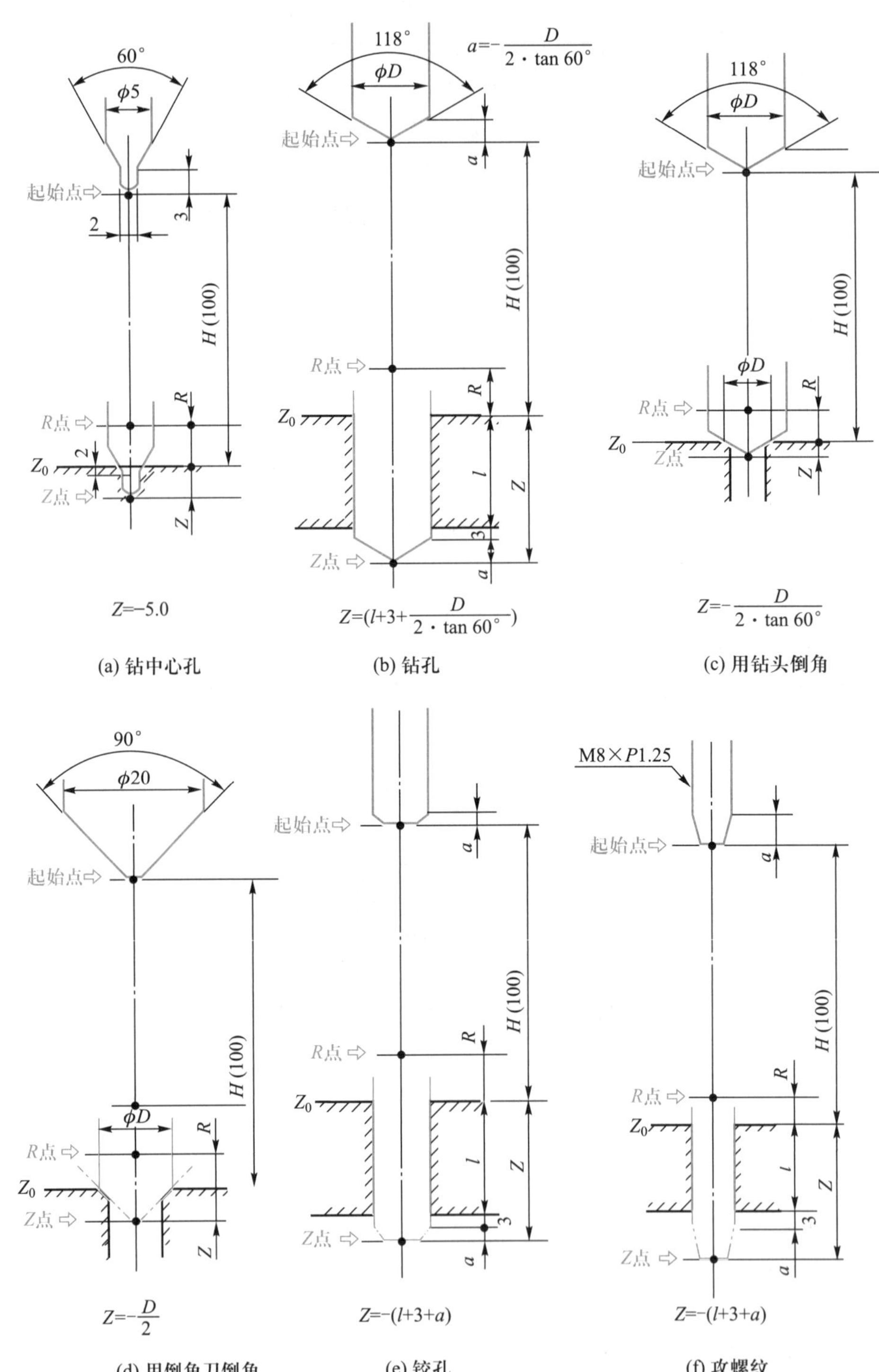

图 5-108　孔加工固定循环位置图

5. 程序设计

加工程序单见表 5-9。表中的程序说明有助于操作者理解程序内容。

表 5-9　数控加工程序单

零件号	101	零件名称		编制日期	
程序号	O1011			编制	

序号	程序内容	程序说明
1	O1011;	程序号
2	N10;	初始设定
3	G17 G90 G40 G80 G49 G21;	• G 代码初始状态
4	T01;	• 选 T01 号刀
5	M06;	• 主轴换上最初使用的 T01 号刀
6	N11(FACE MILL);	粗铣顶面程序
7	T02;	• 选 T02 号刀
8	G90 G54 G00 X120 Y0;	• 工件坐标系设定,刀具快速至 $x=120$, $y=0$ 处
9	M03 S240;	• 主轴正转
10	G43 Z100 H01;	• 刀具长度补偿,至安全高度
11	Z0.5;	• 切入下刀
12	G01 X-120 F300;	• 切削
13	G00 Z100 M05;	• 退刀,主轴停止
14	G91 G28 Z0;	• z 轴回参考点
15	(G49;)	• 取消刀具长度补偿(可省略)
16	M06;	• 主轴换上 T02 号刀
17	N12(CENTER HOLE DRILL);	钻 $\phi32$、$\phi12$ 孔中心孔程序
18	T03;	• 选 T03 号刀
19	G90 G54 G00 X0 Y0;	• 建立工件坐标系,刀具至 $\phi32$ 孔位
20	M03 S1000;	• 主轴正转
21	G43 Z100 H02;	• 刀具长度补偿,至安全高度
22	G99 G81 Z-5 R5 F60;	• 钻孔循环,刀具返回 R 点
23	X-36 Y26;	• 钻孔循环,刀具返回 R 点
24	G98 X 36 Y-26;	• 钻孔循环,刀具返回起始点
25	G80 G91 G28 Z0;	• 取消循环,z 轴回参考点
26	(G49;)	• 取消刀具长度补偿(可省略)
27	M06;	• 主轴换上 T03 号刀

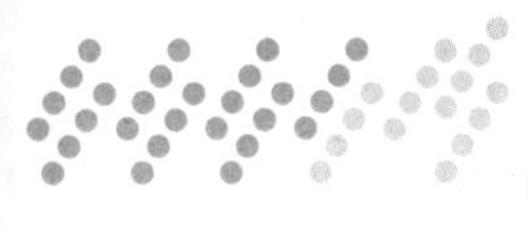

续表

序号	程序内容	程序说明
28	N13(DRILLΦ11.5);	钻 ϕ32 孔、钻 ϕ12 孔至 ϕ11.5 程序
29	T04;	• 选 T04 号刀
30	G90 G54 G00 X0 Y0;	• 建立工件坐标系,刀具至 ϕ32 孔位
31	M03 S550;	• 主轴正转
32	G43 Z100 H03;	• 刀具长度补偿,至安全高度
33	G99 G81 Z-30 R5 F110;	• 钻孔循环,刀具返回 R 点
34	X-36 Y26;	• 钻孔循环,刀具返回 R 点
35	G98 X36 Y-26;	• 钻孔循环,刀具返回起始点
36	G80 G91 G28 Z0;	• 取消循环,z 轴回参考点
37	(G49;)	• 取消刀具长度补偿(可省略)
38	M06;	• 主轴换上 T04 号刀
39	N14(DRILLΦ30);	扩 ϕ32 孔至 ϕ30 程序
40	T05;	• 选 T05 号刀
41	G90 G54 G00 X0 Y0;	• 建立工件坐标系,刀具至 ϕ32 孔位
42	M03 S280;	• 主轴正转
43	G43 Z100 H04;	• 刀具长度补偿,至安全高度
44	G98 G81 Z-35 R5 F85;	• 钻孔循环:扩 ϕ32 孔至 ϕ30
45	G80 G91 G28 Z0;	• 取消钻孔循环,z 轴回参考点
46	(G49;)	• 取消刀具长度补偿(可省略)
47	M06;	• 主轴换上 T05 号刀
48	N15(DRILLΦ6)	钻 3×ϕ6 孔至尺寸程序
49	T06;	• 选 T06 号刀
50	G90 G54 G00 X40 Y0;	• 建立工件坐标系,刀具至 ϕ32 孔位
51	M03 S1000;	• 主轴正转
52	G43 Z100 H05;	• 刀具长度补偿,至安全高度
53	G99 G81 Z-30 R5 F220;	• 钻孔循环,刀具返回 R 点
54	Y15;	• 钻孔循环,刀具返回 R 点
55	G98 Y30;	• 钻孔循环,刀具返回起始点
56	G80 G91 G28 Z0;	• 取消循环,z 轴回参考点
57	(G49;)	• 取消刀具长度补偿(可省略)
58	M06;	• 主轴换上 T06 号刀

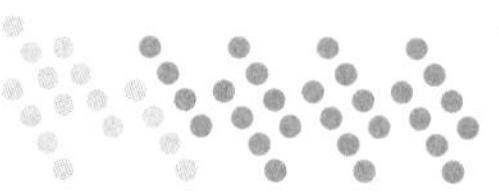

续表

序号	程序内容	程序说明
59	N16(COUNTER MILLING);	粗铣 ϕ60 沉孔及沟槽程序
60	T07;	• 选 T07 号刀
61	G90 G54 G00 X0 Y0;	• 建立工件坐标系,刀具至 $x=0,y=0$ 点
62	M03 S370;	• 主轴正转
63	G43 Z5 H06;	• 刀具长度补偿,至安全高度
64	G01 Z-10 F1000;	• 下刀至孔深(留 0.3 mm 精加工余量)
65	G41 X8 Y-15 D26 F110;	• $O \to A$:建立左刀补
66	G03 X23 Y0 R15;	• *R*15 圆弧进刀
67	I-23;	• *B*:ϕ60 孔粗加工至 ϕ46
68	X8 Y15 R15;	• *R*15 圆弧退刀
69	G01 X15 Y-15;	• 至第二次进刀起点
70	G03 X30 Y0 R15;	• *R*15 圆弧进刀
71	I-30;	• *C*:ϕ60 孔粗加工至 ϕ59.4
72	X15 Y15 R15;	• *R*15 圆弧退刀
73	G01 X-16 Y0;	• 刀具至 30°沟槽加工起点
74	Z-5 F1000;	• 至沟槽加工深度(留 0.3 mm 精加工余量)
75	X-61 F110;	• *E*:30°沟槽加工
76	X-56.5 Y-41.586;	• 至(x_a,y_a)点
77	X-12 Y-15.894;	• *F*:30°沟槽加工
78	X15 Y-15 F1000;	• *G*:刀具至 30 mm 宽沟槽进刀起始点
79	G03 X30 Y0 R15 F110;	• *H*:*R*15 圆弧进刀
80	G01 Y51;	• *I*:30 mm 宽沟槽加工
81	X0;	• *J*:30 mm 宽沟槽加工
82	Y16;	• *K*:30 mm 宽沟槽加工
83	G40 Y0 F1000;	• *L*:取消刀尖圆弧半径补偿
84	G00 Z100 M05;	• 刀具至 $z=100$,主轴停
85	G91 G28 Z0;	• z 轴回参考点
86	(G49;)	• 取消刀具长度补偿(可省略)
87	M06;	• 主轴换上 T07 号刀
88	N17(DRILLΦ6.8);	钻 4×M8 底孔至 ϕ6.8 程序

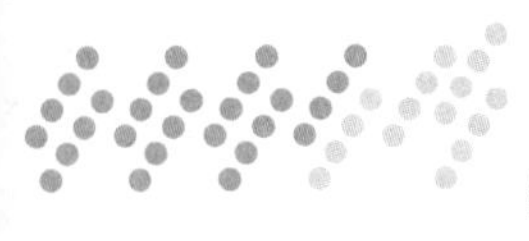

续表

序号	程序内容	程序说明
89	T08;	• 选 T08 号刀
90	G90 G54 G00 X23 Y0;	• 建立工件坐标系,刀具至 $x=23$, $y=0$ 点
91	M03 S950	• 主轴正转
92	G43 Z100 H07;	• 刀具长度补偿,至安全高度
93	G98 G83 Z-30 Q5 F140;	• 钻孔循环,刀具返回 R 点
94	X0 Y23;	• 钻孔循环,刀具返回 R 点
95	X-23 Y0;	• 钻孔循环,刀具返回 R 点
96	G98 X0 Y-23;	• 钻孔循环,刀具返回起始点
97	G80 G91 G28 Z0;	• 取消钻孔循环,z 轴回参考点
98	(G49;)	• 取消刀具长度补偿(可省略)
99	M06;	• 主轴换上 T08 号刀
100	N18(BORINGΦ32);	镗 $\phi32$ 孔至 $\phi31.7$ 程序
101	T01;	• 选 T01 号刀
102	G90 G54 G00 X0 Y0;	• 建立工件坐标系,刀具至 $x=0$,$y=0$ 点
103	M03 S830;	• 主轴正转
104	G43 Z100 H08;	• 刀具长度补偿,至安全高度
105	G98 G76 Z-27 R5 Q 0.1 F120;	• 精镗孔循环,刀具返回起始点
106	G80 G91 G28 Z0;	• 取消循环,z 轴回参考点
107	(G49;)	• 取消刀具长度补偿(可省略)
108	M06;	• 主轴换上 T01 号刀
109	N19(FACE MILL);	精铣顶面程序
110	T10;	• 选 T10 号刀
111	G90 G54 G00 X120 Y0;	• 工件坐标系设定,刀具快速至 $x=120$,$y=0$ 点
112	M03 S320;	• 主轴正转
113	G43 Z100 H01;	• 刀具长度补偿,至安全高度
114	Z0;	• 切入下刀
115	G01 X-120 F280;	• 切削

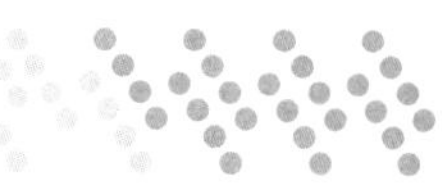

续表

序号	程序内容	程序说明
116	G00 Z100 M05;	• 退刀,主轴停止
117	G91 G28 Z0;	• z 轴回参考点
118	(G49;)	• 取消刀具长度补偿(可省略)
119	M06;	• 主轴换上 T10 号刀
120	N20(REAMING);	铰 $\phi12$ 孔程序
121	T11;	• 选 T11 号刀
122	G90 G54 G00 X-36 Y26;	• 工件坐标系设定,刀具快速至 $x=36$,$y=26$ 点
123	M03 S170;	• 主轴正转
124	G43 Z100 H10;	• 刀具长度补偿,至安全高度
125	G99 G82 Z-27 R5 P1000 F42;	• G82 循环铰孔,刀具返回 R 点
126	G98 X36 Y-26;	• G82 循环铰孔,刀具返回起始点
127	G80 G91 G28 Z0;	• 取消循环,z 轴回参考点
128	(G49;)	• 取消刀具长度补偿(可省略)
129	M06;	• 主轴换上 T11 号刀
130	N18(BORINGΦ32);	镗 $\phi32$ 孔至 $\phi31.7$ 程序
131	T12;	• 选 T12 号刀
132	G90 G54 G00 X0 Y0;	• 工件坐标系设定,刀具快速至 $x=0$,$y=0$ 点
133	M03 S940;	• 主轴正转
134	G43 Z100 H07;	• 刀具长度补偿,至安全高度
135	G98 G76 Z-27 R5 Q 0.1 F75;	• 精镗孔循环,刀具返回起始点
136	G80 G91 G28 Z0;	• 取消循环,z 轴回参考点
137	(G49;)	• 取消刀具长度补偿(可省略)
138	M06;	• 主轴换上 T12 号刀
139	N22(COUNTER MILLING);	精铣 $\phi60$ 沉孔及沟槽程序
140	T13;	• 选 T13 号刀
141	G90 G54 G00 X0 Y0;	• 建立工件坐标系,刀具至 $x=0$,$y=0$ 点
142	M03 S460;	• 主轴正转
143	G43 Z5 H06;	• 刀具长度补偿,至安全高度

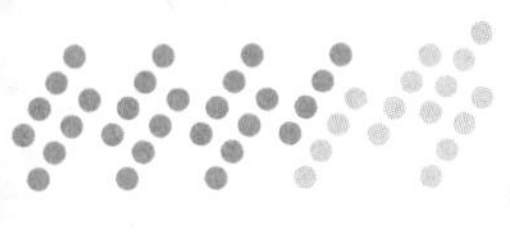

续表

序号	程序内容	程序说明
144	G01 Z-10 F1000;	• 下刀至孔深
145	G41 X8 Y-15 D32 F150;	• $O\to A$:建立左刀补
146	X15;	• 直线插补至进刀起始点
147	G03 X30 Y0 R15;	• H:$R15$ 圆弧进刀
148	I-30;	• C:精铣 $\phi60$ 孔
149	X15 Y15 R15;	• $R15$ 圆弧退刀
150	G01 X-16 Y0;	• 刀具至 30°沟槽加工起点
151	Z-5 F1000;	• 至沟槽加工深度
152	X-61 F110;	• E:30°沟槽精加工
153	X-56.5 Y-41.586;	• 至(x_a,y_a)点
154	X-12 Y-15.894;	• F:30°沟槽精加工
155	X15 Y-15 F1000;	• G:刀具至 30 mm 宽沟槽进刀起始点
156	G03 X30 Y0 R15 F150;	• H:$R15$ 圆弧进刀
157	G01 Y51;	• I:30 mm 宽沟槽精加工
158	X0;	• J:30 mm 宽沟槽精加工
159	Y16;	• K:30 mm 宽沟槽精加工
160	G40 Y0 F1000;	• L:取消刀具半径补偿
161	G00 Z100 M05;	• 刀具至 $z=100$,主轴停
162	G91 G28 Z0;	• z 轴回参考点
163	(G49;)	• 取消刀具长度补偿(可省略)
164	M06;	• 主轴换上 T13 号刀
165	N23(CHAMFERΦ12);	$\phi12$ 孔口倒角程序
166	T04;	• 选 T04 号刀
167	G90 G54 G00 X-36 Y26;	• 工件坐标系设定,刀具快速至 $x=36$,$y=26$ 点
168	M03 S550;	• 主轴正转
169	G43 Z100 H13;	• 刀具长度补偿,至安全高度
170	G99 G82 Z-5.5 R5 P500 F110;	• G82 循环倒角,刀具返回 R 点
171	G98 X36 Y-26;	• G82 循环倒角,刀具返回起始点
172	G80 G91 G28 Z0;	• 取消循环,z 轴回参考点
173	(G49;)	• 取消刀具长度补偿(可省略)

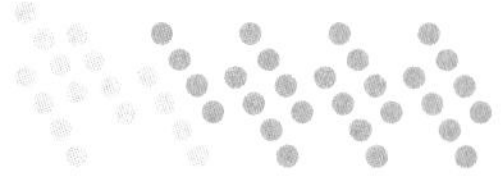

续表

序号	程序内容	程序说明
174	M06;	• 主轴换上 T04 号刀
175	N24(CHAMFERΦ6,M8);	3×ϕ6,M8 孔口倒角程序
176	T15;	• 选 T15 号刀
177	G90 G54 G00 X40 Y30;	• 建立工件坐标系,刀具快速至 $x=40$,$y=30$ 点
178	M03 S830;	• 主轴正转
179	G43 Z100 H05;	• 刀具长度补偿,至安全高度
180	G99 G81 Z-5.5 R6 F120;	• 钻孔循环倒角,刀具返回 R 点
181	Y15;	• 钻孔循环倒角,刀具返回 R 点
182	Y0;	• 钻孔循环倒角,刀具返回 R 点
183	X23;	• 钻孔循环倒角,刀具返回 R 点
184	X0 Y23;	• 钻孔循环倒角,刀具返回 R 点
185	X-23 Y0;	• 钻孔循环倒角,刀具返回 R 点
186	G98 X0 Y-23;	• 钻孔循环倒角,刀具返回起始点
187	G80 G91 G28 Z0;	• 取消循环,z 轴回参考点
188	(G49;)	• 取消刀具长度补偿(可省略)
189	M06;	• 主轴换上 T15 号刀
190	N25(TAPPING);	攻 4×M8 螺纹程序
191	G90 G54 G00 X23 Y0;	• 建立工件坐标系,刀具快速至 $x=23$,$y=0$ 点
192	M29 S320;	• 刚性攻螺纹方式
193	G43 Z100 H07;	• 刀具长度补偿,至安全高度
194	G98 G84 Z-27 R10 F400;	• 攻螺纹循环,刀具返回起始点
195	X0 Y23;	• 攻螺纹循环,刀具返回起始点
196	X-23 Y0;	• 攻螺纹循环,刀具返回起始点
197	X0 Y-23;	• 攻螺纹循环,刀具返回起始点
198	G80 G91 G28 Z0;	• 取消循环,z 轴回参考点
199	(G49;)	• 取消刀具长度补偿(可省略)

续表

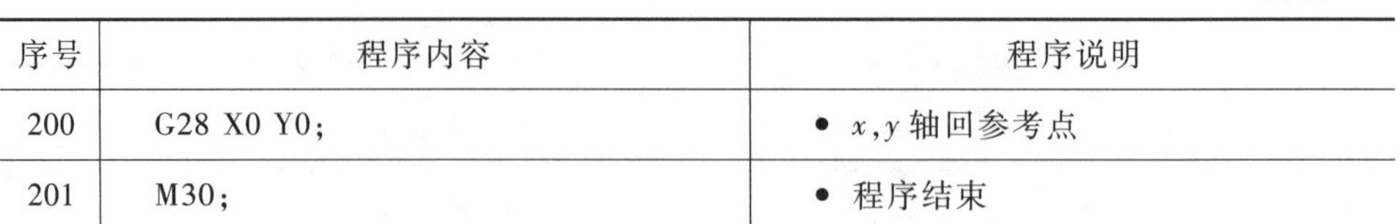

序号	程序内容	程序说明
200	G28 X0 Y0;	• x,y 轴回参考点
201	M30;	• 程序结束

复习思考题

1. 按如图 5-109 所示的走刀路线编制程序，并按提示填入下面的空行中。

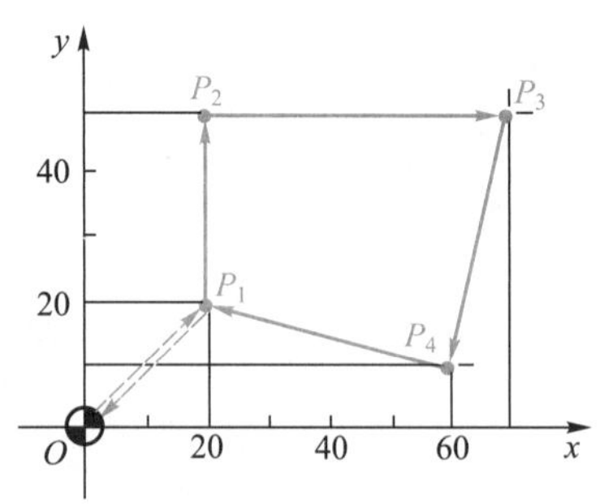

图 5-109　走刀路线

① →O：　G90 G54 G00 X0 Y0 S500;
② $O \to P_1$：(　　　　　　　　　　　　)
③ $P_1 \to P_2$：(　　　　　　　　　　　　)
④ $P_2 \to P_3$：(　　　　　　　　　　　　)
⑤ $P_3 \to P_4$：(　　　　　　　　　　　　)
⑥ $P_4 \to P_1$：(　　　　　　　　　　　　)
⑦ $P_1 \to O$：(　　　　　　　　　　　　)

2. 按如图 5-110 所示的走刀路线编制程序，并按提示填入下面的空行中。

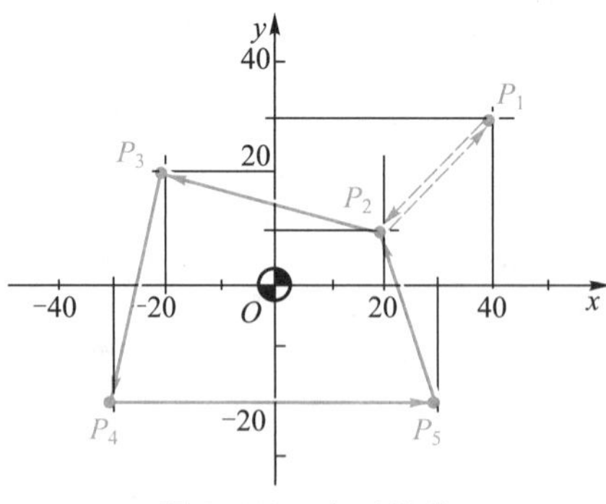

图 5-110　走刀路线

① $O \to P_1$：　G90 G54 G00 X40 Y30 S500;
② $P_1 \to P_2$：(　　　　　　　　　　　　)
③ $P_2 \to P_3$：(　　　　　　　　　　　　)

④ $P_3 \rightarrow P_4$：（　　　　　　　　　　）

⑤ $P_4 \rightarrow P_5$：（　　　　　　　　　　）

⑥ $P_5 \rightarrow P_2$：（　　　　　　　　　　）

⑦ $P_1 \rightarrow O$：（　　　　　　　　　　）

3. 按如图 5-111 所示的走刀路线编制程序,并按提示填入下面的空行中。

① G90 G54 G00 (　　　　　　　　　　) S350;

② G00 Z 50 M03;

③ (　　　　　　　　　　) M08;

④ (　　　　　　　　　　) F100;

⑤ G00 Z50;

⑥ (　　　　　　　　　　)

⑦ (　　　　　　　　　　)

⑧ (　　　　　　　　　　)

⑨ (　　　　　　　　　　) M09;

⑩ (　　　　　　　　　　) M05;

⑪ (　　　　　　　　　　)

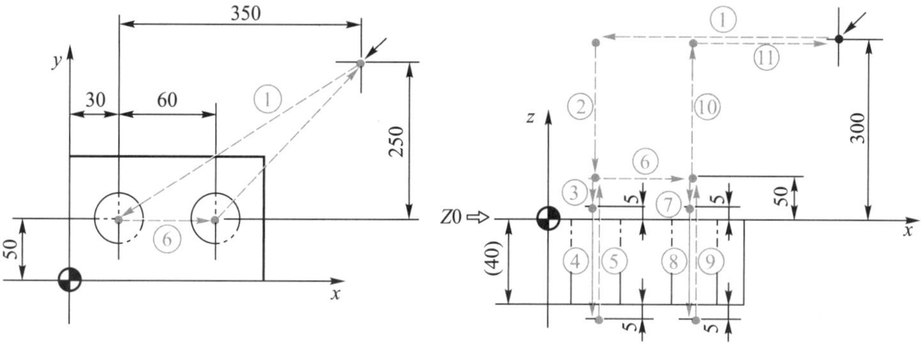

图 5-111　走刀路线

4. 按如图 5-112 所示的走刀路线编制程序。已知毛坯孔径为 96 mm, $n = 300\ \mathrm{r \cdot mm^{-1}}$, $f = 180\ \mathrm{mm \cdot min^{-1}}$。

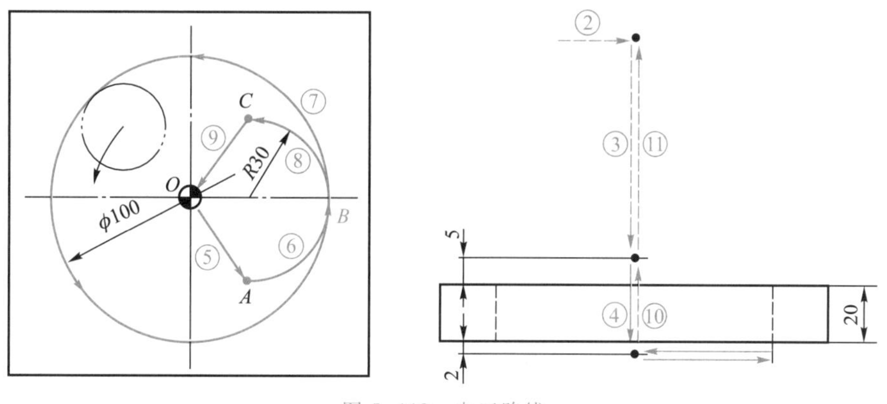

图 5-112　走刀路线

5. 如图 5-113 所示工件，要求在一块 200 mm×200 mm 的 45 钢板上钻 5 组孔，各组孔的加工要求完全一样，T01 为 ϕ10 mm 钻头。试编制加工程序。

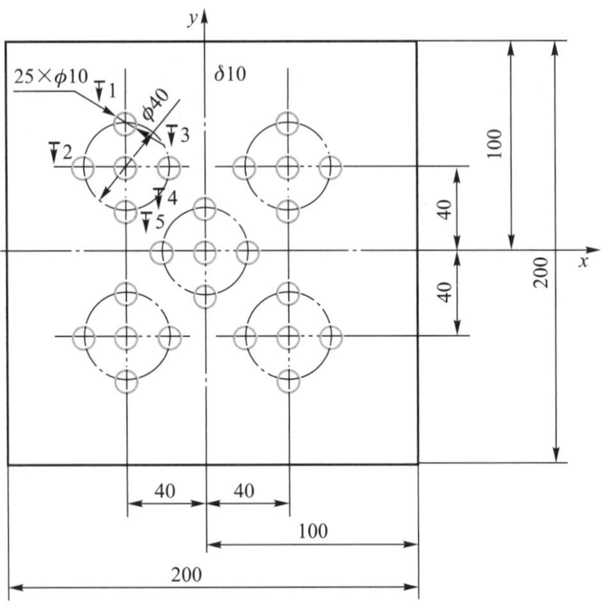

图 5-113　组孔加工

第 6 章 数控电火花线切割加工

学习目标

1. 了解数控电火花线切割加工原理和主要特点。
2. 了解快走丝、中走丝、慢走丝数控电火花线切割机床的主要区别。
3. 了解影响线切割工艺指标的主要因素。
4. 认识数控电火花线切割加工的典型夹具,掌握正确装夹工件的方法。
5. 掌握 3B 格式编程方法,并能应用 3B 格式编制加工程序。
6. 了解慢走丝线切割典型工艺和程序编制方法。
7. 会用 CAXA 线切割编程软件绘制零件几何图形并自动编制加工程序。

电火花加工(electrical discharge machining,EDM)属于一种特种加工的方法,该项技术在 20 世纪 40 年代开始研究并逐步应用于生产。它是在加工过程中,使工具和工件之间不断产生脉冲性的火花放电,靠放电时局部、瞬间产生的高温把金属蚀出下来。因放电过程可见到火花,故称之为电火花加工。

随着电火花加工技术的发展,逐步形成两种主要的加工方式:电火花成形加工和电火花线切割加工。电火花线切割加工(wire cut EDM,简称 WEDM)自 20 世纪 50 年代末诞生以来,获得了极其迅速的发展,已逐步成为一种高精度和高自动化的加工方法,在模具制造、成形刀具加工、难加工材料和精密复杂零件的加工等方面获得了广泛应用。目前线切割机床已占电加工机床的 60%以上。

6.1 数控电火花线切割加工原理与特点

6.1.1 数控电火花线切割加工原理

数控电火花线切割是利用连续移动的细金属导线(称作电极丝)作为工具电极,在金属丝与工件间施加脉冲电流,产生放电腐蚀,对工件进行切割加工。工件的形状是由数控系统控制工作台(工件)相对于电极丝的运行轨迹决定的,因此不需制造专用的电极就可以加工形状复杂的模具零件。其原理如图 6-1 所示,工件接脉冲电源的正极，电极丝（钼丝或铜丝）接负极，加上高频脉冲电源后，在工件与电极丝之间产生很强的脉冲电场，使其间的介质被电离击穿，产生脉冲放电。电极丝在贮丝筒的作用下作正反向交替（或单向）运动，在电极丝和工件之间浇注工作介质，在机床数控系统的控制下，工作台相对电极丝按预定的程序路线运动，从而切割出需要的工件形状。

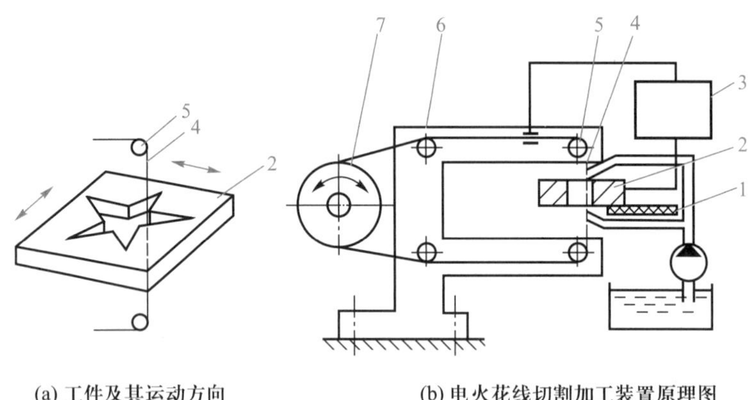

(a) 工件及其运动方向

(b) 电火花线切割加工装置原理图

图 6-1　电火花线切割原理

1—绝缘底板；2—工件；3—脉冲电源；4—电极丝（钼丝）；5—导向轮；6—支架；7—贮丝筒

6.1.2　数控电火花线切割加工特点

电火花线切割与传统切削加工相比具有显著的优点，如图 6-2 所示。

6.1.3　数控电火花线切割的应用

数控电火花线切割加工为新产品的试制、精密零件及模具的制造开辟了一条新的工艺途径，具体应用有以下三个方面：

1. 模具制造

适合于加工各种形状的冲裁模，一次编程后通过调整不同的间隙补偿量，就可以切割出凸模、凹模、凸模固定板、凹模固定板、卸料板等，模具的配合间隙、加工精度通常都能达到要求。此外电火花线切割还可以加工粉末冶金模、电动机转子模、级进模、弯曲模、塑压模等各种类型的模具。

2. 电火花成形加工用的电极

一般穿孔加工的电极以及带锥度型腔加工的电极，若采用银钨、铜钨合金之类的材料，用线切割加工特别经济，同时也可加工微细、形状复杂的电极。

3. 新产品试制及难加工零件

在试制新产品时，可以用线切割在坯料上直接切割出零件，由于不需另行制造模具，可大大缩短制造周期，降低成本。加工薄件时可多片叠加在一起加工，提高效率。在零件制造方面，可用于加工品种多、数量少的零件，还可加工特殊的、难加工材料的零件，如凸轮、样板、成形刀具、异形槽、窄缝等。

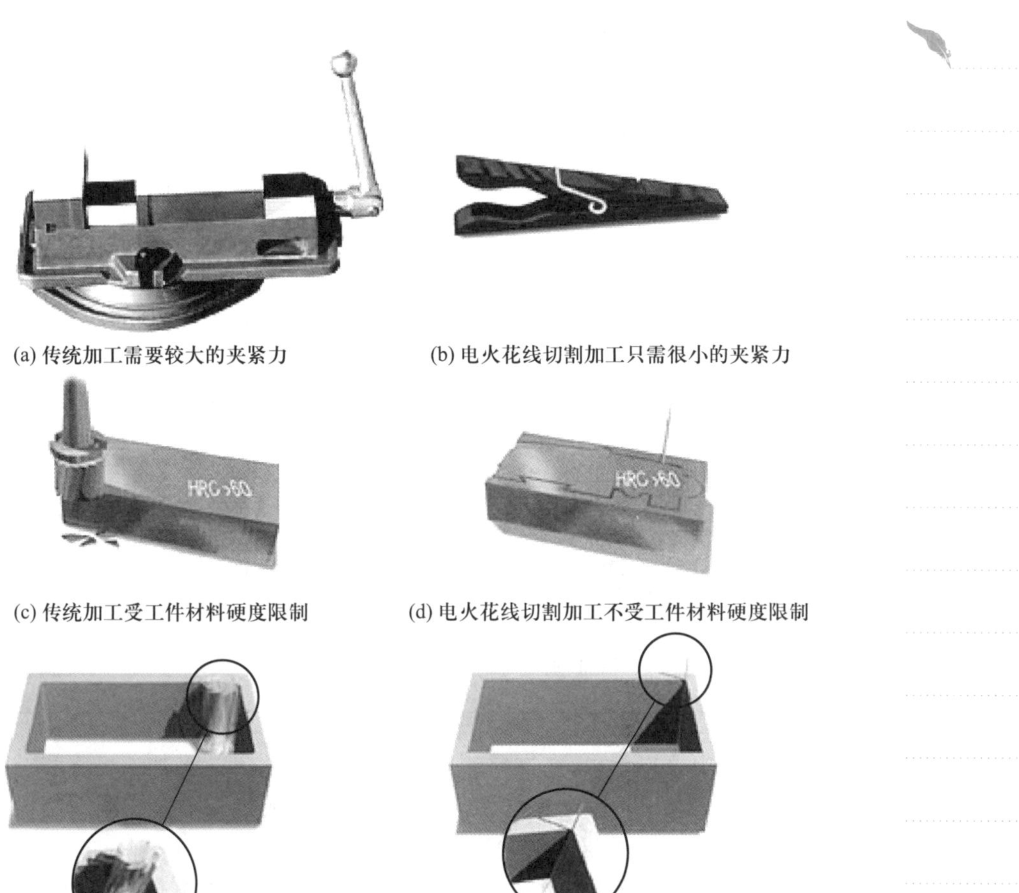

(a) 传统加工需要较大的夹紧力　(b) 电火花线切割加工只需很小的夹紧力

(c) 传统加工受工件材料硬度限制　(d) 电火花线切割加工不受工件材料硬度限制

(e) 传统加工很难获得直角　(f) 电火花线切割加工很容易获得直角

图 6-2　电火花线切割加工优点举例

6.2 数控电火花线切割机床

6.2.1 电火花线切割机床分类

按电极丝运行速度不同可将电火花线切割机床分为快走丝、中走丝和慢走丝三大类。快走丝电火花线切割机床的电极丝作高速(300~700 m · min^{-1})往复运动,加工效率高,成本低,但加工精度和表面粗糙度较差;中走丝电火花线切割机床的走丝速度及工件质量介于快走丝和慢走丝之间,属往复高速走丝电火花线切割机床范畴,能进行多次切割减少材料变形及钼丝损耗带来的误差,使加工质量也相对提高,其走丝速度在一定范围内可以根据需要进行调节;慢走丝电火花线切割机床是利用低速(0.5~15 m · min^{-1})单向连续移动电极丝,对工件进行脉冲火花放电蚀除金属、切割成型。它主要用于加工各种形状复杂和精密细小的工件,设备技术

含量高、造价昂贵、加工成本也高。电火花线切割机床的分类及特点见表 6-1。

表 6-1　电火花线切割机床的分类及特点

项目	线切割机床类型		
	快走丝	中走丝	慢走丝
电极丝运行速度	300~700 m·min^{-1}	粗加工 480~700 m·min^{-1} 精加工 60~180 m·min^{-1}	0.5~15 m·min^{-1}
电极丝运动形式	双向往复运动	双向往复运动	单向运动
常用电极丝材料	钼丝(ϕ0.1~ϕ0.2 mm)	钼丝(ϕ0.1~ϕ0.2 mm)	铜、钨、钼及各种合金(ϕ0.1~ϕ0.35 mm)
工作液	乳化液或皂化液	水性电加工工作液	去离子水、煤油
尺寸精度	±0.01~±0.02 mm	±0.004 mm	±0.001 mm
表面粗糙度 Ra	1.25~2.5 μm	0.16~0.8 μm	≤0.8 μm
设备成本	低廉	开环:便宜 半闭环:一般 闭环:较贵	昂贵

从表 6-1 中可以看出,在主要的加工参数指标上,无论是加工精度和加工表面粗糙度,还是加工效率,快走丝电火花线切割机床与慢走丝电火花线切割机床相比均存在明显的差距,而中走丝则介于二者之间。

根据控制方式的不同,电火花线切割机床又可分为靠模仿形控制、光电跟踪控制和数字控制等。目前国内外 95%以上的线切割机床都已采用数控化,而且采用不同的数控系统,从单片机、单板机到微型计算机系统,有的还有自动编程功能。

6.2.2　电火花线切割机床型号

电火花线切割机床的型号可按照《金属切削机床型号编制方法》(GB/T 15375—2008)来编定,现举例说明如下:

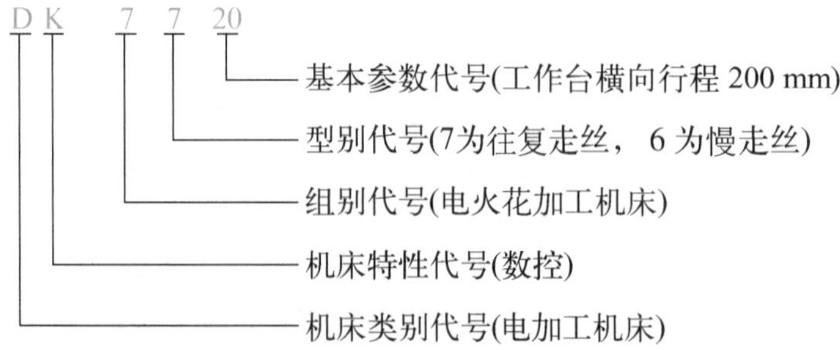

目前国产的线切割机床以快走丝和中走丝(均为往复走丝)为主,其型号多采用企业自定标准。

6.3 数控电火花线切割工艺基础

6.3.1 线切割加工的主要工艺指标

1. 切割速度 V_{wi}

在保证一定表面粗糙度的前提下，单位时间内电极丝中心在工件上切过的面积总和即为切割速度，单位为 $mm^2 \cdot min^{-1}$。

2. 表面粗糙度

我国和欧洲常用轮廓算术平均偏差 Ra(μm)来表示，日本常用 R_{max} 来表示。

3. 电极丝损耗量

对高速走丝机床，用电极丝在切割 10 000 mm^2 面积后电极丝直径的减少量来表示，一般减小量不应大于 0.01 mm。

4. 加工精度

加工精度指所加工工件的尺寸精度、形状精度和位置精度的总称。

6.3.2 影响线切割工艺指标的若干因素

影响线切割工艺指标的因素很多，也很复杂，主要包括以下几个方面：

1. 电参数对工艺指标的影响

主要包括以下几方面：

(1) 脉冲宽度 t_i

t_i 增大时，单个脉冲能量增多，切割速度提高，表面粗糙度数值变大，放电间隙增大，加工精度有所下降。粗加工时取较大的脉宽，精加工时取较小的脉宽，切割厚大工件时取较大的脉宽。

(2) 脉冲间隔 t_0

t_0 增大，单个脉冲能量降低，切割速度降低，表面粗糙度数值有所增大，粗加工及切割厚大工件时脉冲间隔取宽些，而精加工时取窄些。

(3) 开路电压 u_i

开路电压增大时，放电间隙增大，排屑容易，提高了切割速度和加工稳定性，但易造成电极丝振动，使得工件表面质量变差，加工精度有所降低。通常精加工时取的开路电压比粗加工低，切割厚大工件时取较高的开路电压。一般 $u_i = 60 \sim 150$ V。

(4) 放电峰值电流 i_e

放电峰值电流是决定单脉冲能量的主要因素之一。i_e 增大，单个脉冲能量增多，切割速度迅速提高，表面粗糙度数值增大，电极丝损耗比加大甚至容易断丝，加工精度有所下降。粗加工及切割厚大工件时应取较大的放电峰值电流，精加工时取较小的放电峰值电流。

(5) 放电波形

电火花线切割加工的脉冲电源主要有晶体管矩形波脉冲电源和高频分组脉冲

电源。在相同的工艺条件下,高频分组脉冲能获得较好的加工效果,其脉冲波形如图 6-3 所示,它是矩形波改造后得到的一种波形,即把较高频率的脉冲分组输出。矩形波脉冲电源在提高切割速度和降低表面粗糙度值之间存在矛盾,二者不能兼顾,只适用于一般精度的加工。高频分组脉冲波形是解决这个矛盾的比较有效的电源形式,得到了越来越广泛的应用。

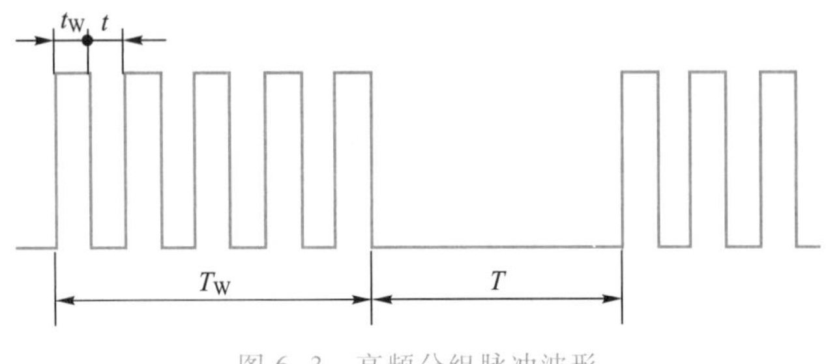

图 6-3 高频分组脉冲波形

(6) 极性

电火花加工中,当工件接脉冲电源的正极,工具电极接脉冲电源的负极时,这种接法称为正极性;反之,当工件接脉冲电源的负极,工具电极接脉冲电源的正极时,称为负极性。电火花线切割加工属于短脉冲加工,为了提高切割速度和减少电极丝的损耗,采用正极性加工。

(7) 预置进给速度

预置进给速度的调节对切割速度、加工精度和表面质量的影响很大,因此调节预置进给速度应紧密跟踪工件蚀除速度,以保持加工间隙恒定在最佳值上。这样可使有效放电状态的比例大,而开路和短路的比例小,使切割速度达到给定加工条件下的最大值,相应的加工精度和表面质量也好。如果预置进给速度调得太快,超过工件可能的蚀除速度,会出现频繁的短路现象,切割速度反而低,表面粗糙度也差,上下端面切缝呈焦黄色,甚至可能断丝;反之,进给速度调得太慢,大大落后于工件的蚀除速度,极间将偏于开路,有时会时而开路时而短路,上下端面切缝呈焦黄色。这两种情况都大大影响工艺指标。因此,应按电压表、电流表调节进给旋钮,使表针稳定不动,此时进给速度均匀、平稳,是线切割加工速度和表面加工质量均好的最佳状态。

2. 非电参数对工艺指标的影响

(1) 走丝速度对工艺指标的影响

对于快走丝线切割机床,在一定的范围内,随着走丝速度的提高,有利于电极丝把工作液带入较大厚度工件的放电间隙中,有利于放电通道的消电离和电蚀产物的排除,保持放电加工的稳定,从而提高切割速度;但走丝速度过高,将加大机械振动,降低加工精度和切割速度,表面加工质量也将恶化,并且易断丝。走丝速度对切割速度的影响如图 6-4 所示。

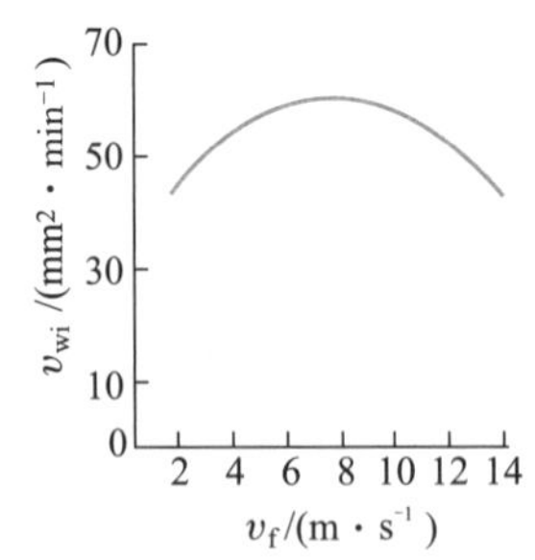

图 6-4 走丝速度 v_f 对切割速度 v_{wi} 的影响

实验条件:工件为 T10 淬火钢,厚 30 mm,$t_i = 30\ \mu s$,$t_0 = 50\ \mu s$,$u_i = 90$ V,$i_e = 30$ A,钼丝直径为 0.12 mm,采用 $\omega = 10\%$ 的乳化液

中走丝属复合走丝线切割机床，其走丝原理是在粗加工时采用高速(8～12 mm/s)走丝，精加工时采用低速(1～3 mm/s)走丝，这样工作相对平稳、抖动小，并通过多次切割减少材料变形及钼丝损耗带来的误差，使加工质量也相对提高，加工质量介于快走丝机与慢走丝机之间。

慢走丝时由于电极丝张力均匀，振动较小，电极丝直径较小，因而加工稳定性、表面粗糙度及加工精度等均很好。在日本三菱电动机低速走丝线切割机床上切割时，若干因素对加工工艺指标的影响及各因素之间的相互关系如图 6-5 和图 6-6 所示。其中电极丝进给速度 v_f(mm·min^{-1})与切割速度 v_{wi}(mm^2·min^{-1})的关系为：切割速度 v_{wi}等于进给速度 v_f 与切割厚度 H(mm)的乘积。

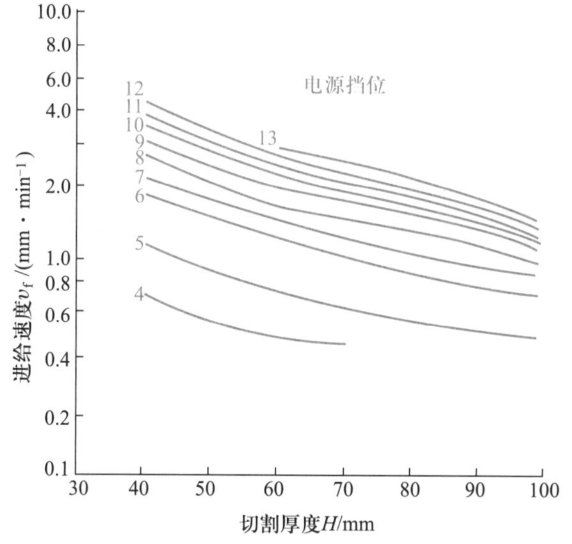

图 6-5　切割厚度与进给速度的关系

实验条件：工件为 SKD-11 材料，厚度 40～100 mm，

电极丝材料为黄铜丝，直径为 0.25 mm，加工电源位于 4～13 挡

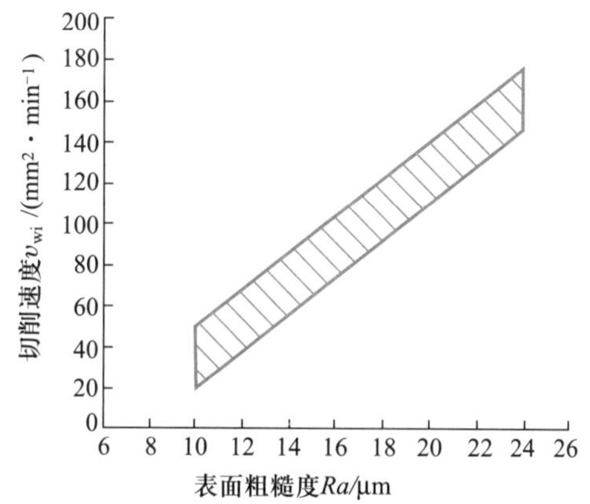

图 6-6　表面粗糙度与切割速度的关系

实验条件：工件为 SKD-11 材料，厚度 50 mm，电极丝采用 ϕ0.25 mm 黄铜，电源采用第 8 挡

表6-2是在瑞士阿奇公司慢走丝电火花线切割机床上切割加工的工艺效果，可供参考。

表6-2　慢走丝线切割加工的工艺效果

工件材料	电极丝直径 d/ mm	切割厚度 H/mm	切缝宽度 s/mm	表面粗糙度 Ra/μm	切割速度 v_{wi} /($mm^2 \cdot min^{-1}$)	电极丝材料
碳钢、铬钢	0.1	2~20	0.13	0.2~0.3	7	黄铜丝
	0.15	2~50	0.198	0.35~0.5	12	
	0.2	2~75	0.259	0.35~0.71	25	
	0.25	10~125	0.34	0.35~0.71	25	
	0.3	75~150	0.378	0.35~0.5	25	
铜	0.25	2~40	0.32	0.35~0.7	19.4	
硬质合金	0.1	2~20	0.19	0.15~0.24	3.5	
	0.15	2~30	0.229	0.24~0.25	7.1	
	0.25	2~50	0.361	0.2~0.5	12.2	
石墨	0.25	2~40	0.351	0.35~0.6	12	
铝	0.25	2~40	0.34	0.5~0.83	60	
碳钢、铬钢	0.08	2~10	0.105	0.35~0.55	5	钼丝
	0.1	2~10	0.125	0.47~0.59	7	
硬质合金	0.08	2~12.7	0.105	0.078~0.23	4	
	0.1	2~12.7	0.135	0.118~0.23	6	

(2) 工件厚度及材料对工艺指标的影响

工件较薄时，工作液容易进入并充满放电间隙，有利于排屑和消电离，加工稳定性好；但工件太薄时，电极丝容易产生抖动，对加工精度和表面粗糙度不利，且脉冲利用率低，切削速度因而下降。工件较厚时，工作液难以进入和充满放电间隙，加工稳定性差，但电极丝不易抖动，因而加工精度和表面粗糙度较好，但工件过厚时排屑困难，导致切割速度下降。

(3) 电极丝材料及直径对加工指标的影响

快走丝用的电极丝材料应具有良好的导电性、较大的抗拉强度和良好的耐电腐蚀性能，且电极丝的质量应该均匀，不能有弯折和打结现象。钼丝韧性好，放电后不易变脆，不易断丝，因而应用广泛。黄铜丝加工稳定，切割速度高，但电极丝损耗大。

慢走丝线切割机床上常采用0.2 mm的黄铜丝，也可采用钨丝、钼丝。

电极丝直径大时，能承受较大的电流，从而使切割速度提高，同时切缝宽，放电产生的腐蚀物排除条件得到改善而使加工稳定，但加工精度和表面质量下降。当直径过大时，切缝过宽，需要蚀除的材料增多，导致切割速度下降，而且难以加工出内尖角的工件。快走丝时电极丝的直径可在 0.1～0.25 mm 之间选用，常用的电极丝为 0.12～0.18 mm；慢走丝直径可在 0.076～0.3 mm之间选用，最常采用的为 0.2 mm。电极丝直径及与之相适应的切割厚度见表 6-3。

表 6-3　电极丝直径与合适的切割厚度

电极丝材料	电极丝直径/mm	合适的切割厚度/mm
钨丝	ϕ0.05	0～5
	ϕ0.07	0～8
	ϕ0.10	0～30
铜丝	ϕ0.10	0～15
	ϕ0.15	0～30
	ϕ0.20	0～80
	ϕ0.25	0～100

（4）工作液对加工指标的影响

在电火花线切割加工中，工作液为脉冲放电的介质，对加工工艺指标的影响很大。同时，工作液通过循环过滤装置连续地向加工区供给，对电极丝和工件进行冷却，并及时从加工区排除电蚀产物，以保持脉冲放电过程能稳定而顺利地进行。低速走丝线切割机床大都采用去离子水作为工作液，只有在特殊精加工时才采用绝缘性能较高的煤油。快走丝线切割机床大都使用专用乳化液。乳化液的品种很多，各有特点，有的适合精加工，有的适合于大厚度切割，有的适合于高速切割等。因此，必须按照线切割加工的需要正确选用。

（5）工件材料内部残余应力的影响

对热处理后的坯料进行线切割时，由于大面积去除金属和切断加工，材料内部残余应力的相对平衡状态受到破坏，从而产生很大的变形，零件的加工精度下降，有的零件甚至在切割中出现裂纹、断裂。减少变形和裂纹的措施如下：

1）改善热处理工艺，减少内部残余应力。

2）减少切割体积，在淬火前先用切削加工方法把中心部分材料切除或预钻孔，使热处理均匀发生，如图 6-7 所示。

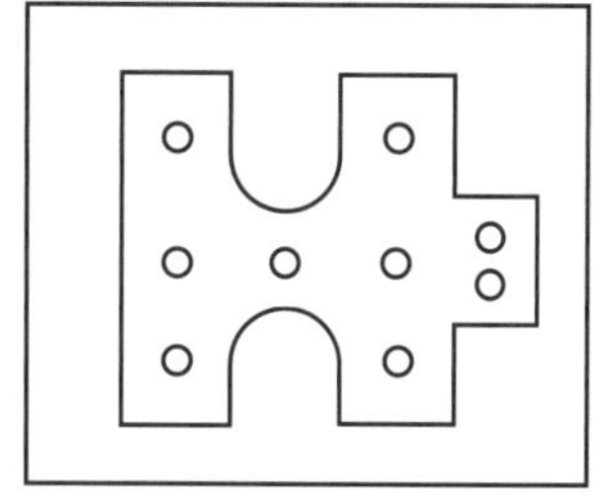

图 6-7　减少切割体积

3）精度要求高的，采用二次切割法。第一次加工单边留下余量 0.1～0.5 mm，余量大小根据淬硬程度、工件厚度、壁厚等确定。第二次加工时将第一次加工的变形切除，如图 6-8 所示。

4）为了避免材料组织及内应力对加工精度的影响，必须合理地选择切割的走向和进刀点。通常切割路径应使夹持部分位于程序最后一条加工语句所设定的线路处，如图 6-9 所示，这样可以减小工件变形引起的误差。进刀点的选择要尽量避免留下接刀痕，如图 6-10 所示。当接刀痕不可避免时，应尽量把进刀点放在对尺寸精度要求不高处或容易钳修处，如图 6-11 所示。

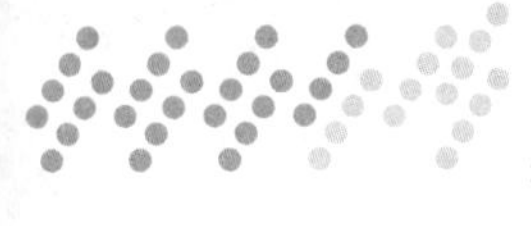

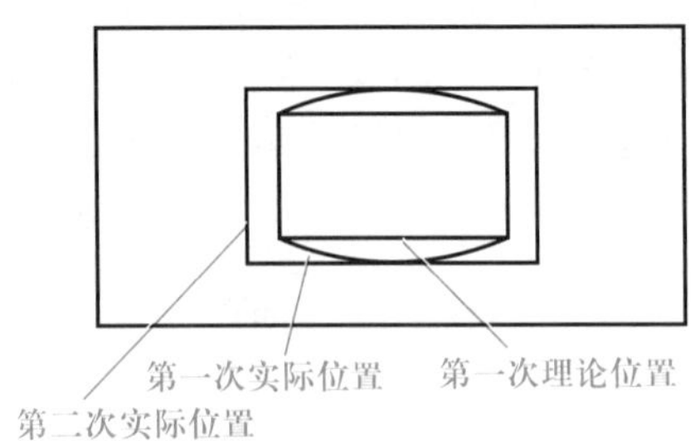

图 6-8　二次切割法

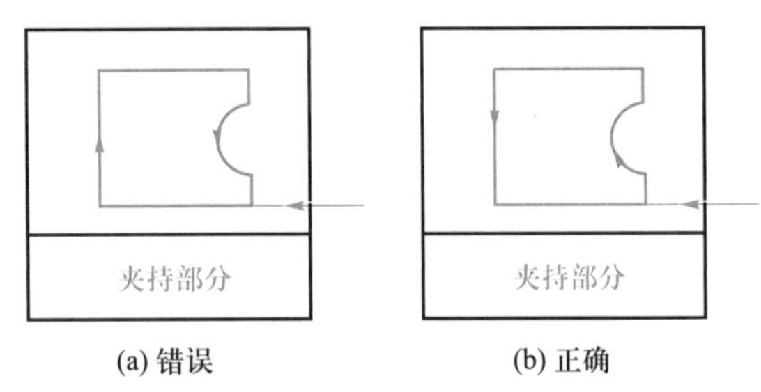

图 6-9　夹持部分安放

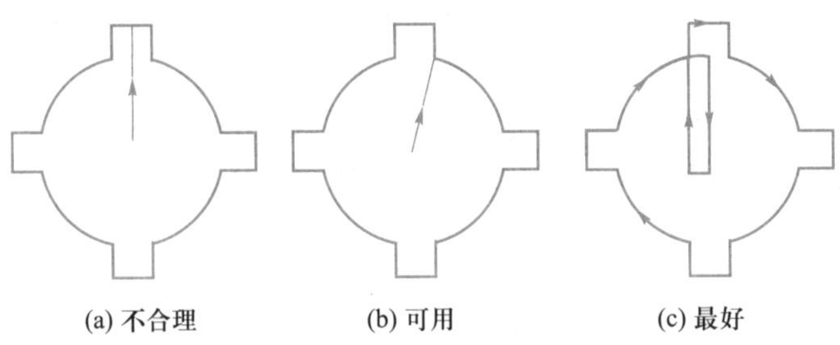

图 6-10　进刀点避免留下接刀痕

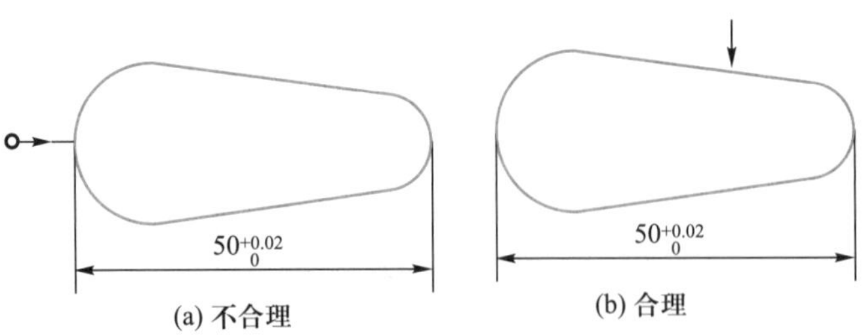

图 6-11　进刀点处易于钳修

5）若精度要求高，应先在坯料内加工出穿丝孔，以免当从坯料外切入时引起坯料切开处变形，如图 6-12 所示。

6）工件上的剩磁会使内应力不均匀，且加工时对排屑不利，因此平磨过的工件应先充分去磁。

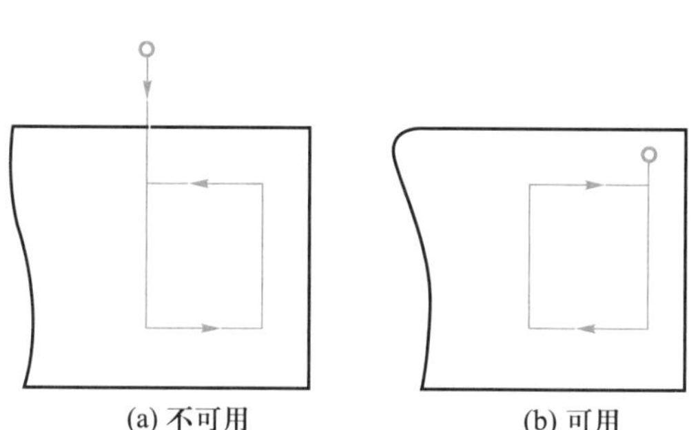

图 6-12　切割起点确定

6.3.3　电火花线切割典型夹具、附件及工件装夹

工件装夹的形式对加工精度有直接影响。电火花线切割加工机床一般是在通用夹具上采用压板和紧固螺钉来固定工件。为了适应各种形状工件加工的需要，还可使用磁性夹具、旋转夹具或专用附件。

1. 常用夹具、附件

(1) 压板夹具

由于线切割机床主要用于切割冲模的型腔，因此机床出厂时通常只提供一对夹持板形工件的压板夹具（压板、紧固螺钉等）。

(2) 磁性夹具

采用磁性工作台或磁性表座夹持工件，不需要压板和紧固螺钉，操作快速方便，定位后不会因压紧而变动，如图 6-13 所示。

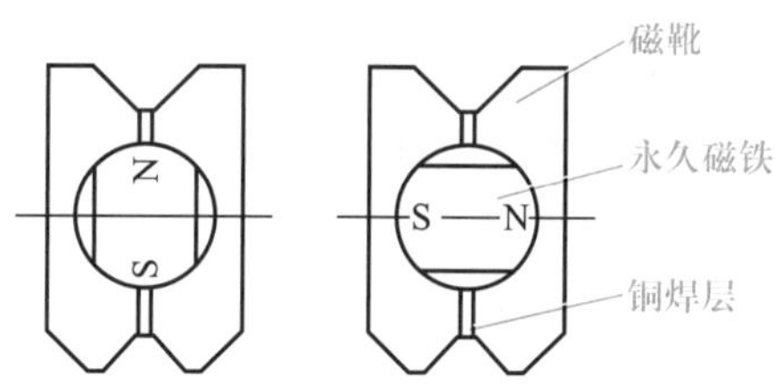

图 6-13　磁性夹具

要注意保护上述两类夹具的基准面，避免工件将其划伤或拉毛。压板夹具应定期修磨基准面，保持两件夹具的等高性。夹具的绝缘性也应经常检查和测试，避免因绝缘体受损造成绝缘电阻减小，影响正常的切割。

(3) 分度夹具

分度夹具（如图 6-14 所示）是针对加工电动机转子、定子等多型孔的旋转形工件设计的，可保证高的分度精度。近年来，因微机控制器及自动编程机具有对称、旋转等功能，所以分度夹具用得较少。

(4) 数控回转工作台（简称转台）

在数控线切割机床上加工圆形或阿基米德螺旋线形凸轮，可大大简化编程工作。回转工作台的结构如图 6-15 所示。步进电机经过二级蜗轮蜗杆传动标准心

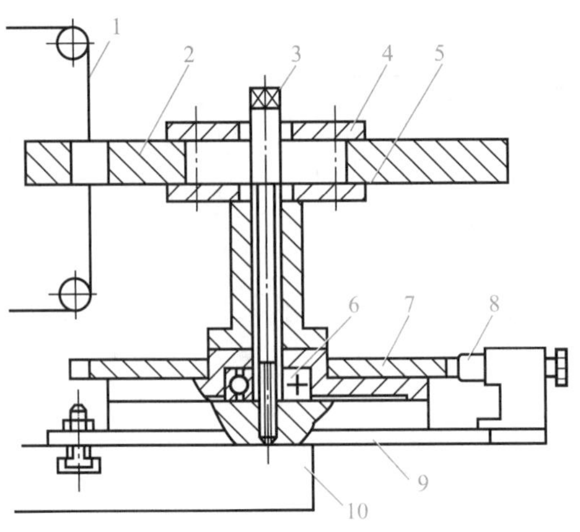

图 6-14　分度夹具

1—电极丝；2—工件；3—螺杆；4—压板；5—垫板；6—轴承；7—定位盘；8—定位销；9—底座；10—工作台

轴，其传动比为 1∶1 800，步进电机每转一步(1.5°)，心轴旋转 3″(约 0.001°)，相当于在半径为 70 mm 的圆周上移动 1 μm。如果旋转与坐标运动结合起来，可加工正弦、余弦、双曲线、螺旋线等特殊曲线轮廓的工件。

(5) 3R 夹具

瑞典 System 3R 公司生产的 3R 夹具具有以下基本特点：

- 安装简单：仅需内六角螺栓与机床台面固定；
- 高精度：重复定位精度±0.002 mm；
- 预调工件：可在机床外调节好工件，再装到机床上直接进行加工；
- 五面加工：可在机床上实现精确的五面加工；
- 适应范围广：可装夹方形、圆形等大小不同的工件；
- 易于装夹：使用十分方便。

1) 基准系统　System 3R 提供了 WEDM 导轨基准系统和 Macro 两种基准系统供选择。如图 6-16 所示，Macro 基准系统具有带自动喷气清理的 z 向基准面，以及以硬质合金制成的 x/y 基准面，倍增夹紧——通过喷抛清理空气进而增加夹紧力，它可以在所有机床上建立统一基准系统，是实现自动化的关键。当客户将其作为工作台面的定位基准时，便能够把所有的机床连成一个单元系统，并可以实现工件从线切割转移到电加工再转移到磨床而不必再次校正工件，既快捷又准确。WEDM 导轨基准系统提供了多种基准导轨。

2) 工件夹持系统　System 3R 的夹持系统包括固定座(3HP 三向找正座)和各种各样的夹持器。3HP 三向找正座用于将超级虎钳、工件夹持器、基准片或夹具等安装于 Macro 系统、WEDM 系统或 MacroTwin 系统中，如图 6-17 所示。

3) 基准夹头接口　System 3R 可提供广泛多样的基准接口产品，用于带基准元件的工件或电极，在不同的基准系统中互相转接 Macro MacroJunior 和 Mini 系统，如图 6-18 所示。

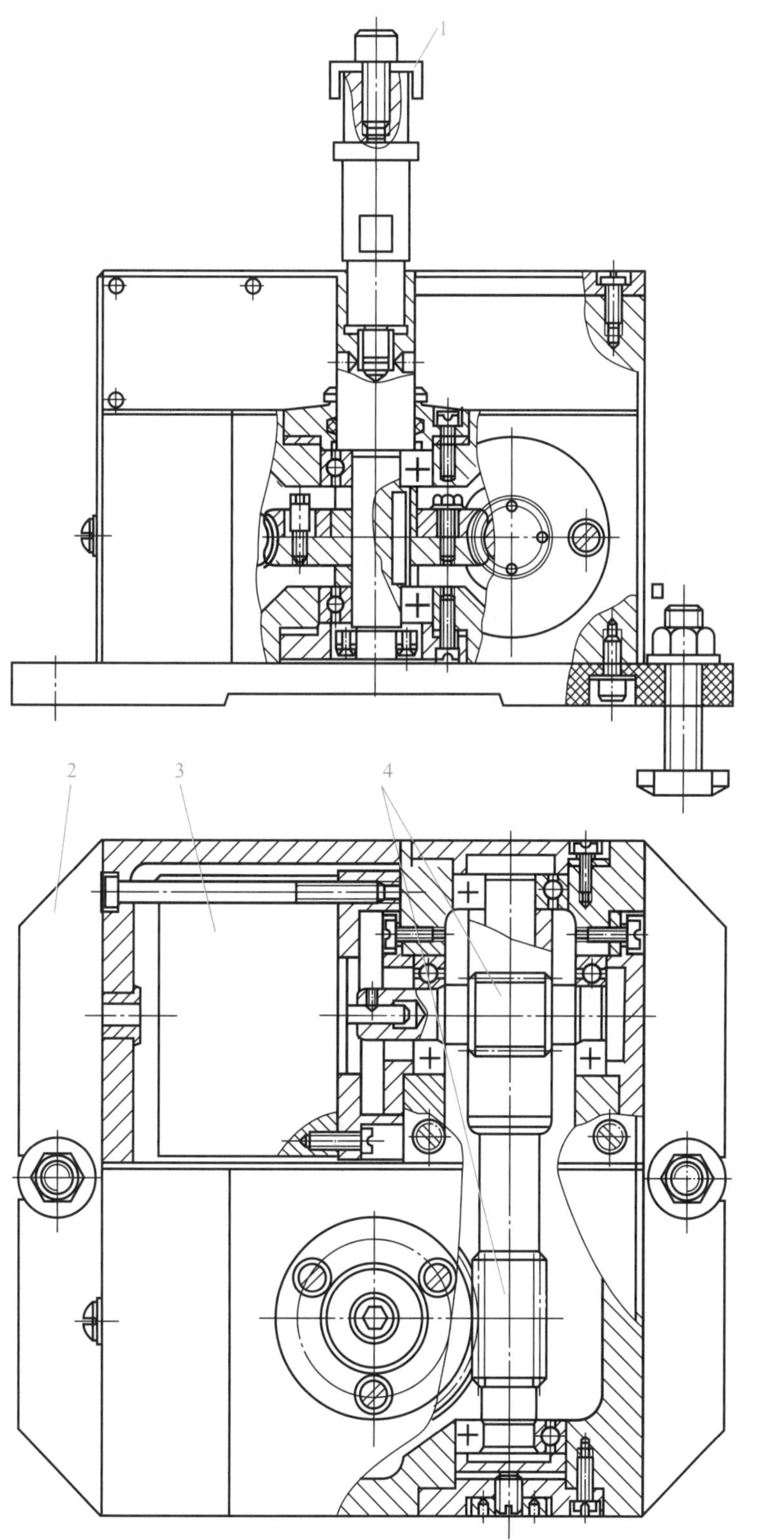

图 6-15　回转工作台的结构

1—定位心轴；2—基座；3—步进电机；4—蜗轮蜗杆

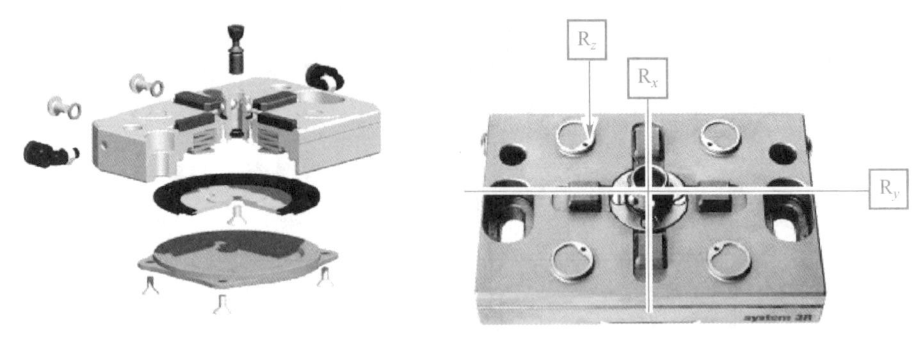

图 6-16　Macro 基准系统

图 6-17　3HP 三向找正座与工件夹持器

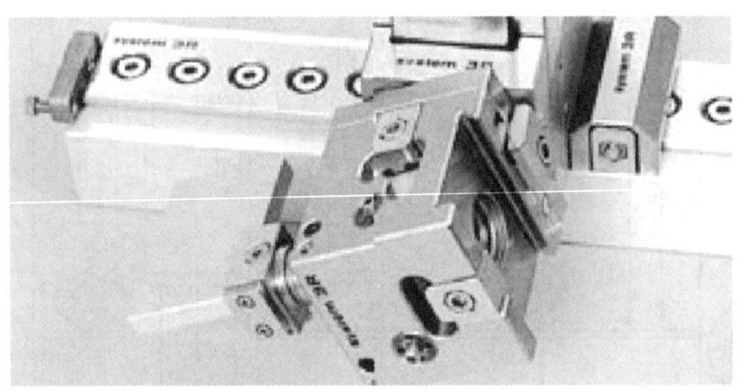

图 6-18　基准夹头接口

4）3Ruler 尺规基准系统　System 3R 尺规基准系统用于在带平行的或 U 形的以及框架式工作台面的机床中，加工中型和大型尺寸的工件，对应不同机床配有各种标尺长度。这些尺规还具备内置的高度调节，可单独或成对使用。运用 3Ruler 尺规系统，无论工件形状、大小、轻重怎样都能极为方便地定位于机床零位面上，如图 6-19 所示。

5）3P——3 点式装夹　3 点式装夹（3P）适用于装夹圆形或方形的工件，只需几秒钟，且碰撞风险最低，如图 6-20 所示。3P 适合于将中等尺寸到大型尺寸的工件装夹在带有 L 形或 U 形工作台面的线切割 EDM 机床上，以及带有框架式工作台面的机床上。通过基准滑块沿基准导轨的滑动，使基准滑块间的距离和工件尺寸相匹配。基准滑块还可以调节工件的水平度。

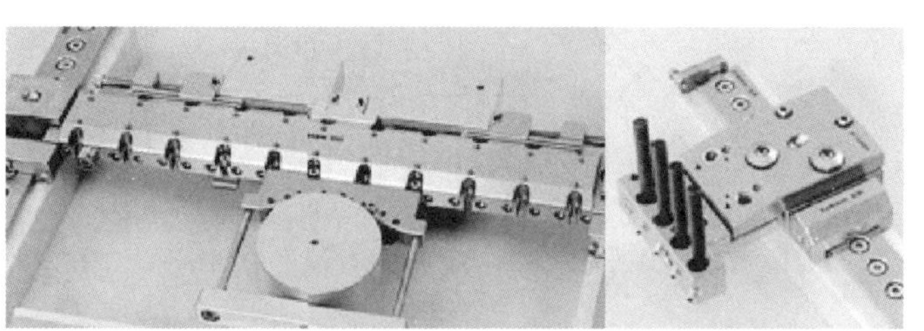

图 6-19　3Ruler 尺规基准系统

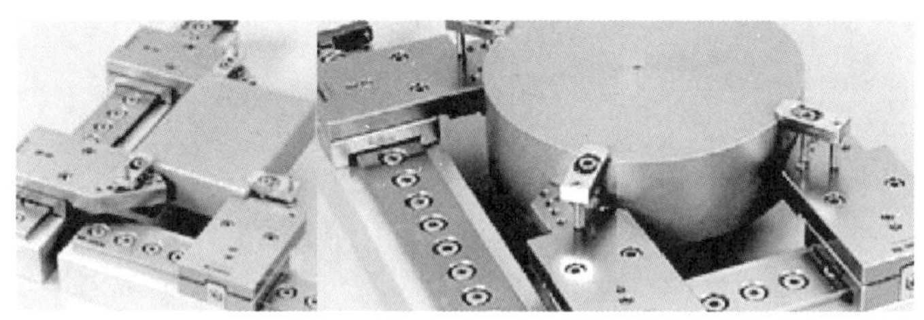

图 6-20　3 点式装夹

2. 工件的正确装夹方法

(1) 正确装夹的一般要求

1) 工件的基准面应清洁无毛刺。经热处理的工件，在穿丝孔内及扩孔的台阶处，要清除热处理残留物及氧化皮。

2) 夹具应具有必要的精度，应将其稳固地固定在工作台上，拧紧螺钉时用力要均匀。

3) 工件装夹的位置应有利于工件找正，并应与机床行程相适应，工作台移动时工件不得与丝架相碰。

4) 对工件的夹紧力要均匀，不得使工件变形或翘起。

5) 大批零件加工时，最好采用专用夹具，以提高生产效率。

6) 细小、精密、薄壁的工件应固定在不易变形的辅助夹具上。

(2) 工件在工作台上的装夹位置对编程的影响

1) 适当的定位可以简化编程工作　工件在工作台上的位置不同，会影响工件轮廓线的方位，也就是影响各点坐标的计算结果，从而影响各段程序的编制。在图 6-21a 中，若使工件的 α 角为 0°、90°以外的任意角，则矩形轮廓各线段都成了切割程序中的斜线，这样，计算各点的坐标、填写程序单及穿制纸带等都比较麻烦，还可能发生错误。如条件允许，使工件的 α 角为 0°和 90°，则各条程序皆为直线程序，这就简化了编程，从而减少差错。同理，图 6-21b 中所示的工件，当 α 角为 0°、90°或 45°时，也会简化编程，提高质量，而为其他角度时，会使编程复杂。

2) 合理的定位可充分发挥机床的效能　如图 6-22 所示，工件的最大长度尺寸为 139 mm，最大宽度为 20 mm，工作台行程为 100 mm×120 mm。很明显，若用

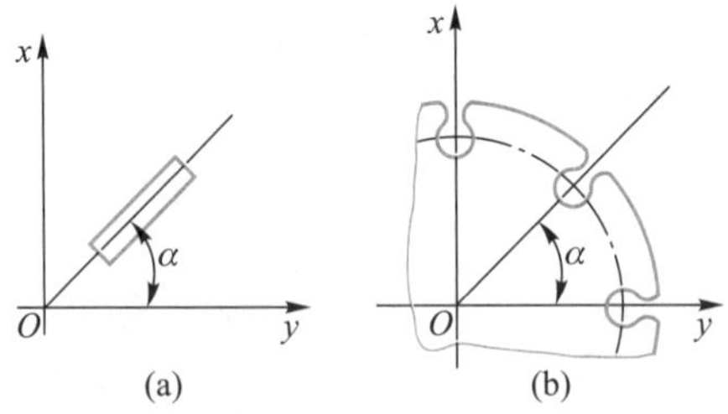

图 6-21　工件在工作台上的装夹位置对编程的影响示意图之一

图 6-22a 的定位方法，在一次装夹中不能完成全部轮廓的加工；如选图 6-22b 的定位方法，可使全部轮廓落入工作台行程范围内，虽然编程比较复杂，但可在一次装夹中完成全部加工。

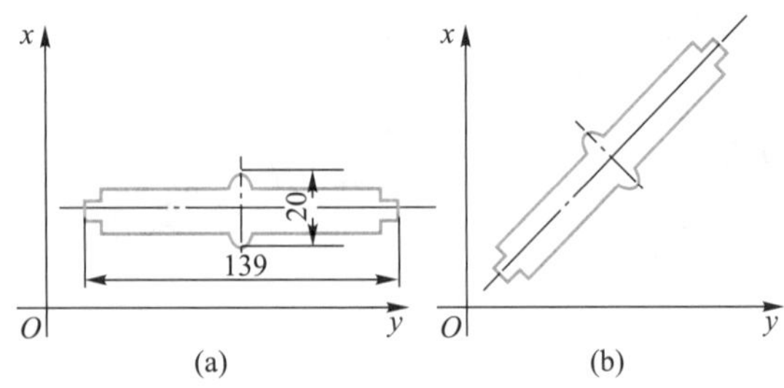

图 6-22　工件在工作台上的装夹位置对编程的影响示意图之二

3）正确定位可提高加工的稳定性　在加工时，执行各条程序进行切割的稳定性并不相同，如较长直线的切割过程就容易出现加工电流不稳定、进给不均匀等现象，严重时还会引起断丝。因此编程时应使零件的定位尽量避开较长的直线程序。

6.3.4　中走丝和慢走丝线切割常用切割方法和技巧

1. 切割凸模的方法和步骤

（1）进行主切割

如图 6-23 所示，凸模主切割分为以下三步：

1）按图形切割，直至停止，如图 6-23a 所示；

2）固定脱落件，如图 6-23b 所示；

3）全部切割，如图 6-23c 所示。

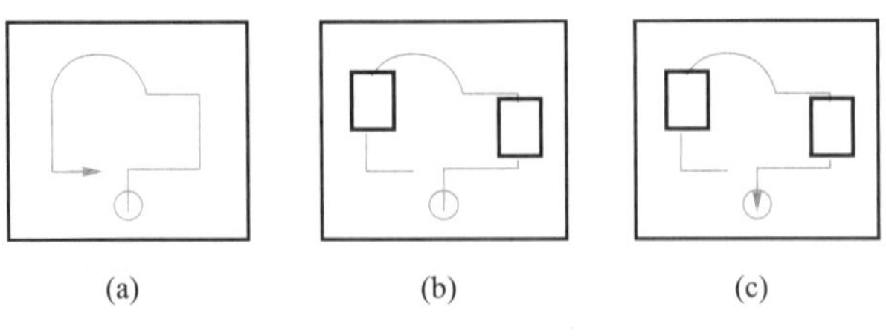

图 6-23　凸模主切割

（2）进行凸模主切割和修切

如图 6-24 所示，凸模主切割和修切分为以下三步：

1）进行凸模主切割，直至停止，如图 6-24a 所示；

2）固定脱落件，如图 6-24b 所示；

3）在带相应修切的情况下，进行分离切割（从起始孔开始），如图 6-24c 所示。

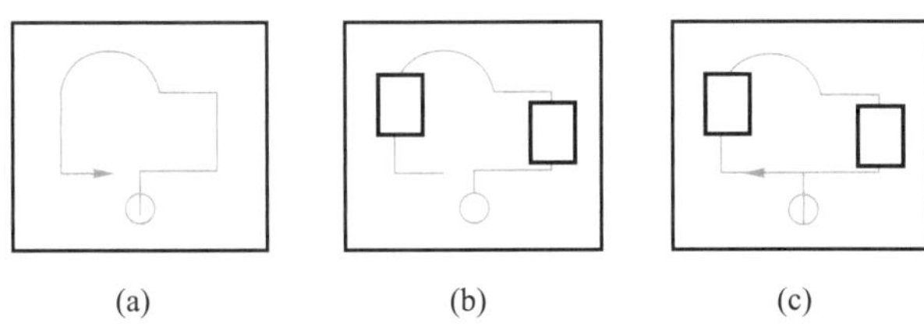

(a)　(b)　(c)

图 6-24　凸模主切割和修切

2. 切割凹模的方法和步骤

（1）只进行凹模主切割

如图 6-25 所示，凹模主切割分为以下三步：

1）按图形切割，直至停止，如图 6-25a 所示；

2）固定脱落件，如图 6-25b 所示；

3）全部切割，如图 6-25c 所示。

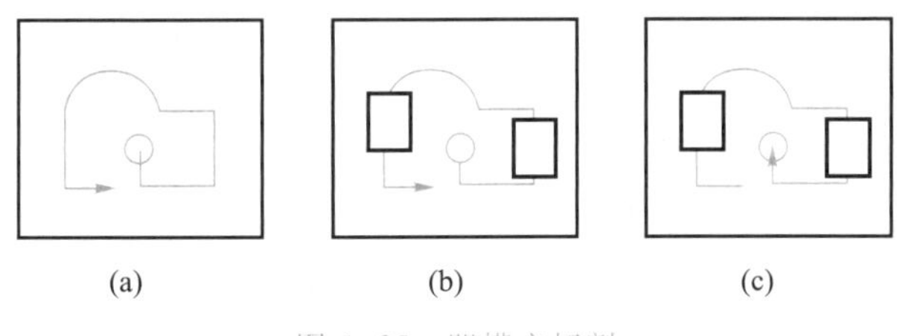

(a)　(b)　(c)

图 6-25　凹模主切割

（2）进行凹模主切割和修切

如图 6-26 所示，凹模主切割和修切分为以下四步：

1）进行主切割，直至停止，如图 6-26a 所示；

2）固定脱落件，如图 6-26b 所示；

3）进行分离切割（仅为主切割），如图 6-26c 所示；

4）取下脱落件，并无间隙地进行所有修切，如图 6-26d 所示。

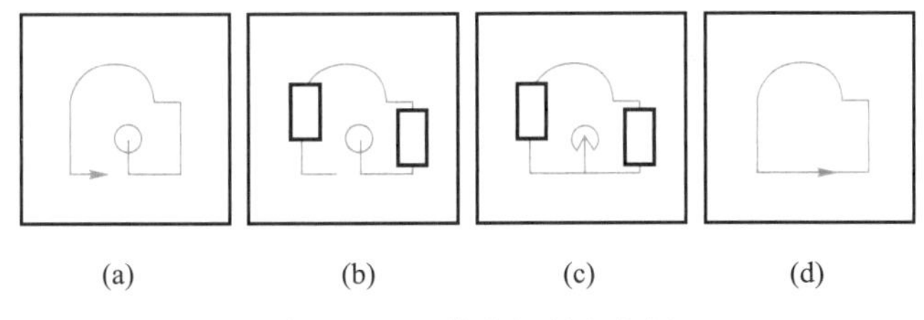

(a)　(b)　(c)　(d)

图 6-26　凹模主切割和修切

（3）内外轮廓的切割

如图 6-27 所示，内外轮廓的切割过程可分为以下几步：

1）进行外轮廓主切割，直至停止，如图 6-27a 所示；

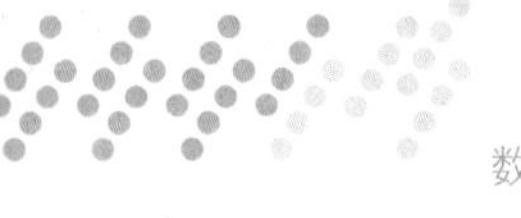

2）进行所有内轮廓的主切割，直至对应停止处，如图 6-27b 所示；

3）固定内轮廓脱落件，如图 6-27c 所示；

4）进行所有内轮廓的分离切割（仅为主切割），如图 6-27d 所示；

5）取下脱落件，并无间隙地进行全部修切，如图 6-27e 所示；

6）进行外轮廓修切，直至停止，如图 6-27f 所示；

7）固定工件，如图 6-27g 所示；

8）进行分离切割和适当的修切（从起始孔开始），如图 6-27h 所示。

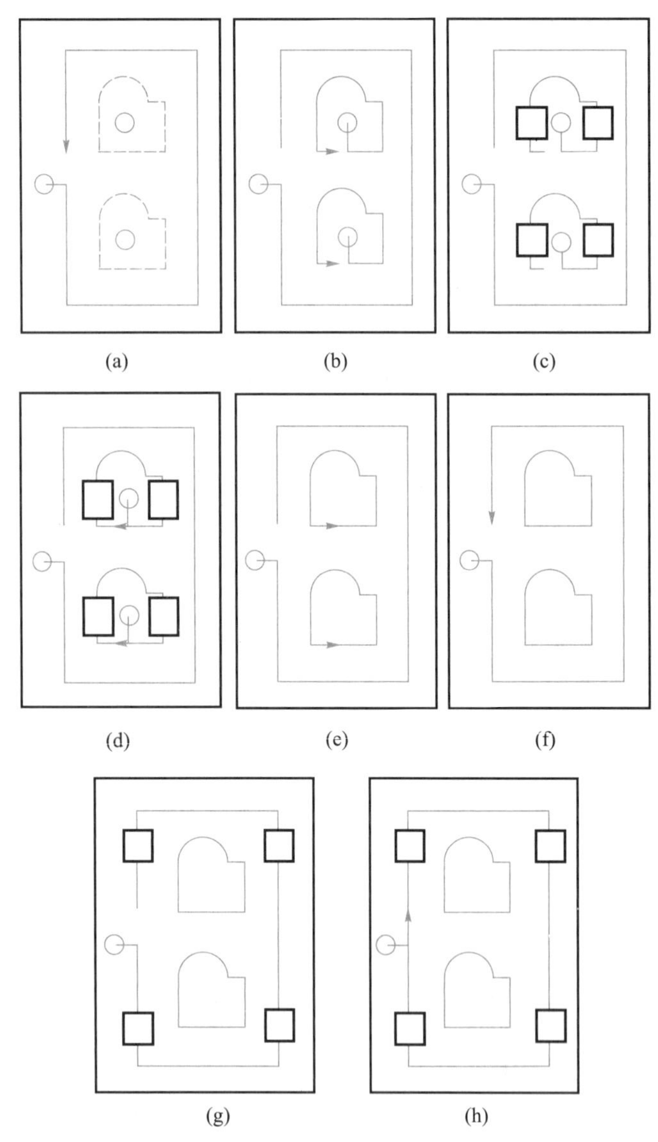

图 6-27　内外轮廓的切割

3. 其他常用切割方法和技巧

(1) 分开切割

对于不能进行整体切割的工件，可采取分开切割方法。如图 6-28 右图所示形状的工件,应分割成图 6-28 左图所示的几部分进行切割。

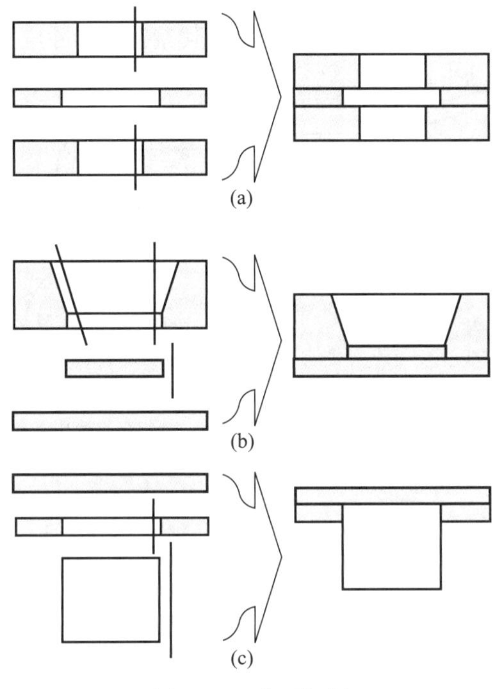

图 6-28　分开切割

(2) 镶嵌技巧

切割如图 6-29 左图所示凹模,可先切上图所示空白凹模,再切右图所示的各部分,镶嵌起来形成左图所示部分。

(3) 堆切割

加工多个材料及形状均相同的工件时,采用这种切割方法可提高效率。如图 6-30 所示,把几块板用螺栓固定在一起形成一个大块,同时切割。

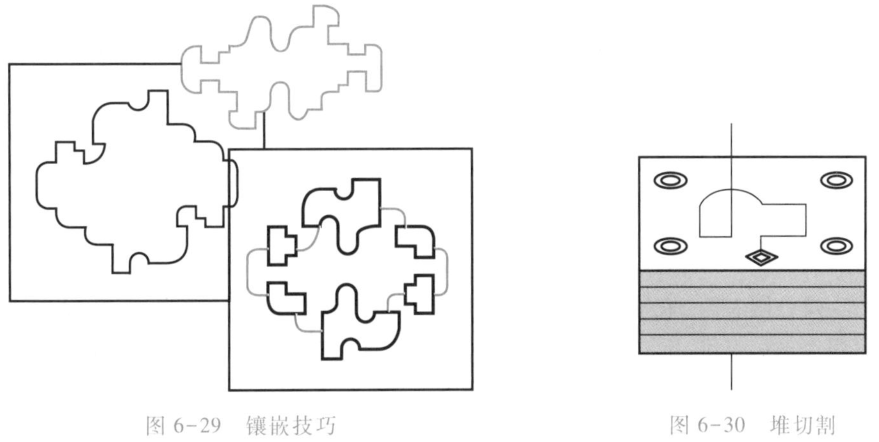

图 6-29　镶嵌技巧　　图 6-30　堆切割

(4) 辅助切割

如果切割工件退火和回火处理不是很好,或对凹模的水平面、凸模的垂直面不能进行校正时，应进行辅助切割。辅助切割包括预切割和缓解切割。在加工大工件大表面及热处理困难的地方，往往先对工件进行钻、铣、镗等预切割操作；对于长而窄的轮廓，且有不规则宽边的高应力凹模，采用缓解切割可以消除应力，如图 6-31 所示。

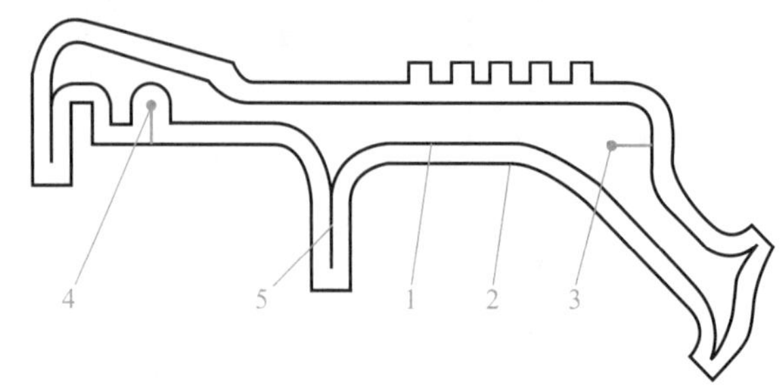

图 6-31　辅助切割

1—预切割；2—精切割；3—预切割起始孔；4—精切割起始孔；5—缓解切割

6.4 线切割编程

数控线切割编程与数控车床、镗铣床、加工中心的编程过程一样，也是根据零件图样提供的数据，经过分析和计算，编写出线切割机床数控装置能接受的程序。编程方法分手工编程和自动编程两类。手工编程是由编程员采用各种计算方法，对编程所需的数据进行处理和运算，最后编写出加工程序的过程。手工编程主要适合于计算量不大，较简单零件的程序编制。自动编程是使用专用的数控语言及各种输入手段，向计算机输入必要的形状和尺寸数据，利用专门的应用软件就可求得编写程序所需的数据，并自动生成加工程序。自动编程适用于复杂程度高，计算工作量大的编程。

6.4.1　3B 格式程序编制

目前快走丝和中走丝线切割机床一般采用 3B 格式编程。下面介绍 3B 格式程序编制要点。

1. 程序格式

3B 格式是结构比较简单的一种程序格式，它是以 x 向或 y 向溜板进给计数的方法决定是否到达终点。

指令格式为：BXBYBJGZ

其中：B 叫分隔符号，它在程序单上起着把 X、Y 和 J 数值分隔开的作用，以免执行指令时发生混乱，当程序输入控制器时，读入第一个 B 后的数值表示 x 坐标值；读入第二个 B 后的数值表示 y 坐标值，读入第三个 B 后的数值表示计数长度 J 的值；

G 为计数方向，有 G_X 和 G_Y 两种；

Z 为加工码，有 12 种，即 L_1、L_2、L_3、L_4、NR_1、NR_2、NR_3、NR_4、SR_1、SR_2、SR_3、SR_4。

加工圆弧时，程序中的 X、Y 必须是圆弧起点对其圆心的坐标值。加工斜线时，程序中的 X、Y 必须是该斜线段终点对其起点的坐标值，斜线段程序中的 X、Y 值允许把它们同时缩小相同的倍数，只要其比值保持不变即可，因为 X、Y 值只用来确定斜线的斜率，但 J 值不能缩小。对于与坐标轴重合的线段，在其程序中的 X 或 Y 值，均可不必写出或全写为 0，但分隔符号 B 必须保留。X、Y 坐标值为绝对坐标，单位为 μm，1 μm 以下的按四舍五入计。

2. 计数方向 G 和计数长度 J

(1) 计数方向 G 及其选择

为保证所要加工的圆弧或线段长度满足要求，线切割机床是通过控制从起点到终点某坐标轴进给的总长度来达到的。因此在计算机中设立了一个计数器 J 进行计数，即将加工该线段的某坐标轴进给总长度 J 数值预先置入 J 计数器中。加工时当被确定为计数长度的坐标每进给一步，J 计数器就减 1，这样，当 J 计数器减到零时，则表示该圆弧或线段已加工到终点，接下来该加工另一段圆弧或直线段了。

在加工直线时规定终点接近 x 轴时应计取 G_X，终点接近 y 时应取 G_Y。加工与坐标轴成 45°角的线段时计数方向取 x 轴、y 轴均可，记做 G_X 或 G_Y。加工圆弧时终点接近 x 轴时应取 G_Y，接近 y 轴时应取 G_X。加工圆弧的终点与坐标成 45°角时，计数方向取 x 轴、y 轴均可，记做 G_X 或 G_Y。这样设定的原因在于，加工直线时终点接近 x 轴，即进给的 X 分量多，x 轴走几步，y 轴才走一步。用 x 轴计数不至于漏步，可保持较高的精度。而圆弧的终点接近 x 轴时线段趋于垂直方向，即 y 轴走几步，x 轴才走一步，因此用 Y 计数能保持较高的精度，如图 6-32 所示。

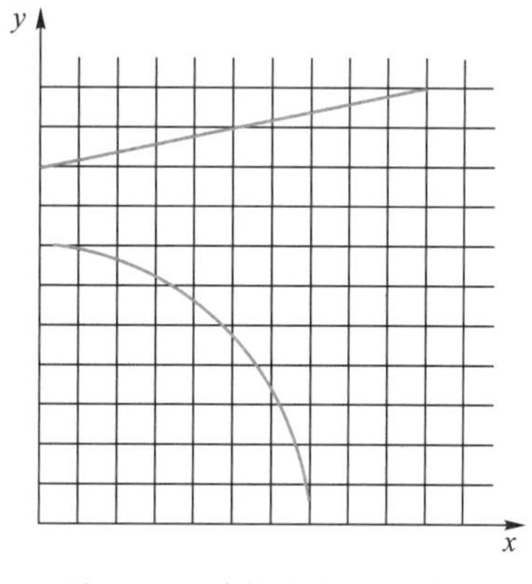

图 6-32　计数方向 G 的确定

(2) 计数长度 J 的确定

当计数方向确定后，计数长度 J 应取计数方向从起点到终点移动的总距离，即圆弧或直线段在计数方向坐标轴上投影长度的总和。

对于斜线，如图 6-33a 所示时取 J＝X，如图 6-33b 所示时取 J＝Y 即可。

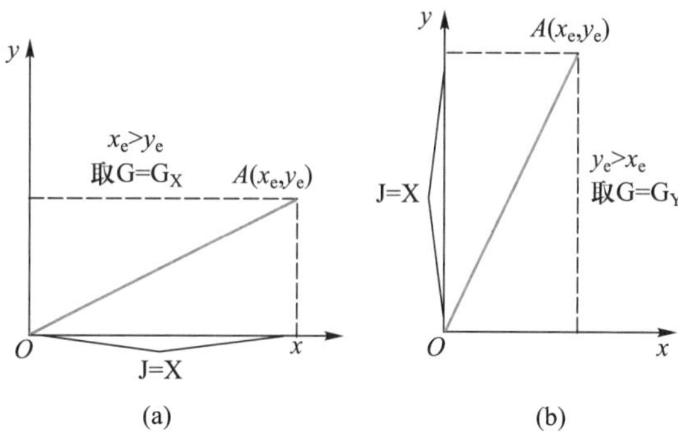

图 6-33　直线 J 的确定

对于圆弧，它可能跨越几个象限，如图 6-34 所示的圆弧都是从 A 加工到 B，图 6-34a 为 G_X，$J=J_{X1}+J_{X2}$；图 6-34b 为 G_Y，$J=J_{Y1}+J_{Y2}+J_{Y3}$。

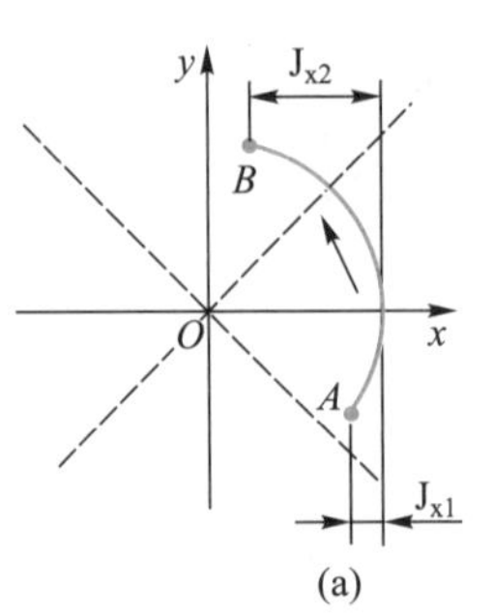

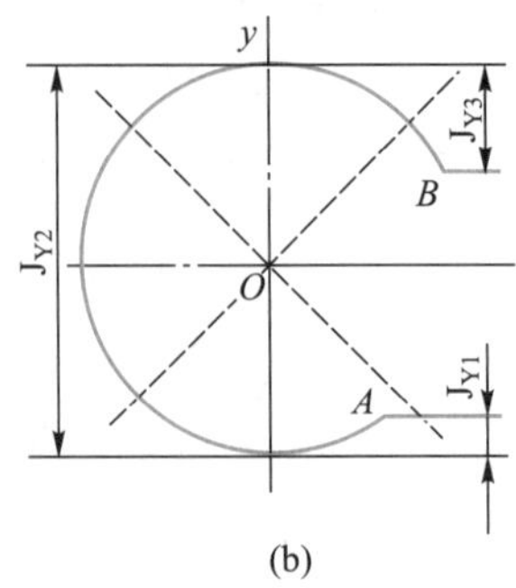

图 6-34 圆弧 J 的确定

(3) 加工指令 Z

加工指令是用来确定轨迹的形状及起点、终点所在坐标象限和加工方向的，它包括直线插补指令（L）和圆弧插补指令（R）两类。

直线插补指令 L_1、L_2、L_3、L_4 表示加工的直线段终点分别在坐标系的第一、二、三、四象限；如果加工的直线段与坐标轴重合，根据进给方向来确定指令（L_1、L_2、L_3、L_4），如图 6-35a、b 所示。注意：坐标系的原点是直线段的起点。

圆弧插补指令（R）根据加工方向又可分为顺圆插补（SR_1、SR_2、SR_3、SR_4）和逆圆插补（NR_1、NR_2、NR_3、NR_4），字母后面的数字表示该圆弧起点所在的象限，如 SR_1 表示顺圆弧插补，其起点在第一象限，如图 6-35c 所示；NR_1 表示逆圆弧插补，其起点在第一象限，如图 6-35d 所示。注意：坐标系的原点是圆弧的圆心。

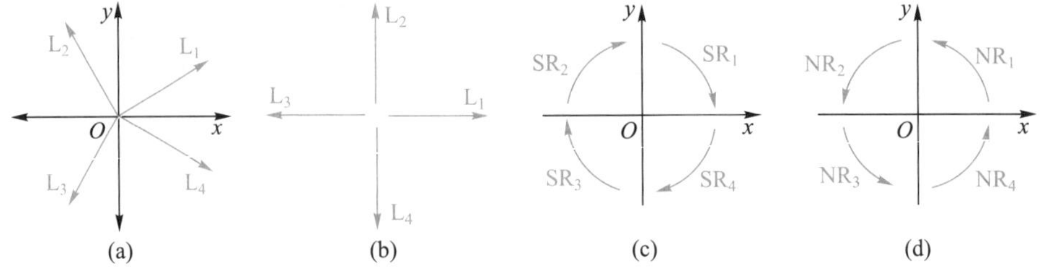

图 6-35 直线段和圆弧加工指令

例如：起点为（2,3）、终点为（7,10）的直线段的 3B 指令是：$B5000B7000B7000G_YL_1$；半径为 9.22，圆心坐标为（0,0），起点坐标为（-2,9），终点坐标为（9,-2）的圆弧的 3B 指令是：$B2000B9000B25440G_YNR_2$。

［例 6-1］ 试用 3B 格式编写如图 6-36 所示轨迹的加工程序。切割路线为：$A\to B\to C\to D\to A$，不考虑切入路线。

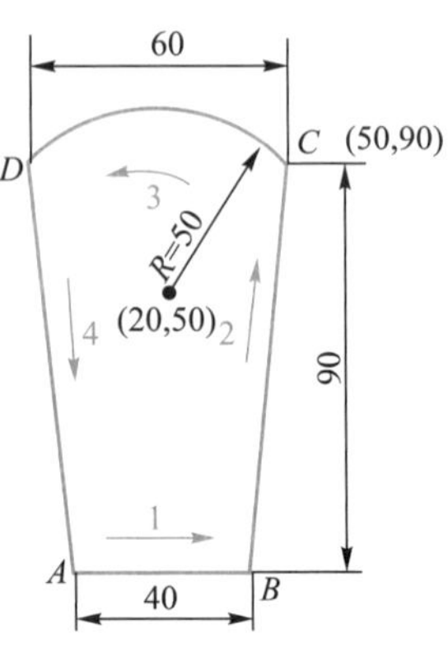

图 6-36 例 6-1 编程图形

编制程序如下：

$BBB40000G_XL_1$ （$A\to B$）

$B1B9B90000G_YL_1$ （$B\to C$）

B30000B40000B60000$G_X$$NR_1$　　(C→D)

B1B9B90000$G_Y$$L_4$　　(D→A)

D　　(停机)

3. 标注公差尺寸的编程计算

根据大量的统计表明,线切割加工后的实际尺寸大部分是在公差带的中值附近。因此对标注有公差的尺寸,应采用中差尺寸编程,其计算公式为:

$$中差尺寸=公称尺寸+(上偏差+下偏差)/2$$

例如:半径 $R20_{-0.02}^{\ 0}$的中差尺寸为:20+(0-0.02)/2=19.99。

实际加工和编程时,要考虑钼丝半径 $r_{丝}$ 和单边放电间隙 $\delta_{电}$ 的影响。对于切割凹体,应将编程轨迹减小($r_{丝}+\delta_{电}$);切割凸体,则应偏移增大($r_{丝}+\delta_{电}$)。切割模具时,还应考虑凸凹模之间的配合间隙 $\delta_{隙}$。

4. 间隙补偿量的确定

在数控线切割加工时,控制装置所控制的是电极丝中心轨迹,如图 6-37 所示(图中双点画线为电极丝中心轨迹),加工凸模时,电极丝中心轨迹应在所加工图形的外面;加工凹模时,电极丝中心轨迹应在所加工图形的里面。工件图形与电极丝中心轨迹间的距离,在圆弧的半径方向和线段的垂直方向都等于间隙补偿量 f。

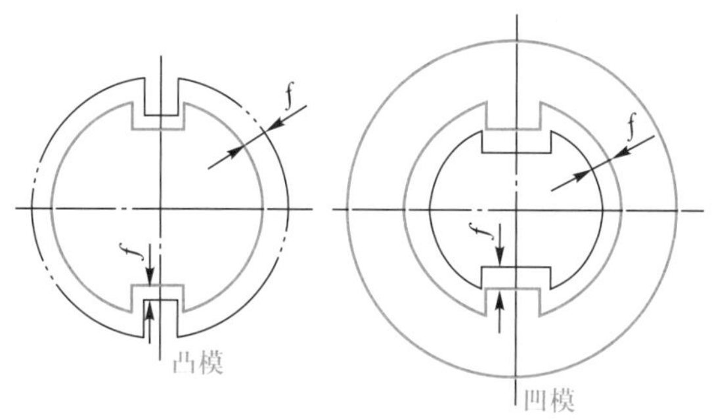

图 6-37　电极丝中心轨迹

(1) 间隙补偿量的符号

间隙补偿量的符号可根据在电极丝中心轨迹图形中圆弧半径及直线段法线长度的变化情况来确定。对于圆弧,当考虑电极丝中心轨迹后,其圆弧半径比原图形半径增大时取+f,减小时取-f;对于直线段,当考虑电极丝中心轨迹后,使该直线段的法线长度 P 增加时取+f,减小时则取-f,如图 6-38 所示。

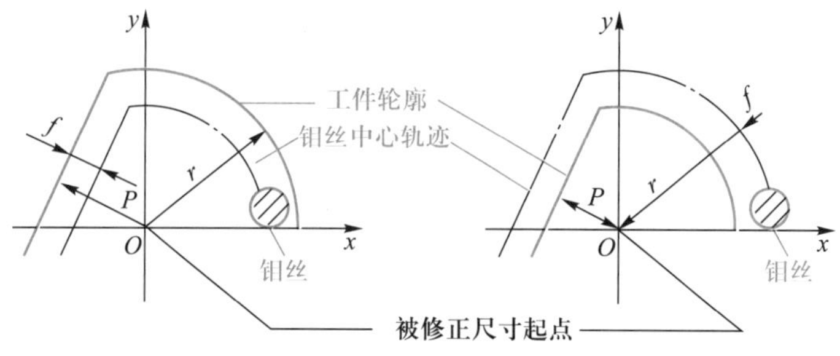

图 6-38　间隙补偿量的符号判别

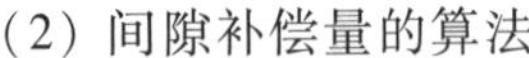

(2) 间隙补偿量的算法

加工冲模的凸、凹模时,应考虑电极丝半径 $r_{丝}$、电极丝和工件之间的单边放电间隙 $\delta_{电}$ 及凸模和凹模间的单边配合间隙 $\delta_{配}$。当加工冲孔模具时(即冲后要求保证工件孔的尺寸),凸模尺寸由孔的尺寸确定。因 $\delta_{配}$ 在凹模上扣除,故凸模的间隙补偿量 $f_{凸}=r_{丝}+\delta_{电}$,凹模的间隙补偿量 $f_{凹}=r_{丝}+\delta_{电}-\delta_{配}$。当加工落料模时(即冲后要求保证冲下的工件尺寸),凹模尺寸由工件尺寸确定。因 $\delta_{配}$ 在凸模上扣除,故凸模的间隙补偿量 $f_{凸}=r_{丝}+\delta_{电}-\delta_{配}$,凹模的间隙补偿量 $f_{凹}=r_{丝}+\delta_{电}$。

[例 6-2] 编制加工如图 6-39 所示零件的凹模和凸模线切割程序。已知该模具为落料模,$r_{丝}=0.065$ mm,$\delta_{电}=0.01$ mm,$\delta_{配}=0.01$ mm。

(1) 编制凹模程序

因该模具为落料模,冲下的零件尺寸由凹模决定,模具配合间隙在凸模上扣除,故凹模的间隙补偿量为:

$$f_{凹}=r_{丝}+\delta_{电}=0.065\ \text{mm}+0.01\ \text{mm}=0.075\ \text{mm}$$

图 6-40 中点画线表示电极丝中心轨迹,此图对 x 轴上下对称,对 y 轴左右对称。因此,只要计算一个点,其余三个点均可根据对称关系得到,通过计算可得到各点的坐标为:

$O_1(0,7)$;$O_2(0,-7)$;$a(2.925,2.079)$;$b(-2.925,2.079)$;$c(-2.925,-2.079)$;$d(2.925,-2.079)$。

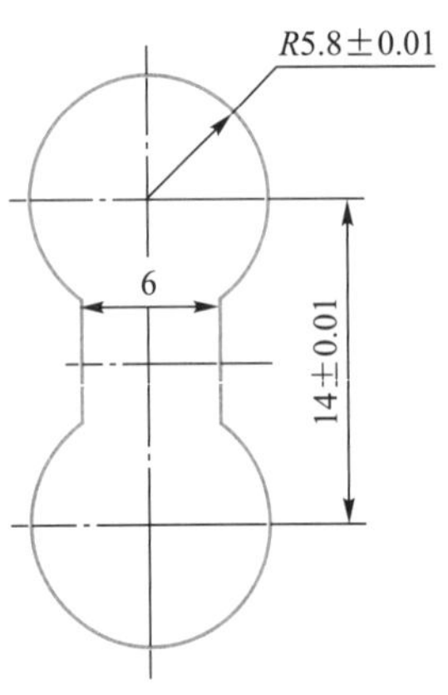

图 6-39 冲裁加工零件图

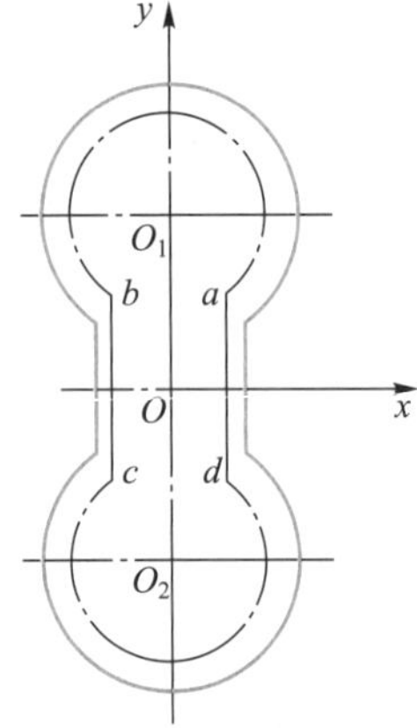

图 6-40 凹模电极丝中心轨迹

若将穿丝孔钻在 O 处,切割路线为:$O\to a\to b\to c\to d\to a\to O$,程序编制如下:

B2925B2079B2925$G_X L_1$	$(O\to a)$
B2925B4921B17050$G_X NR_4$	$(a\to b)$
BBB4158$G_Y L_4$	$(b\to c)$
B2925B4921B17050$G_X NR_2$	$(c\to d)$
BBB4158$G_Y L_2$	$(d\to a)$
B2925B2079B2925$G_X L_3$	$(a\to O)$

D

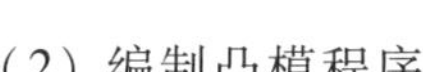

（2）编制凸模程序

如图 6-41 所示，凸模的间隙补偿量 $f_{凸}=r_{丝}+\delta_{电}-\delta_{配}=0.065\ mm+0.01\ mm-0.01\ mm=0.065\ mm$，计算可得到各点的坐标为：

$O_1(0,7)$；$O_2(0,-7)$；$a(3.065,2)$；$b(-3.065,2)$；$c(-3.065,-2)$；$d(3.065,-2)$。

切割路线为：加工时先按 L_1 方式切入 5 mm 至 b 点，沿凸模按逆时针方向切割回 b 点，再沿 L_3 退回 5 mm 至起始点。程序如下：

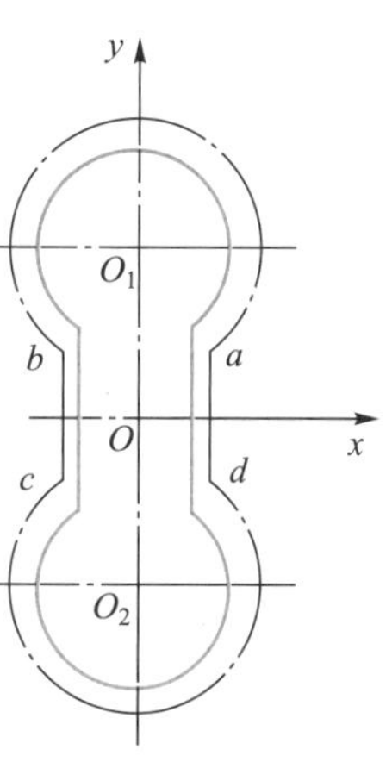

图 6-41　凸模电极丝中心轨迹

$BBB5000G_XL_1$	（按 L_1 方式切入 5 mm 至 b 点）
$BBB4000G_YL_4$	（$b\rightarrow c$）
$B3065B5000B17330G_XNR_2$	（$c\rightarrow d$）
$BBB4000G_YL_2$	（$d\rightarrow a$）
$B3065B5000B17330G_XNR_4$	（$a\rightarrow b$）
$BBB5000G_XL_3$	（按 L_3 方式退回 5 mm 至起始点）
D	

6.4.2　慢走丝线切割机床编程

慢走丝数控电火花线切割加工通常使用国际通用的 ISO 指令进行编程。其指令与数控电火花成型加工及数控铣削加工的指令是相同的，但由于目前数控系统品种较多，如慢走丝电火花线切割就有阿奇夏米尔、沙迪克、发那科等系统。不同系统使用的指令与 ISO 指令还是存在着一些差别。本节以沙迪克为例对相应指令做如下介绍。

1. 手工编程

（1）常用 G 指令代码

表 6-4 为常用 G 指令代码及其含义。

表 6-4　常用 G 指令代码及其含义

代码	含义	格式
G00	指定位置移动	G00{指定轴}±{数据}；
G01	直线插补	G01{指定轴}±{数据}；
G02 G03	G02：顺时针圆弧插补 G03：逆时针圆弧插补	G02 X_Y_I_J_； G03 X_Y_I_J_；
G04	延时指令	G04 X_(X 为延时的时间，单位：秒)；
G05 G06	G05：X 轴镜像变换 G06：Y 轴镜像变换	G05； G06；

续表

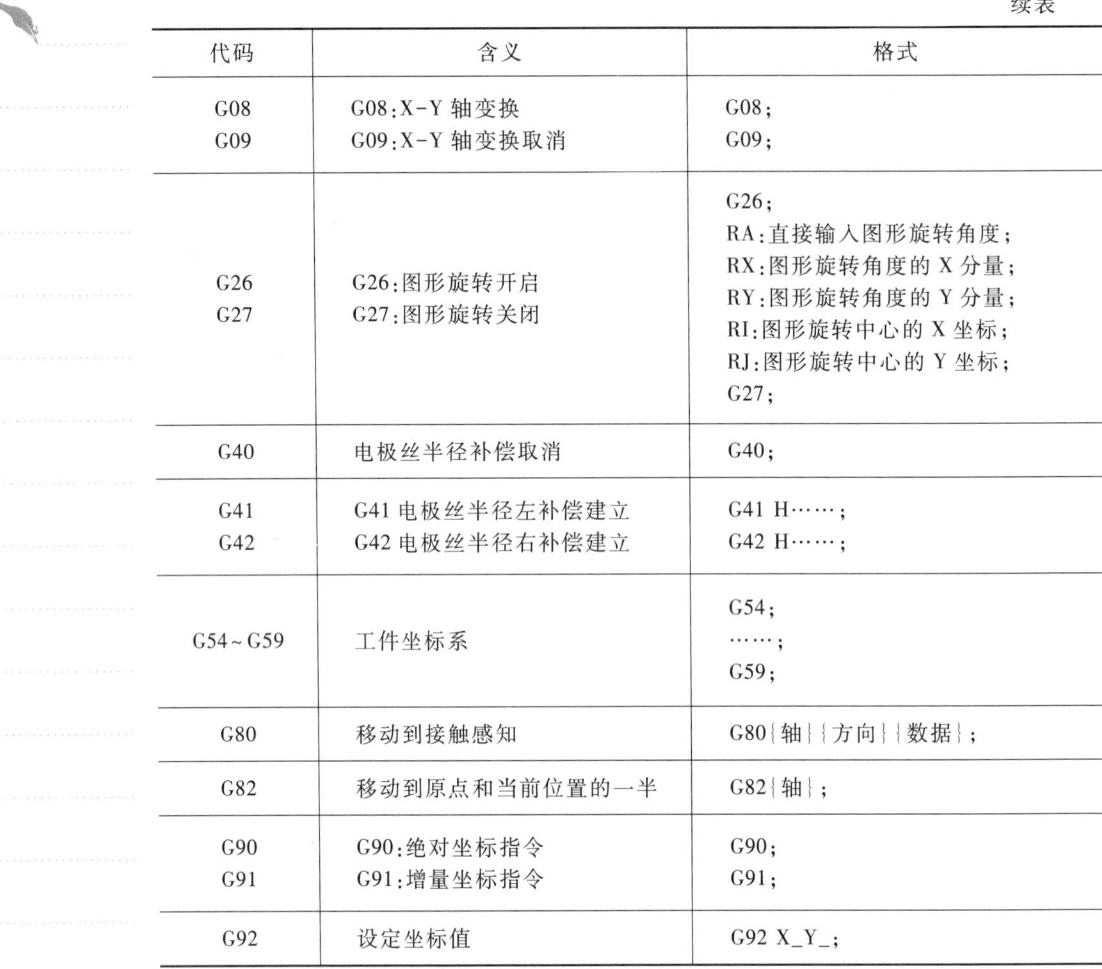

代码	含义	格式
G08 G09	G08:X-Y 轴变换 G09:X-Y 轴变换取消	G08; G09;
G26 G27	G26:图形旋转开启 G27:图形旋转关闭	G26; RA:直接输入图形旋转角度; RX:图形旋转角度的 X 分量; RY:图形旋转角度的 Y 分量; RI:图形旋转中心的 X 坐标; RJ:图形旋转中心的 Y 坐标; G27;
G40	电极丝半径补偿取消	G40;
G41 G42	G41 电极丝半径左补偿建立 G42 电极丝半径右补偿建立	G41 H……; G42 H……;
G54~G59	工件坐标系	G54; ……; G59;
G80	移动到接触感知	G80{轴}{方向}{数据};
G82	移动到原点和当前位置的一半	G82{轴};
G90 G91	G90:绝对坐标指令 G91:增量坐标指令	G90; G91;
G92	设定坐标值	G92 X_Y_;

1）直线插补指令（G01） 该指令可使机床加工任意斜率的直线轮廓。

指令格式是:G01 X± Y±;

其中:X、Y 为目标点坐标。

2）圆弧插补指令（G02、G03） G02 为顺圆弧插补加工指令,G03 为逆圆弧插补加工指令。

指令格式是:G02 X± Y± I± J±;

G03 X± Y± I± J±;

其中:X、Y 表示圆弧终点坐标;

I、J 分别表示圆心相对圆弧起点在 x 方向和 y 方向的增量坐标。

(2) T 指令代码

表 6-5 为 T 指令代码及其含义。

(3) M 指令代码

表 6-6 为 M 指令代码及其含义。

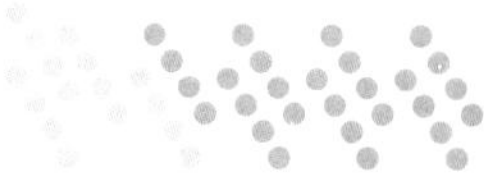

表 6-5　T 指令代码及其含义

代码	功能
T80	电极丝运行
T81	电极丝运行停止
T82	关闭加工槽排液
T83	开启加工槽排液
T84	进行高压喷流(泵打开)
T85	停止高压喷流(泵关闭)
T86	打开喷流
T87	关闭喷流
T88	选择油浴加工模式
T89	选择水喷加工模式
T94	选择水浴加工模式
T90	切断电极丝
T91	自动穿电极丝
T96	向加工槽送液
T97	停止向加工槽送液

表 6-6　M 指令代码及其含义

代码	功能
M00	程序暂停
M01	程序选择性停止
M02	程序结束
M05	忽视接触感知
M06	移动过程中不放电
M98	调用子程序
M99	子程序结束

2. 自动编程

慢走丝数控电火花线切割机床常用来加工高精度的模具等零件。所加工工件的外形一般都较为复杂,加工过程中为了提高加工精度和表面粗糙度值,常采用"一割几修"的方式完成加工任务。如果采用手工编程,就会有很多实际困难。所以,慢走丝数控电火花线切割机床常利用编程软件(如:mastercam)或机床自带编程软件(如:沙迪克的 UTY 软件)来完成编程任务。本节以沙迪克 UTY 软件为例来介绍程序的制作过程。

(1) 工程图绘制

图形绘制是零件程序制作的第一步,图形的绘制可采用 CAD 软件或机床自带绘图软件绘制。在沙迪克系统中,如采用机床自带软件绘图,则需打开“文件”选项新建“.asc”文档;如采用CAD软件绘图,在保存图形时应保存为“.dxf”文档以便系统读取。

(2)程序制作

1)通过UTY软件“文件”选项,选择“打开”按键,如图6-42所示。根据“文件种类”选项调入已绘制完成的文件图形。如CAD软件绘制的“.dxf”文档或UTY软件绘制的“.asc”文档。

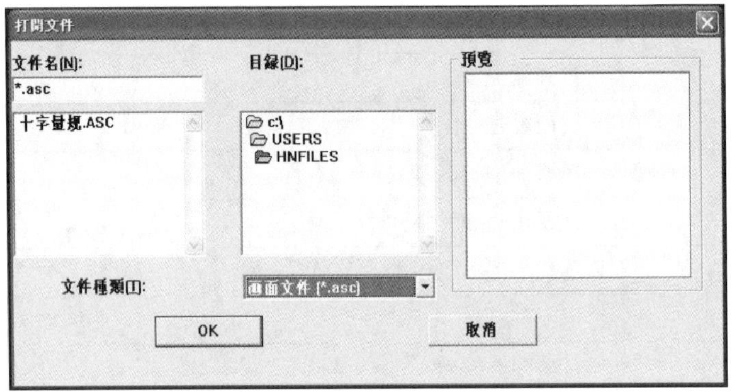

图6-42　文件打开选项

2)根据零件加工相关要素,通过“格子原点设置”选项中“原点设置”选项设定工件坐标原点,如图6-43所示。

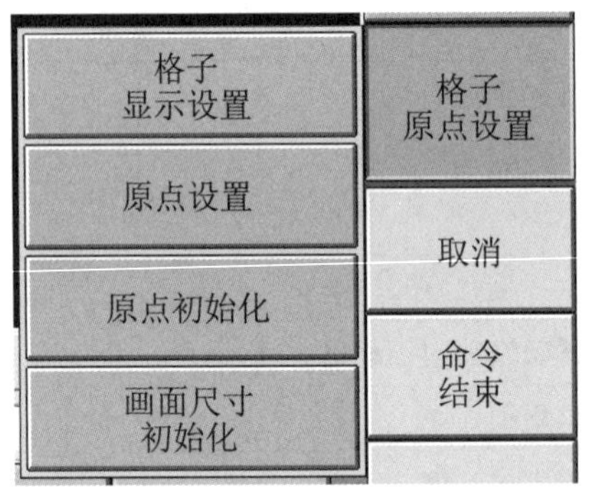

图6-43　原点设置选项

3)通过“辅助线”选项,如图6-44所示,绘制辅助线以便确定工件加工起割点(起始点)位置。起割点即电极丝开始加工工件的起点。

图6-44　辅助线选项

4)根据零件的具体形状,如凸模、凹模、开形状及上下异形等,通过“线切割加工定义”选项选择相应模块进行放电加工条件及程序轨迹等的相关设置。如

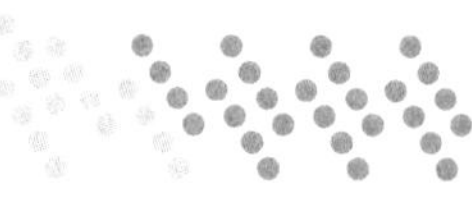

图 6-45 编程设置及图 6-46 加工条件设置。

编程设置

加工条件名	3.8 mmRy - 3times	进刀方式	line
换加工条件	No	圆弧接近半径	0.5000
加工方向(逆L.顺R)	Right(clockwise)	粗割全锥单边角度	0.0000
引线长度	30.0000	精修全锥单边角度	0.0000
暂停距离	10.0000	全锥斜度方向(I上.E下)	Inner
线回避量	1.0000	主程序面高TP	0.0000
		副程序面高TN	0.0000
補正方向		無屑加工	No
圆孔进刀角度	90.0000	無屑加工補正	0.2000
		無屑加工残量	0.0000

确定　取消

图 6-45　编程设置

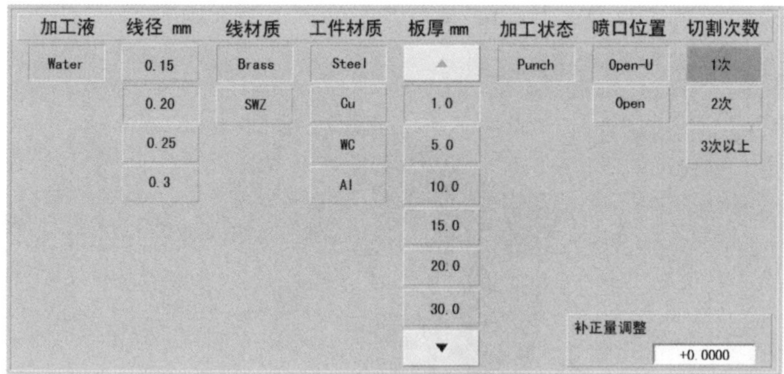

图 6-46　加工条件设置

5）定义好“编程设置”后，退出编程设置，选择图形轮廓，设置起割点后即可生成程序轨迹线路。

6）程序轨迹做好后，点选“NC 数据作成”按键，输入以“.nc”为后缀名的程序名称，完成程序的生成及保存动作。

3. 编程实例

(1) 调整垫片的加工

调整垫片的外观如图 6-47 所示。

图 6-47　调整垫片

1）工艺分析　调整垫片的加工涉及凸模和凹模的组合应用，内腔为凹模，外形为凸模。由图 6-48 分析，为了保证内腔和外形的形位尺寸，可采用预钻 ϕ1 mm 穿丝孔，先加工内孔后加工外形的方式加工。

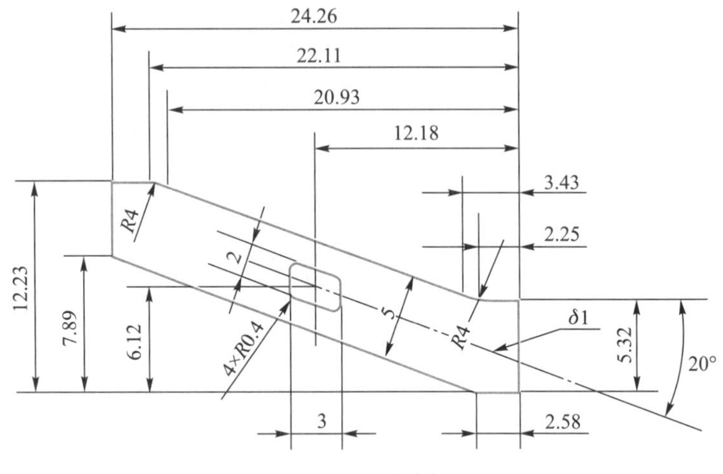

图 6-48　调整垫片加工图

2）装夹方案　由图 6-48 知该零件厚度为 1 mm。为提高加工效率，减少装夹次数，可多件叠加装夹加工。考虑到穿丝孔较小，且内孔处毛坯余量较少，为保证多件叠加后孔位的重合，装夹前可用略小于 1 mm 的塞棒（可为钻头）固定孔位，如图 6-49 所示。装夹好后取下塞棒，进行穿丝加工，如图 6-50 所示。

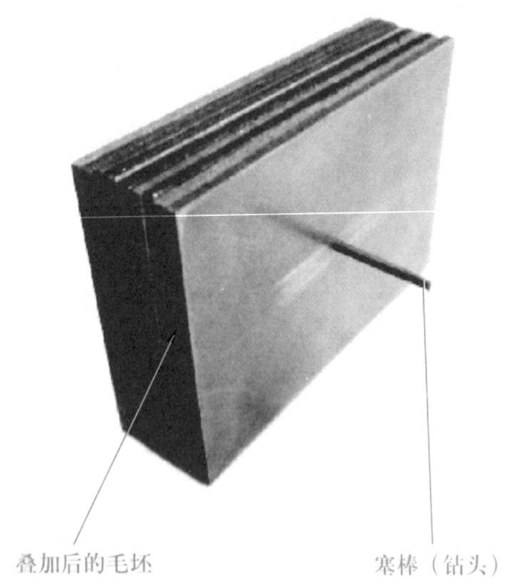

图 6-49　孔位固定

3）加工轨迹　加工轨迹线如图 6-51 所示。电极丝由内腔中心开始，沿图示内腔轨迹由ⓐ→ⓑ→ⓒ→ⓓ→ⓔ→ⓕ→ⓖ顺时针切割，完成后回到内腔中心。机床自动剪丝，而后移动至外形起割点位置。机床自动穿丝，然后沿图示轨迹由①→②→③→④→⑤→⑥逆时针完成工件切割。

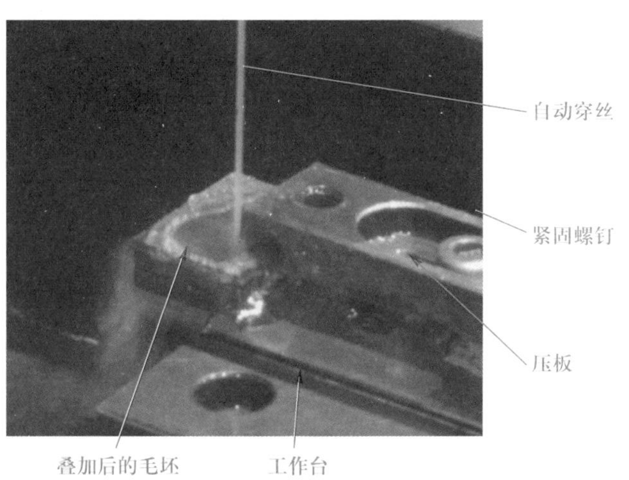

图 6-50　调整垫片的装夹及穿丝

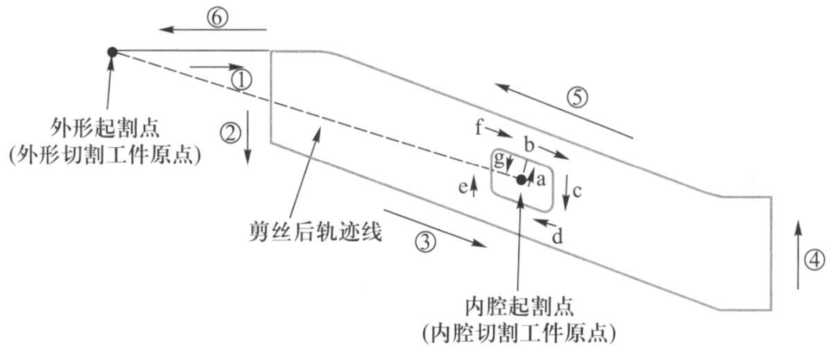

图 6-51　调整垫片加工轨迹线

4）加工程序　表 6-7 为调整垫片加工程序。

表 6-7　调整垫片加工程序

序号	程序	备注
1	(= ON OFF IP HRP MAO SV V SF C PIK CTRL WK WT WS WP)；	加工电参数名称
	C000 = 004 016 2215 000 370 050 8 0080 0 000 0000 020 120 100 045； C001 = 005 025 2215 000 370 050 8 0080 0 000 0000 020 120 100 045；	加工电参数值
2	H000 = +000000.0100； H001 = +000000.1250；	加工补正
内腔切割主程序部分		
3	G90 G59 G00 X0 Y0；	移动到 G59 坐标原点
4	G54 G92 X0 Y0 Z0；	建立坐标系

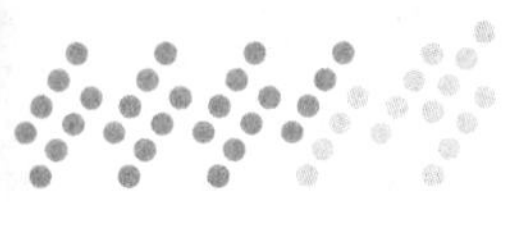

续表

序号	程序	备注
	内腔切割主程序部分	
5	T91；	自动穿丝
6	T94；	水浴加工
7	T84；	高压喷流
8	C000；	调用 C000 加工条件
9	G42 H000 G01 X0.342 Y0.94；	建立右补偿并加工至移动点
10	C001 H001；	调用 C001 加工条件及 H001 补偿
11	M98 P0001；	调用 N0001 子程序
12	T85；	停止高压喷流
13	T90；	电极丝自动切断
	外形切割主程序部分	
14	G59 G00 X-20.0 Y6.11；	移动到 G59 坐标点
15	G54 G92 X0 Y0 Z0；	建立坐标系
16	T91；	自动穿丝
17	T84；	高压喷流
18	C000；	调用 C000 加工条件
19	G42 H000 G01 X7.92 Y0.0；	建立右补偿并加工至移动点
20	C001 H001；	调用 C001 加工条件及 H001 补偿
21	M98 P0002；	调用 N0002 子程序
22	T85；	停止高压喷流
23	T90；	电极丝自动切断
24	M02；	程序结束
	子程序段 N0001	
25	N0001；	程序号
26	G01 X1.237 Y0.614；	内腔加工程序段
27	G02 X1.5 Y0.238 I-0.137 J-0.376；	
28	G01 Y-1.039；	

续表

序号	程序	备注
子程序段 N0001		
29	G02 X0.963 Y-1.415 I-0.4 J0.0;	内腔加工程序段
30	G01 X-1.237 Y-0.614;	
31	G02 X-1.5 Y-0.238 I0.137 J0.376;	
32	G01 Y1.039;	
33	G02 X-0.963 Y1.415 I0.4 J0.0;	
34	G01 X0.342 Y0.94;	
35	G40 H000 X0.0 Y0.0;	取消半径补偿
36	M99;	子程序结束
子程序段 N0002		
37	N0002;	程序号
38	G01 X7.92 Y-4.34;	外形加工程序段
39	X29.598 Y-12.23;	
40	X32.18;	
41	Y-6.91;	
42	X29.927;	
43	G02 X28.75 Y-6.601 I0.417 J3.978;	
44	G01 X11.25 Y-0.231;	
45	G03 X10.07 Y0.0 I-1.35 J-3.765;	
46	G01 X7.92;	
47	G40 H000 X0.0;	取消半径补偿
48	M99;	子程序结束

(2) 十字塞规的加工

十字塞规外观如图 6-52 所示。

图 6-52　十字塞规

1）工艺分析　十字塞规的加工涉及开形状程序的制作概念。开形状即所加工工件的外形轮廓在绘制加工图时为开放的不封闭的形状。十字塞规的加工图样如图 6-53 所示。考虑到加工后的变形及加工成本，根据图样尺寸要求，可用快丝粗割外形，除 10±0.010 mm 尺寸的各单边均匀留量 1 mm 外，其余尺寸均按图加工。由于该零件加工尺寸精度较高，在加工时为了保证尺寸精度及表面粗糙度，慢丝加工时采取粗割一刀精修三刀（即一割三修）的方式完成加工。

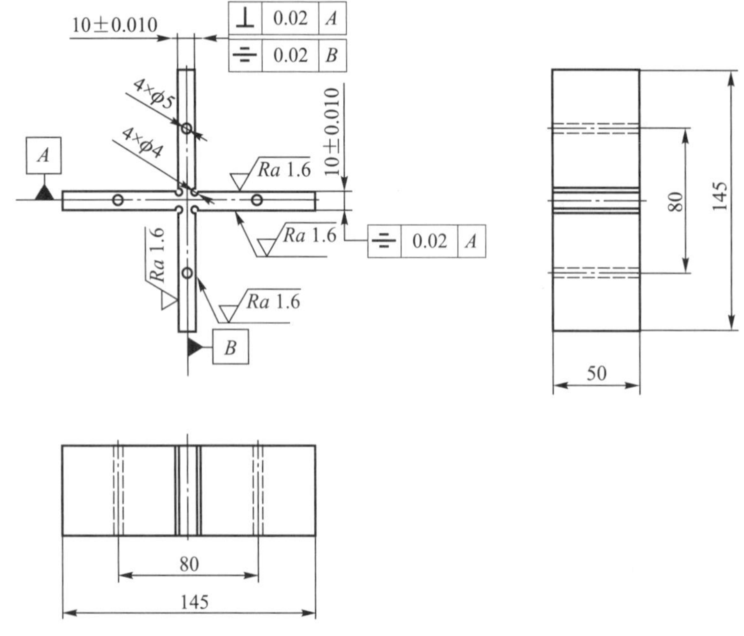

图 6-53　十字塞规加工图

2）装夹方案　经过粗割和钳工钻孔后的十字塞规，缺少相应的装夹位置。根据十字塞规的外形及孔位，可设计工装（图 6-54）进行夹持，如图 6-55 所示。

图 6-54　十字塞规工装

图 6-55　十字塞规装夹

3）加工轨迹　加工轨迹线如图 6-56 所示。由于采用了一割三修的加工方式，加工时从 *a* 点出发经 *b* 点沿顺时针方向切割至 *c* 点，最终到达 *d* 点完成粗加工。而后又从 *d* 出发经 *c* 点沿逆时针方向切割至 *b* 点，最终到达 *a* 点完成第一次修切。然后再次按 *a*、*b*、*c*、*d* 的切割顺序完成第二次修切，之后再按 *d*、*c*、*b*、*a* 的切割顺序完成最后精修。值得注意的是，在切割过程中每一段进刀（*a* 到 *b*，*d* 到 *c*）和每一次的切割轨迹所调用的电加工参数 *C* 和刀具半径补偿参数 *H* 都是不相同的，这一点可以通过阅读程序了解。

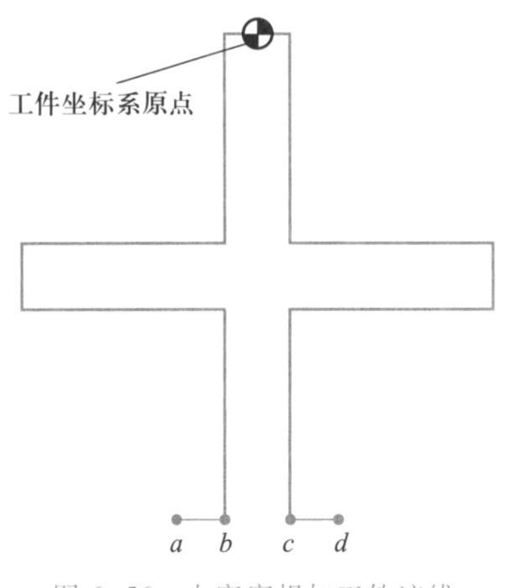

图 6-56　十字塞规加工轨迹线

4）加工程序　表 6-8 为十字塞规加工程序。

表 6-8　十字塞规加工程序

序号	程序	备注
1	(= ON OFF IP HRP MAO SV V SF C PIK CTRL WK WT WS WP PC SK)；	加工电参数名称
2	C000 = 005 016 2215 000 370 +050.0 8.0 0040 0 000 0000 020 120 080 050 0000 00；	加工电参数值
	C001 = 008 018 2215 000 260 +045.0 8.0 0040 0 000 0000 020 140 105 055 0000 00；	
	C002 = 002 011 2215 000 230 +039.0 5.0 1068 0 000 0000 020 160 105 140 0000 00；	
	C003 = 001 024 2210 000 000 +020.0 2.0 1028 0 000 0000 020 160 105 240 0000 00；	
	C004 = 015 024 0515 000 000 +003.0 0.0 1048 0 000 0000 020 160 105 240 0000 00；	

续表

序号	程序	备注
3	H000 = +000000.0100;	加工补正
	H001 = +000000.2040;	
	H002 = +000000.1340;	
	H003 = +000000.1140;	
	H004 = +000000.1030;	
4	QAIC(2,1,0.1000,007.0,0.1400,0.0300,030,0,0003,0011,20,035);	转角控制参数
由 *a* 点切割至 *b* 点		
5	G54;	调用 G54 坐标系
6	G90;	绝对方式
7	G92 X-7.0 Y-145.5 Z0;	建立坐标
8	T94;	水浴加工
9	T84;	高压喷流
10	C000;	调用 C000 加工条件
11	G41 H000 G01 X-6.5 Y-145.5;	建立左补偿并加工至移动点
粗割第一刀(从 *b* 点沿顺时针方向加工至 *d* 点)		
12	C001 X-5.0;	调用 C001 加工条件加工至 X-5.0
13	H001;	调用 H001 补偿
14	M98 P0001;	调用 N0001 子程序
粗割第一刀(从 *b* 点沿顺时针方向加工至 *d* 点)		
15	T85;	停止高压喷流
精修第一刀(从 *d* 点加工至 *c* 点再沿逆时针方向加工至 *a* 点)		
16	C002;	调用 C002 加工条件
17	G42 H000 G01 X5.0 Y-145.5;	建立右补偿并加工至移动点
18	H002;	调用 H002 补偿
19	M98 P0002;	调用 N0002 子程序
精修第二刀(从 *a* 点加工至 *b* 点再沿顺时针方向加工至 *d* 点)		
20	C003;	调用 C003 加工条件

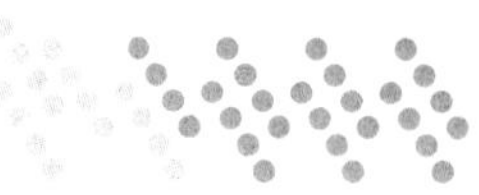

续表

序号	程序	备注
精修第二刀(从 a 点加工至 b 点再沿顺时针方向加工至 d 点)		
21	G41 H000 G01 X-5.0 Y-145.5;	建立左补偿并加工至移动点
22	H003;	调用 H003 补偿
23	M98 P0001;	调用 N0001 子程序
精修第三刀(从 d 点加工至 c 点再沿逆时针方向加工至 a 点)		
24	C004;	调用 C004 加工条件
25	G42 H000 G01 X5.0 Y-145.5;	建立右补偿并加工至移动点
26	H004;	调用 H004 补偿
27	M98 P0002;	调用 N0002 子程序
28	M02;	程序结束
子程序段 N0001		
29	N0001;	程序号
30	G01 X-5.0 Y-145.0;	从 b 点沿顺时针方向加工至 d 点
31	Y-77.5;	
32	X-72.5;	
33	Y-67.5;	
34	X-5.0;	
35	Y0.0;	
36	X5.0;	
37	Y-67.5;	
38	X72.5;	
39	Y-77.5;	
40	X5.0;	
41	Y-145.0;	
42	Y-145.5;	
43	G40 H000 X7.0;	取消刀具半径补偿
44	M99;	子程序结束
子程序段 N0002		
45	N0002;	程序号
46	G01 X5.0 Y-145.0;	从 c 点沿逆时针方向加工至 a 点
47	Y-77.5;	
48	X72.5;	

续表

序号	程序	备注
子程序段 N0002		
49	Y-67.5;	从 c 点沿逆时针方向加工至 a 点
50	X5.0;	
51	Y-67.5;	
52	X5.0;	
53	Y0.0;	
54	X-5.0;	
55	Y-67.5;	
56	X-72.5;	
57	Y-77.5;	
58	X-5.0;	
59	Y-145.0;	
60	Y-145.5;	
61	G40 H000 X-7.0;	取消刀具半径补偿
62	M99;	子程序结束

6.4.3 数控线切割自动编程

由于计算机技术的飞速发展，很多厂家新出售的数控线切割机床都有计算机编程系统。计算机编程系统类型比较多，按输入方式不同，大致可分为：

1）数控语言式输入。

2）采用中文或英文菜单通过人机对话输入。

3）采用 AUTOCAD 方式输入。

4）采用鼠标按图形标注尺寸输入、绘图法输入。

5）用数字化仪输入。

6）用扫描仪输入等。

利用上述方式之一输入工件图样尺寸之后，通过计算机内部的应用软件处理转换成线切割程序（3B 或 ISO 代码等），可在计算机屏幕上显示程序和图形，并可打印出程序清单或图形，或打出穿孔纸带、或录写成磁带、磁盘，现在则往往将数控程序通过通信接口由编程计算机直接传输给线切割机床的控制器，节省了纸带、磁带等中间环节，减少了差错。

各厂家生产的自动编程系统型号繁多，千差万别，具体可参见其使用说明书，现对几种主要的自动编程系统的特点作简要介绍。

1. 语言式计算机编程系统

人机对话式系统虽然易学，但使用时计算机不断地提问，用户得根据计算机的

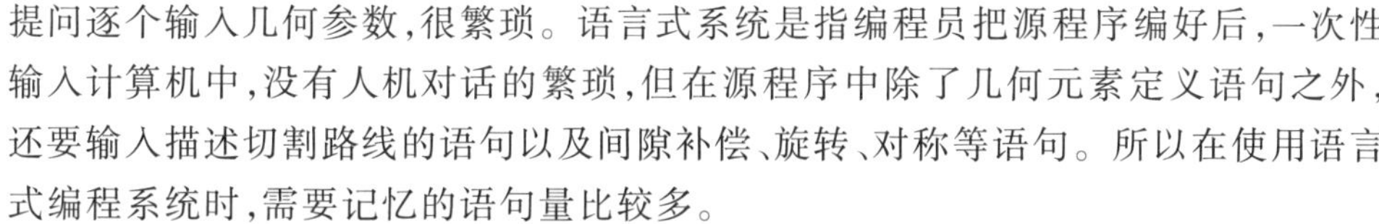

提问逐个输入几何参数,很繁琐。语言式系统是指编程员把源程序编好后,一次性输入计算机中,没有人机对话的繁琐,但在源程序中除了几何元素定义语句之外,还要输入描述切割路线的语句以及间隙补偿、旋转、对称等语句。所以在使用语言式编程系统时,需要记忆的语句量比较多。

改进后的语言式编程系统,采用了一些几何元素定义语句,因而大幅度地减少了计算机的提问,又省去了一般语言式描述切割路线的语句。对于所切割工件图形上的线也不必逐条加以定义,使编程工作很简捷,学起来也较容易,且在输入几何元素定义语句过程中,能及时显示计算结果,容易立即发现和纠正输入时的错误。当操作上发生错误时,计算机能及时显示错误信息,提醒及时更正错误,所以使用起来比较方便灵活。

为了把图样中的信息和加工路线输入计算机,要利用一定的自动编程语言(数控语言)来表达,这就构成源程序。源程序输入后,必要的处理和计算工作则依靠应用软件(针对数控语言的编译程序)来实现。

自动编程中的应用软件(编译程序)是针对数控编程语言开发的,所以研制合适的语言系统是重要的先决条件。从 20 世纪 70 年代初起,我国研制了多种自动编程软件(包括数控语言和相应的编译程序),如 XY、SKX-1、SXZ-1、SB-2、SKG、XCY-1、SKY、CDL、TPT 等。通常经后置处理可按需要显示或打印出 3B(或 4B、5B 扩展型)格式的程序清单,或由穿孔机制出数控纸带。在国际上主要采用 APT 数控编程语言,但一般根据线切割机床控制的具体要求作了适当简化,使语言表达更为简单、直观、便于掌握,输出的程序格式为 ISO 或 EIA。

2. 人机对话输入式计算机编程系统

相关系统最早是英文人机对话,现在用中文人机对话,显示屏幕上依次用中文提问并加上适当的解释,突破了以往编程机采用数控语言编程或采用“英文代号”提问的缺陷,从而免去了编程人员需记忆大量代号含义及符号规则的麻烦。

该系统具有多种直线输入定义格式和圆弧输入定义格式;具有点切线、公切线、切角线、过渡圆(即二切圆)及三切圆的特别处理功能;具有列表点非圆曲线的自动编程功能等。

人机对话输入式计算机编程系统的特点是直观易懂,无需记忆很多语句指令,逐条人机问答对话,初学时容易入门,但使用长了就会觉得繁琐。目前单纯的人机对话输入方式已较少。

3. 绘图式线切割自动编程系统

工件图样都是由点、线、圆(圆弧)等组成的,为此绘图式编程系统可以在计算机屏幕上用鼠标绘出点、线、圆(圆弧)以及作交线、切线、内外圆、椭圆、抛物线、双曲线、阿基米德螺旋线、渐开线、摆线、齿轮等非圆曲线和列表曲线。

只要按工件图样上标注的尺寸用鼠标在计算机屏幕上作图输入即可完成自动编程,输出 3B 或 ISO 代码切割程序,无需硬记编程语言规则,过程直观明了,易于学习、掌握,应用日益广泛。国内开发最早、应用较多的是 CAXA 绘图式线切割自动编程系统等。

[例 6-3]　图 6-57 所示为某机械部件活动爪外形零件图,要求利用 CAXA 线

切割 V2 系统设计该零件并生成 3B 加工代码。

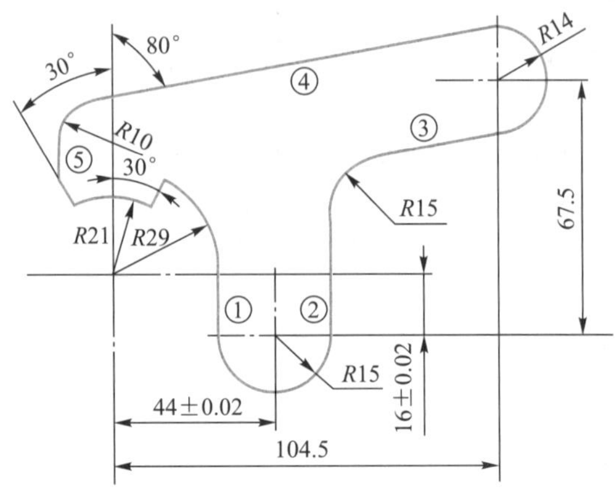

图 6-57　活动爪外形零件图

操作步骤如下：

（1）零件图设计

1）确定绘图零点。由于零件图形较为复杂，经分析选取半径为 $R21$ 和半径为 $R29$ 的同心圆圆心为绘图零点能较容易的将图形绘出。

2）点击（基本曲线）下的（圆）按钮，在状态提示栏内选取“圆心—半径”的绘图方式，按照提示先后输入圆心坐标点及圆半径。分别绘制出圆心坐标点为（0，0），半径为 $R21$、圆心坐标点为（0，0），半径为 $R29$，圆心坐标点为（44，-16）、半径为 $R15$，及圆心坐标点为（104.5，51.5）、半径为 $R14$ 的多个圆。

3）点击（基本曲线）下的（直线）按钮，状态提示栏显示，1:两点线 2:单个 3:非正交，按下空格键，在随即弹出的工具点菜单中选择“切点”，点取半径为 $R29$ 的外圆，引出直线，再次按下空格键选择“切点”，点取半径为 $R15$ 的外圆，即可绘出直线①。

4）点击（基本曲线）下的（直线）按钮，状态提示栏显示 1:角度线 2:X轴夹角 3:到点 4:度=90 5:分=0 6:秒=0，按下空格键，在随即弹出的工具点菜单中选择“切点”，点取半径为 $R15$ 的外圆，绘出直线②（注意线段的长度应能与后来绘出的直线③相交）。

5）重复步骤 4 的操作，注意状态提示栏内的“度”应改为 10，绘出直线③，并使之与直线②相交。

6）重复步骤 5，绘出直线④（注意线段长度应能与后来绘出的直线⑤相交）。

7）点击（基本曲线）下的（直线）按钮，状态提示栏显示 1:角度线 2:X轴夹角 3:到点 4:度=60 5:分=0 6:秒=0，按下空格键，在随即弹出的工具点菜单中选择“圆心”，点取半径为 $R29$ 的外圆。即从绘图零点引出与 y 轴成 30°夹角的直线，延长直线与半径为 $R29$ 的外圆相交。

8）重复步骤 7，绘出与 y 轴成 30°夹角的另一根直线。注意状态提示栏内的“度”应改为 120，延长直线与半径为 $R29$ 的外圆相交。

9）点击 （基本曲线）下的 （直线）按钮，状态提示栏显示 1:角度线 2:X轴夹角 3:到点 4:度=90 5:分=0 6:秒=0，按下空格键，在随即弹出的工具点菜单中选择“交点”，而后点取步骤 8 所绘直线与半径为 $R29$ 的外圆相交的那个点，绘制出直线⑤并使其与直线④相交。

到此为止，绘制的图形如图 6-58 所示。

10）点击 （曲线编辑）下的 （过渡）按钮，状态提示栏显示 1:圆角 2:裁剪 3:半径=15，先后点击直线②和直线③绘制出半径为 $R15$ 的圆弧过渡。同理将状态提示栏中半径改为 10，可绘制出直线④和直线⑤之间半径为 $R10$ 的圆弧过渡。

图 6-58　活动爪外形零件草图

11）点击 （曲线编辑）下的 （裁剪）按钮，状态提示栏显示 1:快速裁剪，把多余部分线段、圆弧裁剪掉。

12）点击 （工程标注）按钮，选择子菜单下相应命令，完成各尺寸标注，即生成图 6-57 所示零件图。

（2）生成加工轨迹

1）点击 （轨迹操作）下的 （轨迹生成）按钮，系统将弹出“线切割轨迹生成参数表”，如图 6-59 所示。

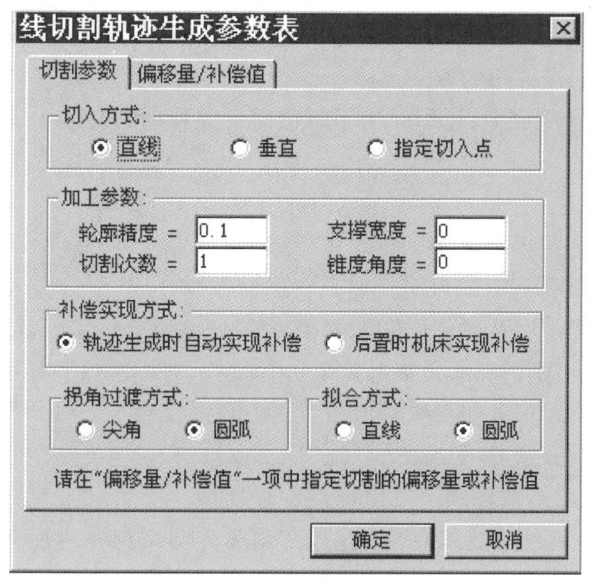

图 6-59　线切割轨迹生成参数表

2）按实际需要填写相应的参数，其中轮廓精度为 0.05，偏移量设置为 0.1。各参数含义如下：

① 切入方式：

a. 直线：丝直接从穿丝点切入到加工起始段的起始点。

b. 垂直：丝从穿丝点垂直切入到加工起始段，以起始段上的垂点为加工起始点。当在起始段上找不到垂点时，丝直接从穿丝点切入到加工起始段的起始点，此时等同于直线方式切入。

c. 指定切入点：丝从穿丝点切入到加工起始段，以指定的切入点为加工起始点。即用户根据需要在轨迹上选择的一个点作为切入点。

② 加工参数：

a. 轮廓精度：对由样条曲线组成的轮廓，系统将按给定的误差把样条离散成直线段或圆弧段，用户可按需要来控制加工的精度。

b. 切割次数：加工工件次数，最多为 10 次。

c. 支撑宽度：进行多次切割时，指定每行轨迹的始末点间保留的一段没切割部分的宽度。当切割次数为一次时，支撑宽度值无效。

d. 锥度角度：进行锥度加工时，丝倾斜的角度。如果锥度角度大于 0，关闭对话框后用户可以选择是左锥度或右锥度。

③ 补偿实现方式：

a. 轨迹生成时自动实现补偿：生成的轨迹直接带有偏移量，实际加工中即沿该轨迹加工。

b. 后置时机床实现补偿：生成的轨迹在所要加工的轮廓上，通过在后置处理生成的代码中加入给定的补偿值来控制实际加工中所走的路线。

④ 拐角过渡方式：

a. 尖角：轨迹生成中，轮廓的相邻两边需要连接时，各边在端点处沿切线延长后相交形成尖角，以尖角的方式过渡。

b. 圆弧：轨迹生成中，轮廓的相邻两边需要连接时，以插入一段相切圆弧的方式过渡连接。

⑤ 拟合方式：

a. 直线：用直线段对待加工轮廓进行拟合。

b. 圆弧：用圆弧和直线段对待加工轮廓进行拟合。

c. 点取"偏移量 /补偿值"选项，可显示偏移量或补偿值设置对话框。在此对话框中可对每次切割的偏移量或补偿值进行设置，对话框内共显示了 10 次可设置的偏移量或补偿值，但并非每次都能设置，如：切割次数为 2 时，就只能设置两次的偏移量或补偿值，其余各项均无效。

3）系统提示"拾取轮廓"，用鼠标点取直线④。

① 被拾取的直线变为红色虚线，并在轮廓方向出现一对反向的红色箭头，系统提示"请选择链拾取方向"。用户可根据需要沿着箭头拾取任意方向。

② 此时全部线条变为红色虚线，且在轮廓法线方向又出现一对反向的红色箭头，系统提示"选择切割的侧边或补偿方向"，选择指向图形外侧的箭头。

③ 系统提示"输入穿丝点的位置"，输入(100,72)按回车键。

④ 系统提示"输入退出点"，回车则与穿丝点重合，或单击鼠标右键表示该位

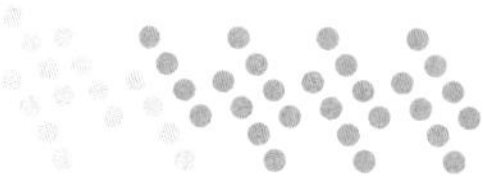

置与穿丝点重合。

4）系统自动计算出加工轨迹，即屏幕上显示的绿色线条。

（3）生成 3B 代码

选择菜单栏下“线切割”，在子菜单中点取[3B]（生成 3B 代码）功能项，输入文件名：hdz，拾取加工轨迹，按下鼠标右键，即生成活动爪数控线切割程序的 3B 代码。如下：

```
*************************************************
CAXAWEDM -Version 2.0,Name : hdz.3B
Conner R=0.00000,Offset F=0.10000,Length=414.748 mm
*************************************************
Start    Point=100.00000,    72.00000         ;      X,         Y
N1:  B    1193  B   6766  B   6766  GY   L4;  101.193,   65.234
N2:  B  107447  B  18945  B 107447  GX   L3;   -6.254,   46.289
N3:  B    1754  B   9947  B   9947  GY  NR2;  -14.600,   36.342
N4:  B       0  B  11254  B  11254  GY   L4;  -14.600    25.088
N5:  B    4064  B   7038  B   7038  GY   L4;  -10.536,   18.050
N6:  B   10536  B  18050  B  21072  GX  SR2;   10.536,   18.050
N7:  B    4001  B   6928  B   6928  GY   L1;   14.537,   24.978
N8:  B   14537  B  24978  B  24978  GY  SR1;   28.900,    0.000
N9:  B       0  B  16000  B  16000  GY   L4;   28.900,  -16.000
N10: B   15100  B      0  B  30200  GY  NR3;   59.100,  -16.000
N11: B       0  B  32675  B  32675  GY   L2;   59.100,   16.675
N12: B   14900  B      0  B  12313  GX  SR2;   71.413,   31.349
N13: B   35536  B   6266  B  35536  GX   L1;  106.949,   37.615
N14: B    2448  B  13886  B  28200  GX  NR4;  102.053,   65.387
N15: B     860  B    152  B    860  GX   L3;  101.193,   65.235
N16: B    1193  B   6765  B   6765  GY   L2;  100.000,   72.000
N17: DD
```

4. 用扫描仪输入的计算机自动编程系统

由于近年来扫描仪性能不断完善，价格不断降低，很多厂商都在原计算机自动编程系统中增加用扫描仪输入图形的功能，而后通过应用软件将图形信息进行“矢量化”等处理成为“一笔画”，最后转换成 3B、ISO 等代码的数控线切割程序，特别适合于字体、工艺美术图案等线条外形复杂而精度要求又不是很高的曲线的编程。

值得指出的是,目前国内外很多知名的线切割机床生产厂、研究所等生产的一些数控线切割机床(包括慢走丝、中走丝和部分快走丝线切割机床)本身已具有多种自动编程的功能,或已做到控制机与编程机合二为一,在控制加工的同时可以"脱机"进行自动编程。

复习思考题

1. 简述数控电火花线切割加工原理。
2. 数控电火花线切割的主要特点有哪些?
3. 快与慢走丝线切割机床的主要区别有哪些?
4. 线切割加工的主要工艺指标有哪些?
5. 试用 3B 代码编制如图 6-60 所示的凸模零件的线切割加工程序。

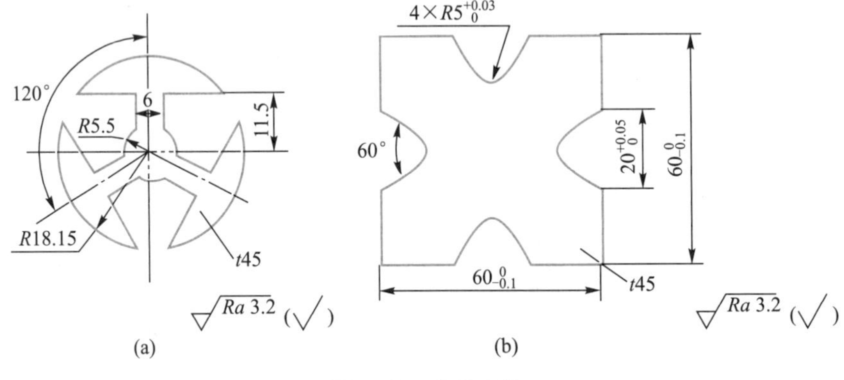

图 6-60 凸模零件

6. 试用 AutoCAD 软件绘制如图 6-61 示定位板加工图,并用 UTY 软件编制加工程序。

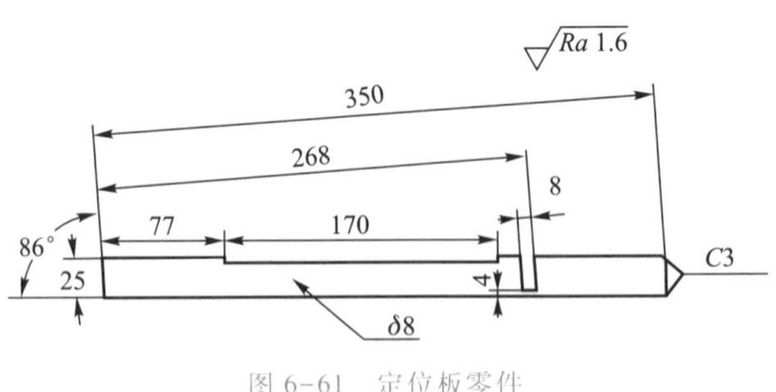

图 6-61 定位板零件

7. 到互联网上访问瑞典 System 3R 公司网址(www.system3r.com.cn)和中国线切割机床网 www.CNC918.com,了解与 3R 夹具和线切割有关的其他资料。

第7章 用户宏程序在数控编程中的应用

学习目标

1. 了解用户宏程序和普通数控程序的主要区别。
2. 了解 FANUC 0*i* 系统用户宏程序变量的格式、类型及其应用。
3. 了解宏程序主要的应用领域。
4. 掌握 FANUC 0*i* 系统宏程序编制方法,并能正确应用。

7.1 概述

用户宏程序(custom macro)是以变量的组合通过各种算术和逻辑运算、转移和循环等命令,而编制的一种可以灵活运用的程序。只要改变变量的值,即可完成不同的加工或操作。用户宏程序可以简化程序的编制,提高工作效率。加工程序中可以像调用子程序一样用一个简单指令即可调用宏程序。先看下面一个数控车削加工编程的例子:

如图 7-1 所示的零件图样上没有标注具体尺寸,而是用字母进行标注的。若各字母取不同的值,则该零件尺寸将发生变化。该类零件可以通过调用宏程序进行加工,采用宏程序编程可以满足加工不同 *A*、*B*、*C*、*D*、*I*、*J*、*K*、*R* 等尺寸工件的需要。

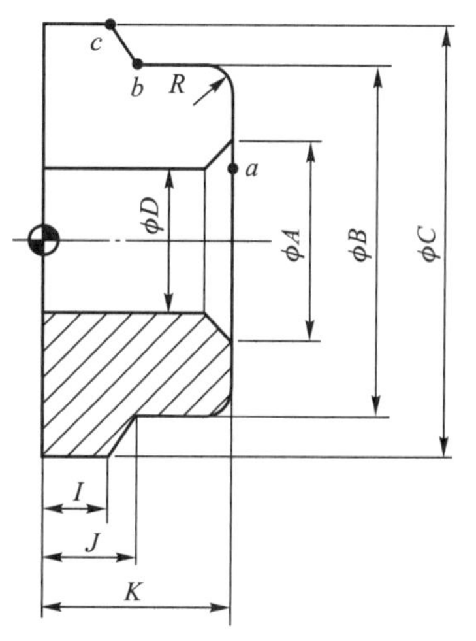

图 7-1 数控车削加工宏程序编程例

为了加工该工件,需要按照一般的格式编制主程序。在主程序中,通常在刀具到达准备开始加工的位置时,有一程序段调用宏程序;当宏程序执行结束时,则返回主程序继续执行。编制的程序如下:

```
O7001;                    (主程序号)
N10 G50 X150 Z200;        (工件坐标系设定)
```

```
N20 T0100;                           (选择刀具)
N30 G50 S2000;                       (设定主轴最高转速)
N40 G96 S1600 M03;                   (主轴正转,设定恒线速度切削)
N50 G00 X75 Z32 T0101 M08;           (刀具快速到达切削起始点,刀具补偿)
N60 G65 P8001 A30 B60 C74 D25 F0.15 I11 J16 K30 R5;
                                     (调用宏程序,自变量赋值)
N70 G00 X150 Z200 T0100 M09;         (快速返回刀具起始点,取消刀具补偿)
M30;                                 (程序结束)
O8001;                               (宏程序号)
G00   X#7;                           (快速趋近切削点)
G01   Z#6   F#9;                     (切削至 a 点)
G01   X#2   R#18;                    (切削右端面并倒 R 圆角 )
Z#5;                                 (切削至 b 点)
X#3   Z#4;                           (切削至 c 点)
G00   Z[#6+2];                       (快速返回)
M99;                                 (返回主程序)
```

在主程序中,N60 程序段用 G65 指令调用 O8001 宏程序,A30 表示图中 A 的直径为 30 并赋值给变量#1。B60 C74 D25 F0.15 I11 J16 K30 R5 则分别表示对宏程序中的#2、#3、#7、#9、#4、#5、#6、#18 变量赋值为 60、74、25、0.15、11、16、30、5。

从以上例子可以看出,在用户宏程序中可以用变量代替具体数值,因而在加工同一类型工件时,只需对变量赋不同的值,而不必对每一个零件都编一个程序。下面章节将对 FANUC 0*i* 系统用户宏功能及其应用作一简要介绍。

7.2 变量

7.2.1 变量及变量的引用

我们知道,普通程序中的指令是由地址和其后所跟数值组成的,如 G01,X100 等。在宏程序中,地址后除了可以直接跟数值以外,还可使用各种变量,变量的值可以通过程序改变或通过 MDI 操作面板输入。在执行宏程序时,变量随着设定值的变化而变化。变量的使用是宏程序最主要的特征,它可以使宏程序具有柔性和通用性。宏程序中使用多种类型的变量,可以通过变量号码的不同进行识别。

1. 变量的表示

变量是用符号#后面加上变量号码表示,即:

#i(i=0,1,2,3,4,…)

例如:#8,#110,#5008。

变量号也可以用一个表达式来指定,这时表达式必须用中括弧括起来。

例如:#[#1+#2-12]

2. 变量的引用

跟在地址后的数值可以被变量替换。假设程序中出现(地址)#1 或(地址)-#1时,这就意味着把变量值或它的负值作为地址的指令值。例如:

F#10——当#10=20 时,F20 被指令。

X-#20——当#20=100 时,X-100 被指令。

G#130——当#130=2 时,G2 被指令。

当一个变量的值未被定义时,这个变量被当作“空”变量。变量#0 始终是空变量,它不能被赋任何值。

7.2.2　变量的类型

变量的类型及其功能见表 7-1。

表 7-1　变量的类型及其功能

变量号	变量类型	功能
#0、#3100	空变量(Null)	该变量的值总为空
#1~#33	局部变量 (local variables)	局部变量是只能在当前宏程序中用来存储运算结果等数据的变量,当机床断电后,局部变量被初始化为空,调用宏程序时,通过自变量对局部变量赋值
#100~#199 #500~#999	公共变量 (common variables)	公共变量在不同的宏程序中意义相同。当断电时,变量#100~#149 被初始化为空;变量#500~#999即使在关掉电源后,变量值仍被保存
#1000~	系统变量 (system variables)	系统变量是固定用途的变量,它的值决定系统的状态,用于读写 CNC 运行时的各种数据。例如刀具的当前位置和补偿值等

系统变量的主要类型见表 7-2。

表 7-2　系统变量的主要类型

变量号	类型	用途
#1000~#1133	接口信号	可以在可编程控制器(PMC)和用户宏程序之间交换的信号
#2001~#2400	刀具补偿量	可以用来读和写刀具补偿量
#3000	宏程序报警	当#3000 变量被赋值 0~99 时,CNC 停止运行并产生报警。例:#3000=1→报警屏幕上显示“3001 TOOL NOT FOUND”(刀具未找到)
#3001、#3002、 #3011、#3012	时间信息	能够用来读和写时间信息

续表

变量号	类型	用途
#3003、#3004	自动运行控制	能改变自动运行的控制状态(单步、连续控制)。当电源接通时,两个变量的值均为零,表示单程序段及进给暂停、进给速度倍率、准确停止有效
#3005	设置变量	该变量可作读和写的操作,把二进制值转换成十进制值来表示,可控制镜像开/关,米制输入/英制输入,绝对坐标编程/增量坐标编程等
#4001~#4130	模态信息	用来读取直到当前程序段有效的模态指令(G、B、D、F、H、M、N、S、T、P 等)。例:#4002 的功能表示 G17、G18、G19,当执行#1=#4002 时,在#1 中得到的值是 17、18 或 19
#5001~#5104	位置信息	能够读取位置信息(包括各轴程序段终点位置、各轴当前位置、刀具偏置值等)

7.3 宏程序调用

7.3.1 宏程序调用指令

宏程序调用指令包括非模态调用(G65)和模态调用(G66,G67)两种指令。

(1) 非模态调用(G65)

G65 指令格式如下:

G65 Pp Ll (自变量赋值);

其中:p:调用宏程序号;

l:重复调用次数(1~9999,1 次时 L 可省略);

自变量赋值是由地址及数值构成,用以对宏程序中的局部变量赋值。

例如:

主程序:

O7002;

:

G65 P7100 L2 A1 B2;(调用 O7100 宏程序,重复调用两次,#1=1,#2=2)

:

M30;

宏程序:

O7100;

#3=#1+#2;

```
IF [#3 GT 360] GOTO 9;
G00 G91 X#3;
N9 M99;
```

(2) 模态调用指令(G66,G67)

模态调用宏程序指令格式如下:

```
G66 Pp Ll  (自变量赋值);  ┐
:                         │
:                         ├ 轴移动指令一次则调用一次宏程序
G67;                      ┘
```

其中:G66 是模态调用宏程序指令

p 调用宏程序号;

l 重复次数;

G67 是取消宏程序模态调用指令。

7.3.2 自变量赋值

在程序中若对局部变量进行赋值时,可通过自变量地址,对局部变量进行传递。自变量赋值有两种类型。自变量赋值 I 使用除去 G、L、N、O、P 以外的其他字母作为地址;自变量赋值 II 可使用 A、B、C 每个字母一次,I、J、K 每个字母可使用十次作为地址。表 7-3 和表 7-4 分别为两种类型自变量赋值的地址与变量号码之间的对应关系:

表 7-3　自变量赋值 I 的地址与变量号码之间的对应关系

地址	宏程序中变量	地址	宏程序中变量
A	#1		
B	#2	Q	#17
C	#3	R	#18
D	#7	S	#19
E	#8	T	#20
F	#9	U	#21
H	#11	V	#22
I	#4	W	#23
J	#5	X	#24
K	#6	Y	#25
M	#13	Z	#26

表 7-4 自变量赋值Ⅱ的地址与变量号码之间的对应关系

地址	宏程序中变量	地址	宏程序中变量
A	#1	K_5	#18
B	#2	I_6	#19
C	#3	J_6	#20
I_1	#4	K_6	#21
J_1	#5	I_7	#22
K_1	#6	J_7	#23
I_2	#7	K_7	#24
J_2	#8	I_8	#25
K_2	#9	J_8	#26
I_3	#10	K_8	#27
J_3	#11	I_9	#28
K_3	#12	J_9	#29
I_4	#13	K_9	#30
J_4	#14	I_{10}	#31
K_4	#15	J_{10}	#32
I_5	#16	K_{10}	#33
J_5	#17		

上表中 I、J、K 的下标只表示顺序,并不写在实际命令中。在 G65 的程序段中,可以同时使用表 7-3 及表 7-4 中的两组自变量赋值。系统可以根据使用的字母自动判断自变量赋值的类型,如果自变量赋值Ⅰ和自变量赋值Ⅱ混合指定,后指定的自变量类型有效。

例:G65 P1000 A1 B2 I3 I-4 D5;

A1 B2 I3 分别表示给#1 赋值 1,#2 赋值 2,#4 赋值 3;I-4 和 D5 都表示给#7 赋值,后者有效,所以本程序段对#7 赋值 5。

7.4 变量的运算和控制指令

7.4.1 算术和逻辑运算

在宏程序中,变量之间、变量和常量之间可以进行各种运算。常用的算术和逻辑运算见表 7-5。

表 7-5　算术和逻辑运算

运算	格式	说明
赋值	#i=#j	
加	#i=#j+#k	
减	#i=#j-#k	
乘	#i=#j * #k	
除	#i=#j/#k	
正弦	#i=SIN[#j]	角度单位为°,如:90°30′应表示为 90.5°
反正弦	#i=ASIN[#j]	
余弦	#i=COS[#j]	
反余弦	#i=ACOS[#j]	
正切	#i=TAN[#j]	
反正切	#i=ATAN[#j]/[#k]	
平方根	#i=SQRT[#j]	
绝对值	#i=ABS[#j]	
四舍五入圆整	#i=ROUND[#j]	
上取整	#i=FIX[#j]	
下取整	#i=FUP[#j]	
自然对数	#i=LN[#j]	
指数函数	#i=EXP[#j]	
或	#i=#j OR #k	逻辑运算对二进制数逐位进行
异或	#i=#j XOR #k	
与	#i=#j AND #k	

运算的优先顺序如下：

1）函数；

2）乘除、逻辑与；

3）加减、逻辑或、逻辑异或。

可以用[ ]来改变顺序。

7.4.2　控制指令

1. 无条件转移（GOTO 语句）

语句格式为：

GOTO n;

其中:n 为顺序号（取值范围为 1~99 999），可用变量表示。例如：

GOTO 1;

GOTO #10;

注意:GOTO N1;是错误的。

2. 条件转移(IF 语句)

语句格式为:

IF [条件式] GOTO n;

条件式成立时,从顺序号为 n 的程序段开始执行;条件式不成立时,执行下一个程序段。

条件式一共有六种,见表 7-6。

表 7-6 条 件 式

条件式	含义	条件式	含义	条件式	含义
#j EQ #k	#j 是否 = #k	#j GT #k	#j 是否 > #k	#j GE #k	#j 是否 ≥ #k
#j NE #k	#j 是否 ≠ #k	#j LT #k	#j 是否 < #k	#j LE #k	#j 是否 ≤ #k

条件式的比较运算符见表 7-7。

表 7-7 条件式的比较运算符

比较运算符	含义	英语单词
EQ	=	Equal
NE	≠	Not Equal
GT	>	Greater Than
LT	<	Less Than
GE	≥	Great or Equal
LE	≤	Less or Equal

条件式中变量#j 或#k 可以是常数或表达式,条件式必须用中括弧括起来。下面的程序可以得到从 1 到 100 的和:

```
O7100;
#1=0;                        (存储和的变量初值)
#2=1;                        (被加数变量的初值)
N1 IF[#2 GT 100] GOTO 2;     (当被加数大于 100 时转移到 N2)
#1=#1+#2;                    (计算和)
#2=#2+1;                     (下一个被加数)
GOTO 1;                      (转到 N1)
N2 M30;                      (程序结束)
```

3. 循环(WHILE 语句)

语句格式为:

WHILE [条件式] DO m;(m=1,2,3)

:

```
END m;
```

当条件式成立时,程序执行从 DO m 到 END m 之间的程序段;如果条件不成立,则执行 END m;之后的程序段。DO 和 END 后的数字是用于表明循环执行范围的识别号。可以使用数字 1、2 和 3,如果是其他数字,系统会产生 P/S 报警(No.126)。DO~END 循环能够按需要使用多次。如下所示:

```
WHILE [条件式] DO 1;
:
 WHILE [条件式] DO 2;
 :
  WHILE [条件式] DO 3;
  :
  END3
 :
 END 2;
:
END 1;
```

上面的 O7100 程序也可用 WHILE 语句编制如下:

```
O7200;
#1=0;
#2=1;
WHILE[#2 LE 100]DO 1;
#1=#1+#2;
#2=#2+1;
END 1;
M30;
```

7.5 用户宏程序应用实例

7.5.1 宏程序在加工编程中的应用举例

下面通过几个具体实例介绍用户宏程序在数控编程中的应用。

1. 圆周等分孔加工

如图 7-2 所示,在半径为 I 的圆周上钻削 H 个等分孔。已知加工第一个孔的起始角度为 A,相邻两孔之间角度的增量为 B,圆周中心坐标为(x,y)。调用宏程序指令格式如下:

G65 P9100 Xx Yy Zz Rr Ff Ii Aa Bb Hh;

其中:Xx:圆周中心的 x 坐标(#24);

Yy:圆周中心的 y 坐标(#25);

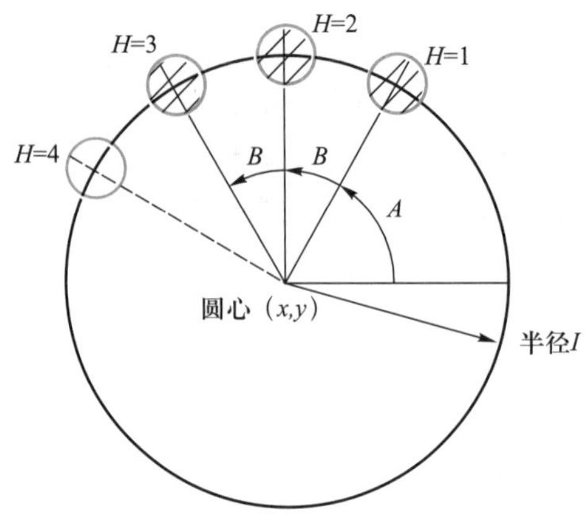

图 7-2　圆周等分孔加工

Zz：孔深（#26）；

Rr：钻孔循环 R 点坐标（#18）；

Ff：切削进给速度（#9）；

Ii：圆周半径（#4）；

Aa：第一个孔加工起始角（#1）；

Bb：角度的增量（#2）；

Hh：加工孔数（#11）。

主程序如下：

```
O7500;
G90 G92 X0 Y0 Z100;
M13 S800;
G65 P9500 X50 Y150 R10 Z-20 F300 I120 A0 B45 H5;
G00 X0 Y0 Z100;
M30;
```

宏程序如下：

```
O9500;
G90 G99 G81 Z#26 R#18 F#9 K0;        (钻孔循环,K0 也可用 L0)
WHILE [#11 GT 0] DO 1;               (直到加工余下的孔为 0)
#5=#24+#4*COS[#1];                   (计算钻孔的 x 坐标)
#6=#25+#4*SIN[#1];                   (计算钻孔的 y 坐标)
X#5 Y#6;                             (刀具移动到目标点位置后钻孔)
#1=#1+#2;                            (计算下一加工孔的角度)
#11=#11-1;                           (孔数减 1)
END 1;                               (WHILE 语句结束)
G80;                                 (取消钻孔循环)
M99;                                 (返回主程序)
```

2. 铣削内半球体

如图 7-3 所示,在立式加工中心上铣削内半球体。假设大部分余量已通过预钻孔去除,现选用适当直径的球头铣刀(ϕ12)对半球体进行精加工。若要用同一程序以及用不同半径的球头铣刀加工不同半径的内球体,则对球体和球头铣刀的半径用变量表示。若内球体半径为 SR,铣削时刀具中心轨迹半径为 R_P,球头铣刀半径为 r,若每步铣刀沿着 z 向进刀的角度为 α,则图 7-3 中刀具进给时刀具中心的坐标为:

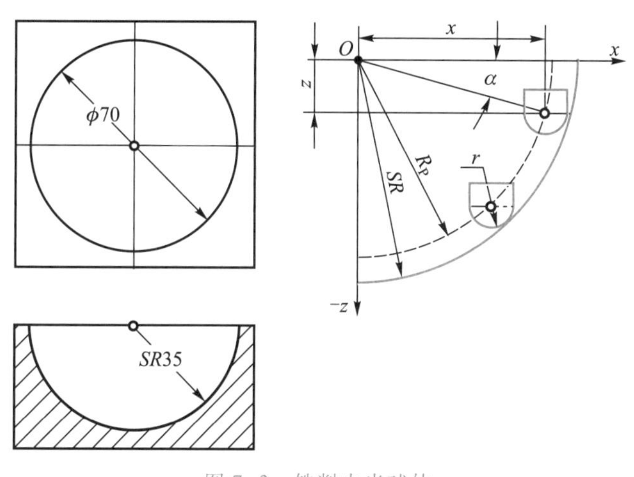

图 7-3　铣削内半球体

$X = R_P \cdot \cos\alpha$

$Z = R_P \cdot \sin\alpha$

主程序中使用如下程序段调用宏程序:

G65 P__ Aa Bb Dd;

其中:P__:宏程序号;

Aa:内球体半径(#1);

Bb:球头铣刀半径(#2);

Dd:每步进刀的角度(#7)。

主程序如下:

```
O7400;
G00 G90 G54 X0 Y0;        (工件坐标系设定,刀具快速到达工件中心)
S900 M03;                 (主轴正转)
G43 Z30 H03 M08;          (建立刀具长度补偿,到安全高度,切削液开)
Z3;                       (z 轴快速趋近工件)
G65 P9800 A35 B6 D5;      (调用宏程序,自变量赋值)
G00 Z5 M09                (z 轴方向退刀,切削液关)
G91 G28 Z0;               (z 轴返回参考点)
M30;                      (程序结束)
```

宏程序如下:

```
O9800;
#101=#1;                      (内球体半径赋值给#101)
#102=#2;                      (球头铣刀半径赋值给#102)
#103=#1-#2;                   (刀具中心轨迹半径赋值给#103)
#104=#7;                      (每步进刀的角度赋值给#104)
G00 X#103;                    (刀具 x 轴定位)
G01 Z0 F120;                  (刀具进刀与工件表面接触)
WHILE [#104 LE 90] DO 1;      (WHILE 语句)
#110=#103*COS[#104];          (x 坐标)
#120=#103*SIN[#104];          (z 坐标)
G01 X#110 Z-#120 F80;         (x、z 轴联动进刀)
G02 I-#110;                   (铣削整圆)
#104=#104+#7;                 (计算下一步进刀角度)
END 1;                        (WHILE 循环结束)
M99;                          (返回主程序)
```

7.5.2 加工中心刀具转换

在某些数控维修场合,需要对加工中心刀库换刀情况进行观察。可编写如下宏程序,实现刀具的任意交换:

```
……
……
#1=__;                        (初始换刀号)
#2=__;                        (最终换刀号)
WHILE [#1 LE #2] DO1;
T#1 M06;                      (换#1 号刀)
M00;                          (程序暂停,换刀缓冲)
#1=#1+1;
END1;
……
……
```

7.5.3 用户宏程序在自动控制技术的应用

宏程序除了在实际生产中用于解决一些加工问题,在数控机床自动控制领域也经常使用,如加工中心上的自动换刀、数控机床自动对刀仪(测头)的控制程序均会使用宏程序,下面就以英国雷尼绍(Renishaw)公司生产的 TS27R 接触式测头为例简要介绍宏程序在这方面的应用。

在数控机床上使用自动对刀测头,可比手动对刀节省 90%以上的时间,并可检查刀具破损情况。英国雷尼绍(Renishaw)公司生产的接触式 TS27R 测头,可在加工中心和数控镗铣床上应用。图 7-4 为 S27R 测头对刀示意图。

图 7-4　TS27R 测头对刀

(1) TS27R 对刀测头的应用

主要用于以下几个方面:

1) 刀具设定　① 钻头、丝锥等静止刀具长度的设定;② 面铣刀和其他大尺寸旋转刀具长度的设定;③ 立铣刀和镗刀等旋转刀具直径的设定。

2) 刀具破损检测　检查刀具长度以确保加工前刀具完好无损。

3) 刀具确认　在加工前检测刀具长度及直径避免选错刀具。

使用前把对刀测头安装在机床工作台上,并设定好参考位置点。当刀具触发测头系统时,刀具机械坐标位置会被读取,系统能计算出刀具长度及直径并自动写入数控机床设定的补偿号内。

(2) 用户宏程序在 TS27R 对刀测头中的应用

雷尼绍公司提供了 TS27R 对刀测头中用于手动刀具长度和半径设定、自动刀具长度和半径设定,以及刀具破损检测的用户宏程序,用户只需要通过调用相应的宏程序即可执行所需的操作。下面以手动刀具半径设定为例作一简要介绍。

如图 7-5 所示,通过调用宏程序在对刀测头两侧进行测量,可以有效地获得旋转刀具的半径值。具体操作方法是:通过微调操作使刀具移动到测头表面上方 10 mm 左右位置,然后通过执行一个简单的程序或通过 MDI 方式调用宏程序。这时旋转刀具首先在存储的探头中心位置坐标 x、y 的上方定位,然后分别在探头的两侧进行测量,最后刀具自动返回。

调用宏程序可用下面指令:

G65 P9852 Ss Kk Dd[Zz Rr Mm Hh Ii];([　　]中为选择输入项)

其中:Ss 表示刀具直径或基准刀具直径;

Kk 表示测头尺寸;

Dd 表示刀具半径补偿号;

Zz 表示从起始位置到测量点 z 轴移动的增量坐标(默认数值是 15 mm)

Rr 表示刀具向下移动到探头侧面时与探头之间的间隙(默认数值是 4 mm);

Mm 表示备用的刀具补偿号,用于破损刀具标记位置。如果使用,则设定一个标记,这时不会产生宏报警;

Hh 表示刀具破损公差(±h);

Ii 表示刀具状态补偿的尺寸调节变量,该值为正时指刀具半径比测量的值小,如 I=0.01 时设定刀具半径比测量值小 0.01。

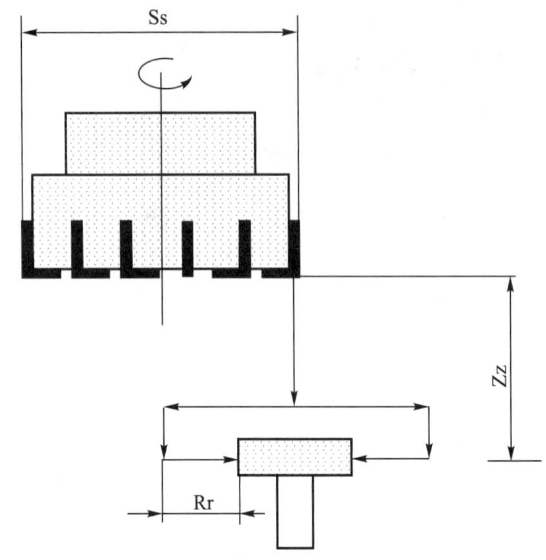

图 7-5　旋转刀具半径测量

用户宏程序略。

复习思考题

1. 解释子程序与用户宏程序之间的区别。

2. 变量有哪些类型？其主要功能有哪些？

3. 解释 G65 程序段的功能。

4. 求 sin0°~sin90°以 10°为单位变化的值，写入变量#500~#509 中。

5. 编制一个铣削锥孔的用户宏程序，由加工程序简单的调用这个程序。

6. 编制一个铣削椭圆的用户宏程序，由加工程序简单的调用这个程序。

7. 访问雷尼绍公司网站（www.renishawchina.com），了解雷尼绍测头的类型及特点。

参考文献

[1] 杨叔子.机械加工工艺师手册[M].2 版.北京:机械工业出版社,2011.

[2] 马贤智.实用机械加工手册[M].2 版.沈阳:辽宁科学技术出版社,2015.

[3] 陈日曜.金属切削原理[M].3 版.北京:机械工业出版社,2012.

[4] 王兵,奚亚洲,张继红.金属切削手册[M].北京:化学工业出版社,2015.

[5] Herbert Schulz,Eberhard Abele,何宁.高速加工理论与应用[M].北京:科学出版社,2010.

[6] 顾京.数控机床加工程序编制[M].5 版.北京:机械工业出版社,2016.

[7] 杨伟群.数控工艺培训教程[M].2 版.北京:清华大学出版社,2013.

[8] 许祥泰,刘艳芳.数控加工编程实用技术[M].北京:机械工业出版社,2016.

[9] 刘晋春. 白基成.郭永丰.特种加工[M].5 版.北京:机械工业出版社,2010.

[10] 华茂发.数控机床加工工艺[M].2 版.北京:机械工业出版社;2015.

[11] 张学仁.数控电火花线切割加工技术[M].3 版.哈尔滨:哈尔滨工业大学出版社.2010.

[12] 陈向荣.数控编程与操作[M].2 版.北京:国防工业出版社,2012.

[13] 郑晓峰. 数控原理与系统[M].2 版. 北京:机械工业出版社,2013.

[14] 明星祖.数控加工技术[M].3 版. 北京:化学工业出版社,2015.

[15] 卢万强,苟建峰.数控加工技术[M].3 版. 北京:北京理工大学出版社,2019.

[16] 张亚力. 全国数控大赛实操试题及详解(数控铣\加工中心)[M]. 北京:化学工业出版社,2013.

[17] 郑堤.数控机床与编程[M].3 版.北京:机械工业出版社,2020.

[18] 北京发那科公司. FANUC Series 0i-MODEL D 车床系统用户手册,B-64304CM-1/01.

[19] 北京发那科机电有限公司. FANUC CNC 操作与编程基础教程.

[20] 北京发那科机电有限公司. FANUC CNC 操作与编程中级教程.

[21] 山特维克可乐满. 金属切削工艺技术指南,2010.